Java核心编程200例
（视频课程+全套源程序）
本书部分案例

▍实例166 包含图片的弹出菜单

▍实例170 查找特定的列表元素

▍实例148 颜色选择对话框

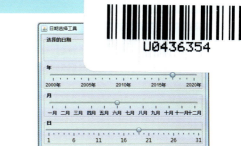
▍实例162 使用滑块选择日期

▍实例169 修改列表项选择模式

▍实例173 在表格中应用组合框

▍实例177 实现表格的栅栏效果

▍实例180 双击编辑树节点功能

Java核心编程200例
（视频课程+全套源程序）
本书部分案例

 实例044 雪花飘落动画效果

 实例160 简单的计票软件

 实例161 能显示图片的组合框

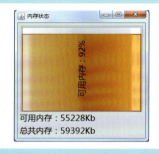 实例029 监视JVM内存状态

 实例040 图片融合特效

 实例143 实现带背景图片的窗体

 实例159 能预览图片的复选框

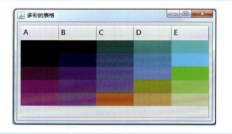 实例176 为单元格绘制背景色

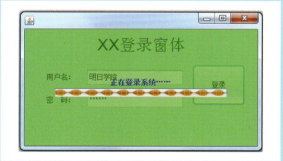 实例149 窗体顶层的进度条

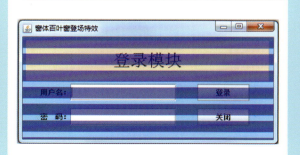 实例152 百叶窗登场特效

Java核心编程200例
(视频课程+全套源程序)
本书部分案例

实例 051 打字母游戏

实例 052 警察抓小偷

实例 053 掷骰子

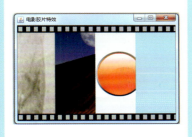
实例 043 电影胶片特效

实例 046 图片配对游戏

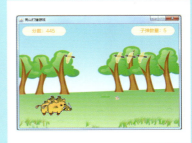
实例 050 荒山打猎游戏

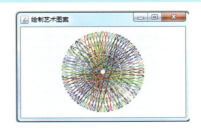
实例 031 绘制艺术图案

实例 032 绘制花瓣

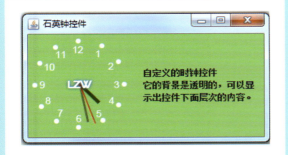
实例 197 石英钟控件

实例 198 日历控件

Java核心编程200例
（视频课程+全套源程序）
本书部分案例

实例 058 创建 3D 饼图

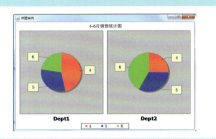
实例 059 实现多饼图

实例 061 绘制 3D 柱形图

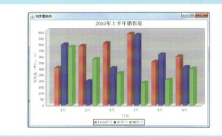
实例 063 多系列 3D 柱形图

实例 055 打造自己的开心农场（1）

实例 055 打造自己的开心农场（2）

实例 054 画梅花（1）

实例 054 画梅花（2）

Java
核心编程200例
（视频课程+全套源程序）

李永才◎编著

清华大学出版社
北京

内 容 提 要

这是一本 Java 编程的实用指南。本书精心挑选了涵盖 Java 编程开发应用领域的 200 个典型实例，实例按照"实例说明""关键技术""实现过程""扩展学习"模块进行分析解读，旨在通过大量的实例演练帮助读者打好扎实的编程根基，进而掌握这一强大的编程开发工具。

本书内容涵盖了 Java 基础应用、图形与图表操作、文字操作与数据库、网络安全与多线程、Swing 程序设计等方面的应用知识。每个实例都经过一线工程师精心编选，具有很强的实用性，这些实例为开发者提供了极佳的解决方案。另外，本书提供了 AI 辅助高效编程的使用指南，帮助读者掌握应用 AI 工具高效编程的使用技巧。本书还附赠 Java 编程开发的预备编程知识讲解视频、部分实例的实操讲解视频、环境搭建讲解视频和全部实例的完整源程序等。

本书内容详尽，实例丰富，既适合高校学生、软件开发培训学员及相关求职人员学习，也适合 Java 程序员参考学习。

版权所有，侵权必究。举报：010-62782989，beiqinquan@tup.tsinghua.edu.cn。

图书在版编目（CIP）数据

Java核心编程200例：视频课程+全套源程序 / 李永才编著. -- 北京：清华大学出版社，2025.4. -- ISBN 978-7-302-68804-4

Ⅰ.TP312.8

中国国家版本馆CIP数据核字第20250QM209号

责任编辑：袁金敏
封面设计：杨纳纳
责任校对：徐俊伟
责任印制：丛怀宇

出版发行：清华大学出版社
网　　址：https://www.tup.com.cn，https://www.wqxuetang.com
地　　址：北京清华大学学研大厦 A 座　　　邮　编：100084
社 总 机：010-83470000　　　邮　购：010-62786544
投稿与读者服务：010-62776969，c-service@tup.tsinghua.edu.cn
质 量 反 馈：010-62772015，zhiliang@tup.tsinghua.edu.cn

印 装 者：河北盛世彩捷印刷有限公司
经　　销：全国新华书店
开　　本：190mm×235mm　　印　张：27.5　　彩　插：2　　字　数：780 千字
版　　次：2025 年 5 月第 1 版　　印　次：2025 年 5 月第 1 次印刷
定　　价：108.00 元

产品编号：109521-01

前　言

程序开发是一项复杂而富有创造性的工作，它不仅需要开发人员掌握各方面的知识，还需要具备丰富的开发经验及创造性的编程思维。丰富的开发经验可以迅速提升开发人员解决实际问题的能力，从而缩短开发时间，使编程工作更为高效。

为使开发人员获得更多的经验，我们 Java 开发团队精心设计了 200 个经典实例，涵盖 Java 项目开发中的核心技术，以达到丰富经验、在实战中学技术的目的。

本书内容

本书分为 5 章，共计 200 个实例，书中实例均为一线开发人员精心设计，囊括了开发中经常使用和需要解决的热点、难点问题。在讲解实例时，分别从实例说明、关键技术、实现过程、扩展学习 4 个模块进行讲解。

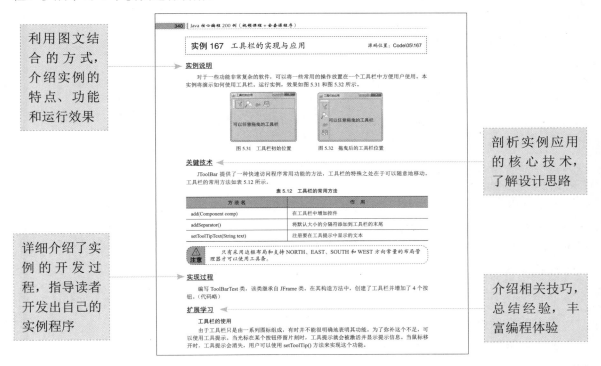

利用图文结合的方式，介绍实例的特点、功能和运行效果

剖析实例应用的核心技术，了解设计思路

详细介绍了实例的开发过程，指导读者开发出自己的实例程序

介绍相关技巧，总结经验，丰富编程体验

本书特点

实例丰富，涵盖广泛

本书精选了 200 个实例，涵盖了 Java 桌面程序开发各个方面的核心技术，以便读者积累丰富的开发经验。

关键技术实用、具体

书中所选实例均用到了项目开发中经常使用的技术，涵盖了编程中多个方面的应用，由一线工程师精心编选而成，可以帮助开发人员解读技术的实现过程。读者在开发时所需的关键技术、技巧可以通过本书查找。

书网结合，同步学习

为方便读者更好地使用本书进行学习，本书提供网络支持和服务，读者使用手机扫描下方预备知识基础视频二维码和项目开发讲解视频二维码，在手机端学习本书的教学视频，也可以将本书视频下载到电脑中，在电脑端学习。

可操作性强

开发人员可以参照本书中的实例，开发出自己的小程序，简单易学，便于积累经验。

技术服务完善

本书提供预备编程知识讲解视频、部分实例的项目开发讲解视频和环境搭建讲解视频，以及全书的实例源程序，另提供代码查错器帮助读者排查编程中的错误。读者可扫描以下视频二维码观看视频讲解，也可以扫描以下学习资源二维码，将资源下载到电脑中进行学习与演练。如果下载或学习中遇到技术问题，可以扫描以下技术支持二维码，获取技术帮助。

预备知识基础视频　　项目开发讲解视频　　学习资源二维码　　技术支持二维码

本书特别约定

实例使用方法

用户在学习本书的过程中，可以打开实例源代码，修改实例的只读属性。有些实例需要使用相应的数据库或第三方资源，这些实例在使用前需要进行相应配置。

源码位置

实例的存储格式为"Code\ 章号 \ 实例序号"。

部分实例只给出关键代码

由于篇幅限制，书中有些实例只给出了关键代码，完整代码请参考资源包中的实例源程序。

关于作者

本书由李永才策划并组织编写，参与编写的还有程瑞红、李贺、李佳硕、李海、高润岭、邹淑芳、李根福、张世辉、孙楠、孙德铭、周淑云、张勇生、刘清怀等，在此一并表示感谢。

编者

2025 年 4 月

目 录
Contents

第1章 Java 基础应用 1

- 实例 001 判断某一年是否为闰年 2
- 实例 002 从控制台接收输入的身份证号 3
- 实例 003 为新员工分配部门 4
- 实例 004 重定向输出流实现程序日志 5
- 实例 005 用动态数组保存学生姓名 7
- 实例 006 用 List 集合传递学生信息 9
- 实例 007 利用数组随机抽取幸运观众 10
- 实例 008 Map 映射集合实现省市级联
  选择框 12
- 实例 009 格式化当前日期 15
- 实例 010 人民币金额小写格式转换成
  大写格式 17
- 实例 011 验证 IP 地址的有效性 19
- 实例 012 鉴别非法电话号码 20
- 实例 013 汉诺塔问题求解 23
- 实例 014 ASCII 编码查看器 24
- 实例 015 经理与员工的差异 25
- 实例 016 简单的汽车 4S 店 27
- 实例 017 两只完全相同的宠物 29
- 实例 018 简单的截图软件 31
- 实例 019 泛型化的折半查找法 33
- 实例 020 查看和修改线程名称 34
- 实例 021 简单的电子时钟 37
- 实例 022 简单的模拟时钟 39
- 实例 023 简单的公历万年历 41
- 实例 024 判断日期格式的有效性 43
- 实例 025 查看本地时区 45
- 实例 026 计算程序运行时间 46
- 实例 027 七星彩号码生成器 48
- 实例 028 大乐透号码生成器 49
- 实例 029 监视 JVM 内存状态 51

第2章 图形与图表操作 53

- 实例 030 为图形填充渐变色 54
- 实例 031 绘制艺术图案 55
- 实例 032 绘制花瓣 56
- 实例 033 裁剪图片 58
- 实例 034 使用像素值生成图像 60
- 实例 035 水印文字特效 62
- 实例 036 中文验证码 63
- 实例 037 图片验证码 65
- 实例 038 带干扰线的验证码 66
- 实例 039 图片半透明特效 68
- 实例 040 图片融合特效 70
- 实例 041 文字跑马灯特效 71
- 实例 042 字幕显示特效 73
- 实例 043 电影胶片特效 75
- 实例 044 雪花飘落动画效果 77
- 实例 045 水波动画效果 79

- 实例046 图片配对游戏 ………………… 82
- 实例047 小猪走迷宫游戏 ……………… 85
- 实例048 拼图游戏 ……………………… 88
- 实例049 海滩捉螃蟹游戏 ……………… 93
- 实例050 荒山打猎游戏 ………………… 95
- 实例051 打字母游戏 …………………… 98
- 实例052 警察抓小偷 …………………… 100
- 实例053 掷骰子 ………………………… 103
- 实例054 画梅花 ………………………… 105
- 实例055 打造自己的开心农场 ………… 107
- 实例056 基本饼图 ……………………… 109
- 实例057 分离饼图 ……………………… 111
- 实例058 创建3D饼图 ………………… 112
- 实例059 实现多饼图 …………………… 114
- 实例060 简单柱形图 …………………… 116
- 实例061 绘制3D柱形图 ……………… 119
- 实例062 多系列柱形图 ………………… 121
- 实例063 多系列3D柱形图 …………… 124
- 实例064 基本折线图 …………………… 127
- 实例065 3D折线图 …………………… 130
- 实例066 XY折线图 …………………… 133
- 实例067 排序折线图 …………………… 136

第3章 文字操作与数据库 ………… 139

- 实例068 以树结构显示文件路径 ……… 140
- 实例069 文件批量重命名 ……………… 142
- 实例070 快速批量移动文件 …………… 144
- 实例071 读取属性文件的单个属性值 … 147
- 实例072 删除文件夹中的所有文件 …… 149
- 实例073 修改文件属性 ………………… 151
- 实例074 显示指定类型的文件 ………… 153
- 实例075 键盘录入内容保存到
  文本文件 ……………………… 155
- 实例076 逆序输出数组信息 …………… 157
- 实例077 合并多个txt文件 …………… 158
- 实例078 实现文件简单加密与解密 …… 160
- 实例079 分割大文件 …………………… 163
- 实例080 重新合并分割后的文件 ……… 165
- 实例081 向属性文件中添加信息 ……… 167
- 实例082 替换文本文件内容 …………… 168
- 实例083 批量复制指定扩展名的文件 … 171
- 实例084 投票统计 ……………………… 173
- 实例085 压缩所有文本文件 …………… 175
- 实例086 压缩所有子文件夹 …………… 177
- 实例087 在指定目录下搜索文件 ……… 179
- 实例088 压缩包解压到指定文件夹 …… 181
- 实例089 设置RAR压缩包密码 ……… 183
- 实例090 深层压缩文件夹的释放 ……… 186
- 实例091 把窗体压缩成ZIP文件 ……… 188
- 实例092 解压缩Java对象 …………… 190
- 实例093 窗体动态加载磁盘文件 ……… 191
- 实例094 从XML文件中读取数据 …… 194
- 实例095 分类存储文件夹中的文件 …… 195
- 实例096 统计文本中的字符数 ………… 197
- 实例097 序列化与反序列化对象 ……… 199
- 实例098 文件锁定 ……………………… 202
- 实例099 使用SAX解析XML
  元素名称 ……………………… 203
- 实例100 使用SAX解析XML元素名称
  和内容 ………………………… 205
- 实例101 使用SAX解析XML元素属性
  和属性值 ……………………… 208
- 实例102 使用DOM解析XML元素名称 … 210

- 实例 103 使用 DOM 解析 XML 元素名称和内容 ·············· 211
- 实例 104 使用 DOM 解析 XML 元素属性和属性值 ·············· 212

第 4 章 网络安全与多线程 ·············· 215

- 实例 105 获取本地主机的域名和主机名 ··· 216
- 实例 106 通过 IP 地址获取域名和主机名 ··· 217
- 实例 107 获取内网的所有 IP 地址 ·············· 219
- 实例 108 设置等待连接的超时时间 ·············· 221
- 实例 109 获取 Socket 信息 ·············· 222
- 实例 110 接收和发送 Socket 信息 ·············· 224
- 实例 111 使用 Socket 通信 ·············· 227
- 实例 112 防止 Socket 传递汉字乱码 ·············· 232
- 实例 113 使用 Socket 传输图片 ·············· 234
- 实例 114 使用 Socket 传输音频 ·············· 236
- 实例 115 使用 Socket 传输视频 ·············· 239
- 实例 116 一个服务器与一个客户端通信 ··· 240
- 实例 117 一个服务器与多个客户端通信 ··· 243
- 实例 118 客户端一对多通信 ·············· 245
- 实例 119 客户端一对一通信 ·············· 247
- 实例 120 聊天室服务器端 ·············· 250
- 实例 121 聊天室客户端 ·············· 252
- 实例 122 使用 MD5 加密 ·············· 256
- 实例 123 使用 Hmac 加密 ·············· 257
- 实例 124 使用 DSA 加密 ·············· 259
- 实例 125 线程的插队运行 ·············· 261
- 实例 126 使用方法实现线程同步 ·············· 263
- 实例 127 使用代码块实现线程同步 ·············· 265
- 实例 128 使用特殊域变量实现线程同步 ··· 266
- 实例 129 使用重入锁实现线程同步 ·············· 268
- 实例 130 使用线程局部变量实现线程同步 ·············· 270
- 实例 131 简单的线程通信 ·············· 272
- 实例 132 解决线程的死锁问题 ·············· 274
- 实例 133 使用阻塞队列实现线程同步 ··· 276
- 实例 134 哲学家就餐问题 ·············· 278
- 实例 135 使用信号量实现线程同步 ·············· 280
- 实例 136 使用原子变量实现线程同步 ·············· 282
- 实例 137 查看 JVM 中的线程名 ·············· 284
- 实例 138 查看和修改线程的优先级 ·············· 286
- 实例 139 使用事件分配线程更新 Swing 控件 ·············· 288

第 5 章 Swing 程序设计 ·············· 290

- 实例 140 根据桌面大小调整窗体大小 ····· 291
- 实例 141 自定义最大化、最小化和关闭按钮 ·············· 292
- 实例 142 设置闪烁的标题栏 ·············· 295
- 实例 143 实现带背景图片的窗体 ·············· 296
- 实例 144 渐变背景的主界面 ·············· 297
- 实例 145 文件的保存对话框 ·············· 299
- 实例 146 支持图片预览的文件选择对话框 ·············· 301
- 实例 147 右下角弹出信息窗体 ·············· 303
- 实例 148 颜色选择对话框 ·············· 305
- 实例 149 窗体顶层的进度条 ·············· 307
- 实例 150 窗体抖动效果 ·············· 309
- 实例 151 模拟 QQ 隐藏窗体 ·············· 310
- 实例 152 百叶窗登场特效 ·············· 311

- 实例153 框架容器的背景图片 ………… 313
- 实例154 拦截事件的玻璃窗格 ………… 315
- 实例155 简单的每日提示信息 ………… 317
- 实例156 抖动效果对话框 ……………… 319
- 实例157 给文本域设置背景图片 ……… 321
- 实例158 简单的字符统计工具 ………… 322
- 实例159 能预览图片的复选框 ………… 324
- 实例160 简单的计票软件 ……………… 325
- 实例161 能显示图片的组合框 ………… 327
- 实例162 使用滑块选择日期 …………… 330
- 实例163 模仿记事本的菜单栏 ………… 332
- 实例164 自定义纵向的菜单栏 ………… 334
- 实例165 复选框与单选按钮菜单 ……… 337
- 实例166 包含图片的弹出菜单 ………… 338
- 实例167 工具栏的实现与应用 ………… 340
- 实例168 修改列表项显示方式 ………… 341
- 实例169 修改列表项选择模式 ………… 343
- 实例170 查找特定的列表元素 ………… 344
- 实例171 设置表格的选择模式 ………… 346
- 实例172 实现表格的查找功能 ………… 348
- 实例173 在表格中应用组合框 ………… 350
- 实例174 删除表格中选中的行 ………… 353
- 实例175 实现表格的分页技术 ………… 355
- 实例176 为单元格绘制背景色 ………… 359
- 实例177 实现表格的栅栏效果 ………… 361
- 实例178 编写中国省市信息树 ………… 362
- 实例179 为树节点增加提示信息 ……… 364
- 实例180 双击编辑树节点功能 ………… 366
- 实例181 检查代码中的括号是否匹配 … 368
- 实例182 文档中显示自定义图片 ……… 371
- 实例183 高亮显示用户指定的关键字 … 372
- 实例184 使用微调控件调整时间 ……… 373
- 实例185 显示完成情况的进度条 ……… 375
- 实例186 监视文件读入的进度 ………… 377
- 实例187 支持图标的列表控件 ………… 379
- 实例188 实现按钮关键字描红 ………… 380
- 实例189 忙碌的按钮控件 ……………… 382
- 实例190 实现透明效果的表格控件 …… 383
- 实例191 在表格中显示工作进度百分比 … 385
- 实例192 在表格中显示图片 …………… 387
- 实例193 按钮放大效果 ………………… 389
- 实例194 带有动画效果的登录按钮 …… 391
- 实例195 焦点按钮的缩放 ……………… 393
- 实例196 动态加载表格数据 …………… 395
- 实例197 石英钟控件 …………………… 396
- 实例198 日历控件 ……………………… 398
- 实例199 平移面板控件 ………………… 401
- 实例200 背景图面板控件 ……………… 403

附录A AI辅助高效编程 ……………… 405
附录B Java代码编写规范 …………… 425
附录C Eclipse常用的快捷键 ………… 432

第 1 章

Java 基础应用

判断某一年是否为闰年
从控制台接收输入的身份证号
为新员工分配部门
重定向输出流实现程序日志
用动态数组保存学生姓名
……

实例001 判断某一年是否为闰年

源码位置：Code\01\001

实例说明

地球绕太阳运行周期为 365 天 5 小时 48 分 46 秒，比平年的 365 天多了 0.2422 日，所余下的时间约为四年累计一天，于第四年的 2 月份加上一天，使当年的天数变为 366 天。现行公历中每 400 年有 97 个闰年。本实例通过程序计算用户输入的年份是否为闰年，运行实例，效果如图 1.1 所示。

图 1.1 判断某一年是否为闰年

关键技术

本实例计算闰年的关键技术是公式。满足两种条件的整数可以称为闰年：非整百年份能被 4 整除的为闰年，整百年份能被 400 整除的为闰年。

该公式用 Java 语法实现的格式如下：

```
year % 4 == 0 && year % 100 != 0 || year % 400 == 0
```

实现过程

创建 LeapYear 类，在该类的主方法中接收用户输入的一个整数年份，然后通过闰年计算公式，判断这个年份是否为闰年，并在控制台输出判断结果。关键代码如下：

```
01  import java.util.Scanner;
02  public class LeapYear {
03      public static void main(String[] args) {
04          Scanner scan = new Scanner(System.in);
05          System.out.println("请输入一个年份: ");
06          long year = scan.nextLong();                                  // 接收用户输入
07          if (year % 4 == 0 && year % 100 != 0 || year % 400 == 0) {    // 是闰年
08              System.out.print(year + "是闰年！");
09          } else {                                                      // 不是闰年
10              System.out.print(year + "不是闰年！");
11          }
12      }
13  }
```

扩展学习

计算指定日期间经过的天数

本实例实现了判断某一年是否为闰年，请尝试计算从 2000 年 1 月 1 日到 2016 年 5 月 1 日一共经历了多少天。

实例 002　从控制台接收输入的身份证号　　源码位置：Code\01\002

实例说明

System 类包括 out 和 err 两个输出流，以及 in 输入流的实例对象等类成员，它可以接收用户的输入。本实例通过该输入流实现从控制台接收用户输入文本，并提示该文本的长度信息。实例运行效果如图 1.2 所示。

扫一扫，看视频

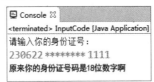

图 1.2　从控制台接收输入的身份证号

关键技术

本实例的关键技术用到了 System 类的输入流（即类变量 in），是标准的输入流实例对象，它可以接收用户的输入信息。另外，Scanner 类是 Java 的扫描器类，它可以从输入流中读取指定类型的数据或字符串。本实例使用 Scanner 类封装输入流对象，使用 nextLine() 方法从输入流中获取用户输入的整行文本字符串，该方法的声明如下：

```
public String nextLine()
```

该方法从扫描器封装的输入流中获取一行文本字符串作为方法的返回值。

实现过程

创建 InputCode 类，在该类的主方法中创建 Scanner 扫描器来封装 System 类的 in 输入流，然后提示用户输入身份证号码，并输出用户身份证号码的位数。关键代码如下：

```
01  public class InputCode {
02      public static void main(String[] args) {
03          Scanner scanner = new Scanner(System.in);            // 创建输入流扫描器
04          System.out.println("请输入你的身份证号：");              // 提示用户输入
05          String line = scanner.nextLine();                    // 获取用户输入的一行文本
06          // 打印对输入文本的描述
07          System.out.println("原来你的身份证号码是" + line.length() + "位数字啊");
08      }
09  }
```

扩展学习

灵活使用扫描器

InputStream 输入流以字节为单位来获取数据，而且需要复杂的判断并创建字节数组作为缓冲，最主要的是字节转换为字符时容易出现中文乱码的情况，所以对于字符数据的读取，应该使用扫描器进行封装，然后获取字符串类型的数据。

实例 003　为新员工分配部门

源码位置：Code\01\003

实例说明

扫一扫，看视频

　　本实例根据用户输入的信息确定员工应该分配到哪个部门。实例中需要根据用户输入的信息进行多条件判断，所以采用了 Switch 语句。运行实例，效果如图 1.3 所示。

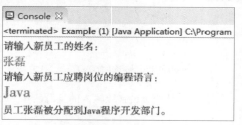

图 1.3　为新员工分配部门

关键技术

　　本实例在于使用了 Switch 多分支语句，该语句只支持对常量的判断，而常量又只能是 Java 的基本数据类型，本实例采取的做法是对字符串的哈希码进行判断，也就是把 String 类的 hashCode() 方法返回值作为 Switch 语法的表达式，case 关键字之后跟随的是各种字符串常量的哈希码整数值。

实现过程

　　创建 Example 类，在该类的主方法中创建标准输入流的扫描器，通过扫描器获取人事部门输入的姓名与应聘岗位编程语言，然后根据每种语言对应的哈希码来判断分配部门。关键代码如下：

```
01  import java.util.Scanner;
02  public class Example {
03      public static void main(String[] args) {
04          Scanner scan = new Scanner(System.in);
05          System.out.println("请输入新员工的姓名：");
06          String name = scan.nextLine();                      // 接收员工名称
07          System.out.println("请输入新员工应聘岗位的编程语言：");
08          String language = scan.nextLine();                  // 接收员工应聘岗位的编程语言
09          // 根据编程语言确定员工分配的部门
10          switch (language.hashCode()) {
11              case 3254818:                                   // Java的哈希码
12              case 2301506:                                   // Java的哈希码
13              case 2269730:                                   // Java的哈希码
14                  System.out.println("员工" + name + "被分配到Java程序开发部门。");
15                  break;
16              case 3104:                                      // C#的哈希码
```

```
17            case 2112:                                    // C#的哈希码
18                System.out.println("员工" + name + "被分配到C#项目维护组。");
19                break;
20            case -709190099:                              // ASP.NET的哈希码
21            case 955463181:                               // ASP.NET的哈希码
22            case 9745901:                                 // ASP.NET的哈希码
23                System.out.println("员工" + name + "被分配到ASP.NET程序测试部门。");
24                break;
25            default:
26                System.out.println("本公司不需要" + language + "语言的程序开发人员。");
27        }
28    }
29 }
```

扩展学习

为学生分配兴趣小组

本实例实现了为员工分配部门的功能。请尝试根据学生的兴趣,将其分配到合适的兴趣小组。

实例 004 重定向输出流实现程序日志

源码位置:Code\01\004

扫一扫,看视频

实例说明

System 类中的 out 成员变量是 Java 的标准输出流,程序常用它来输出调试信息,out 成员变量被定义为 final 类型的,无法直接重新复制,但是可以通过 setOut() 方法来设置新的输出流。本实例利用该方法实现了输出流的重定向,把它指向一个文件输出流,从而实现了日志功能。程序运行后绘制控制台提示运行结束信息,如图1.4 所示。但是在运行过程中的步骤都保存到了日志文件中,如图1.5 所示。

图1.4 控制台运行结果

图1.5 日志文件内容

关键技术

本实例调用了 System 类的 setOut() 方法改变了输出流,System 类的 out、err 和 in 成员变量是 final 类型的,不能直接赋值,要通过相应的方法来改变流。下面分别介绍改变这 3 个成员变量的方法:

☑ setOut() 方法

该方法用于重新分配 System 类的标准输出流。该方法的声明如下:

```
public static void setOut(PrintStream out)
```

参数说明:

out: 新的 PrintStream 输出流对象。

☑ setErr() 方法

该方法用于重新分配 System 类的标准错误输出流。该方法的声明如下:

```
public static void setErr(PrintStream err)
```

参数说明:

err: 新的 PrintStream 输出流对象。

☑ setIn() 方法

该方法用于重新设置 System 类的 in 成员变量, 即标准输入流。

实现过程

创建 RedirectOutputStream 类, 编写该类的 main() 主方法, 在该方法中保存 System 类的 out 成员变量为临时变量, 然后创建一个新的文件输出流, 并把这个输出流设置为 System 类新的输出流。在程序的关键位置输出调试信息, 这些调试信息将通过新的输出流保存到日志文件中。最后恢复原有输出流, 并输出程序运行结束信息。关键代码如下:

```
01  import java.io.FileNotFoundException;
02  import java.io.PrintStream;
03  public class RedirectOutputStream {
04      public static void main(String[] args) {
05          try {
06              PrintStream out = System.out;                                    // 保存原输出流
07              PrintStream ps = new PrintStream("./log.txt");                   // 创建文件输出流
08              System.setOut(ps);                                               // 设置使用新的输出流
09              int age = 18;                                                    // 定义整型变量
10              System.out.println("年龄变量成功定义, 初始值为18");
11              String sex = "女";                                               // 定义字符串变量
12              System.out.println("性别变量成功定义, 初始值为女");
13              // 整合两个变量
14              String info = "这是个" + sex + "孩子, 应该有" + age + "岁了。";
15              System.out.println("整合两个变量为info字符串变量, 其结果是: " + info);
16              System.setOut(out);                                              // 恢复原有输出流
17              System.out.println("程序运行完毕, 请查看日志文件。");
18          } catch (FileNotFoundException e) {
19              e.printStackTrace();
20          }
21      }
22  }
```

扩展学习

重定向标准错误输出流

参考本实例的做法, 把 err 标准错误输出流也重定向到其他位置。例如, 可以定义在与标准输出流相同的文件输出流中，但是在输出错误信息时，添加"警告："字样，可以为日志添加信息级别。

实例 005　用动态数组保存学生姓名

源码位置：Code\01\005

实例说明

Java 中提供了各种数据集合类，这些类主要用于保存复杂结构的数据。其中，ArrayList 集合可以看作为动态数组，它突破普通数组固定长度的限制，可以随时向数组中添加和移除元素，这将使数组更加灵活。本实例通过 ArrayList 集合类实现向程序动态添加与删除学生姓名的功能，所有数据都保存在 ArrayList 集合的实例对象中。运行实例，效果如图 1.6 所示。

扫一扫，看视频

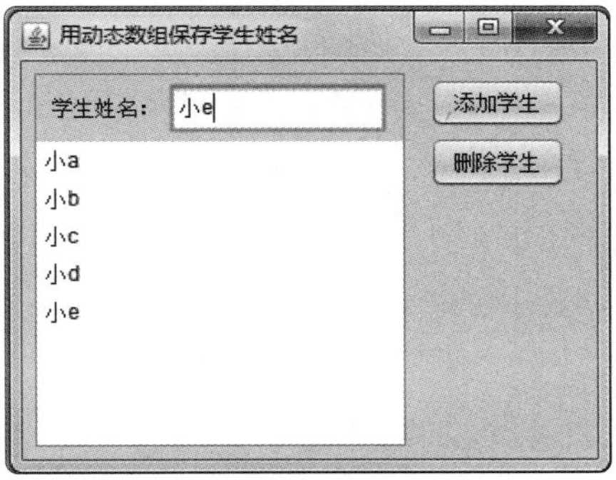

图 1.6　用动态数组保存学生姓名

关键技术

本实例使用了 ArrayList 集合类的相关操作方法，下面分别介绍程序中对 ArrayList 类 API 的引用。

☑ 添加元素

add() 方法可以把任意类型的元素添加到 List 集合的尾部，其中元素类型任意。该方法的声明如下：

```
public boolean add(E element)
```

参数说明：

① element：要添加到集合中的任意类型的元素值或对象。

② 返回值：是否成功添加数据。

☑ 移除元素

remove() 方法可以移除集合中的指定元素。该方法的声明如下：

```
public boolean remove(Object object)
```

参数说明：

① object：要从集合中移除的对象。

② 返回值：是否成功移除数据。

实现过程

（1）新建窗体类 DynamicArray。在窗体中添加文本框控件、列表控件，以及"添加学生"和"删除学生"两个按钮。

（2）编写"添加学生"按钮的事件处理方法，在该方法中获取用户在文本框的输入字符串，然后将这个字符串添加到 ArrayList 集合中，再调用 replaceModel() 方法把集合中的数据显示到窗体的列表控件中。关键代码如下：

```java
protected void do_button_actionPerformed(ActionEvent e) {
    textField.requestFocusInWindow();
    textField.selectAll();
    String text = textField.getText();            // 获取用户输入的姓名
    if (text.isEmpty())                           // 过滤为输入姓名的情况
        return;
    arraylist.add(text);                          // 把姓名添加到数组集合中
    replaceModel();                               // 把数组集合中的内容显示到界面列表控件中
}
```

（3）编写"删除学生"按钮的事件处理方法，在该方法中获取列表控件的当前选择项，然后从 ArrayList 集合中移除这个选择项的值，最后调用 replaceModel() 方法把集合中的数据显示到窗体的列表控件中。关键代码如下：

```java
protected void do_button_1_actionPerformed(ActionEvent e) {
    Object value = list.getSelectedValue();       // 获取列表控件的选择项
    arraylist.remove(value);                      // 从数组集合中移除用户的选择项
    replaceModel();                               // 把数组集合中的内容显示到界面列表控件中
}
```

（4）编写 replaceModel() 方法，在该方法中重新设置列表控件的模型，然后读取 ArrayList 集合的元素并显示到列表控件中。关键代码如下：

```java
private void replaceModel() {
    // 为列表控件设置数据模型，用于显示数组集合中的数据
    list.setModel(new AbstractListModel() {
        @Override
        public int getSize() {                    // 获取数组大小
            return arraylist.size();
        }
        @Override
        public Object getElementAt(int index) {   // 获取指定索引元素
            return arraylist.get(index);
        }
    });
}
```

扩展学习

用 ArrayList 集合处理动态数据

ArrayList 集合可以看作是一个动态的数组，它比普通数组更加灵活，更适合保存未知数量的数据。

例如，从数据库中读取指定条件的数据，并且在以后可能会不断地添加新数据，这种情况下如果使用普通数组不但会受到长度限制，而且还会受到类型限制。如果采用 ArrayList 集合，这些问题就会迎刃而解。

实例 006　用 List 集合传递学生信息

源码位置：Code\01\006

实例说明

在程序开发中经常用到 List 集合，例如，在业务方法中将学生信息、商品信息等存储到集合中，然后作为方法的返回值返回给调用者，以便传递大量的有序数据。本实例将使用 List 集合在方法之间传递学生信息。运行实例，效果如图 1.7 所示。

扫一扫，看视频

图 1.7　用 List 集合传递学生信息

关键技术

本实例使用 ArrayList 集合类的 add() 方法，为数组集合添加元素，其中元素可为任意类型。该方法的声明如下：

```
public boolean add(E element)
```

参数说明：
① element：要添加到集合中的任意类型的元素值或对象。
② 返回值：是否成功添加数据。

实现过程

（1）新建窗体类 ClassInfo，在窗体中添加滚动面板，用于放置表格控件。
（2）编写 getTable() 方法，在该方法中创建表格对象，并设置表格的数据模型，然后通过调用 getStudents() 方法获取保存学生信息的集合对象，在遍历该集合对象的同时把每个元素添加到表格模型的行，并显示到表格控件中。关键代码如下：

```
01    private JTable getTable() {
02        if (table == null) {
03            table = new JTable();                          // 创建表格控件
```

```
04        table.setRowHeight(23);                                    // 设置行高度
05        String[] columns = { "姓名", "性别", "出生日期" };              // 创建列名数组
06        // 创建表格模型
07        DefaultTableModel model = new DefaultTableModel(columns, 0);
08        table.setModel(model);                                     // 设置表格模型
09        // 调用方法传递List集合对象
10        List<String> students = getStudents();
11        for (String info : students) {                             // 遍历学生集合对象
12            String[] args = info.split(",");                       // 把学生信息拆分为数组
13            model.addRow(args);                                    // 把学生信息添加到表格的行
14        }
15    }
16    return table;
17 }
```

（3）编写 getStudents() 方法，该方法将向调用者传递 List 集合对象，并为集合对象添加多个元素，每个元素值都是一个学生信息，其中包括姓名、性别、出生日期。关键代码如下：

```
01 private List<String> getStudents() {
02     // 创建List集合对象
03     List<String> list = new ArrayList<String>();
04     list.add("李哥,男,1981-1-1");                                   // 添加数据到集合对象
05     list.add("小陈,女,1981-1-1");
06     list.add("小刘,男,1981-1-1");
07     list.add("小张,男,1981-1-1");
08     list.add("小董,男,1981-1-1");
09     list.add("小吕,男,1981-1-1");
10     return list;
11 }
```

扩展学习

更高级的 List<T> 泛型集合

List<T> 泛型集合表示可通过索引访问对象的列表，它提供用于对列表进行搜索、排序和操作的方法。相对于 ArrayList 类来说，List<T> 泛型集合在大多数情况下执行得更好，并且类型是安全的。

实例 007　利用数组随机抽取幸运观众

源码位置：Code\01\007

实例说明

扫一扫，看视频

在电视节目中，经常看到随机抽取幸运观众。如果抽取观众的范围较小，可以通过数组实现，而且效率很高。下面介绍实现的方法：首先将所有观众姓名生成数组，然后获得数组元素的总数量，再从数组元素中随机抽取元素的下标，根据抽取的下标抽取幸运观众。运行实例，效果如图 1.8 所示。

图 1.8　利用数组随机抽取幸运观众

关键技术

本实例中的重点是把字符串中的人员名单分割为数组,以及随机生成数组下标索引,这分别需要用到 String 类的 split() 方法和 Math 类的 random() 方法。下面对这两个方法进行简单介绍。

☑ 字符串分割为数组

String 类的 split() 方法可以根据指定的正则表达式对字符串进行分割,并返回分割后的字符串数组。例如,"a""b""c"如果以","作为分隔符,则返回值就是包含"a""b"和"c"3 个字符串的数组。该方法的声明如下:

```
public String[] split(String regex)
```

参数说明:

regex: 分割字符串的定界正则表达式。

☑ 生成随机数

抽奖当然是随机抽取的,这就需要用到随机数,Java 在 Math 类中提供了 random() 静态方法,可以生成 0 ~ 1 之间的 double 类型随机数值。该方法的声明如下:

```
public static double random()
```

该方法生成的是 0 ~ 1 之间的小数,由于数组下标是整数且又要根据数组长度来生成随机数,所以要把生成的随机数与数组长度相乘。关键代码如下:

```
int index = (int) (Math.random() * personnelArray.length);        // 生成随机数组索引
```

以上代码把随机数与数组长度的乘积转换为整型作为随机数组下标索引。

实现过程

(1)创建窗体类。在窗体中添加两个文本域、一个文本框和两个按钮,其中两个按钮分别用于抽取幸运观众和退出程序。

(2)为文本框添加按键事件监听器,并编写事件处理方法,当用户在文本框中输入观众姓名并按下 Enter 键时,事件处理方法将观众姓名添加到文本域中并以回车换行符作为分割符,然后选择文本框中的所有文本准备接收用户的下一次输入。关键代码如下:

```
01  protected void do_textField_keyPressed(KeyEvent e) {
02      if (e.getKeyChar() != '\n')                          // 不是回车换行符不做处理
03          return;
04      String name = nameField.getText();
05      if (name.isEmpty())                                  // 如果文本框没有字符串，则不做处理
06          return;
07      personnelArea.append(name + "\n");                   // 把输入人名与回车符添加到人员列表中
08      nameField.selectAll();                               // 选择文本框所有字符
09  }
```

（3）编写"抽取"按钮的事件处理方法，在该方法中把文本域保存的所有观众名称分割成字符串数组，然后通过随机数生成数组下标，当然这个下标是不固定的，再在另一个文本域控件中输出抽取幸运观众的颁奖信息。关键代码如下：

```
01  protected void do_button_actionPerformed(ActionEvent e) {
02      String perstring = personnelArea.getText();          // 获取人员列表文本
03      String[] personnelArray = perstring.split("\n{1,}"); // 获取人员数组
04      // 生成随机数组索引
05      int index = (int) (Math.random() * personnelArray.length);
06      // 定义包含格式参数的中奖信息
07      String formatArg = "本次抽取观众人员：\n\t%1$s\n恭喜%1$s成为本次观众抽奖的大奖得主。"
08          + "\n\n我们将为%1$s颁发：\n\t过期的酸奶二十箱。";
09      // 为中奖信息添加人员参数
10      String info = String.format(formatArg, personnelArray[index]);
11      resultArea.setText(info);                            // 在文本域中显示中奖信息
12  }
```

扩展学习

数组的静态初始化

在创建与初始化数组时，通常先定义指定类型的数组变量，然后用 new 关键字创建数组，再分别对数组元素进行赋值。例如：

```
int[] array = new int[3];
    array[0]=1;
    array[1]=2;
    array[2]=3;
```

Java 支持静态数组初始化，在定义数组的同时为数组分配空间并赋值。例如：

```
int[] array = { 1, 2, 3, 4 };
```

实例 008　Map 映射集合实现省市级联选择框　　源码位置：Code\01\008

实例说明

Map 集合可以保存键值映射关系，这非常适合本实例所需要的数据结构，所有省份信息可以保

存为 Map 集合的键,而每个键可以保存对应的城市信息。本实例就利用这个 Map 集合实现省市级联选择框,当选择省份信息时,将改变城市下拉列表框对应的内容。运行实例,效果如图 1.9 所示。

扫一扫,看视频

图 1.9 Map 映射集合实现省市级联选择框

关键技术

本实例使用 Map 集合保存键值对数据,这样可以根据指定的键名称来获取值数据。下面介绍 Map 集合的关键方法。

☑ 添加映射键值对

本实例通过 Map 集合来保存省市信息,其中省份作为映射的键,而城市数组作为键对应的值,Map 映射提供了 put() 方法来为集合添加数据。该方法的声明如下:

```
V put(K key, V value)
```

参数说明:
① key:与指定值关联的键。
② value:与指定键关联的值。
③ 返回值:以前与 key 关联的值,如果没有针对 key 的映射关系,则返回 null。

☑ 获取键对应的值

Map 集合的 get() 方法返回指定键所映射的值,如果此映射不包含该键的映射关系,则返回 null。该方法的声明如下:

```
V get(Object key)
```

参数说明:
① key:要返回其关联值的键。
② 返回值:指定键所映射的值;如果此映射不包含该键的映射关系,则返回 null。

☑ 获取键的 Set 集合

Map 集合可以获取所有键的 Set 集合,这个集合中包含 Map 中的所有键,本实例通过 keySet() 方法获取所有键信息来为下拉列表框添加内容。该方法的声明如下:

```
    Set<K>   keySet()
```

实现过程

（1）新建窗体类 CityMap。在该类中创建并初始化 Map 集合对象，在该集合对象中保存各省市的关联信息。关键代码如下：

```
01  public class CityMap {
02      public static Map<String, String[]> model = new LinkedHashMap();
03      static {
04          model.put("北京", new String[] { "北京" });
05          model.put("上海", new String[] { "上海" });
06          model.put("天津", new String[] { "天津" });
07          model.put("重庆", new String[] { "重庆" });
08          model.put("黑龙江", new String[] { "哈尔滨", "齐齐哈尔", "牡丹江", "大庆", "伊春",
                "双鸭山", "鹤岗", "鸡西", "佳木斯", "七台河", "黑河", "绥化", "大兴安岭" });
09          model.put("吉林", new String[] { "长春", "延边", "吉林", "白山", "白城", "四平",
                "松原", "辽源", "大安", "通化" });
10          model.put("辽宁", new String[] { "沈阳", "大连", "葫芦岛", "旅顺", "本溪", "抚顺",
                "铁岭", "辽阳", "营口", "阜新", "朝阳", "锦州", "丹东", "鞍山" });
11      ……                                                          // 省略类似代码
12      }
13  }
```

（2）创建 MainFrame 主窗体类，在该类中添加 3 个文本框，分别用于输入姓名、详细地址和 E-mail 信息，再添加"选择性别"的下拉列表框、"保存"按钮和"重置"按钮，最后添加两个核心控件，也就是"选择省份"与"选择城市"的下拉列表框。

（3）编写 getProvince() 方法，在该方法中获取 Map 集合的键映射，也就是省份信息的 Set 集合，然后将该集合转换为数组，并作为方法的返回值，这个方法将在省份下拉列表框的初始化代码时调用。关键代码如下：

```
01  public Object[] getProvince() {
02      Map<String, String[]> map = CityMap.model;      // 获取省份信息保存到Map中
03      Set<String> set = map.keySet();                 // 获取Map集合中的键，并以Set集合返回
04      Object[] province = set.toArray();              // 转换为数组
05      return province;                                // 返回获取的省份信息
06  }
```

（4）编写选择省份的下拉列表框的事件处理方法，该方法在省份下拉列表框改变选项时被调用，方法首先获取下拉列表框的选项值，然后把该值作为键到 Map 集合中查找对应该键的值，返回结果是对应省份的所有城市名称组成的数组。最后用这个数组创建一个数据模型添加到城市下拉列表框控件中，以更新内容。关键代码如下：

```
01  private void itemChange() {
02      String selectProvince = (String) comboBox.getSelectedItem();
03      cityComboBox.removeAllItems();                          // 清空市/县列表
04      String[] arrCity = getCity(selectProvince);             // 获取市/县
05      // 重新添加市/县列表的值
06      cityComboBox.setModel(new DefaultComboBoxModel(arrCity));
07  }
```

（5）编写 getCity() 方法，该方法主要负责获取对应省份的城市数组，它将在省份下拉列表框控件的事件处理方法中被调用。关键代码如下：

```
01    public String[] getCity(String selectProvince) {
02        Map<String, String[]> map = CityMap.model;    // 获取省份信息保存到Map中
03        String[] arrCity = map.get(selectProvince);    // 获取指定键的值
04        return arrCity;                                // 返回获取的市/县
05    }
```

扩展学习

掌握各种 Map 集合

Map 集合的具体实现有很多，应该根据需要来选择，其中 HashMap 是最常用的映射集合，它只允许一条记录的键为 null，但是却不限制集合中值为 null 的数量。HashTable 实现一个映射，它不允许任何键值为空。TreeMap 集合将对集合中的键值排序，默认排序方式为升序。

实例 009 格式化当前日期

源码位置：Code\01\009

实例说明

日期字符串的格式因语言环境而不同，国际化的程序必须考虑程序在不同语言环境中的应用。所以提供一个格式化类就非常必要，Java 中的 java.text 包提供了 DateFormat 类，通过该类实现了几个不同语言环境的日期格式输出。运行实例，效果如图 1.10 所示。

扫一扫，看视频

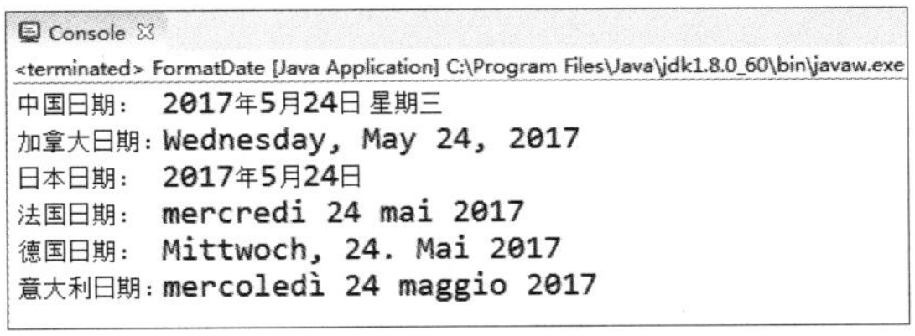

图 1.10 格式化当前日期

关键技术

本实例使用 java.text 包中的 DateFormat 类，它是一个抽象类，不能被实例化，但是它提供了一些静态方法来获取内部的实现类的实例对象。下面介绍本实例获取 DateFormat 类的对象和进行格式化的方法。

☑ 获取日期格式器

```
public static final DateFormat getDateInstance(int style,Locale aLocale)
```

该方法用于获取指定样式和语言环境的日期格式器对象。

参数说明：

① style：指定格式器对象对日期使用的格式化样式，可选值有 SHORT（使用数字）、LONG（比

较长的描述）和 FULL（完整格式）。
　②aLocale：格式器使用的语言环境对象。
　☑ 日期格式化

```
public final String format(Date date)
```

该方法将一个日期对象格式化为指定格式的字符串。
参数说明：
date：日期类的实例对象。

实现过程

创建 FormatDate 类，在该类的主方法中创建一个 Date 类的日期对象，然后再分别创建各语言环境的日期格式器对象，并输出这些格式器对象对该日期进行格式化后的字符串信息。关键代码如下：

```
01  import java.text.DateFormat;
02  import java.util.Date;
03  import java.util.Locale;
04  public class FormatDate {
05      public static void main(String[] args) {
06          Date date = new Date();
07          DateFormat formater = DateFormat.getDateInstance(DateFormat.FULL, Locale.CHINA);
08          // 中国日期
09          String string = formater.format(date);
10          System.out.println("中国日期：\t" + string);
11          // 加拿大日期
12          formater = DateFormat.getDateInstance(DateFormat.FULL, Locale.CANADA);
13          System.out.println("加拿大日期：\t" + formater.format(date));
14          // 日本日期
15          formater = DateFormat.getDateInstance(DateFormat.FULL, Locale.JAPAN);
16          System.out.println("日本日期：\t" + formater.format(date));
17          // 法国日期
18          formater = DateFormat.getDateInstance(DateFormat.FULL, Locale.FRANCE);
19          System.out.println("法国日期：\t" + formater.format(date));
20          // 德国日期
21          formater = DateFormat.getDateInstance(DateFormat.FULL, Locale.GERMAN);
22          System.out.println("德国日期：\t" + formater.format(date));
23          // 意大利日期
24          formater = DateFormat.getDateInstance(DateFormat.FULL, Locale.ITALIAN);
25          System.out.println("意大利日期：\t" + formater.format(date));
26      }
27  }
```

扩展学习

使用日期格式器

日期字符串的格式因语言环境而不同，虽然可以通过灵活的字符串操作手动实现指定环境的日期格式，但是建议采用 Java 提供的日期格式器来完成，这样可以提高程序的开发效率，并且采用已有组件可以避免程序的调试与错误的发生。

实例010　人民币金额小写格式转换成大写格式

源码位置：Code\01\010

实例说明

在处理财务账款时，一般需要使用大写金额。如进行转账时，需要将转账小写金额写成大写。也就是说，如果要转账 765756.00 元，转换成大写金额需要写成"柒拾陆万伍仟柒佰伍拾陆元整"。对于这种情况，如果手动填写不仅麻烦，而且容易出错，所以常常需要通过程序控制自动进行转换。例如，中国工商银行的汇款页面在第三步填写款项信息时，就实现了人民币金额大小写转换功能，如图 1.11 所示。本实例实现了小写金额到大写金额的转换。运行实例，效果如图 1.12 所示。

图 1.11　中国工商银行在网页中对金额大小写格式的转换

图 1.12　人民币金额小写转换成大写

关键技术

实现本实例关键在于以下几点：
- ☑ 将数字格式化，如果存在小数部分，将其转换为 3 位小数。
- ☑ 分别将整数部分与小数部分转换为大写方式，并插入单位（亿、万、仟……）。
- ☑ 组合转换后整数部分与小数部分的写法。

实现过程

（1）创建 ConvertMoney 类，在该类的主方法中接收用户输入的金额，然后通过 convert() 方法把小写金额转换成大写金额的字符串格式，并输出到控制台。关键代码如下：

```
01  public static void main(String[] args) {
02      Scanner scan = new Scanner(System.in);          // 创建扫描器
03      System.out.println("请输入一个金额");
04      // 获取金额转换后的字符串
05      String convert = convert(scan.nextDouble());
06      System.out.println(convert);                    // 输出转换结果
07  }
```

（2）编写金额转换的 convert() 方法，该方法在主方法中被调用，用于金额大写格式的转换。在该方法中创建 DecimalFormat 类的实例对象，通过这个格式器对象把金额数字格式化，并把格式化后的数值保留 3 位小数。然后分别调用 getInteger() 方法与 getDecimal() 方法转换整数与小数部分,并返回转换后的结果。程序关键代码如下:

```
01  public static String convert(double d) {
02      // 实例化DecimalFormat对象
03      DecimalFormat df = new DecimalFormat("#0.###");
04      // 格式化double数字
05      String strNum = df.format(d);
06      // 判断是否包含小数点
07      if (strNum.indexOf(".") != -1) {
08          String num = strNum.substring(0, strNum.indexOf("."));
09          // 整数部分大于12不能转换
10          if (num.length() > 12) {
11              System.out.println("数字太大,不能完成转换! ");
12              return "";
13          }
14      }
15      String point = "";                                       // 小数点
16      if (strNum.indexOf(".") != -1) {
17          point = "元";
18      } else {
19          point = "元整";
20      }
21      String result = getInteger(strNum) + point + getDecimal(strNum);  // 转换结果
22      if (result.startsWith("元")) {                            // 判断字符串是否以"元"结尾
23          result = result.substring(1, result.length());       // 截取字符串
24      }
25      return result;                                           // 返回新的字符串
26  }
```

(3) 编写 getInteger() 方法,该方法用于转换数字整数部分的大写格式,在该方法中判断数字是否包含小数点,然后把数字转换为字符串并反转字符顺序,为每个数字添加其对应的大写单位。关键代码如下:

```
01  public static String getInteger(String num) {
02      if (num.indexOf(".") != -1) {                            // 判断是否包含小数点
03          num = num.substring(0, num.indexOf("."));
04      }
05      num = new StringBuffer(num).reverse().toString();        // 反转字符串
06      StringBuffer temp = new StringBuffer();                  // 创建一个StringBuffer对象
07      for (int i = 0; i < num.length(); i++) {                 // 加入单位
08          temp.append(STR_UNIT[i]);
09          temp.append(STR_NUMBER[num.charAt(i) - 48]);
10      }
11      num = temp.reverse().toString();                         // 反转字符串
12      num = numReplace(num, "零拾", "零");                      // 替换字符串的字符
13      num = numReplace(num, "零佰", "零");                      // 替换字符串的字符
14      num = numReplace(num, "零仟", "零");                      // 替换字符串的字符
15      num = numReplace(num, "零万", "万");                      // 替换字符串的字符
16      num = numReplace(num, "零亿", "亿");                      // 替换字符串的字符
17      num = numReplace(num, "零零", "零");                      // 替换字符串的字符
```

```
18        num = numReplace(num, "亿万", "亿");                    // 替换字符串的字符
19        // 如果字符串以零结尾,则将其除去
20        if (num.lastIndexOf("零") == num.length() - 1) {
21            num = num.substring(0, num.length() - 1);
22        }
23        return num;
24    }
```

扩展学习

使用 DecimalFormat 类格式化浮点数

DecimalFormat 类可以指定格式化模版来格式化浮点数,通过调用该类的 format() 方法可以使用指定模版来格式化任意浮点数字。

实例 011　验证 IP 地址的有效性

源码位置:Code\01\011

实例说明

IP 地址是网络上每台计算机的标识,在浏览器中输入的网址也是要经过 DNS 服务器转换为 IP 地址后,才能实现通信。在很多网络程序中要求设置服务器 IP 地址或者输入要连接的 IP 地址,如果 IP 地址输入错误将使程序无法运行。本实例实现对 IP 地址的验证功能,把该功能加载到网络程序中,可以避免用户 IP 地址输入错误。运行实例,效果如图 1.13 所示。

图 1.13　验证 IP 地址的有效性

关键技术

本实例中用户在输入 IP 地址时,程序可以获取的只有字符串类型,所以本实例利用字符串的灵活性与正则表达式搭配进行 IP 格式与范围的验证。下面介绍本实例使用的方法:

```
public boolean matches(String regex)
```

该方法是 String 字符串类的方法,用于判断字符串与指定的正则表达式是否匹配。

参数说明:

regex:用来匹配此字符串的正则表达式。

实现过程

（1）创建窗体类 CheckIPAddress，在该窗体类中添加一个输入 IP 地址的文本框和一个"验证"按钮。

（2）编写"验证"按钮的事件处理方法，该方法将获取用户输入，然后调用 matches() 方法对输入进行判断，再在对话框中输出结果。关键代码如下：

```java
01    protected void do_button_actionPerformed(ActionEvent e) {
02        String text = ipField.getText();                      // 获取用户输入
03        String info = matches(text);                          // 对输入文本进行IP验证
04        JOptionPane.showMessageDialog(null, info);            // 在对话框中输出验证结果
05    }
```

（3）编写验证 IP 地址的 matches() 方法，该方法利用正则表达式对输入字符串进行验证，并返回验证结果。关键代码如下：

```java
01    public String matches(String text) {
02        if(text != null && !text.isEmpty()){
03            // 定义正则表达式
04            String regex = "^(1\\d{2}|2[0-4]\\d|25[0-5]|[1-9]\\d|[1-9])\\."
05                    + "(1\\d{2}|2[0-4]\\d|25[0-5]|[1-9]\\d|\\d)\\."
06                    + "(1\\d{2}|2[0-4]\\d|25[0-5]|[1-9]\\ d|\\d)\\."
07                    + "(1\\d{2}|2[0-4]\\d|25[0-5]|[1-9]\\d|\\d)$";
08            // 判断IP地址是否与正则表达式匹配
09            if(text.matches(regex)){
10                // 返回判断信息
11                return text + "\n是一个合法的IP地址！";
12            }else{
13                // 返回判断信息
14                return text + "\n不是一个合法的IP地址！";
15            }
16        }
17        // 返回判断信息
18        return "请输入要验证的IP地址！";
19    }
```

扩展学习

正则表达式的转义符

在正则表达式中，"."代表任意一个字符，因此在正则表达式中，如果想使用普通意义的点字符"."，则必须使用转义字符"\"。

实例 012　鉴别非法电话号码

源码位置：Code\01\012

实例说明

扫一扫，看视频

程序开发中经常需要输入用户信息或联系方式，其中有一些数组的格式是固定的

（如电话号码就是固定格式的数据），程序处理逻辑也是按照这个格式来实现的，但是由于用户输入的字符串灵活性较大，容易输入格式错误的数据。本实例将演示如何利用正则表达式来确定输入电话号码格式是否匹配。运行实例，效果如图1.14所示。在程序中加入该模块可以禁止用户输入错误的电话号码。

图 1.14　鉴别非法电话号码

关键技术

本实例使用正则表达式对电话号码进行了格式匹配验证。正则表达式通常被用于判断语句中，来检查某一字符串是否满足某一格式。它是含有一些特殊意义字符的字符串，这些特殊字符称为正则表达式的元字符。例如，"\\d"表示数字0～9中的任何一个，"\\d"就是元字符。正则表达式中的元字符及其意义如表1.1所示。

表 1.1　正则表达式中的元字符及其意义

元　字　符	正则表达式中的写法	意　　义
.	"."	代表任意一个字符
\d	"\\d"	代表0～9的任何一个数字
\D	"\\D"	代表任何一个非数字字符
\s	"\\s"	代表空白字符，如"\t""\n"
\S	"\\S"	代表非空白字符
\w	"\\w"	代表可用作标识符的字符，但不包括"$"符
\W	"\\W"	代表不可用于标识符的字符
\p{Lower}	\\p{Lower}	代表小写字母{a～z}
\p{Upper}	\\p{Upper}	代表大写字母{A～Z}
\p{ASCII}	\\p{ASCII}	ASCII字符

续表

元 字 符	正则表达式中的写法	意 义
\p{Alpha}	\\p{Alpha}	字母字符
\p{Digit}	\\p{Digit}	十进制数字，即 [0～9]
\p{Alnum}	\\p{Alnum}	数字或字母字符
\p{Punct}	\\p{Punct}	标点符号：!"#$%&'()*+,-./:;<=>?@[\]^_`{|}~
\p{Graph}	\\p{Graph}	可见字符：[\p{Alnum}\p{Punct}]
\p{Print}	\\p{Print}	可打印字符：[\p{Graph}\x20]
\p{Blank}	\\p{Blank}	空格或制表符：[\t]
\p{Cntrl}	\\p{Cntrl}	控制字符：[\x00-\x1F\x7F]

实现过程

（1）新建窗体类 CheckPhoneNum。在该窗体类中添加 3 个文本框，分别用于输入姓名、年龄与电话号码，然后再添加一个"验证"按钮。

（2）编写"验证"按钮的事件处理方法，该方法获取用户在文本框中输入的电话号码字符串，然后调用 check() 方法进行验证，并使用对话框输出验证结果。关键代码如下：

```
01  protected void do_button_actionPerformed(ActionEvent e) {
02      String text = phoneNumField.getText();              // 获取用户输入
03      String info = check(text);                          // 对输入文本进行IP验证
04      JOptionPane.showMessageDialog(null, info);          // 用对话框输出验证结果
05  }
```

（3）编写 check() 方法，该方法用于验证指定的字符串与正确的电话号码格式是否匹配。首先判断字符串是否为空，然后再通过正则表达式对字符串进行验证，并将验证结果作为方法的返回值。关键代码如下：

```
01  public String check(String text){
02      if(text == null || text.isEmpty()){
03          return "请输入电话号码！";
04      }
05      // 定义正则表达式
06      String regex = "^\\d{3}-?\\d{8}|\\d{4}-?\\d{8}$";
07      // 判断输入数据是否为电话号码
08      if(text.matches(regex)){
09          return text + "\n是一个合法的电话号码！";
10      }else{
11          return text + "\n不是一个合法的电话号码！";
12      }
13  }
```

扩展学习

不能使用未初始化的对象

一个 Java 对象（字符串也是 Java 对象）必须先初始化才能使用，否则编译器会提示"使用的变量未初始化"错误。

实例 013　汉诺塔问题求解

源码位置：Code\01\013

实例说明

汉诺塔问题的描述如下：有 3 根柱子 A、B 和 C，在 A 上从下往上按照从小到大的顺序放着 64 个圆盘，以 B 为中介，把盘子全部移动到 C 上。移动过程中，要求任意盘子的下面要么没有盘子，要么只能有比它大的盘子。本实例实现了三阶汉诺塔问题的求解。运行实例，效果如图 1.15 所示。

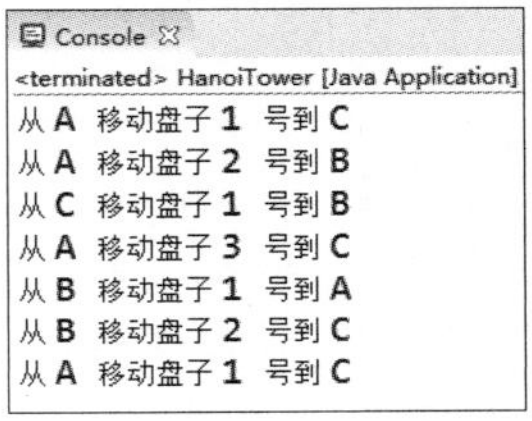

图 1.15　汉诺塔问题求解

关键技术

为了将第 N 个盘子从 A 移动到 C，需要先将第 N 个盘子上面的 N–1 个盘子移动到 B 上，这样才能将第 N 个盘子移动到 C 上。同理，为了将第 N–1 个盘子从 B 移动到 C 上，需要将 N–2 个盘子移动到 A 上，这样才能将第 N–1 个盘子移动到 C 上。通过递归就可以实现汉诺塔问题的求解，其最少移动次数为 2^N-1。

实现过程

编写 HanoiTower 类，在该类中包含了两个方法，moveDish() 方法使用递归来实现问题的求解，main() 方法用来进行测试。代码如下：

```java
public class HanoiTower {
    public static void moveDish(int level, char from, char inter, char to) {
        if (level == 1) {                                       // 如果只有1个盘子，则退出迭代
            System.out.println("从 " + from + " 移动盘子 1 号到 " + to);
        } else {                                                // 如果数量大于1个盘子，则继续迭代
            moveDish(level - 1, from, to, inter);
            System.out.println("从 " + from + " 移动盘子 " + level + " 号到 " + to);
            moveDish(level - 1, inter, from, to);
        }
    }
    public static void main(String[] args) {
        int nDisks = 3;                                         // 设置汉诺塔为三阶
        moveDish(nDisks, 'A', 'B', 'C');                        // 实现移动算法
    }
}
```

扩展学习

static 方法的使用

当类所实现的功能与具体的对象无关时,可以使用 static 方法。如果使用 public 修饰某个类中的 static 方法,那么访问这个方法时,既可以使用"类名.方法名"的方式访问,又可以使用"对象.方法名"的方式访问。通常推荐前者,因为它能更好地表示 static 关键字的含义。

实例 014 ASCII 编码查看器

源码位置:Code\01\014

实例说明

扫一扫,看视频

ASCII 是 American Standard Code Information Interchange 的缩写,是基于拉丁字母的一套计算机编码系统,主要用于显示英语字符,是目前世界上最通用的单字节编码。基本的 ASCII 编码包括了 128 个字符。本实例将编写一个 ASCII 编码查看器,可以将字符转换成数字,也可以反向转换。运行实例,效果如图 1.16 所示。

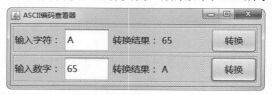

图 1.16 ASCII 编码查看器

> **说明:** 如果输入了多个字符,则在转换时只取第一个字符转换成数字。本实例未对数字范围进行校验。

关键技术

Character 类是 char 类型的包装类,该类除了能将 char 类型转换成引用类型外,还包括了大量处理字符编码的方法。本实例使用 codePointAt() 方法获得字符的代码点,该方法的声明如下:

```
public static int codePointAt(char[] a,int index)
```

参数说明:
① a:char 数组。
② index:要转换的 char 数组中的 char 值(Unicode 代码单元)的索引。
使用 toChars() 方法将指定的代码点转换成 UTF-16 编码的 char 数组,该方法的声明如下:

```
public static char[] toChars(int codePoint)
```

参数说明:
codePoint:一个 Unicode 代码点。

实现过程

(1) 编写 ASCIIViewer 类,该类继承了 JFrame 类。在框架中主要包含了两个文本域和两个"转换"按钮,文本域用来获得用户的输入,"转换"按钮用来完成转换功能,并在标签上显示。

(2)编写方法 do_toNumberButton_actionPerformed(),用来监听单击第一个"转换"按钮事件。在该方法中,将用户输入的字符转换成数字,关键代码如下:

```
01  protected void do_toNumberButton_actionPerformed(ActionEvent e) {
02      String ascii = asciiTextField.getText();        // 获取用户输入的字符串
03      int i = Character.codePointAt(ascii, 0);        // 求字符串的第一个字符的代码点
04      label3.setText("" + i);                         // 更新标签
05  }
```

(3)编写方法 do_toASCIIButton_actionPerformed(),用来监听单击第二个"转换"按钮事件。在该方法中,将用户输入的数字转换成字符,关键代码如下:

```
01  protected void do_toASCIIButton_actionPerformed(ActionEvent e) {
02      String number = numberTextField.getText();      // 获取用户输入的字符串
03      // 求数字所对应的字符数组
04      char[] a = Character.toChars(Integer.parseInt(number));
05      label6.setText(new String(a));                  // 更新标签
06  }
```

扩展学习

Character 类的应用

Character 类的方法和数据是通过 UnicodeData 文件中的信息定义的,该文件是 Unicode Consortium 维护的 Unicode Character Database 的一部分。此文件指定了各种属性,其中包括每个已定义 Unicode 代码点或字符范围的名称和常规类别。

实例 015 经理与员工的差异

源码位置:Code\01\015

实例说明

对于在同一家公司工作的部门经理和员工而言,两者是有很多共同点的。例如,每个月都要发工资,但是经理在完成目标任务后,还会获得管理奖金。此时,利用员工类来编写经理类就会少写很多代码,利用继承技术可以让经理类使用员工类中定义的域和方法。本实例将演示继承的用法,运行实例,效果如图 1.17 所示。

扫一扫,看视频

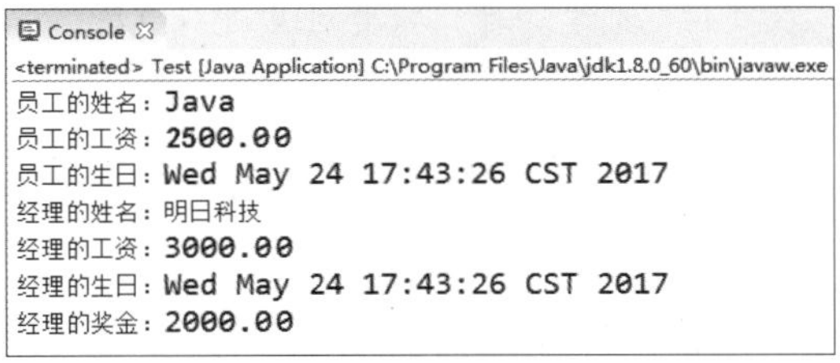

```
Console
<terminated> Test [Java Application] C:\Program Files\Java\jdk1.8.0_60\bin\javaw.exe
员工的姓名:Java
员工的工资:2500.00
员工的生日:Wed May 24 17:43:26 CST 2017
经理的姓名:明日科技
经理的工资:3000.00
经理的生日:Wed May 24 17:43:26 CST 2017
经理的奖金:2000.00
```

图 1.17 经理与员工的差异

关键技术

在面向对象程序设计中,继承是其基本特性之一。在 Java 中,如果想表明 A 类继承了 B 类,可以使用下面的语法定义 A 类:

```
public class A extends B {}
```

A 类称为子类、派生类或孩子类,B 类称为超类、基类或父类。尽管 B 类是一个超类,但是并不意味着 B 类比 A 类有更多的功能。相反,A 类比 B 类拥有的功能更加丰富。

> 提示:在继承树中,从下往上越来越抽象,从上往下越来越具体。

实现过程

(1)编写 Employee 类,在该类中定义了 3 个域:name 表示员工的姓名,salary 表示员工的工资,birthday 表示员工的生日,并分别为它们定义了 get 和 set 方法。代码如下:

```java
01  public class Employee {
02      private String name;                            // 员工的姓名
03      private double salary;                          // 员工的工资
04      private Date birthday;                          // 员工的生日
05      public String getName() {                       // 获得员工的姓名
06          return name;
07      }
08      public void setName(String name) {              // 设置员工的姓名
09          this.name = name;
10      }
11      public double getSalary() {                     // 获得员工的工资
12          return salary;
13      }
14      public void setSalary(double salary) {          // 设置员工的工资
15          this.salary = salary;
16      }
17      public Date getBirthday() {                     // 获得员工的生日
18          return birthday;
19      }
20      public void setBirthday(Date birthday) {        // 设置员工的生日
21          this.birthday = birthday;
22      }
23  }
```

注意

对于引用类型,在提供 get 方法时,需要对其进行克隆。

(2)编写 Manager 类,该类继承自 Employee 类。在该类中,定义了一个 bonus 域,表示经理的奖金,并为其设置了 get 和 set 方法。代码如下:

```java
01  public class Manager extends Employee {
02      private double bonus;                           // 经理的奖金
03      public double getBonus() {                      // 获得经理的奖金
04          return bonus;
```

```
05        }
06        public void setBonus(double bonus) {              // 设置经理的奖金
07            this.bonus = bonus;
08        }
09    }
```

（3）编写 Test 类用来进行测试，在该类中分别创建了 Employee 和 Manager 对象，并为其赋值，然后输出其属性。代码如下：

```
01    public class Test {
02        public static void main(String[] args) {
03            Employee employee = new Employee();            // 创建Employee对象并为其赋值
04            employee.setName("Java");
05            employee.setSalary(100);
06            employee.setBirthday(new Date());
07            Manager manager = new Manager();               // 创建Manager对象并为其赋值
08            manager.setName("明日科技");
09            manager.setSalary(3000);
10            manager.setBirthday(new Date());
11            manager.setBonus(2000);
12            // 输出经理和员工的属性值
13            System.out.println("员工的姓名：" + employee.getName());
14            System.out.println("员工的工资：" + employee.getSalary());
15            System.out.println("员工的生日：" + employee.getBirthday());
16            System.out.println("经理的姓名：" + manager.getName());
17            System.out.println("经理的工资：" + manager.getSalary());
18            System.out.println("经理的生日：" + manager.getBirthday());
19            System.out.println("经理的奖金：" + manager.getBonus());
20        }
21    }
```

提示：在 Manager 类中，并未定义姓名等域，然而却可以使用，这就是继承的好处。

扩展学习

继承的使用原则

虽然使用继承能少写很多代码，但是不要滥用继承。在使用继承前，需要考虑一下两者之间是否真的是"is-a"的关系，这是继承的重要特征。本实例中，经理显然是员工，所以可以用继承。另外，子类也可以成为其他类的父类，这样就构成了一棵继承树。

实例 016 简单的汽车 4S 店

源码位置：Code\01\016

实例说明

对于汽车 4S 店也是如此，用户需要先指定购买的车型，然后商家根据顾客的需求去

扫一扫，看视频

提取该车型的汽车。本实例将实现一个简单的汽车 4S 店,用来演示多态的用法。运行实例,效果如图 1.18 所示。

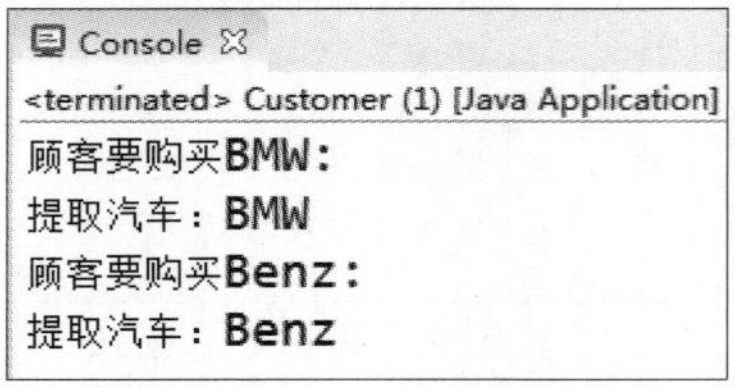

关键技术

在面向对象程序设计中,多态是其基本特性之一。使用多态的好处就是可以屏蔽对象之间的差异,从而增强了软件的扩展性和重用性。Java 中的多态主要是通过重写父类(或接口)中的方法来实现的。例如,人们通常只关心香蕉、苹果可以吃的属性。如果需要再添加一个新的种类——橘子,那么还需要写一个橘子也能吃的属性,显然非常麻烦。

图 1.18 简单的汽车 4S 店

实现过程

(1)编写 Car 类,该类是一个抽象类,其中定义了一个抽象方法 getInfo()。代码如下:

```
01  public abstract class Car {
02      public abstract String getInfo();              // 用来描述汽车的信息
03  }
```

(2)编写 BMW 类,该类继承自 Car 并实现了其 getInfo() 方法。代码如下:

```
01  public class BMW extends Car {
02      @Override
03      public String getInfo() {                      // 用来描述汽车的信息
04          return "BMW";
05      }
06  }
```

(3)编写 Benz 类,该类继承自 Car 并实现了其 getInfo() 方法。代码如下:

```
01  public class Benz extends Car {
02      @Override
03      public String getInfo() {                      // 用来描述汽车的信息
04          return "Benz";
05      }
06  }
```

(4)编写 CarFactory 类,该类定义了一个静态方法 getCar(),它可以根据用户指定的车型来创建对象。代码如下:

```
01  public class CarFactory {
02      public static Car getCar(String name) {
03          if (name.equalsIgnoreCase("BMW")) {         // 如果需要BMW,则创建BMW对象
04              return new BMW();
05          // 如果需要Benz则创建Benz对象
06          } else if (name.equalsIgnoreCase("Benz")) {
07              return new Benz();
08          } else {                                    // 暂时不能支持其他车型
09              return null;A
```

```
10        }
11    }
12 }
```

（5）编写 Customer 类用来进行测试，在 main() 方法中，根据用户的需要提取了不同的汽车。
代码如下：

```
01 public class Customer {
02     public static void main(String[] args) {
03         System.out.println("顾客要购买BMW:");
04         Car bmw = CarFactory.getCar("BMW");              // 用户要购买BMW
05         System.out.println("提取汽车: " + bmw.getInfo());  // 提取BMW
06         System.out.println("顾客要购买Benz:");
07         Car benz = CarFactory.getCar("Benz");            // 用户要购买Benz
08         System.out.println("提取汽车: " + benz.getInfo()); // 提取Benz
09     }
10 }
```

扩展学习

简单工厂模式的应用

本实例实现了设计模式中的简单工厂模式。该模式将创建对象的过程放在了一个静态方法中来实现。在实际编程中，如果需要大量创建对象，使用该模式是比较理想的。当4S店支持新的车型时，只需要修改 CarFactory 类进行增加即可，对其他类基本不需要修改。

实例 017 两只完全相同的宠物

源码位置：Code\01\017

实例说明

由于生命的复杂性，寻找两只完全相同的宠物是不可能的，但在 Java 语言中却简单很多。可以通过比较感兴趣的属性来判断两个对象是否相同。本实例将创建 3 只宠物猫，通过比较它们的名字、年龄、重量和颜色属性来看它们是否相同。运行实例，效果如图1.19 所示。

```
Console ☒
<terminated> Test (1) [Java Application] C:\Program Files\Java\jdk1.8.0_60\bin\javaw.exe
年龄：12
重量：21.0
颜色：Java.awt.Color[r=255,g=255,b=255]

猫咪3号：名字：Java
年龄：12
重量：21.0
颜色：Java.awt.Color[r=0,g=0,b=0]

猫咪1号是否与猫咪2号相同：false
猫咪1号是否与猫咪3号相同：true
```

图 1.19 两只完全相同的宠物

关键技术

Java 中任何一个类都是 Object 类的直接或间接子类。如果类没有超类，则它默认继承自 Object 类。在 Object 类中，实现了很多有用的方法。equals() 方法的默认操作检测两个对象是否具有相同的引用。这虽然很合理，但是并没有实用价值。通常需要重写该方法来比较类的域是否相等。如果参与比较的所有域都相等，则对象也相等，否则不等。该方法的声明如下：

```
public boolean equals(Object obj)
```

提示：对于基本类型可以直接使用 "==" 进行判断，对于引用类型则需要重写 equals() 方法。

实现过程

（1）编写 Cat 类，在该类中定义了 4 个域：name 表示名字，age 表示年龄，weight 表示重量，color 表示颜色。重写 equals() 方法来比较对象的属性是否相同，重写 toString() 方法来方便输出对象。代码如下：

```
01  public class Cat {
02      private String name;                              // 表示猫咪的名字
03      private int age;                                  // 表示猫咪的年龄
04      private double weight;                            // 表示猫咪的重量
05      private Color color;                              // 表示猫咪的颜色
06      // 初始化猫咪的属性
07      public Cat(String name, int age, double weight, Color color) {
08          this.name = name;
09          this.age = age;
10          this.weight = weight;
11          this.color = color;
12      }
13      @Override
14      public boolean equals(Object obj) {               // 利用属性来判断猫咪是否相同
15          if (this == obj) {                            // 如果两个猫咪是同一个对象，则相同
16              return true;
17          }
18          if (obj == null) {                            // 如果两个猫咪有一个为null，则不同
19              return false;
20          }
21          if (getClass() != obj.getClass()) {           // 如果两个猫咪的类型不同，则不同
22              return false;
23          }
24          Cat cat = (Cat) obj;
25          return name.equals(cat.name) && (age == cat.age) && (weight == cat.weight)
26                  && (color.equals(cat.color));         // 比较猫咪的属性
27      }
28      @Override
29      public String toString() {                        // 重写toString()方法
30          StringBuilder sb = new StringBuilder();
31          sb.append("名字: " + name + "\n");
```

```
32          sb.append("年龄: " + age + "\n");
33          sb.append("重量: " + weight + "\n");
34          sb.append("颜色: " + color + "\n");
35          return sb.toString();
36      }
37  }
```

 本实例为了简便,没有重写 hashCode() 方法,在实际编程中,一定不要忘记重写该方法。

(2) 编写 Test 类进行测试,在该类的 main() 方法中创建了 3 只猫咪,并为其初始化,然后输出猫咪对象和比较的结果。代码如下:

```
01  public class Test {
02      public static void main(String[] args) {
03          Cat cat1 = new Cat("Java", 12, 21, Color.BLACK);      // 创建猫咪1号
04          Cat cat2 = new Cat("C++", 12, 21, Color.WHITE);       // 创建猫咪2号
05          Cat cat3 = new Cat("Java", 12, 21, Color.BLACK);      // 创建猫咪3号
06          System.out.println("猫咪1号: " + cat1);                // 输出猫咪1号
07          System.out.println("猫咪2号: " + cat2);                // 输出猫咪2号
08          System.out.println("猫咪3号: " + cat3);                // 输出猫咪3号
09          // 比较是否相同
10          System.out.println("猫咪1号是否与猫咪2号相同: " + cat1.equals(cat2));
11          // 比较是否相同
12          System.out.println("猫咪1号是否与猫咪3号相同: " + cat1.equals(cat3));
13      }
14  }
```

扩展学习

重写 equals() 方法的注意事项

Java 语言规范要求 equals() 方法具有自反性、对称性、传递性、一致性等特性。关于这些要求的具体说明请参考 Object 类的 API 文档。Java SE 的类库中,已经对很多类的 equals() 方法进行了重写,如 String 类。可以直接调用 equals() 方法比较字符串的内容是否相同。需要注意的是,重写 equals() 方法后也要重写 hashCode() 方法。

实例 018 简单的截图软件

源码位置:Code\01\018

实例说明

在使用计算机时,有时会需要持久保存屏幕上显示的内容,此时可以使用截图软件将指定的区域制作成图片保存。比较好用的截图软件有 Snagit、红蜻蜓等。本实例将使用 Java 的 Robot 类编写一个功能非常简单的截图软件。运行实例,效果如图 1.20 所示。

扫一扫,看视频

图 1.20 简单的截图软件

关键技术

　　Robot 类是一个测试类，它能够实现自动操作，即运行之后鼠标能够自动定位到整个屏幕坐标系的位置。Robot 的主要目的是便于 Java 平台实现自动测试。使用该类生成输入事件与将事件发送到 AWT 事件队列或 AWT 控件的区别在于，事件是在平台的本机输入队列中生成的。例如，Robot.mouseMove 将实际移动鼠标光标，而不是只生成鼠标移动事件。注意，某些平台需要特定权限或扩展来访问低级输入控件。如果当前平台配置不允许使用输入控件，那么试图构造 Robot 对象时将抛出 AWTException。为了截图需要使用 createScreenCapture() 方法，该方法的声明如下：

```
public BufferedImage createScreenCapture(Rectangle screenRect)
```

　　参数说明：

　　screenRect：将在屏幕坐标中捕获的 Rect。

实现过程

　　（1）编写 ScreenCapture 类，该类继承了 JFrame 类。在框架中包含了一个标签用来显示截图效果，一个"开始截图"按钮用来实现截图并在标签中显示。

　　（2）编写 do_button_actionPerformed() 方法，用来监听单击"开始截图"按钮事件。在该方法中，完成截图并在标签上显示截图的效果。关键代码如下：

```
01  protected void do_button_actionPerformed(ActionEvent e) {
02      try {
03          Robot robot = new Robot();                                    // 创建Robot对象
04          Toolkit toolkit = Toolkit.getDefaultToolkit();                // 获取Toolkit对象
05          // 设置截取区域为全屏
06          Rectangle area = new Rectangle(toolkit.getScreenSize());
07          // 将BufferedImage转换成Image
08          BufferedImage bufferedImage = robot.createScreenCapture(area);
09          ImageProducer producer = bufferedImage.getSource();
10          Image image = toolkit.createImage(producer);
11          imageLabel.setIcon(new ImageIcon(image));                     // 显示图片
12      } catch (AWTException e1) {
13          e1.printStackTrace();
14      }
15  }
```

扩展学习

截图程序的增强

读者可以在本程序的基础上，增加让用户输入要截图的范围或增加图片的保存功能，即用输出流将图片写入到本地文件。

实例 019　泛型化的折半查找法

源码位置：Code\01\019

实例说明

查找就是在一组给定的数据集合中找出满足条件的数据。在数据结构中，查找有很多类型，如顺序查找、折半查找、哈希查找等。作为泛型的一个简单应用，本实例使用泛型实现折半查找法。运行实例，效果如图 1.21 所示。

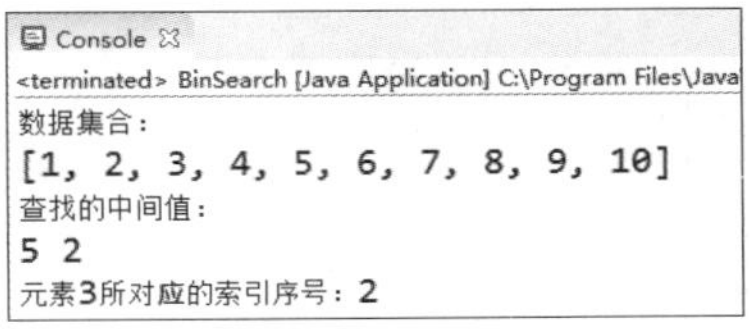

图 1.21　泛型化的折半查找法

关键技术

折半查找要求数据集合中的元素必须可比较，并且各元素按升序或降序排列。折半查找的基本思想如下。

取集合的中间元素作为比较对象，则：
（1）如果给定的值与比较对象相等，则查找成功，返回中间元素的序号。
（2）如果给定的值大于比较对象，则在中间元素的右半段进行查找。
（3）如果给定的值小于比较对象，则在中间元素的左半段进行查找。
重复上述过程，直至查找成功。折半算法的平均时间复杂度是 $\log_2 n$。

> 说明：Java SE API中已经实现了优化了的折半查找算法，实际编程中推荐大家使用。

实现过程

编写 BinSearch 类，它有两个方法：search() 方法用来在给定的数组 array 中，查找 key 的索引位置；main() 方法用来进行测试。代码如下：

```java
01  public class BinSearch {
02      public static <T extends Comparable<? super T>> int search(T[] array, T key) {
03          int low = 0;                        // 利用整型变量low保存数组的最小索引
04          int mid = 0;                        // 利用整型变量mid保存数组的中间索引
05          int high = array.length;            // 利用整型变量high保存数组的最大索引
06          System.out.println("查找的中间值：");
07          while (low <= high) {
08              mid = (low + high) / 2;         // 获取中间索引
09              System.out.print(mid+" ");
10              // 如果key大于中间元素，则比较右边
11              if (key.compareTo(array[mid]) > 0) {
12                  low = mid + 1;
```

```
13                // 如果key小于中间元素，则比较左边
14            } else if (key.compareTo(array[mid]) < 0) {
15                high = mid - 1;
16            } else {
17                System.out.println();
18                return mid;                      // 获取对应元素的索引
19            }
20        }
21        return -1;                               // 如果没有找到，则返回-1
22    }
23    public static void main(String[] args) {
24        Integer[] ints = {1,2,3,4,5,6,7,8,9,0};  // 测试数组
25        System.out.println("数据集合：");
26        System.out.println(Arrays.toString(ints));
27        System.out.println("元素3所对应的索引序号："+search(ints, 3));
28    }
29 }
```

扩展学习

泛型在数据结构中的应用

在学习数据结构的过程中，为了理解方便和简化编程，通常都使用整数作为分析的对象。利用 Java 的泛型机制，只需要将 int 替换成泛型类型 T 就可以实现更加通用的算法。这样就不需要再对不同的数据类型编写不同的算法实现。

实例 020　查看和修改线程名称

源码位置：Code\01\020

实例说明

Java 中所有线程都有一个默认的名称。对于用户自定义的线程，默认的名称格式是"Thread-数字"。当然，用户可以在创建新线程时指定线程的名称，也可以修改已有线程的名称。本实例将编写一个简单的 GUI 程序，实现定义和修改线程名称的功能。运行实例，效果如图 1.22 和图 1.23 所示。

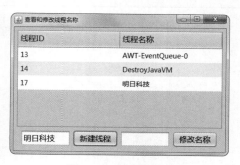

图 1.22　初始状态　　　　图 1.23　新建线程后

关键技术

线程（Thread）是程序中的执行线程。Java 虚拟机允许应用程序并发地运行多个执行线程。在该类中定义了大量与线程操作相关的方法，本实例使用的方法如表 1.2 所示。

表 1.2 Thread 类的常用方法

方 法 名	作 用	方 法 名	作 用
getName()	返回当前线程的名字	getId()	返回当前线程的标识符
setName()	设置当前线程的名字	getThreadGroup()	获取当前线程所在的线程组

 因为 ThreadGroup 类只能获取处于运行状态的线程，所以本实例使用死循环的方式新建线程。

实现过程

（1）编写 ThreadNameTest 类，该类继承了 JFrame 类。在框架中包含了一个表格，用来显示当前线程组中运行的线程。两个文本域用来获取用户输入的新线程名称和想修改成的名称。"新建线程"按钮用来实现使用指定或默认的名称创建线程的功能，"修改名称"按钮用来实现使用指定名称修改用户选择的线程名称的功能。

（2）编写 Forever 类，该类实现了 Runnable 接口，在 run() 方法中使用了死循环。代码如下：

```
01  class Forever implements Runnable {
02      @Override
03      public void run() {
04          while (true) {                                          // 死循环
05          }
06      }
07
08  }
```

说明：创建死循环线程会占用大量的系统资源，因此建议读者不要在本程序中创建多个新线程。

（3）编写 do_this_windowActivated() 方法，用来监听窗体激活事件。在该方法中，使用当前线程所在线程组中的线程 ID 和名称作为表格的数据。关键代码如下：

```
01  protected void do_this_windowActivated(WindowEvent e) {
02      // 获取当前线程所在线程组
03      ThreadGroup group = Thread.currentThread().getThreadGroup();
04      // 使用数组保存活动状态的线程
05      Thread[] threads = new Thread[group.activeCount()];
06      group.enumerate(threads);                                   // 获取所有线程
07      // 获取表格模型
08      DefaultTableModel model = (DefaultTableModel) table.getModel();
```

```
09      model.setRowCount(0);                                         // 清空表格模型中的数据
10      model.setColumnIdentifiers(new Object[] { "线程ID", "线程名称" });  // 定义表头
11      for (Thread thread : threads) {                               // 增加行数据
12          model.addRow(new Object[] { thread.getId(), thread.getName() });
13      }
14      table.setModel(model);                                        // 更新表格模型
15  }
```

（4）编写 do_button1_actionPerformed() 方法，用来监听单击"新建线程"按钮事件。在该方法中，根据用户是否输入新线程的名称创建新线程，并更新表格中的数据。关键代码如下：

```
01  protected void do_button1_actionPerformed(ActionEvent e) {
02      Object[] newThread = null;
03      String name = textField1.getText();                  // 获取用户输入的名称
04      if (name.isEmpty()) {
05          Thread thread = new Thread(new Forever());       // 如果用户没有输入，则使用默认名称创建新线程
06          thread.start();
07          newThread = new Object[] { thread.getId(), thread.getName() };
08      } else {                                             // 如果用户有输入，则使用指定名称创建新线程
09          Thread thread = new Thread(new Forever(), name);
10          thread.start();
11          newThread = new Object[] { thread.getId(), name };
12      }
13      // 更新表格中的数据
14      ((DefaultTableModel) table.getModel()).addRow(newThread);
15  }
```

（5）编写 do_button2_actionPerformed() 方法，用来单击"修改名称"按钮事件。在该方法中，获取了用户输入的名称和用户选择的行，根据用户输入的名称修改了线程名称。关键代码如下：

```
01  protected void do_button2_actionPerformed(ActionEvent e) {
02      int selectedRow = table.getSelectedRow();             // 获取用户选择的行
03      String newName = textField2.getText();                // 获取用户输入的名称
04      // 如果没有选择或输入为空，则直接退出此方法
05      if ((selectedRow == -1) || newName.isEmpty()) {
06          return;
07      }
08      // 获取表格模型
09      DefaultTableModel model = (DefaultTableModel) table.getModel();
10      model.setValueAt(newName, selectedRow, 1);            // 更改表格中的数据
11      repaint();                                            // 重新绘制各个控件
12  }
```

扩展学习

养成良好的命名习惯

俗话说"人如其名"，在编程过程中，要做到"名如其人"。每个变量的名字一定要反映出该变量的作用，方便以后调试。由于 Java 默认的线程名称不能很好地反映出该线程的作用，建议读者

在需要时使用 setName() 方法修改原来的名字。

实例 021　简单的电子时钟

源码位置：Code\01\021

实例说明

时间对每个人都非常重要。为了对其度量而发明了时钟。各种不同的时钟除了样式不同外，功能都是类似的。本实例将使用 Java 的 GregorianCalendar 类来编写一个会走的电子时钟。运行实例，效果如图 1.24 所示。

图 1.24　简单的电子时钟

关键技术

GregorianCalendar 类是 Calendar 类的一个具体子类，它提供了世界上大多数国家和地区使用的标准日历系统。它是一种混合日历，在单一间断性的支持下同时支持儒略历和格里高利历系统，在默认情况下，它对应格里高利日历创立时的格里高利日期。可由调用者通过调用 setGregorianChange() 来更改起始日期。该类定义了很多与时间相关的域，本实例使用了表示小时、分钟和秒钟的域，其详细说明如表 1.3 所示。

表 1.3　GregorianCalendar 类与时间相关的域

域　名	作　用
HOUR_OF_DAY	用来表示 24 小时制的一天中第几个小时
MINUTE	用来表示当前小时的第几分钟
SECOND	用来表示当前分钟的第几秒

提示：Calendar 中的 HOUR 域用来获得 12 小时制的小时，MILLISECOND 域用来显示毫秒。

实现过程

（1）继承 JFrame 类编写一个窗体类，名称为 ElectronicClock。
（2）设计 ElectronicClock 窗体类时用到的主要控件及说明如表 1.4 所示。

表 1.4　窗体的主要控件及说明

控件类型	控件名称	控件用途
JLabel	hour1Label	显示小时第一位图片
JLabel	hour2Label	显示小时第二位图片
JLabel	colon1Label	显示小时和分钟间的分隔符
JLabel	minute1Label	显示分钟第一位图片

续表

控件类型	控件名称	控件用途
JLabel	minute2Label	显示分钟第二位图片
JLabel	colon2Label	显示分钟和秒钟间的分隔符
JLabel	second1Label	显示秒钟第一位图片
JLabel	second2Label	显示秒钟第二位图片

（3）编写 numbers 数组，获取所有图片资源。代码如下：

```
01  private ImageIcon[] numbers = { new ImageIcon("src/images/0.png"),
02      new ImageIcon("src/images/1.png"), new ImageIcon("src/images/2.png"),
03      new ImageIcon("src/images/3.png"), new ImageIcon("src/images/4.png"),
04      new ImageIcon("src/images/5.png"), new ImageIcon("src/images/6.png"),
05      new ImageIcon("src/images/7.png"), new ImageIcon("src/images/8.png"),
06      // 数组中每个元素代表一张图片
07      new ImageIcon("src/images/9.png") };
```

（4）编写 getTime() 方法，获取当前时间并更新图片。代码如下：

```
01  private void getTime() {
02      Calendar calendar = new GregorianCalendar();
03      int hour = calendar.get(Calendar.HOUR_OF_DAY);      // 获取当前的小时
04      int minute = calendar.get(Calendar.MINUTE);          // 获取当前的分钟
05      int second = calendar.get(Calendar.SECOND);          // 获取当前的秒钟
06      hour1Label.setIcon(numbers[hour / 10]);              // 利用商获取小时第一位图片
07      hour2Label.setIcon(numbers[hour % 10]);              // 利用余数获取小时第二位图片
08      minute1Label.setIcon(numbers[minute / 10]);          // 利用商获取分钟第一位图片
09      // 利用余数获取分钟第二位图片
10      minute2Label.setIcon(numbers[minute % 10]);
11      second1Label.setIcon(numbers[second / 10]);          // 利用商获取秒钟第一位图片
12      // 利用余数获取秒钟第二位图片
13      second2Label.setIcon(numbers[second % 10]);
14  }
```

技巧：Java中整数除法的结果还是整数，所以可以通过除10获得十位上的数字，通过除10获得个位上的数字。

（5）编写 ClockRunnable 类，该类实现了 Runnable 接口。在 run() 方法中，每隔一秒钟更新一次图片，由此实现走动的效果。关键代码如下：

```
01  private class ClockRunnable implements Runnable {
02      @Override
03      public void run() {
04          while (true) {                                   // 每隔一秒钟更新一次图片
05              getTime();
06              try {
```

```
07                Thread.sleep(1000);
08            } catch (InterruptedException e) {
09                e.printStackTrace();
10            }
11        }
12    }
13 }
```

扩展学习

获取源代码文件夹下的图片

Java 中的资源文件根据其位置不同，获取的方式也不同。对于在源代码下的文件（就是项目的 src 文件夹中），可以直接使用相对路径获取，如 src/images/1.png。

实例 022　简单的模拟时钟
源码位置：Code\01\022

实例说明

不同的时钟，显示时间的样式也不同。实例 021 已经介绍了电子时钟的实现过程，本实例将继续使用 Java 的 GregorianCalendar 类来编写一个会走的、有指针的时钟。运行实例，效果如图 1.25 所示。

> **说明**：表盘上的点是通过计算坐标画上去的，由于浮点运算存在误差，导致其不能完全与圆重合。

图 1.25　简单的模拟时钟

关键技术

本实例使用 JComponent 类的 paint() 方法。它由 Swing 调用，用以绘制控件。应用程序不应直接调用 paint() 方法，而是应该使用 repaint() 方法来安排重绘控件。该方法实际上将绘制工作委托给 3 个受保护的方法，即 paintComponent、paintBorder 和 paintChildren。按列出的顺序调用这些方法，以确保子控件出现在控件本身的顶部。一般来说，不应在分配给边框的 insets 区域绘制控件及其子控件。子类可以始终重写此方法。如果想特殊化 UI（外观）委托的 paint() 方法的子类，则需重写 paintComponent。该方法的声明如下：

```
public void paint(Graphics g)
```

参数说明：

g：在其中进行绘制的 Graphics 上下文。

实现过程

（1）重写 JFrame 类继承的 paint() 方法，使用该方法向框架上绘制刻度、表盘、指针等。关键代码如下：

```java
01  public void paint(Graphics g) {
02      super.paint(g);                                    // 调用父类的paint()方法，这样在画图时能保存外观
03      Rectangle rectangle = getBounds();                 // 获取控件的区域
04      Insets insets = getInsets();                       // 获取控件的边框
05      int radius = 120;                                  // 设置圆的半径120px
06      // 获取圆心坐标
07      int x = (rectangle.width - 2 * radius - insets.left - insets.right) / 2 + insets.left;
08      int y = (rectangle.height - 2 * radius - insets.top - insets.bottom) / 2 + insets.top;
09      Point2D.Double center = new Point2D.Double(x + radius, y + radius);
10      g.drawOval(x, y, 2 * radius, 2 * radius);          // 绘制圆形
11      // 用60个点保存表盘的刻度
12      Point2D.Double[] scales = new Point2D.Double[60];
13      double angle = Math.PI / 30;                       // 表盘上两个点之间的夹角是PI/30
14      for (int i = 0; i < scales.length; i++) {          // 获取所有刻度的坐标
15          scales[i] = new Point2D.Double();              // 初始化点对象
16          scales[i].setLocation(x + radius + radius * Math.sin(angle * i),
17              y + radius - radius * Math.cos(angle * i));  // 利用三角函数计算点的坐标
18      }
19      for (int i = 0; i < scales.length; i++) {          // 画所有刻度
20          if (i % 5 == 0) {
21              // 如果序号是5，则画成大点，这些点相当于石英钟上的数字
22              g.setColor(Color.RED);
23              g.fillOval((int) scales[i].x - 4, (int) scales[i].y - 4, 8, 8);
24          } else {
25              // 如果序号不是5，则画成小点，这些点相当于石英钟上的小刻度
26              g.setColor(Color.CYAN);
27              g.fillOval((int) scales[i].x - 2, (int) scales[i].y - 2, 4, 4);
28          }
29      }
30      Calendar calendar = new GregorianCalendar();       // 创建日期对象
31      int hour = calendar.get(Calendar.HOUR);            // 获取当前小时数
32      int minute = calendar.get(Calendar.MINUTE);        // 获取当前分钟数
33      int second = calendar.get(Calendar.SECOND);        // 获取当前秒数
34      Graphics2D g2d = (Graphics2D) g;
35      g2d.setColor(Color.red);                           // 将颜色设置成红色
36      g2d.draw(new Line2D.Double(center, scales[second])); // 绘制秒针
37      BasicStroke bs = new BasicStroke(3f, BasicStroke.CAP_ROUND, BasicStroke.JOIN_MITER);
38      g2d.setStroke(bs);
39      g2d.setColor(Color.blue);                          // 将颜色设置成蓝色
40      g2d.draw(new Line2D.Double(center, scales[minute])); // 绘制分针
41      bs = new BasicStroke(6f, BasicStroke.CAP_BUTT, BasicStroke.JOIN_MITER);
42      g2d.setStroke(bs);
43      g2d.setColor(Color.green);                         // 将颜色设置成绿色
44      // 绘制时针
45      g2d.draw(new Line2D.Double(center, scales[hour * 5 + minute / 12]));
46  }
```

技巧： 通过修改端点坐标可以调整直线的长度，通过修改画笔宽度可以修改直线的宽度。

（2）编写 ClockRunnable 类，该类实现了 Runnable 接口。在 run() 方法中，每隔一秒钟重新绘

制一次图片，由此实现走动的效果。关键代码如下：

```
01  private class ClockRunnable implements Runnable {
02      @Override
03      public void run() {
04          while (true) {
05              repaint();
06              try {
07                  Thread.sleep(1000);
08              } catch (InterruptedException e) {
09                  e.printStackTrace();
10              }
11          }
12      }
13  }
```

扩展学习

模拟时钟的增强

读者可以在本实例的基础上做如下增强：修改时针、分针的长度，在表盘上增加数字、增加背景图片、设置透明效果等。请尝试将本实例完善成类似 Windows 小工具带的时钟效果。

实例 023　简单的公历万年历

源码位置：Code\01\023

实例说明

在目前广泛使用的公历历法中，将一年划分成 12 个月，不同的月份包含的天数可能不同。本实例将使用 Calendar 实现一个简单的公历万年历。运行实例，效果如图 1.26 所示。

关键技术

GregorianCalendar 类是 Calendar 类的一个子类，它提供了世界上大多数国家和地区使用的标准日历系统。它是一种混合日历，在单一间断性的支持下同时支持儒略历和格里高利历系统。

图 1.26　简单的公历万年历

在默认情况下，它对应格里高利日历创立时的格里高利历日期。可由调用者通过调用 setGregorianChange() 来更改起始日期。该类定义了很多与时间相关的域，本实例使用了表示天和星期的域，其详细说明如表 1.5 所示。

表 1.5　GregorianCalendar 类与时间相关的域

域　名	作　用
DATE	与 DAY_OF_MONTH 同义，代表当前天在当前月中是第几天
DAY_OF_MONTH	代表当前天在当前月中是第几天
DAY_OF_WEEK	当前天是星期几

实现过程

（1）继承 JFrame 类，编写一个窗体类，名称为 PermanentCalendar。

（2）设计 PermanentCalendar 窗体类时用到的主要控件及说明如表 1.6 所示。

表 1.6 窗体的主要控件及说明

控件类型	控件名称	控件用途
JButton	lastMonthButton	将月份减 1，并更新表格
JButton	nextMonthButton	将月份加 1，并更新表格
JLabel	currentMonthLabel	显示年与月份
JTable	table	显示当月每天的信息

（3）编写 updateLabel() 方法，用来根据月份的增量更新标签上显示的当前时间。关键代码如下：

```
01  private String updateLabel(int increment) {
02      calendar.add(Calendar.MONTH, increment);        // 将当前月份增加increment月
03      // 设置字符串格式
04      SimpleDateFormat formatter = new SimpleDateFormat("yyyy年MM月");
05      return formatter.format(calendar.getTime());    // 获取指定格式的字符串
06  }
```

（4）编写 updateTable() 方法，用来根据当前的月份和天更新表格中的数据。关键代码如下：

```
01  private void updateTable(Calendar calendar) {
02      // 获取表示星期的字符串数组
03      String[] weeks = new DateFormatSymbols().getShortWeekdays();
04      String[] realWeeks = new String[7];             // 新建一个数组来保存截取后的字符串
05      // weeks数组的第一个元素是空字符串，因此从1开始循环
06      for (int i = 1; i < weeks.length; i++) {
07          // 获取字符串的最后一个字符
08          realWeeks[i - 1] = weeks[i].substring(2, 3);
09      }
10      int today = calendar.get(Calendar.DATE);        // 获取当前日期
11      // 获取当前月的天数
12      int monthDays = calendar.getActualMaximum(Calendar.DAY_OF_MONTH);
13      calendar.set(Calendar.DAY_OF_MONTH, 1);         // 将时间设置为本月第一天
14      // 获取本月第一天是星期几
15      int weekday = calendar.get(Calendar.DAY_OF_WEEK);
16      // 获取当前地区星期的起始日
17      int firstDay = calendar.getFirstDayOfWeek();
18      int whiteDay = weekday - firstDay;              // 这个月第一个星期有几天被上个月占用
19      // 新建一个二维数组来保存当前月的各个日期
20      Object[][] days = new Object[6][7];
21      // 遍历当前月的所有日期并将其添加到二维数组中
22      for (int i = 1; i <= monthDays; i++) {
```

```
23          days[(i - 1 + whiteDay) / 7][(i - 1 + whiteDay) % 7] = i;
24      } // 数组的第一维表示一个月中各个星期,第二维表示一个星期中各个日期
25      // 获取当前表格的模型
26      DefaultTableModel model = (DefaultTableModel) table.getModel();
27      model.setDataVector(days, realWeeks);              // 给表格模型设置表头和表体
28      table.setModel(model);                             // 更新表格模型
29      // 设置选择的行
30      table.setRowSelectionInterval(0, (today - 1 + whiteDay) / 7);
31      // 设置选择的列
32      table.setColumnSelectionInterval(0, (today - 1 + whiteDay) % 7);
33  }
```

> **说明**：公历是以周为单位划分月的,因此可以以7为单位调整具体日期在数组中的位置。

扩展学习

GregorianCalendar 类与日期

GregorianCalendar 类的设计初衷就是用来表示日历的。在本实例中,真正与创建日历相关的代码才 20 多行。由此可见,GregorianCalendar 类对于日期的支持是非常强大的。遗憾的是它并未支持中国的农历,读者可以继承该类来制作农历万年历。

实例 024 判断日期格式的有效性

源码位置：Code\01\024

实例说明

Java 对日期格式的支持非常强大,应用起来也非常复杂。本实例将实现一个日期格式校验程序,帮助进行格式的有效性判断。运行实例,效果如图 1.27 所示。

图 1.27 判断日期格式的有效性

关键技术

SimpleDateFormat 类是一个以与语言环境有关的方式来格式化和解析日期的具体类。它允许

进行格式化(日期→文本)、解析(文本→日期)和规范化。它使得可以选择任何用户定义的"日期 - 时间"格式的模式。建议通过 DateFormat 中的 getTimeInstance、getDateInstance 或 getDateTimeInstance 来创建"日期 - 时间"格式器。每一个这样的类方法都能够返回一个以默认格式模式初始化的"日期 - 时间"格式器。可以根据需要使用 applyPattern() 方法来修改格式模式。本实例首先使用给定的模式和默认语言环境的日期格式符号构造 SimpleDateFormat 对象。构造方法的声明如下:

```
public SimpleDateFormat(String pattern)
```

参数说明:

pattern:描述日期和时间格式的模式。

使用 parse() 方法来解析用户输入的日期,如果解析成功,则说明日期与格式相互匹配,否则不匹配。该方法的声明如下:

```
public Date parse(String text, ParsePosition pos)
```

参数说明:

① text:应该解析其中一部分的 String。
② pos:具有以上所述的索引和错误索引信息的 ParsePosition 对象。

注意 用户输入的日期可以是超过进位单位的,如 1984-13-11,此时解析后的结果相当于 1985-1-11。

实现过程

(1)继承 JFrame 类,编写一个窗体类,名称为 DateValidator。
(2)设计 DateValidator 窗体类时用到的主要控件及说明如表 1.7 所示。

表 1.7 窗体的主要控件及说明

控件类型	控件名称	控件用途
JLabel	dateLabel	提示用户输入日期
JLabel	formatLabel	提示用户输入格式
JTextField	dateTextField	获取用户输入的日期
JTextField	formatTextField	获取用户输入的格式
JButton	button	进行格式校验并显示结果

(3)编写 do_button_actionPerformed() 方法,用来监听单击"校验"按钮事件。在该方法中,使用用户指定的格式校验用户输入的时间,并对结果给出提示。关键代码如下:

```
01    protected void do_button_actionPerformed(ActionEvent e) {
02        String date = dateTextField.getText();           // 获取日期
03        String format = formatTextField.getText();       // 获取格式
04        if (date.length() == 0 || format.length() == 0) {
```

```
05          // 如果日期或格式为空则提示用户输入
06          JOptionPane.showMessageDialog(this, "日期或格式不能为空", "",
07                              JOptionPane.WARNING_MESSAGE);
08          return;
09      }
10      // 创建指定格式的formatter
11      SimpleDateFormat formatter = new SimpleDateFormat(format);
12      try {
13          formatter.parse(date);                          // 利用指定的格式解析date对象
14      } catch (ParseException pe) {
15          // 如果不匹配,则提示用户不匹配
16          JOptionPane.showMessageDialog(this, "日期格式不能匹配", "",
17                              JOptionPane.WARNING_MESSAGE);
18          return;
19      }
20      // 如果匹配,则提示用户能匹配
21      JOptionPane.showMessageDialog(this, "日期格式相互匹配", "",
22                              JOptionPane.WARNING_MESSAGE);
23      return;
24  }
```

扩展学习

了解常用的时间日期格式字符串

Java 中常用的时间日期格式字符串如下:yyyy 代表四位数的年,MM 代表两位数的月份,dd 代表两位数的天,k 代表 24 小时制的小时,m 代表分,s 代表秒。

实例 025 查看本地时区

源码位置:Code\01\025

实例说明

不同国家使用的时间是不同的,其确定的依据是国家所在的时区。Java 支持根据不同的区域查询该区域所在的时区。运行实例,效果如图 1.28 所示。

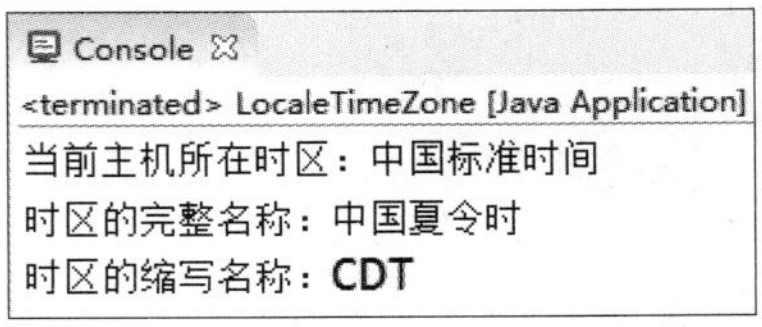

图 1.28 查看本地时区

关键技术

TimeZone 表示时区偏移量,通常使用 getDefault() 方法获取当前所在时区,getDefault() 方法基于程序运行所在的时区创建 TimeZone。例如,对于在日本运行的程序,getDefault() 方法基于日本标准时间创建 TimeZone 对象,也可以用 getTimeZone() 方法及时区 ID 获取 TimeZone。如美国太平洋地区的时区 ID 是 America/Los_Angeles。TimeZone 类的常用方法如表 1.8 所示。

表 1.8 TimeZone 类的常用方法

方法名	作 用
getDefault()	获取当前主机所在的时区
getDisplayName()	获取描述时区的名字
getDisplayName(boolean daylight, int style)	获取描述时区的名字，daylight 用于显示夏令时，style 用于显示方式
getDisplayName(Locale locale)	使用与 locale 对应的地区语言显示当前时区
getTimeZone(String ID)	根据 ID 值获取时区

实现过程

编写 LocaleTimeZone 类，在该类的 main() 方法中输出了不同时区的名称。代码如下：

```
01  public class LocaleTimeZone {
02      public static void main(String[] args) {
03          TimeZone zone = TimeZone.getDefault();                     // 获取当前时区
04          // 获取时区的名字
05          System.out.println("当前主机所在时区：" + zone.getDisplayName());
06          zone = TimeZone.getTimeZone("Asia/Taipei");                // 获取中国台北时区
07          System.out.println("中国台北所在时区：" + zone.getDisplayName());
08          System.out.println("时区的完整名称：" + zone.getDisplayName(true, TimeZone.LONG));
09          System.out.println("时区的缩写名称：" + zone.getDisplayName(true, TimeZone.SHORT));
10      }
11  }
```

扩展学习

地区与时区

在编写与时间相关的软件时，肯定要考虑时间的显示方式。由于不同的地区时间是不同的，所以应该使用 TimeZone 类来获得本地的时区，以方便将日期转换为符合本地习惯的格式。

实例 026　计算程序运行时间

源码位置：Code\01\026

实例说明

在编写完程序后，通常会对程序进行性能测试，比较常用的方法就是计算完成某个任务所花费的时间。System 类提供了获得当前时间的方法，但是其单位是毫秒，阅读不方便。本实例将其转换成方便的阅读格式。运行实例，效果如图 1.29 所示。

图 1.29　计算程序运行时间

关键技术

System 类包含一些有用的类字段和方法，它不能被实例化。在 System 类提供的设施中，有标准输入、标准输出和错误输出流，对外部定义的属性和环境变量的访问，加载文件和库的方法，还有快速复制数组的一部分的实用方法。本实例使用其 currentTimeMillis() 方法获得系统当前时间，该方法的声明如下：

```
public static long currentTimeMillis()
```

技巧：如果需要得到更精确的时间可以使用 nanoTime() 方法，该方法的时间单位是纳秒。

实现过程

（1）编写 round() 方法，该方法用来将浮点数从小数点后第二位进行四舍五入。代码如下：

```
01  public static double round(double value) {
02      // 利用Math类的round方法进行四舍五入计算
03      return Math.round(value * 10.0) / 10.0;
04  }
```

（2）编写 getElapsedText() 方法，它可以将默认的毫秒单位转换成容易阅读的形式。代码如下：

```
01  public static String getElapsedText(long elapsedMillis) {
02      if (elapsedMillis < 60000) {
03          double unit = round(elapsedMillis / 1000.0);      // 将时间转换成秒
04          return unit + "秒";                                // 在转换完的时间后增加单位
05      } else if (elapsedMillis < 60000 * 60) {
06          double unit = round(elapsedMillis / 60000.0);     // 将时间转换成分
07          return unit + "分";                                // 在转换完的时间后增加单位
08      } else if (elapsedMillis < 60000 * 60 * 24) {
09          // 将时间转换成时
10          double unit = round(elapsedMillis / (60000.0 * 60));
11          return unit + "时";                                // 在转换完的时间后增加单位
12      } else {
13          // 将时间转换成天
14          double unit = round(elapsedMillis / (60000.0 * 60 * 24));
15          return unit + "天";                                // 在转换完的时间后增加单位
16      }
17  }
```

扩展学习

currentTimeMillis() 方法的使用

该方法的精度与底层操作系统有关，如很多操作系统使用的时间以毫秒为单位。如果读者需要非常精确的时间，可以使用 nanoTime() 方法。

实例 027　七星彩号码生成器

源码位置：Code\01\027

实例说明

七星彩是中国体育彩票推出的一种玩法，其基本玩法是从 0000000 ～ 9999999 中随机选择一组数字进行投注，如果完全和中奖号码相同则中得一等奖。本实例将实现一个七星彩号码生成器，运行实例，效果如图 1.30 所示。

关键技术

Random 类的实例用于生成伪随机数。该类使用 48 位的种子，它提供了常用的伪随机数生成方法，类型包括 boolean、int、long、double 等。Random 类的常用方法如表 1.9 所示。

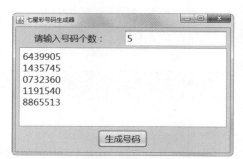

图 1.30　七星彩号码生成器

表 1.9　Random 类的常用方法

方 法 名	作　用
setSeed(long seed)	设置随机数种子值
nextInt(int n)	获取一个小于 n 的随机数

实现过程

（1）继承 JFrame 类，编写一个窗体类，名称为 SevenStar。
（2）设计 SevenStar 窗体类时用到的主要控件及说明如表 1.10 所示。

表 1.10　窗体的主要控件及说明

控 件 类 型	控 件 名 称	控 件 用 途
JLabel	lable	提示用户输入生成号码的数量
JTextField	textField	获取用户输入的号码数量
JTextArea	textArea	显示生成的号码
JButton	button	生成号码

（3）编写 do_button_actionPerformed() 方法，用来监听单击"生成号码"按钮事件。在该方法中，根据用户的需要生成指定数量的随机数。关键代码如下：

```
01  protected void do_button_actionPerformed(ActionEvent e) {
02      // 获取用户输入的需要生成的中奖号码个数
03      int times = Integer.parseInt(textField.getText());
04      // 省略提示购买数量太多的代码，用 StringBuilder 类保存彩票中奖号码
05      StringBuilder sb = new StringBuilder();
```

```
06      for (int i = 0; i < times; i++) {
07          // 生成随机数
08          int number = new Random().nextInt((int) Math.pow(10, 7));
09          String luckNumber = "" + number;
10          while (luckNumber.length() < 7) {
11              // 如果随机数长度不够7位，则用0补齐
12              luckNumber = "0" + luckNumber;
13          }
14          sb.append(luckNumber + "\n");
15      }
16      textArea.setText(sb.toString());          // 显示生成的中奖号码
17  }
```

扩展学习

提高七星彩中奖概率

本程序使用随机数的方法获取七星彩号码，这些号码的中奖概率很低。读者可以通过使用数理统计方法提高中奖的概率。

实例 028　大乐透号码生成器

源码位置：Code\01\028

实例说明

大乐透是中国体育彩票推出的一种玩法，其基本玩法是从 1～35 随机选取不重复的 5 个号码，从 1～12 随机选取不重复的 2 个号码组合进行投注。如果完全和中奖号码相同即中得一等奖。本实例将实现一个大乐透号码生成器，运行实例，效果如图 1.31 所示。

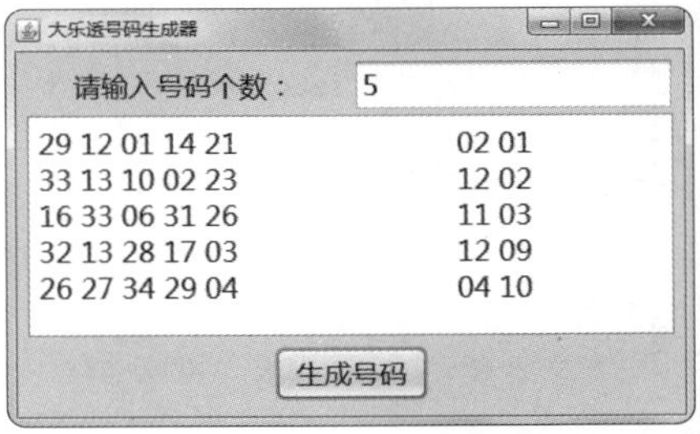

关键技术

Random 类用于生成伪随机数。该类使用 48 位的种子，它提供了常用的伪随机数生成方法，类型包括 boolean、int、long、double 等。Random 类的常用方法如表 1.11 所示。

图 1.31　大乐透号码生成器

表 1.11　窗体的主要控件及说明

控 件 类 型	控 件 名 称	控 件 用 途
JLabel	lable	提示用户输入生成号码的数量
JTextField	textField	获取用户输入的号码数量
JTextArea	textArea	显示生成的号码
JButton	button	生成号码

实现过程

（1）继承 JFrame 类，编写一个窗体类，名称为 SuperFun。

（2）设计 SuperFun 窗体类时用到的主要控件及说明见表 1.11。

（3）编写 do_button_actionPerformed() 方法，用来监听单击"生成号码"按钮事件。在该方法中，根据用户的需要生成指定数量的随机数。关键代码如下：

```java
01  protected void do_button_actionPerformed(ActionEvent e) {
02      // 获取用户输入的需要生成的中奖号码个数
03      int times = Integer.parseInt(textField.getText());
04      // 省略提示购买数量太多的代码
05      StringBuilder sb = new StringBuilder();
06      for (int i = 0; i < times; i++) {
07          for (int j = 0; j < 5; j++) {                              // 在1~35中随机选择5个数字
08              List<Integer> list = new ArrayList<Integer>();
09              for (int k = 1; k < 36; k++) {
10                  list.add(k);                                        // 将1~35添加到列表中
11              }
12              // 随机选择一个数字
13              int number = list.get(new Random().nextInt(list.size()));
14              // 格式化数字
15              String luckNumber = number < 10 ? "0" + number : "" + number;
16              sb.append(luckNumber + " ");                            // 向sb中增加数字
17              // 删除选择的数字，这样就避免了重复
18              list.remove(new Integer(number));
19          }
20          sb.append("\t\t");
21          for (int j = 0; j < 2; j++) {                              // 在1~12中随机选择两个数字
22              List<Integer> list = new ArrayList<Integer>();
23              for (int k = 1; k < 13; k++) {
24                  list.add(k);                                        // 将1~12添加到列表中
25              }
26              int number = list.get(new Random().nextInt(list.size()));
27              // 格式化数字
28              String luckNumber = number < 10 ? "0" + number : "" + number;
29              sb.append(luckNumber + " ");                            // 向sb中增加数字
30              // 删除选择的数字，这样就避免了重复
31              list.remove(new Integer(number));
32          }
33          sb.append("\n");
34      }
35      textArea.setText(sb.toString());
36  }
```

扩展学习

提高大乐透中奖概率

本程序使用随机数的方法获得大乐透号码，这些号码的中奖概率很低。读者可以通过使用数理统计方法提高中奖的概率。

实例 029 监视 JVM 内存状态

源码位置：Code\01\029

实例说明

对于已经实现一些功能的程序，在优化时往往需要从两个方面考虑，即执行任务所消耗的时间和程序运行时所使用的内存。本实例将编写一个程序来动态显示虚拟机的内存变化。运行实例，效果如图 1.32 所示。

关键技术

每个 Java 应用程序都有一个 Runtime 类实例，使应用程序能够与其运行的环境相连接。可以通过 getRuntime() 方法获取当前运行时间。Runtime 类的常用方法如表 1.12 所示。

图 1.32 监视 JVM 内存状态

表 1.12 Runtime 类的常用方法

方法名	作用
getRuntime()	获取当前应用程序的 Runtime 实例
freeMemory()	返回 Java 虚拟机中的空闲内存量
totalMemory()	返回 Java 虚拟机中的内存总量

 注意：freeMemory() 和 totalMemory() 的返回值是 long 型，表示内存的字节数。

实现过程

（1）继承 JFrame 类，编写一个窗体类，名称为 MemoryStatus。
（2）设计 MemoryStatus 窗体类时用到的主要控件及说明如表 1.13 所示。

表 1.13 窗体的主要控件及说明

控件类型	控件名称	控件用途
JLabel	freeLabel	显示 JVM 有多少可用内存
JLabel	totalLabel	显示 JVM 有多少内存
JProgressBar	progressBar	显示内存的状态

（3）编写 Memory 类，该类实现了获得虚拟机内存状态并在进度条上显示的功能。代码如下：

```
01  private class Memory implements Runnable {
02      @Override
```

```
03     public void run() {
04         while (true) {
05             System.gc();                                    // 强制虚拟机进行垃圾回收以释放内存
06             // 获取可用内存
07             int free = (int) Runtime.getRuntime().freeMemory() / 1024;
08             // 获取总共内存
09             int total = (int) Runtime.getRuntime().totalMemory() / 1024;
10             int status = free * 100 / total;                // 获取内存使用率
11             freeLabel.setText("可用内存: " + free + "Kb");     // 显示可用内存
12             totalLabel.setText("总共内存: " + total + "Kb");   // 显示总共内存
13             progressBar.setValue(status);                    // 显示内存的使用率
14             progressBar.setString("可用内存: " + status + "%");
15             try {
16                 Thread.sleep(1000);                          // 线程休眠1秒钟进行动态更新
17             } catch (InterruptedException e) {
18                 e.printStackTrace();
19             }
20         }
21     }
22 }
```

扩展学习

Runtime 类的使用

Runtime 类不仅提供了获得虚拟机内存状态的方法，还可以运行本地程序，如打开 Windows 系统的记事本、计算器等程序。关于这些方法的使用请参考 Java API 文档。

第 2 章

图形与图表操作

为图形填充渐变色

绘制艺术图案

绘制花瓣

裁剪图片

使用像素值生成图像

……

实例 030　为图形填充渐变色

源码位置：Code\02\030

实例说明

扫一扫，看视频

本实例实现在 Java 中绘制图形时，为图形填充渐变色的效果。运行程序，效果如图 2.1 所示。

关键技术

本实例主要是通过在 JPanel 类的子类中，重写 JComponent 类的 paint() 方法，并在该方法中使用 Graphics2D 类的 setPaint() 方法和使用 GradientPaint 类创建封装渐变颜色的对象来实现的。

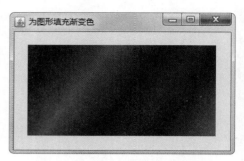

图 2.1　为图形填充渐变色的效果

（1）使用 Graphics2D 类的 setPaint() 方法，并将 GradientPaint 类创建的封装渐变颜色的对象，作为 setPaint() 方法的参数，实现为图形填充渐变色的操作，setPaint() 方法的定义如下：

```
public abstract void setPaint(Paint paint)
```

参数说明：

paint：封装了渐变颜色的 Paint 对象。

（2）使用 GradientPaint 类创建封装渐变颜色的对象，其构造方法的定义如下：

```
public GradientPaint(float x1, float y1, Color color1, float x2, float y2, Color color2, boolean cyclic)
```

参数说明：

① x1：用户空间中第 1 个指定点的 x 坐标。
② y1：用户空间中第 1 个指定点的 y 坐标。
③ color1：第 1 个指定点处的 Color 对象。
④ x2：用户空间中第 2 个指定点的 x 坐标。
⑤ y2：用户空间中第 2 个指定点的 y 坐标。
⑥ color2：第 2 个指定点处的 Color 对象。
⑦ cyclic：如果渐变模式在两种颜色之间重复循环，则该值设置为 true；否则设置为 false。

实现过程

（1）新建一个项目。
（2）在项目中创建一个继承 JFrame 类的 FillGradientFrame 窗体类。
（3）在 FillGradientFrame 窗体类中，创建内部面板类 FillGradientPanel，并重写 JComponent 类的 paint() 方法，在该方法中使用 Graphics2D 类的 setPaint() 方法设置封装了渐变色的对象，该对象是通过 GradientPaint 类创建的。
（4）将内部面板类 FillGradientPanel 的实例，添加到窗体类 FillGradientFrame 的内容面板上，用于在窗体上显示填充了渐变颜色的图形，代码如下：

```
01    class FillGradientPanel extends JPanel {          // 创建内部面板类
02        public void paint(Graphics g) {                // 重写paint()方法
03            Graphics2D g2 = (Graphics2D) g;            // 获得Graphics2D对象
04            // 创建矩形对象
05            Rectangle2D.Float rect = new Rectangle2D.Float(20, 20, 280, 140);
06            // 创建循环渐变的GradientPaint对象
07            GradientPaint paint = new GradientPaint(20,20,Color.BLUE,100,80,Color.RED,true);
08            g2.setPaint(paint);                        // 设置渐变
09            g2.fill(rect);                             // 绘制矩形
10        }
11    }
```

扩展学习

多颜色的线性渐变和径向渐变

在实际应用中，用户可以使用 LinearGradientPaint 类实现多颜色的线性渐变，也可以使用 Radial GradientPaint 类实现多颜色的径向渐变。

实例 031　绘制艺术图案

源码位置：Code\02\031

实例说明

本实例演示如何使用坐标轴平移、图形旋转和获得随机数等技术绘制艺术图案。运行程序，将在窗体上绘制艺术图案，效果如图 2.2 所示。

扫一扫，看视频

图 2.2　绘制艺术图案

关键技术

本实例主要是通过在 JPanel 类的子类中，重写 JComponent 类的 paint() 方法，并在该方法中使用 Graphics2D 类的 translate()、setColor()、rotate() 和 draw() 方法来实现的。

（1）使用 Graphics2D 类的 translate() 方法，将坐标轴平移到指定点。
（2）使用 Graphics2D 类的 setColor() 方法，设置颜色。
（3）使用 Graphics2D 类的 rotate() 方法，旋转绘图上下文。
（4）使用 Graphics2D 类的 draw() 方法，在指定位置绘制椭圆。

实现过程

（1）新建一个项目。
（2）在项目中创建一个继承 JFrame 类的 ArtDesignFrame 窗体类。
（3）在 ArtDesignFrame 窗体类中，创建内部面板类 ArtDesignPanel，并重写 JComponent 类的 paint() 方法，在该方法中实现艺术图案的绘制。
（4）将内部面板类 ArtDesignPanel 的实例，添加到窗体类 ArtDesignFrame 的内容面板上，用于在窗体上显示艺术图案，代码如下：

```
01  class ArtDesignPanel extends JPanel {                    // 创建内部面板类
02      public void paint(Graphics g) {                       // 重写paint()方法
03          Graphics2D g2 = (Graphics2D)g;                    // 获得Graphics2D对象
04          // 创建椭圆对象
05          Ellipse2D.Float ellipse = new Ellipse2D.Float(-80, 5, 160, 10);
06          Random random = new Random();                      // 创建随机数对象
07          g2.translate(160, 90);                             // 平移坐标轴
08          int R = random.nextInt(256);                       // 随机产生颜色的R值
09          int G = random.nextInt(256);                       // 随机产生颜色的G值
10          int B = random.nextInt(256);                       // 随机产生颜色的B值
11          Color color = new Color(R,G,B);                    // 创建颜色对象
12          g2.setColor(color);                                // 指定颜色
13          g2.draw(ellipse);                                  // 绘制椭圆
14          int i=0;
15          while (i<100){
16              R = random.nextInt(256);                       // 随机产生颜色的R值
17              G = random.nextInt(256);                       // 随机产生颜色的G值
18              B = random.nextInt(256);                       // 随机产生颜色的B值
19              color = new Color(R,G,B);                      // 创建新的颜色对象
20              g2.setColor(color);                            // 指定颜色
21              g2.rotate(10);                                 // 旋转画布
22              g2.draw(ellipse);                              // 绘制椭圆
23              i++;
24          }
25      }
26  }
```

扩展学习

随机获取颜色的 RGB 值

使用 Random 类的实例生成伪随机数流，并使用该类的 nextInt(int n) 方法，产生一个 0（包含）～ n（不包含）之间的随机整数，由于颜色的 RGB 值是 0 ～ 255 之间的整数值，所以为 nextInt(int n) 方法的参数 n 传递 256，这样就可以随机产生一个 0 ～ 255 之间的整数，表示颜色 RGB 值。

实例 032　绘制花瓣

源码位置：Code\02\032

实例说明

扫一扫，看视频

本实例演示如何使用坐标轴平移和图形旋转等技术绘制花瓣。运行程序，将在窗体上绘制花瓣，效果如图 2.3 所示。

关键技术

本实例主要是通过在 JPanel 类的子类中，重写 JComponent

图 2.3　绘制花瓣

类的 paint() 方法，并在该方法中使用 Graphics2D 类的 translate()、setColor()、rotate() 和 fill() 方法来实现的。

（1）使用 Graphics2D 类的 translate() 方法，将坐标轴平移到指定点。
（2）使用 Graphics2D 类的 setColor() 方法，设置颜色。
（3）使用 Graphics2D 类的 rotate() 方法，旋转绘图上下文。
（4）使用 Graphics2D 类的 fill() 方法，在指定位置绘制带填充色的椭圆。

实现过程

（1）新建一个项目。
（2）在项目中创建一个继承 JFrame 类的 DrawFlowerFrame 窗体类。
（3）在 DrawFlowerFrame 窗体类中，创建内部面板类 DrawFlowerPanel，并重写 JComponent 类的 paint() 方法，在该方法中实现绘制花瓣。
（4）将内部面板类 DrawFlowerPanel 的实例，添加到窗体类 DrawFlowerFrame 的内容面板上，用于在窗体上显示绘制的花瓣，代码如下：

```
01  class DrawFlowerPanel extends JPanel {            // 创建内部面板类
02      public void paint(Graphics g) {               // 重写paint()方法
03          Graphics2D g2 = (Graphics2D) g;           // 获取Graphics2D对象
04          g2.translate(drawFlowerPanel.getWidth() / 2, drawFlowerPanel.getHeight() / 2);
                                                      // 平移坐标轴
05          // 绘制绿色花瓣
06          // 创建椭圆对象
07          Ellipse2D.Float ellipse = new Ellipse2D.Float(30, 0, 70, 20);
08          Color color = new Color(0, 255, 0);       // 创建颜色对象
09          g2.setColor(color);                       // 指定颜色
10          g2.fill(ellipse);                         // 绘制椭圆
11          int i = 0;
12          while (i < 8) {
13              g2.rotate(30);                        // 旋转画布
14              g2.fill(ellipse);                     // 绘制椭圆
15              i++;
16          }
17          // 绘制红色花瓣
18          ellipse = new Ellipse2D.Float(20, 0, 60, 15);  // 创建椭圆对象
19          color = new Color(255, 0, 0);             // 创建颜色对象
20          g2.setColor(color);                       // 指定颜色
21          g2.fill(ellipse);                         // 绘制椭圆
22          i = 0;
23          while (i < 15) {
24              g2.rotate(75);                        // 旋转画布
25              g2.fill(ellipse);                     // 绘制椭圆
26              i++;
27          }
28          // 绘制黄色花瓣
29          ellipse = new Ellipse2D.Float(10, 0, 50, 15);  // 创建椭圆对象
30          color = new Color(255, 255, 0);           // 创建颜色对象
31          g2.setColor(color);                       // 指定颜色
32          g2.fill(ellipse);                         // 绘制椭圆
```

```
33          i = 0;
34          while (i < 8) {
35              g2.rotate(30);                              // 旋转画布
36              g2.fill(ellipse);                           // 绘制椭圆
37              i++;
38          }
39          // 绘制红色中心点
40          color = new Color(255, 0, 0);                   // 创建颜色对象
41          g2.setColor(color);                             // 指定颜色
42          ellipse = new Ellipse2D.Float(-10, -10, 20, 20); // 创建椭圆对象
43          g2.fill(ellipse);                               // 绘制椭圆
44      }
45  }
```

扩展学习

实现时钟的绘制

利用图形旋转技术和坐标轴平移，可以实现时钟的绘制，具体方法是：通过线程或定时器控件，在指定的时间间隔内绕坐标轴分别旋转表示秒针、分针和时针的图形或图像，从而达到时钟显示时间的效果。

实例 033　裁剪图片

源码位置：Code\02\033

实例说明

本实例演示如何利用 Java 的绘图技术，实现裁剪图片的操作。运行程序，通过鼠标在分割面板的左侧选择图片的裁剪区域，将在分割面板的右侧显示裁剪区域中的图片，效果如图 2.4 所示。

图 2.4　裁剪图片的效果

关键技术

本实例主要是通过 Robot 类的 createScreenCapture() 方法，以 BasicStroke 类创建虚线对象，并

结合 Graphics 类的 drawRect() 方法实现图片的裁剪和绘制选区。

（1）使用 BasicStroke 类重载的构造方法创建笔画对象，并指定笔画为虚线模式。
（2）使用 Graphics 类的 drawRect() 方法绘制矩形。
（3）使用 Robot 类的 createScreenCapture() 方法裁剪图片，该方法的定义如下：

```
public BufferedImage createScreenCapture(Rectangle screenRect)
```

参数说明：
① screenRect：屏幕上被截取的矩形区域。
② 返回值：从屏幕上截取的缓冲图像对象。

实现过程

（1）新建一个项目。
（2）在项目中创建一个继承 JFrame 类的 CutImageFrame 窗体类。
（3）在 CutImageFrame 窗体类中，创建内部面板类 OldImagePanel，并重写 JComponent 类的 paint() 方法，在该方法中使用 Graphics 类的 drawImage() 方法绘制原图片对象以及使用 drawRect() 方法绘制表示选择区域的矩形。
（4）在 CutImageFrame 窗体类中，创建内部面板类 CutImagePanel，并重写 JComponent 类的 paint() 方法，在该方法中使用 Graphics 类的 drawImage() 方法绘制裁剪所得的图片。
（5）将内部面板类 OldImagePanel 和 CutImagePanel 的实例，分别添加到分割面板的左右两侧，然后将分割面板添加到窗体类 CutImageFrame 的内容面板上，用于在窗体上显示原图片和裁剪所得的图片，OldImagePanel 面板类的代码如下：

```
01  class OldImagePanel extends JPanel {                    // 创建绘制原图像的面板类
02      public void paint(Graphics g) {
03          Graphics2D g2 = (Graphics2D) g;
04          // 绘制图像
05          g2.drawImage(img, 0, 0, this.getWidth(), this.getHeight(), this);
06          g2.setColor(Color.WHITE);
07          if (flag) {
08              float[] arr = { 5.0f };                      // 创建虚线模式的数组
09              // 创建宽度是1的平头虚线笔画对象
10              BasicStroke stroke = new BasicStroke(1, BasicStroke.CAP_BUTT,
11                  BasicStroke.JOIN_BEVEL, 1.0f, arr, 0);
12              g2.setStroke(stroke);                        // 设置笔画对象
13              g2.drawRect(pressPanelX, pressPanelY, releaseX - pressX,
14                  releaseY - pressY);                      // 绘制矩形选区
15          }
16      }
17  }
```

CutImagePanel 面板类的代码如下：

```
01  class CutImagePanel extends JPanel {                    // 创建绘制裁剪结果的面板类
02      public void paint(Graphics g) {
03          // 清除绘图上下文的内容
04          g.clearRect(0, 0, this.getWidth(), this.getHeight());
05          // 绘制图像
```

```
06            g.drawImage(buffImage, 0, 0, releaseX - pressX, releaseY - pressY, this);
07        }
08  }
```

扩展学习

实现自动化处理

从 JDK1.3 开始,用户可以使用 Robot 类实现程序自动化、实现自运行演示程序和其他需要控制鼠标和键盘的应用程序,使用该类提供的方法可以实际操作鼠标和键盘,从而实现程序的自动化处理。

实例 034 使用像素值生成图像

源码位置:Code\02\034

实例说明

扫一扫,看视频

本实例演示如何使用像素值生成图像,效果如图 2.5 所示。

图 2.5 使用像素值生成图像

关键技术

本实例主要是通过在 JPanel 类的子类中,重写 JComponent 类的 paint() 方法,并在该方法中使用 Graphics 类的 drawImage() 方法绘制生成的图像,生成图像的方法是通过 MemoryImageSource 类创建 ImageProducer 对象,并把 ImageProducer 对象传递给从 Component 类继承的 createImage() 方法,从而实现图像的创建。

(1) 使用 MemoryImageSource 类创建 ImageProducer 对象,该类构造方法的定义如下:

```
public MemoryImageSource(int w, int h, int[] pix, int off, int scan)
```

参数说明:
① w:像素矩形的宽度。
② h:像素矩形的高度。
③ pix:像素数组。
④ off:数组中存储第一个像素的偏移量。
⑤ scan:数组中一行像素到下一行像素之间的距离,通常与像素矩形的宽度相同。

(2) 使用从 Component 类继承的 createImage() 方法创建图像对象,该方法定义如下:

```
public Image createImage(ImageProducer producer)
```

参数说明:
① producer:图像生成器。
② 返回值:该方法执行成功返回一个 Image 对象。

实现过程

（1）新建一个项目。

（2）在项目中创建一个继承 JFrame 类的 CreateImageFrame 窗体类。

（3）在 CreateImageFrame 窗体类中，创建内部面板类 CreateImagePanel，并重写 JComponent 类的 paint() 方法，在该方法中使用 Graphics 类的 drawImage() 方法绘制生成的图像。

（4）将内部面板类 CreateImagePanel 的实例添加到窗体类 CreateImageFrame 的内容面板上，用于在窗体上显示生成的图像，面板类的代码如下：

```
01  class CreateImagePanel extends JPanel {                      // 创建用像素值生成图像的面板类
02      public void paint(Graphics g) {
03          int w = 300;                                          // 宽度
04          int h = 220;                                          // 高度
05          int pix[] = new int[w * h];                           // 存储像素值的数组
06          int index = 0;                                        // 存储数组的索引
07          for (int y = 0; y < h; y++) {                         // 在纵向进行调整，从黑色渐变到红色
08              int red = (y * 255) / (h - 1);                    // 计算纵向的颜色值
09              for (int x = 0; x < w; x++) {                     // 在横向进行调整，从黑色渐变到蓝色
10                  int blue = (x * 255) / (w - 1);               // 计算横向的颜色值
11                  // 通过移位运算和逻辑或运算计算像素值，并赋值给像素数组
12                  pix[index++] = (255 << 24) | (red << 16) | blue;
13              }
14          }
15          // 创建使用数组为Image生成像素值的ImageProducer对象
16          ImageProducer imageProducer = new MemoryImageSource(w, h, pix, 0, w);
17          Image img = createImage(imageProducer);               // 创建图像对象
18          g.drawImage(img, 0, 0,getWidth(),getHeight(), this);  // 绘制图像
19      }
20  }
```

扩展学习

使用 PixelGrabber 类获得的图像像素在数组中的存储位置

使用构造方法 PixelGrabber(Image img, int x, int y, int w, int h, int[] pix, int off, int scansize)，可以创建一个 PixelGrabber 对象，该对象用于从指定图像中抓取像素矩形部分 (x, y, w, h)，并以默认的 RGB ColorModel 形式将像素存储到数组 pix 中，并且在矩形部分 (x, y, w, h) 内，像素 (i, j) 的 RGB 数据存储在数组中的 pix[(j – y) * scansize+(i – x)+off] 位置处。

> **说明**：该方法中的参数img是用于从中检索像素的图像；x是从图像中进行检索的像素矩形左上角x坐标；y是从图像中进行检索的像素矩形左上角y坐标；w是要检索的像素矩形的宽度；h是要检索的像素矩形的高度；pix用于保存从图像中检索的RGB像素的整数数组；off是数组中存储第一个像素的偏移量；scansize是数组中一行像素到下一行像素之间的距离。

实例 035　水印文字特效

源码位置：Code\02\035

实例说明

水印文字可以通过改变绘图上下文的透明度来实现，本实例将演示水印文字的实现。运行程序，将在窗体上绘制图片，并为图片添加水印文字，效果如图 2.6 所示。

图 2.6　水印文字特效

关键技术

本实例是通过 Graphics2D 类的 setComposite() 方法，为绘图上下文指定表示透明度的 AlphaComposite 对象实现的。

（1）使用 AlphaComposite 类获得表示透明度的 AlphaComposite 对象，该对象使用 AlphaComposite 类的字段 SrcOver 调用 derive() 方法获得，该方法的定义如下：

```
public AlphaComposite derive(float alpha)
```

参数说明：

① alpha：闭区间 0.0f ～ 1.0f 之间的一个浮点数字，为 0.0f 时完全透明；为 1.0f 时不透明。

② 返回值：表示透明度的 AlphaComposite 对象。

（2）使用 Graphics2D 类的 setComposite() 方法，为绘图上下文指定表示透明度的 AlphaComposite 对象，该方法的定义如下：

```
public abstract void setComposite(Composite comp)
```

参数说明：

comp：表示透明度的 AlphaComposite 对象。

实现过程

（1）新建一个项目。

（2）在项目中创建一个继承 JFrame 类的 WatermarkTextFrame 窗体类。

（3）在 WatermarkTextFrame 窗体类中，创建内部面板类 WatermarkTextPanel，并重写 JComponent 类的 paint() 方法，在该方法中使用 Graphics2D 类的 setComposite() 方法设置透明度，然后绘制文本实现水印文字的绘制。

（4）将内部面板类 WatermarkTextPanel 的实例添加到窗体类 WatermarkTextFrame 的内容面板上，用于在窗体上显示绘制的水印文字，代码如下：

```
01  class WatermarkTextPanel extends JPanel {
02      public void paint(Graphics g) {
03          Graphics2D g2 = (Graphics2D)g;                      // 获得Graphics2D对象
04          g2.drawImage(img, 0, 0, 300, 237, this);            // 绘制图像
05          g2.rotate(Math.toRadians(-30));                     // 旋转绘图上下文对象
06          Font font = new Font("楷体",Font.BOLD,60);          // 创建字体对象
```

```
07            g2.setFont(font);                                      // 指定字体
08            g2.setColor(Color.WHITE);                               // 指定颜色
09            // 获得表示透明度的AlphaComposite对象
10            AlphaComposite alpha = AlphaComposite.SrcOver.derive(0.3f);
11            g2.setComposite(alpha);                                 // 指定AlphaComposite对象
12            g2.drawString("编程词典", -60, 180);                    // 绘制文本，实现水印
13        }
14    }
```

扩展学习

获得表示透明度对象的另一种方法

获得表示透明度的对象，还可以使用 AlphaComposite 类提供的 getInstance() 方法获得 AlphaCompos-ite 对象，如语句 AlphaComposite.getInstance(AlphaComposite.SRC_OVER) 就获得了一个规则是 Alpha Composite.SRC_OVER 的 AlphaComposite 对象（与本实例使用的字段 SrcOver 具有相同的规则），通过该对象调用 derive() 方法，可以获得具有指定透明度的 AlphaComposite 对象。

实例 036　中文验证码

源码位置：Code\02\036

实例说明

为了保证软件的安全性，通常要求在登录界面中输入验证码，为此本实例演示了如何实现中文验证码。运行程序，输入正确的用户名 mrsoft、密码 mrsoft 和中文验证码即可登录，如图 2.7 所示。

扫一扫，看视频

图 2.7　中文验证码

关键技术

本实例以字符串存储作为验证码的汉字，然后使用 Random 类获得随机数，作为字符串中字符的索引值，并使用 String 类的 substring() 方法，从字符串中截取一个汉字作为验证码。

使用 String 类的 substring() 方法，可截取字符串中的字符，该方法的定义如下：

```
public String substring(int beginIndex, int endIndex)
```

参数说明：
① beginIndex：起始索引（包括）。
② endIndex：结束索引（不包括）。
③ 返回值：起始索引和终止索引之间的子字符串。

实现过程

（1）新建一个项目。

（2）在项目中创建继承 JFrame 类的 MainFrame 窗体类和继承 Jpanel 类的 ChineseCodePanel 面板类。

（3）在面板类 ChineseCodePanel 中，重写 JComponent 类的 paint() 方法，向 BufferedImage 对象上绘制中文验证码，完成中文验证码的绘制。

（4）面板类 ChineseCodePanel 的 paint() 方法代码如下：

```
01  public void paint(Graphics g) {
02      // 定义验证码使用的汉字
03      String hanZi = "编程词典集学查用界面设计项目开发等内容于一体";
04      BufferedImage image = new BufferedImage(WIDTH, HEIGHT,
05          BufferedImage.TYPE_INT_RGB);                       // 实例化BufferedImage
06      Graphics gs = image.getGraphics();                      // 获取Graphics类的对象
07      if (!num.isEmpty()) {
08          num = "";                                           // 清空验证码
09      }
10      Font font = new Font("黑体", Font.BOLD, 20);            // 通过Font构造字体
11      gs.setFont(font);                                       // 设置字体
12      gs.fillRect(0, 0, WIDTH, HEIGHT);                       // 填充一个矩形
13      // 输出随机的验证文字
14      for (int i = 0; i < 4; i++) {
15          int index = random.nextInt(hanZi.length());         // 随机获得汉字的索引值
16          // 获得指定索引处的一个汉字
17          String ctmp = hanZi.substring(index,index+1);
18          num += ctmp;                                        // 更新验证码
19          Color color = new Color(20 + random.nextInt(120), 20 + random
20              .nextInt(120), 20 + random.nextInt(120));       // 生成随机颜色
21          gs.setColor(color);                                 // 设置颜色
22          Graphics2D gs2d = (Graphics2D) gs;                  // 将文字旋转指定角度
23          // 实例化AffineTransform
24          AffineTransform trans = new AffineTransform();
25          trans.rotate(random.nextInt(45) * 3.14 / 180, 22 * i + 8, 7);
26          float scaleSize = random.nextFloat() + 0.8f;        // 缩放文字
27          if (scaleSize > 1f)
28              scaleSize = 1f;                                 // 如果scaleSize大于1，则等于1
29          trans.scale(scaleSize, scaleSize);                  // 进行缩放
30          gs2d.setTransform(trans);                           // 设置AffineTransform对象
31          gs.drawString(ctmp, WIDTH / 6 * i + 28, HEIGHT / 2); // 绘制出验证码
32      }
33      g.drawImage(image, 0, 0, null);                         // 在面板中绘制出验证码
34  }
```

扩展学习

生成没有重复文字的验证码

对于本实例生成的中文验证码，有时会出现重复的汉字，为了避免这种情况，可以使用 List 集合存储作为验证码的汉字，然后随机从 List 集合中提取汉字，并从集合中移除该汉字，再从剩余的元素中提取汉字并移除，重复上述过程即可获得没有重复汉字的中文验证码。

实例 037　图片验证码

源码位置：Code\02\037

实例说明

本实例演示了如何实现图片验证码。运行程序，输入正确的用户名 mrsoft、密码 mrsoft 和验证码，即可登录，如图 2.8 所示。

扫一扫，看视频

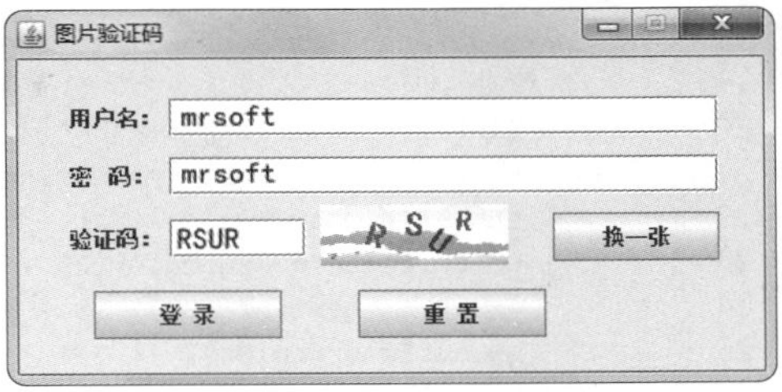

关键技术

本实例通过 BufferedImage 类绘制图像，然后使用 Random 类随机获得 A ～ Z 的大写字母，并绘制到 BufferedImage 对象上，从而生成图片验证码。

图 2.8　图片验证码

（1）由于大写字母 A ～ Z 对应的 Unicode 字符集的编号为 65 ～ 90，所以要产生 65 ～ 90 之间的随机整数，可以使用下面的代码实现：

```
Random random = new Random();              // 创建Random对象
int code = random.nextInt(26) + 65;        // 生成65~90的随机整数
```

（2）通过强制类型转换将 65~90 的随机整数转换为大写字母，可以使用下面的代码实现：

```
Random random = new Random();              // 创建Random对象
int code = random.nextInt(26) + 65;        // 生成65~90的随机整数
char letter = (char) code;                 // 转换为大写字母
```

实现过程

（1）新建一个项目。
（2）在项目中创建继承 JFrame 类的 MainFrame 窗体类和继承 JPanel 类的 ImageCodePanel 面板类。
（3）在面板类 ImageCodePanel 中，重写 JComponent 类的 paint() 方法，向 BufferedImage 对象上绘制图片和验证码，完成图片验证码的绘制。
（4）面板类 ImageCodePanel 的 paint() 方法代码如下：

```
01  public void paint(Graphics g) {
02      BufferedImage image = new BufferedImage(WIDTH, HEIGHT,
03              BufferedImage.TYPE_INT_RGB);              // 实例化BufferedImage
04      Graphics gs = image.getGraphics();                // 获取Graphics类的对象
05      if (!num.isEmpty()) {
06          num = "";                                     // 清空验证码
07      }
08      Font font = new Font("黑体", Font.BOLD, 20);      // 通过Font构造字体
09      gs.setFont(font);                                 // 设置字体
10      gs.fillRect(0, 0, WIDTH, HEIGHT);                 // 填充一个矩形
11      Image img = null;
```

```
12      try {
13          img = ImageIO.read(new File("src/img/image.jpg"));          // 创建图像对象
14      } catch (IOException e) {
15          e.printStackTrace();
16      }
17      // 在缓冲图像对象上绘制图像
18      image.getGraphics().drawImage(img, 0, 0, WIDTH, HEIGHT, null);
19      // 输出随机的验证文字
20      for (int i = 0; i < 4; i++) {
21          char ctmp = (char) (random.nextInt(26) + 65);               // 生成A~Z的字母
22          num += ctmp;                                                 // 更新验证码
23          Color color = new Color(20 + random.nextInt(120), 20 + random
24                  .nextInt(120), 20 + random.nextInt(120));            // 生成随机颜色
25          gs.setColor(color);                                          // 设置颜色
26          Graphics2D gs2d = (Graphics2D) gs;                           // 将文字旋转指定角度
27          // 实例化AffineTransform
28          AffineTransform trans = new AffineTransform();
29          trans.rotate(random.nextInt(45) * 3.14 / 180, 22 * i + 8, 7);
30          float scaleSize = random.nextFloat() + 0.8f;                 // 缩放文字
31          if (scaleSize > 1f)
32              scaleSize = 1f;                                          // 如果scaleSize大于1,则等于1
33          trans.scale(scaleSize, scaleSize);                           // 进行缩放
34          gs2d.setTransform(trans);                                    // 设置AffineTransform对象
35          // 绘制出验证码
36          gs.drawString(String.valueOf(ctmp), WIDTH / 6 * i + 28, HEIGHT / 2);
37      }
38      g.drawImage(image, 0, 0, null);                                  // 在面板中绘制出验证码
39  }
```

扩展学习

避免绘图时出现屏幕闪现

绘图时,为了避免出现屏幕闪现,可以先将要绘制的内容绘制到 BufferedImage 对象上,然后再将 BufferedImage 对象绘制到绘图的上下文上,如果还是出现屏幕闪现,可以重写 update(Graphics g) 方法,并在该方法中调用 paint() 方法,即可解决。

实例 038　带干扰线的验证码

源码位置：Code\02\038

实例说明

扫一扫,看视频

本实例演示了如何实现带干扰线的验证码。运行程序,输入正确的用户名 mrsoft、密码 mrsoft 和验证码,即可登录,如图 2.9 所示。

关键技术

本实例通过 BufferedImage 类绘制图像,然后绘制两

图 2.9　带干扰线的验证码

条首尾相连的线段，最后使用 Random 类随机获得 A～Z 的大写字母，并绘制到 BufferedImage 对象上，从而生成带干扰线的验证码。

（1）使用 Graphics 类的 drawLine() 方法绘制干扰线。

（2）使用 Graphics 类的 drawString() 方法，绘制随机生成的大写字母，完成带干扰线的验证码的绘制。

实现过程

（1）新建一个项目。

（2）在项目中创建继承 JFrame 类的 MainFrame 窗体类和继承 JPanel 类的 DisturbCodePanel 面板类。

（3）在面板类 DisturbCodePanel 中，重写 JComponent 类的 paint() 方法，向 BufferedImage 对象上绘制图片、干扰线和验证码，完成带干扰线验证码的绘制。

（4）面板类 DisturbCodePanel 的 paint() 方法代码如下：

```
01  public void paint(Graphics g) {
02      BufferedImage image = new BufferedImage(WIDTH, HEIGHT,
03              BufferedImage.TYPE_INT_RGB);                         // 实例化BufferedImage
04      Graphics gs = image.getGraphics();                           // 获取Graphics类的对象
05      if (!num.isEmpty()) {
06          num = "";                                                // 清空验证码
07      }
08      Font font = new Font("黑体", Font.BOLD, 20);                  // 通过Font构造字体
09      gs.setFont(font);                                            // 设置字体
10      gs.fillRect(0, 0, WIDTH, HEIGHT);                            // 填充一个矩形
11      Image img = null;
12      try {
13          img = ImageIO.read(new File("src/img/image.jpg"));       // 创建图像对象
14      } catch (IOException e) {
15          e.printStackTrace();
16      }
17      // 在缓冲图像对象上绘制图像
18      image.getGraphics().drawImage(img, 0, 0, WIDTH, HEIGHT, null);
19      // 随机获取第一条干扰线起点的x坐标
20      int startX1 = random.nextInt(20);
21      // 随机获取第一条干扰线起点的y坐标
22      int startY1 = random.nextInt(20);
23      // 随机获取第一条干扰线终点的x坐标，也是第二条干扰线起点的x坐标
24      int startX2 = random.nextInt(30)+35;
25      // 随机获取第一条干扰线终点的y坐标，也是第二条干扰线起点的y坐标
26      int startY2 = random.nextInt(10)+20;
27      // 随机获取第二条干扰线终点的x坐标
28      int startX3 = random.nextInt(30)+90;
29      // 随机获取第二条干扰线终点的y坐标
30      int startY3 = random.nextInt(10)+5;
31      gs.setColor(Color.RED);
32      // 绘制第一条干扰线
33      gs.drawLine(startX1, startY1, startX2, startY2);
```

```
34          gs.setColor(Color.BLUE);
35          // 绘制第二条干扰线
36          gs.drawLine(startX2, startY2, startX3, startY3);
37          // 输出随机的验证文字
38          for (int i = 0; i < 4; i++) {
39              char ctmp = (char) (random.nextInt(26) + 65);           // 生成A~Z的字母
40              num += ctmp;                                             // 更新验证码
41              Color color = new Color(20 + random.nextInt(120), 20 + random
42                      .nextInt(120), 20 + random.nextInt(120));        // 生成随机颜色
43              gs.setColor(color);                                      // 设置颜色
44              Graphics2D gs2d = (Graphics2D) gs;                       // 将文字旋转指定角度
45              // 实例化AffineTransform
46              AffineTransform trans = new AffineTransform();
47              trans.rotate(random.nextInt(45) * 3.14 / 180, 22 * i + 8, 7);
48              float scaleSize = random.nextFloat() + 0.8f;             // 缩放文字
49              if (scaleSize > 1f)
50                  scaleSize = 1f;
51              trans.scale(scaleSize, scaleSize);                       // 进行缩放
52              gs2d.setTransform(trans);                                // 设置AffineTransform对象
53              // 绘制出验证码
54              gs.drawString(String.valueOf(ctmp), WIDTH / 6 * i + 28, HEIGHT / 2);
55          }
56          g.drawImage(image, 0, 0, null);                              // 在面板中绘制出验证码
57      }
```

扩展学习

使两条干扰线首尾相连

在绘制干扰线时，为了使干扰线首尾相连，应该使第二条干扰线的起点与第一条干扰线的终点相同。

实例 039　图片半透明特效

源码位置：Code\02\039

实例说明

本实例使用 Java 的绘图技术实现了图片的半透明效果。运行程序，窗体上显示不透明的图像，单击窗体上的"半透明"按钮，图片将显示为半透明效果，如图 2.10 所示。

关键技术

本实例通过使用 Graphics2D 类中的 setComposite() 方法，为绘图上下文指定表示透明度的 Alpha Composite 对象，从而实现图片的半透明效果。

图 2.10　图片半透明特效

（1）使用 AlphaComposite 类获得 AlphaComposite 对象，该对象使用 AlphaComposite 类的字段 SrcOver 调用 derive() 方法，并指定透明度即可获得 AlphaComposite 对象。

（2）使用 Graphics2D 类的 setComposite() 方法，为绘图上下文指定表示透明度的 AlphaComposite 对象。

实现过程

（1）新建一个项目。

（2）在项目中创建一个继承 JFrame 类的 TranslucenceImageFrame 窗体类。

（3）在 TranslucenceImageFrame 窗体类中，创建内部面板类 TranslucenceImagePanel，并重写 JComponent 类的 paint() 方法，在该方法中实现图像透明度的调整。

（4）将内部面板类 TranslucenceImagePanel 的实例，添加到窗体类 TranslucenceImageFrame 的内容面板上，用于在窗体上显示设置了透明度的图像，面板类 TranslucenceImagePanel 的代码如下：

```
01  class TranslucenceImagePanel extends JPanel {
02      public void paint(Graphics g) {
03          Graphics2D g2 = (Graphics2D) g;                              // 获取Graphics2D对象
04          g2.clearRect(0, 0, getWidth(), getHeight());                 // 清除绘图上下文的内容
05          g2.setComposite(alpha);                                      // 指定AlphaComposite对象
06          g2.drawImage(img, 0, 0, getWidth(), getHeight(), this);      // 绘制图像
07      }
08  }
```

（5）"半透明"按钮用于实现图像的半透明效果，其事件代码如下：

```
01  button.addActionListener(new ActionListener() {
02      public void actionPerformed(final ActionEvent e) {
03          // 获得表示半透明的AlphaComposite对象
04          alpha = AlphaComposite.SrcOver.derive(0.5f);
05          translucencePanel.repaint();                        // 调用paint()方法
06      }
07  });
```

（6）"不透明"按钮用于实现图像的不透明效果，其事件代码如下：

```
01  button_1.addActionListener(new ActionListener() {
02      public void actionPerformed(final ActionEvent e) {
03          // 获得表示不透明的AlphaComposite对象
04          alpha = AlphaComposite.SrcOver.derive(1.0f);
05          translucencePanel.repaint();                        // 调用paint()方法
06      }
07  });
```

扩展学习

实现图片水印

与水印文字相似，在窗体上绘制一个图像，然后调整绘图上下文的透明度，再将另一个图像绘

制到该绘图上下文的对象上，即可实现图片水印效果。

实例 040 图片融合特效

源码位置：Code\02\040

实例说明

本实例使用 Java 的绘图技术，实现两幅图片的融合效果。运行程序，窗体上将显示两幅图片的融合特效，改变窗体上滑块的位置，即可对两幅图片的融合效果进行调整，效果如图 2.11 所示。

关键技术

本实例主要通过 Graphics2D 类的 setComposite() 方法，为绘图上下文设置 AlphaComposite 对象，从而实现两幅图片融合的效果。

（1）使用 AlphaComposite 类获得表示透明度的 AlphaComposite 对象，该对象使用 AlphaComposite 类的字段 SrcOver 调用 derive() 方法，并指定透明度即可获得 AlphaComposite 对象。

图 2.11 图片融合特效

（2）使用 Graphics2D 类的 setComposite() 方法，为绘图上下文设置表示透明度的 AlphaComposite 对象。

实现过程

（1）新建一个项目。

（2）在项目中创建一个继承 JFrame 类的 PictureMixFrame 窗体类。

（3）在 PictureMixFrame 窗体类中，创建内部面板类 PictureMixPanel，并重写 JComponent 类的 paint() 方法，在该方法中实现图像的融合效果。

（4）将内部面板类 PictureMixPanel 的实例添加到窗体类 PictureMixFrame 的内容面板上，用于在窗体上显示融合效果的图像，面板类 PictureMixPanel 的代码如下：

```
01  class PictureMixPanel extends JPanel {
02      boolean flag = true;                                    // 定义标记变量，用于控制x的值
03      // 获得表示透明度的AlphaComposite对象
04      AlphaComposite alpha = AlphaComposite.SrcOver.derive(0.5f);
05      public void paint(Graphics g) {
06          Graphics2D g2 = (Graphics2D) g;                     // 获取Graphics2D对象
07          g2.drawImage(img1, 0, 0, getWidth(), getHeight(), this);// 绘制图像
08          float value = slider.getValue();                    // 滑块组件的取值
09          float alphaValue = value / 100;                     // 计算透明度的值
10          // 获得表示透明度的AlphaComposite对象
11          alpha = AlphaComposite.SrcOver.derive(alphaValue);
12          // 绘制调整透明度后的图片
```

```
13              g2.setComposite(alpha);                                // 指定AlphaComposite对象
14              g.drawImage(img2, 0, 0, getWidth(), getHeight(), this);
15          }
16      }
```

（5）通过滑块控件，可以调整图片的融合效果，滑块控件的事件代码如下：

```
01  slider.addChangeListener(new ChangeListener() {
02      public void stateChanged(final ChangeEvent e) {
03          pictureMixPanel.repaint();                    // 重新调用面板类的paint()方法
04      }
05  });
```

扩展学习

滑块值与透明度值的转换

滑块的位置值是整数（默认是 0 ～ 100 之间的整数），而表示透明度的值是小数（在 0.0f ～ 1.0f 之间），因此可以用滑块值除以 100，将其转换为小数，从而实现滑块值与透明度值之间的转换。

实例 041　文字跑马灯特效

源码位置：Code\02\041

实例说明

本实例演示如何利用 Java 的绘图技术和多线程技术实现文字跑马灯特效。运行程序，将在窗体上显示具有跑马灯效果的文字信息，效果如图 2.12 所示。

关键技术

本实例将跑马灯特效的文字转换为字符数组，然后通过另一个 int 型数组来存储字符数组中每个字符的 x 坐标值，并在线程的 run() 方法中有规律地调整数组中这些 x 坐标值，从而实现文字跑马灯的特效。

图 2.12　文字跑马灯特效

（1）使用 String 类的 toCharArray() 方法，可以将字符串转换为字符数组。toCharArray() 方法的定义如下：

```
public char[] toCharArray()
```

参数说明：

返回值：一个新分配的字符数组，其长度是此字符串的长度，其内容被初始化为包含此字符串表示的字符序列。

（2）使用 int 型数组来存储跑马灯文字数组中每个字符的 x 位置坐标，当第一次执行线程时，使 x 坐标值等比递增，以后再执行线程时，则使 x 坐标值等差递增，从而实现文字跑马灯效果。

调整 x 坐标值的代码如下：

```
if (!flag){
    x[i]=x[i]+20*i;                                          // x坐标进行等比递增
} else {
    x[i]=x[i]+20;                                            // x坐标进行等差递增
}
```

说明：上面代码中的 flag 是一个标记变量，为 false 时，表示第一次执行，x 坐标进行等比递增；否则，进行等差递增。

实现过程

（1）新建一个项目。
（2）在项目中创建一个继承 JFrame 类的 HorseRaceLightTextFrame 窗体类。
（3）在 HorseRaceLightTextFrame 窗体类中创建内部面板类 HorseRaceLightTextPanel，该面板类实现了 Runnable 接口，并重写 JComponent 类的 paint() 方法和实现 Runnable 接口的 run() 方法。在 paint() 方法中完成跑马灯文字的绘制；在 run() 方法中实现改变跑马灯文字的 x 坐标值。
（4）将内部面板类 HorseRaceLightTextPanel 的实例，添加到窗体类 HorseRaceLightTextFrame 的内容面板上，用于在窗体上显示跑马灯效果的文字。内部面板类 HorseRaceLightTextPanel 的代码如下：

```
01    // 创建内部面板类
02    class HorseRaceLightTextPanel extends JPanel implements Runnable {
03        String value = "全能编程词典，我的学习专家。";            // 存储绘制的内容
04        char[] drawChar = value.toCharArray();                // 将绘制内容转换为字符数组
05        int[] x = new int[drawChar.length];                   // 存储每个字符绘制点x坐标的数组
06        int y = 100;                                          // 存储绘制点的y坐标
07        public void paint(Graphics g) {
08            g.clearRect(0, 0, getWidth(), getHeight());       // 清除绘图上下文的内容
09            g.drawImage(img, 0, 0, getWidth(), getHeight(), this); // 绘制图像
10            Font font = new Font("华文楷体", Font.BOLD, 20);   // 创建字体对象
11            g.setFont(font);                                  // 指定字体
12            g.setColor(Color.RED);                            // 指定颜色
13            for (int j = drawChar.length-1; j >=0; j--){
14                // 绘制文本
15                g.drawString(drawChar[drawChar.length-1-j]+"",x[j] , y);
16            }
17        }
18        public void run() {
19            try {
20                // 为false时表示第一次执行，x坐标进行等比递增，否则进行等差递增
21                boolean flag = false;
22                while (true) {                                // 读取内容
23                    Thread.sleep(300);                        // 当前线程休眠300毫秒
24                    for (int i = drawChar.length-1; i >=0 ; i--) {
25                        if (!flag){
26                            x[i]=x[i]+20*i;                   // x坐标进行等比递增
27                        } else {
```

```
28                    x[i]=x[i]+20;                       // x坐标进行等差递增
29                }
30                if (x[i]>=360 - 20){                    // 大于窗体宽度减20的值时
31                    x[i] = 0;                           // x坐标为0
32                }
33            }
34            repaint();                                  // 调用paint()方法
35            if (!flag) {
36                flag = true;                            // 赋值为true
37            }
38        }
39    } catch (Exception e) {
40        e.printStackTrace();
41    }
42  }
43 }
```

 在使用本实例时，需要将项目需要的图片文件放到项目的 src 文件夹的子文件夹 img 中，否则程序无法正常运行。

扩展学习

在屏幕上显示公司的联系电话和地址

为了让更多的人熟悉公司的联系电话和地址，可以将这些信息通过屏幕以跑马灯的形式进行循环显示，从而引起人们的注意，对公司起到宣传的作用。

实例 042　字幕显示特效

源码位置：Code\02\042

实例说明

本实例演示如何利用 Java 的绘图技术，实现字幕显示特效的绘制。运行程序，文字会从窗体的底部向上移动，移动一小段距离后消失，然后其他文字又从窗体底部向上移动，效果如图 2.13 和图 2.14 所示。

图 2.13　字幕显示特效 1

图 2.14　字幕显示特效 2

关键技术

本实例通过 Java 绘图技术绘制文本,通过多线程技术改变文本绘制点的 y 坐标,从而实现字幕显示的特效。

(1) 使用 Graphics 类的 drawString() 方法完成文本的绘制。

(2) 通过实现 Runnable 接口实现多线程,并在 run() 方法中改变文本绘制点的 y 坐标值,run() 方法中调整 y 坐标值的代码如下:

```
if (y <= 216 - 50) {                            // 如果已经向上移动50像素
    y = 216;                                    // y坐标定位到最下方
    if (value.equals("明日编程词典网址")) {
        value = "http://www.mrbccd.com";        // 改变绘制的内容
    } else {
        value = "明日编程词典网址";              // 改变绘制的内容
    }
} else {                                        // 如果还没向上移动50像素
    y -= 2;                                     // y坐标上移
}
```

> **说明:** 上面代码中的216是第一个绘制点的y坐标值,每执行一次线程,则使y坐标值减2。当向上移50像素后,再从216的y坐标值位置上移动其他字幕。

实现过程

(1) 新建一个项目。

(2) 在项目中创建一个继承 JFrame 类的 CaptionSpecificFrame 窗体类。

(3) 在 CaptionSpecificFrame 窗体类中创建内部面板类 CaptionSpecificPanel,该面板类实现了 Runnable 接口,并重写 JComponent 类的 paint() 方法和实现 Runnable 接口的 run() 方法。在 paint() 方法中完成字幕文字的绘制,在 run() 方法中实现改变字幕文字的 y 坐标值。

(4) 将内部面板类 CaptionSpecificPanel 的实例,添加到窗体类 CaptionSpecificFrame 的内容面板上,用于在窗体上显示字幕效果的文字。内部面板类 CaptionSpecificPanel 的代码如下:

```
01  class CaptionSpecificPanel extends JPanel implements Runnable {
02      int x = 50;                                         // 存储绘制点的x坐标
03      int y = 216;                                        // 存储绘制点的y坐标
04      String value = "明日编程词典网址";                   // 存储绘制的内容
05      public void paint(Graphics g) {
06          g.clearRect(0, 0, 316, 237);                    // 清除绘图上下文的内容
07          // 绘制图像
08          g.drawImage(img, 0, 0, getWidth(), getHeight(), this);
09          // 创建字体对象
10          Font font = new Font("华文楷体", Font.BOLD, 20);
11          g.setFont(font);                                // 指定字体
12          g.setColor(Color.RED);                          // 指定颜色
13          g.drawString(value, x, y);                      // 绘制文本
14      }
15      public void run() {
```

```
16          try {
17              while (true) {                               // 读取内容
18                  Thread.sleep(100);                       // 当前线程休眠1秒
19                  if (y <= 216 - 50) {                     // 如果已经向上移动50像素
20                      y = 216;                             // y坐标定位到最下方
21                      if (value.equals("明日编程词典网址")) {
22                          // 改变绘制的内容
23                          value = "http://www.mrbccd.com";
24                      } else {
25                          value = "明日编程词典网址";         // 改变绘制的内容
26                      }
27                  } else {                                 // 如果还没向上移动50像素
28                      y -= 2;                              // y坐标上移
29                  }
30                  repaint();                               // 调用paint()方法
31              }
32          } catch (Exception e) {
33              e.printStackTrace();
34          }
35      }
36  }
```

 使用本实例时，需要将项目所需的图片文件放到项目的 src 文件夹的子文件夹 img 中，否则程序无法正常运行。

扩展学习

制作从左向右移动的字幕特效

指定字幕文字的 x 坐标起始值，通过线程改变其 x 坐标值，当文字在 x 坐标轴上移动一定距离后，将 x 坐标值设置为起始值，并重新切换其他文字，从而实现从左向右移动的字幕特效。

实例 043　电影胶片特效

源码位置：Code\02\043

实例说明

本实例使用 Java 的多线程技术，实现电影胶片特效。运行程序，窗体上显示 4 个带有图片的标签，并将依次从窗体的右侧向左侧运动，就像放电影时胶片的运动一样，而且，每个标签上显示的图片，都是在两个图片之间变换的，效果如图 2.15 所示。

关键技术

根据图片的宽度和高度，创建 5 个从左向右运动的标签，

图 2.15　电影胶片特效

并将其中 4 个标签放到绝对布局的面板容器中，另一个则在移动的过程中进行填补，使图片能够连贯地移动，并使用控件的 setBounds() 方法，指定每个控件的位置和大小，从而实现电影胶片特效。

（1）根据图片的宽度创建 5 个标签，然后计算出每个标签左上角的 x 坐标，代码如下：

```
int x1 = 0;                                              // 第1个标签显示位置的变量
int x2 = 98;                                             // 第2个标签显示位置的变量
int x3 = 196;                                            // 第3个标签显示位置的变量
int x4 = 294;                                            // 第4个标签显示位置的变量
int x5 = 392;                                            // 第5个标签显示位置的变量
```

（2）为了连贯地移动图片，需要使每个控件的 x 坐标值不断变化，代码如下：

```
x1 = x1 - 7;                                             // 第1个标签的左边界减7，使其左移
x2 = x2 - 7;                                             // 第2个标签的左边界减7，使其左移
x3 = x3 - 7;                                             // 第3个标签的左边界减7，使其左移
x4 = x4 - 7;                                             // 第4个标签的左边界减7，使其左移
x5 = x5 - 7;                                             // 第5个标签的左边界减7，使其左移
```

（3）使用控件的 setBounds() 方法，设置每个标签控件的位置，该方法的定义如下：

```
public void setBounds(int x, int y, int width, int height)
```

参数说明：

① x：控件左上角的 x 坐标。
② y：控件左上角的 y 坐标。
③ width：控件的宽度。
④ height：控件的高度。

实现过程

（1）新建一个项目。
（2）在项目中创建一个继承 JFrame 类的 CinefilmEffectFrame 窗体类。
（3）在 CinefilmEffectFrame 窗体类中，创建实现了 Runnable 接口的内部类 CinefilmThread，用于实现电影胶片的动画效果。内部类 CinefilmThread 的代码如下：

```
01    private class CinefilmThread implements Runnable {
02        public void run() {
03            while (true) {
04                x1 = x1 - 7;                           // 第1个标签的左边界减7，使其左移
05                x2 = x2 - 7;                           // 第2个标签的左边界减7，使其左移
06                x3 = x3 - 7;                           // 第3个标签的左边界减7，使其左移
07                x4 = x4 - 7;                           // 第4个标签的左边界减7，使其左移
08                x5 = x5 - 7;                           // 第5个标签的左边界减7，使其左移
09                label_1.setBounds(x1, 0, 98, 210);     // 设置第1个标签的显示位置
10                label_2.setBounds(x2, 0, 98, 210);     // 设置第1个标签的显示位置
11                label_3.setBounds(x3, 0, 98, 210);     // 设置第1个标签的显示位置
12                label_4.setBounds(x4, 0, 98, 210);     // 设置第1个标签的显示位置
13                label_5.setBounds(x5, 0, 98, 210);     // 设置第1个标签的显示位置
14                if (x1 == -98) {                       // 当第1个标签的显示位置是-98时执行
```

```
15              indexFlag = !indexFlag;                    // 改变indexFlag的值
16              x1 = 392;                                  // 设置第1个标签的显示位置
17              if (indexFlag) {
18                  label_1.setIcon(SwingResourceManager.getIcon(
19                          // indexFlag为true时改变的图片
20                          CinefilmEffectFrame.class, "/image/6.jpg"));
21              } else {
22                  label_1.setIcon(SwingResourceManager.getIcon(
23                          // indexFlag为false时改变的图片
24                          CinefilmEffectFrame.class, "/image/1.jpg"));
25              }
26          }
27          ......                                         // 省略了其他4个标签的代码
28          try {
29              Thread.sleep(150);                         // 线程睡眠150毫秒
30          } catch (Exception ex) {
31
32          }
33      }
34   }
35 }
```

扩展学习

标签的其他应用

本实例中的图片标签还可以用作其他用途，可以将标签内的图片内容自定义为其他图片，然后添加到程序界面中，从而达到丰富界面的效果。如用来装饰圣诞树的标签、为寒冷的冬季自定义雪花标签和枫叶标签等。

实例044　雪花飘落动画效果

源码位置：Code\02\044

实例说明

本实例使用 Java 的绘图技术，实现雪花飘落动画效果。运行程序，效果如图 2.16 所示。

关键技术

本实例创建自定义标签，该标签继承自 JLabel 类，同时实现了 Runnable 接口，并在 run() 方法中实现在父级容器中放置显示雪花图片的自定义标签对象。

（1）通过 getParent() 方法，可以获得当前控件所在父级容器的对象。

（2）通过 getLocation() 方法，可以获得当前控件所在父

图 2.16　雪花飘落动画效果

级容器的位置对象。

（3）通过 setLocation() 方法，可以设置当前控件在父级容器中的位置。

实现过程

（1）新建一个项目。

（2）在项目中创建一个继承 JFrame 类的 MainFrame 窗体类，一个继承 JLabel 类并实现 Runnable 接口的自定义标签类 SnowFlakeLabel 及一个背景面板类 BackgroundPanel。

（3）在标签类 SnowFlakeLabel 中的实现 Runnable 接口的 run() 方法中，每隔一小段时间就改变自定义标签在父级容器中的位置，从而实现雪花飘落的效果。

（4）自定义标签类 SnowFlakeLabel 的代码如下：

```java
01  package com.zzk;
02  import java.awt.*;
03  import javax.swing.*;
04  public class SnowFlakeLabel extends JLabel implements Runnable {
05      private final static ImageIcon snow = new ImageIcon(SnowFlakeLabel.class
06              .getResource("/image/snowflake.png"));
07      private int width = snow.getIconWidth();              // 雪花的宽度
08      private int height = snow.getIconHeight();            // 雪花的高度
09      /**
10       * 构造方法
11       */
12      public SnowFlakeLabel() {
13          setSize(new Dimension(width, height));            // 雪花的初始化大小
14          setIcon(snow);                                    // 指定图标
15          new Thread(this).start();                         // 创建并启动线程
16      }
17      public void run() {
18          Container parent = getParent();                   // 获取父容器对象
19          Point myPoint = getLocation();                    // 获取初始位置
20          while (true) {                                    // 循环读取父容器对象
21              if (parent == null) {
22                  try {
23                      Thread.sleep(50);                     // 线程休眠
24                  } catch (InterruptedException e) {
25                      e.printStackTrace();
26                  }
27                  myPoint = getLocation();                  // 获取初始位置
28                  parent = getParent();                     // 获取父容器对象
29              } else {                                      // 如果已经获取到父容器
30                  break;                                    // 跳出循环
31              }
32          }
33          int sx = myPoint.x;                               // x坐标
34          int sy = myPoint.y;                               // y坐标
35          int stime = (int) (Math.random() * 30 + 10);      // 随机移动速度
36          int parentHeight = parent.getHeight();            // 容器高度
37          while (parent.isVisible() && sy < parentHeight - height) {
```

```
38              setLocation(sx, sy);                    // 指定位置
39              try {
40                  Thread.sleep(stime);                // 线程休眠
41              } catch (InterruptedException e) {
42                  e.printStackTrace();
43              }
44              sy += 2;                                // 垂直偏移2像素
45          }
46      }
47  }
```

（5）在 MainFrame 窗体类中，为背景面板类 BackgroundPanel 的实例添加鼠标移动事件，用于向背景面板中添加自定义雪花标签对象，代码如下：

```
01  backgroundPanel.addMouseMotionListener(new MouseAdapter() {
02      public void mouseMoved(MouseEvent e) {          // 鼠标移动事件
03          // 创建雪花飘落标签
04          SnowFlakeLabel snow = new SnowFlakeLabel();
05          Point point = e.getPoint();                 // 获得鼠标位置
06          snow.setLocation(point);                    // 指定雪花在背景面板上的位置
07          backgroundPanel.add(snow);                  // 将雪花添加到背景面板上
08      }
09  });
```

扩展学习

利用 update() 方法消除动画闪烁问题

AWT 接收到一个 Applet 的重绘请求时，会调用 update() 方法。默认情况下，update() 方法会清除 Applet 中的背景，然后调用 paint() 方法。重载 update() 方法就可以将以前在 paint() 方法中的绘图代码包含在 update() 方法中，从而避免了重绘时将整个区域清除的情况。

实例 045　水波动画效果

源码位置：Code\02\045

实例说明

本实例将实现图片的水波动画效果。运行程序，将在窗体上显示图片的水波动画，就像风吹水面产生波纹的效果，如图 2.17 所示。

关键技术

本实例主要使用 Graphics 类的 copyArea() 方法复制图像区域，并通过多线程技术在指定的时间间隔内，使所复制图片区域的位置发生改变，以实现最终的水波动画效果。

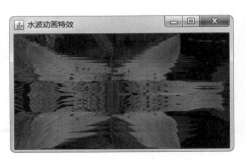

图 2.17　水波动画效果

使用 Graphics 类的 copyArea() 方法,可以复制图像区域,该方法的定义如下:

```
public abstract void copyArea(int x, int y, int width, int height, int dx, int dy)
```

参数说明:

① x:源矩形的 x 坐标。
② y:源矩形的 y 坐标。
③ width:源矩形的宽度。
④ height:源矩形的高度。
⑤ dx:复制像素的水平距离。
⑥ dy:复制像素的垂直距离。

实现过程

(1)新建一个项目。
(2)在项目中创建一个继承 JFrame 类的 WaterWaveActionFrame 窗体类。
(3)在 WaterWaveActionFrame 窗体类中,创建内部面板类 WaterWaveActionPanel,实现 Runnable 接口,用于实现水波动画效果。
(4)将内部面板类 WaterWaveActionPanel 的实例,添加到窗体类 WaterWaveActionFrame 的内容面板上,用于在窗体上显示水波动画效果的图片。面板类 WaterWaveActionPanel 的代码如下:

```
01  class WaterWaveActionPanel extends JPanel implements Runnable {
02      private Graphics graphics;                      // Graphics对象
03      private Graphics waveGraphics;                  // 倒影的Graphics对象
04      private Image image;                            // 原Image对象
05      private Image waveImage;                        // 表示倒影的Image对象
06      private int currentIndex;                       // 当前图像索引
07      private int imageWidth;                         // 图像的宽度
08      private int imageHeight;                        // 图像的高度
09      private boolean imageLoaded;                    // 表示图片是否被加载的标记
```

(5)调用 paint() 方法,用于在面板上绘制水波动画效果的图片,代码如下:

```
01  public void paint(Graphics g) {
02      if (waveImage != null) {
03          g.drawImage(waveImage, -currentIndex * imageWidth, 0, this);// 绘制图像
04      }
05      // 清除显示区域右侧的内容
06      g.clearRect(imageWidth, 0, imageWidth * 4, imageHeight);
07  }
```

(6)使用多线程对复制的图像区域进行动态调整,以达到实现水波动画特效。代码如下:

```
01  public void run() {
02      currentIndex = 0;
03      while (!imageLoaded) {                          // 如果图片未加载
04          repaint();                                  // 重绘屏幕
05          graphics = getGraphics();                   // 获取Graphics对象
06          // 创建媒体跟踪对象
```

```
07          MediaTracker mediatracker = new MediaTracker(this);
08          // 获取图片资源的路径
09          URL imgUrl = WaterWaveActionFrame.class.getResource("/img/image.jpg");
10
11          // 获取图像资源
12          image = Toolkit.getDefaultToolkit().getImage(imgUrl);
13          mediatracker.addImage(image, 0);                      // 添加图片
14          try {
15              mediatracker.waitForAll();                        // 加载图片
16              // 是否有错误发生
17              imageLoaded = !mediatracker.isErrorAny();
18          } catch (InterruptedException ex) {
19          }
20          if (!imageLoaded) {                                   // 加载图片失败
21              // 输出错误信息
22              graphics.drawString("加载图片错误", 10, 40);
23              continue;
24          }
25          imageWidth = image.getWidth(this);                    // 得到图像宽度
26          imageHeight = image.getHeight(this);                  // 得到图像高度
27          createWave();                                         // 调用方法，实现动画效果
28          break;
29      }
30      while (true) {
31          repaint();                                            // 重绘屏幕
32          try {
33              currentIndex++;                                   // 调整当前图像索引
34              if (currentIndex == 12) {                         // 如果当前图像索引为12
35                  currentIndex = 0;                             // 设置当前图像索引为0
36              }
37              Thread.sleep(50);                                 // 线程休眠
38          }
39      } catch (InterruptedException ex) {
40      }
41  }
```

（7）创建水波效果的图片，代码如下：

```
01  public void createWave() {
02      // 以图像高度创建Image实例
03      Image img = createImage(imageWidth, imageHeight);
04      Graphics g = null;
05      if (img != null) {
06          g = img.getGraphics();                                // 得到Image对象的Graphics对象
07          g.drawImage(image, 0, 0, this);                       // 绘制Image
08          for (int i = 0; i < imageHeight; i++) {
09              g.copyArea(0, imageHeight - 1 - i, imageWidth, 1, 0,
10                      -imageHeight + 1 + (i * 2));              // 复制图像区域
11          }
12      }
```

```
13          // 得到波浪效果的Image实例
14          waveImage = createImage(13 * imageWidth, imageHeight);
15          if (waveImage != null) {
16              // 得到波浪效果的Graphics实例
17              waveGraphics = waveImage.getGraphics();
18              // 绘制图像
19              waveGraphics.drawImage(img, 12 * imageWidth, 0, this);
20              int j = 0;
21              while (j < 12) {
22                  simulateWaves(waveGraphics, j);           // 调用方法
23                  j++;
24              }
25              g.drawImage(image, 0, 0, this);               // 绘制图像
26          }
27      }
```

（8）模拟波浪效果，代码如下：

```
01  public void simulateWaves(Graphics g, int i) {          // 波浪效果模拟
02      double d = (6.0 * i) / 12;
03      int j = (12 - i) * imageWidth;                      // 计算水平移动的距离
04      int waveHeight = imageHeight / 16;                  // 用于计算水波的高度
05      for (int m = 0; m < imageHeight; m++) {
06          // 用于控制要复制矩形区域的宽度
07          int k = (int) ((waveHeight * (m + 28) * Math.sin(waveHeight
08              * (imageHeight - m) / (m + 1) + d)) / imageHeight);
09          if (m < -k)
10              // 复制图像区域,形成波浪
11              g.copyArea(12 * imageWidth, m, imageWidth, 1, -j, 0);
12          Else
13              // 复制图像区域,形成波浪
14              g.copyArea(12 * imageWidth, m + k, imageWidth, 1, -j, -k);
15      }
16  }
```

扩展学习

关于 Java 的 repaint() 方法

本实例中使用的 repaint() 方法，是一个具有刷新页面效果的方法，即重绘 Component 组件。当 Component 组件中已有的图形发生变化后，并不会立刻在界面上显示，这时可以使用 repaint() 方法重新绘制页面。

实例 046　图片配对游戏

源码位置：Code\02\046

实例说明

本实例通过为标签控件添加图标以及鼠标事件，完成图片配对游戏。运行程序，初始显示效果

如图 2.18 所示，用鼠标将窗体中显示图标的标签拖动到相应的文字标签上，如果配对正确，则下面的文字标签显示匹配成功的信息和图片，效果如图 2.19 所示。

 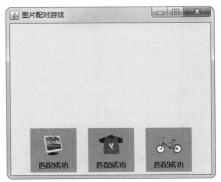

　　图 2.18　图片配对之前的效果　　　　　　　图 2.19　图片配对成功的效果

关键技术

　　本实例通过玻璃面板、鼠标事件以及判断控件是否在其他控件的范围内，完成图片配对游戏的开发。

　　（1）玻璃面板位于 JRootPane 中所有其他组件之上，这为在所有其他组件上绘图和截取鼠标事件提供了方便，对拖动和绘图都非常有用。因此，开发人员可在玻璃面板上使用 setVisible() 方法，控制玻璃面板在所有其他子级控件上是否显示，在默认情况下，玻璃面板是不可见的，可以通过 JFrame 类的 getGlassPane() 方法获取玻璃面板对象，该方法的定义如下：

```
public Component getGlassPane()
```

　　（2）通过使窗体类实现 MouseListener 和 MouseMotionListener 接口，实现鼠标事件，完成鼠标按下、释放和拖动等事件的处理。

　　（3）本实例定义了一个 checkPosition() 方法，用于检查所有拖动的控件是否匹配成功，以及是否在下面显示文字的控件内，该方法的代码如下：

```java
private boolean checkPosition() {                        // 检查配对是否正确
    boolean result = true;
    for (int i = 0; i < 3; i++) {
        // 获取每个图像标签的位置
        Point location = img[i].getLocationOnScreen();
        // 获取每个对应位置的坐标
        Point seat = targets[i].getLocationOnScreen();
        targets[i].setBackground(Color.GREEN);           // 设置匹配后的颜色
        // 如果配对错误
        if (location.x < seat.x || location.y < seat.y
                || location.x > seat.x + 80 || location.y > seat.y + 80) {
            // 回复对应位置的颜色
            targets[i].setBackground(Color.ORANGE);
            result = false;                              // 检测结果为false
        }
```

```
            }
            return result;                                                    // 返回检测结果
        }
```

实现过程

（1）新建一个项目。

（2）在项目中创建一个继承 JFrame 类的 PictureMatchingFrame 窗体类，该类实现了 MouseListener 和 MouseMotionListener 接口，因此可以响应鼠标事件。

（3）在 PictureMatchingFrame 窗体类的声明区，声明如下成员：

```
01  private JLabel img[] = new JLabel[3];                                     // 显示图标的标签
02  private JLabel targets[] = new JLabel[3];                                 // 窗体下面显示文字的标签
03  private Point pressPoint;                                                 // 鼠标按下时的起始坐标
```

（4）在 PictureMatchingFrame 窗体类的构造方法中，初始化界面，关键代码如下：

```
01  for (int i = 0; i < 3; i++) {
02      img[i] = new JLabel(icon[i]);                                         // 创建图像标签
03      img[i].setSize(50, 50);                                               // 设置标签大小
04      img[i].setBorder(new LineBorder(Color.GRAY));                         // 设置线性边框
05      // 随机生成x坐标
06      int x = (int) (Math.random() * (getWidth() - 50));
07      // 随机生成y坐标
08      int y = (int) (Math.random() * (getHeight() - 150));
09      img[i].setLocation(x, y);                                             // 设置随机坐标
10      img[i].addMouseListener(this);                                        // 为每个图像标签添加鼠标事件监听器
11      img[i].addMouseMotionListener(this);
12      imagePanel.add(img[i]);                                               // 添加图像标签到图像面板
13      targets[i] = new JLabel();                                            // 创建匹配位置标签
14      targets[i].setOpaque(true);                                           // 使标签不透明，以设置背景色
15      targets[i].setBackground(Color.ORANGE);                               // 设置标签背景色
16      // 设置文本与图像水平居中
17      targets[i].setHorizontalTextPosition(SwingConstants.CENTER);
18      // 设置文本显示在图像下方
19      targets[i].setVerticalTextPosition(SwingConstants.BOTTOM);
20      // 设置标签大小
21      targets[i].setPreferredSize(new Dimension(80, 80));
22      // 文字居中对齐
23      targets[i].setHorizontalAlignment(SwingConstants.CENTER);
24      bottomPanel.add(targets[i]);                                          // 添加标签到底部面板
25  }
26  targets[0].setText("显示器");                                              // 设置匹配位置的文本
27  targets[1].setText("衣服");
28  targets[2].setText("自行车");
```

（5）鼠标按下事件用于获得拖放图片标签时的起始坐标，代码如下：

```
01    public void mousePressed(MouseEvent e) {
02        pressPoint = e.getPoint();                          // 保存拖放图片标签时的起始坐标
03    }
```

（6）鼠标释放事件用于检查图片配对是否正确，如果正确，则隐藏玻璃面板，并在下面的文字标签上显示图片和匹配成功的文字，代码如下：

```
01    public void mouseReleased(MouseEvent e) {
02        if (checkPosition()) {                              // 如果配对正确
03            getGlassPane().setVisible(false);
04            for (int i = 0; i < 3; i++) {                   // 遍历所有匹配位置的标签
05                targets[i].setText("匹配成功");              // 设置正确提示
06                targets[i].setIcon(img[i].getIcon());       // 设置匹配的图标
07            }
08        }
09    }
```

（7）鼠标拖动事件用于设置控件新的位置，代码如下：

```
01    public void mouseDragged(MouseEvent e) {
02        JLabel source = (JLabel) e.getSource();             // 获取事件源控件
03        Point imgPoint = source.getLocation();              // 获取控件坐标
04        Point point = e.getPoint();                         // 获取鼠标坐标
05        source.setLocation(imgPoint.x + point.x - pressPoint.x,
06                imgPoint.y+ point.y - pressPoint.y);        // 设置控件新坐标
07    }
```

注意　　在使用本实例时，需要将项目需要的图片文件放到与窗体类PictureMatchingFrame相同的文件夹中，否则程序将发生异常。

扩展学习

Java 中关于 this 关键字的解析

this 代表当前对象名，如果方法的形参与类中的成员变量同名，可以使用 this 关键字指明引用的是成员变量，this 关键字除了可以调用成员变量之外，还可以调用构造方法。

实例 047　小猪走迷宫游戏

源码位置：Code\02\047

实例说明

本实例将实现小猪走迷宫的游戏开发。运行程序，开始游戏，效果如图 2.20 所示，用户可以通过键盘上的方向键控制小猪的行走，如果在行走过程中撞到墙壁，会弹出消息框进行提示；如果顺利走出迷宫，则效果如图 2.21 所示。

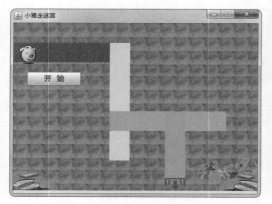

图 2.20　游戏开始时的效果

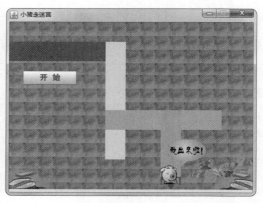

图 2.21　走出迷宫后的效果

关键技术

本实例通过键盘事件类 KeyEvent 的 getKeyCode() 方法，获取按键的整数代码，控制小猪的移动，并使用 Rectangle 类的 intersects() 方法判断两个 Rectangle 对象是否相交，实现对小猪是否撞墙的判断。

（1）KeyEvent 类的 getKeyCode() 方法，用于获取键盘上实际按键的整数代码，该方法的定义如下：

```
public int getKeyCode()
```

参数说明：

返回值：键盘上实际按键的整数代码。

（2）使用 Rectangle 类的 intersects() 方法判断两个 Rectangle 对象是否相交，从而实现判断小猪是否撞墙的操作，Rectangle 类的 intersects() 方法定义如下：

```
public boolean intersects(Rectangle r)
```

参数说明：

① r：指定的 Rectangle 对象。

② 返回值：如果指定的 Rectangle 对象与当前 Rectangle 对象相交，则返回 true；否则返回 false。

实现过程

（1）新建一个项目。

（2）在项目中创建继承 JFrame 类的 PigWalkMazeFrame 窗体类，并实现 KeyListener 和 Runnable 接口，目的是通过键盘控制小猪的移动，并在小猪走出迷宫时，通过新的线程改变小猪走出迷宫的图片。

（3）在窗体类 PigWalkMazeFrame 中通过键盘的按键事件控制小猪的移动，键盘按键事件的代码如下：

```
01  public void keyPressed(KeyEvent e) {
02      if ((gobuttonY == 286)) {                              // 如果小猪的纵坐标等于286
03          Thread thread = new Thread(this);
```

```
04          thread.start();                                    // 启动线程
05      }
06      if (e.getKeyCode() == KeyEvent.VK_UP) {                // 如果用户按下了向上键
07          // 创建Rectangle对象
08          Rectangle rectAngle = new Rectangle(gobuttonX, gobuttonY, 20, 20);
09          // 判断小猪是否走出了迷宫
10          if (rectAngle.intersects(rect1)
11                  || rectAngle.intersects(rect2)
12                  || rectAngle.intersects(rect3)
13                  || rectAngle.intersects(rect4)) {
14              gobuttonY = gobuttonY - 2;                     // 设置变量坐标
15              // 设置按钮坐标
16              goButton.setLocation(gobuttonX, gobuttonY);
17          } else {                                           // 如果小猪走出了迷宫
18              JOptionPane.showMessageDialog(this, "撞墙了吧! 重新开始吧!", "撞墙啦!",
19                      JOptionPane.DEFAULT_OPTION);
20          }
21      // 判断用户是否按向下键
22      } else if (e.getKeyCode() == KeyEvent.VK_DOWN) {
23          Rectangle rectAngle = new Rectangle(gobuttonX, gobuttonY, 20, 20);
24          if (rectAngle.intersects(rect1)
25                  || rectAngle.intersects(rect2)
26                  || rectAngle.intersects(rect3)
27                  || rectAngle.intersects(rect4)) {
28              gobuttonY = gobuttonY + 2;
29              goButton.setLocation(gobuttonX, gobuttonY);
30          } else {
31              JOptionPane.showMessageDialog(this, "撞墙了吧! 重新开始吧!", "撞墙啦!",
32                      JOptionPane.DEFAULT_OPTION);
33          }
34      // 如果用户按向左键
35      } else if (e.getKeyCode() == KeyEvent.VK_LEFT) {
36          Rectangle rectAngle = new Rectangle(gobuttonX, gobuttonY, 20, 20);
37          if (rectAngle.intersects(rect1)
38                  || rectAngle.intersects(rect2)
39                  || rectAngle.intersects(rect3)
40                  || rectAngle.intersects(rect4)) {
41              gobuttonX = gobuttonX - 2;
42              goButton.setLocation(gobuttonX, gobuttonY);
43          } else {
44              JOptionPane.showMessageDialog(this, "撞墙了吧! 重新开始吧!", "撞墙啦!",
45                      JOptionPane.DEFAULT_OPTION);
46          }
47      // 如果用户按向右键
48      } else if (e.getKeyCode() == KeyEvent.VK_RIGHT) {
49          Rectangle rectAngle = new Rectangle(gobuttonX, gobuttonY, 20, 20);
50          if (rectAngle.intersects(rect1)
51                  || rectAngle.intersects(rect2)
52                  || rectAngle.intersects(rect3)
53                  || rectAngle.intersects(rect4)) {
```

```
54              gobuttonX = gobuttonX + 2;
55              goButton.setLocation(gobuttonX, gobuttonY);
56          } else {
57              JOptionPane.showMessageDialog(this, "撞墙了吧!重新开始吧!", "撞墙啦!",
58                      JOptionPane.DEFAULT_OPTION);
59          }
60      }
61  }
```

（4）当小猪走出迷宫后，可以通过"开始"按钮重新开始游戏。关键代码如下：

```
01  public void buttonAction(ActionEvent e) {
02      goButton.setIcon(imageIcon);                            // 重新设置按钮的显示图片
03      goButton.addKeyListener(this);                          // 为按钮添加键盘事件
04      // 设置小猪位置
05      goButton.setBounds(0, 40, imageIcon.getIconWidth(),
07              imageIcon.getIconHeight());
08      gobuttonX = goButton.getBounds().x;                     // 获取小猪当前位置的x坐标
09      gobuttonY = goButton.getBounds().y;                     // 获取小猪当前位置的y坐标
10      goButton.requestFocus();                                // 设置按钮获取焦点
11  }
```

（5）当小猪走出迷宫后，通过线程来改变小猪走出迷宫的图标。run()方法实现该功能的代码如下：

```
01  public void run() {
02      // 获取图片URL
03      URL out = getClass().getResource("/images/pigOut.png");
04      ImageIcon imageout = new ImageIcon(out);                // 创建图片对象
05      goButton.setIcon(imageout);                             // 设置小猪按钮显示图片
06      // 重新设置按钮位置
07      goButton.setBounds(gobuttonX, gobuttonY - imageout.getIconHeight() + 50, imageout
08              .getIconWidth(), imageout.getIconHeight());
09      goButton.removeKeyListener(this);                       // 按钮移除键盘事件
10  }
```

扩展学习

键盘事件（KeyEvent）

在 KeyEvent 类中，以"VK_"开头的静态常量代表各个按键的 keycode，可以通过这些静态常量判断事件中的按键，从而可以获取所按键的字符。

实例 048 拼图游戏

源码位置：Code\02\048

实例说明

本实例将实现拼图游戏的开发。运行程序，单击"开始"按钮将打乱图片的位置，效果如图

2.22 所示，然后通过鼠标单击图片进行移动，直到将所有图片都移动到正确位置，游戏过关，过关后的效果如图 2.23 所示。

图 2.22　打乱图片位置的效果　　　　图 2.23　图片移动到正确位置的效果

关键技术

本程序主要通过 Swing 与枚举类实现，程序将一幅完整的图片平均分成 9 部分，每一部分为一个小正方形，并将最后一个图片修改为空白图片，作为游戏中的一个空位置。对于每一个图片部分，程序封装了一个按钮对象进行装载，当该按钮对象被单击后，程序将调换该按钮与装载空白图片的按钮，其关键技术是使用枚举类控制方向，以及使用 setLocation() 方法设置按钮的位置。

（1）本实例通过枚举类定义了图片移动的 4 个方向，分别为上、下、左、右，其定义方式与定义一个类相似，但定义枚举类使用关键字 enmu，枚举类 Direction 的定义如下：

```
public enum Direction {
    UP,                              // 上
    DOWN,                            // 下
    LEFT,                            // 左
    RIGHT                            // 右
}
```

（2）当图片移动后，按钮的坐标发生改变，此操作通过 setLocation() 方法实现。setLocation() 方法是从 Component 类继承的，其定义如下：

```
public void setLocation(int x, int y)
```

参数说明：

① x：当前控件左上角在父级坐标空间中新位置的 x 坐标。

② y：当前控件左上角在父级坐标空间中新位置的 y 坐标。

实现过程

（1）新建一个项目。

（2）在项目中创建一个名称为 Direction 的枚举类，用于定义图片移动的 4 个方向，其关键代

码见关键技术部分。

（3）创建名称为 Cell 的类，用于封装一个单元图片对象，此类继承 JButton 对象，并对 JButton 按钮组件进行重写，其关键代码如下：

```
01  public class Cell extends JButton {
02      private static final long serialVersionUID = 718623114650657819L;
03      public static final int IMAGEWIDTH = 117;                    // 图片宽度
04      private int place;                                            // 图片位置
05      public Cell(Icon icon, int place) {
06          this.setSize(IMAGEWIDTH, IMAGEWIDTH);                     // 单元图片的大小
07          this.setIcon(icon);                                       // 单元图片的图标
08          this.place = place;                                       // 单元图片的位置
09      }
10      public void move(Direction dir) {                             // 移动单元图片的方法
11          Rectangle rec = this.getBounds();                         // 获取图片的Rectangle对象
12          switch (dir) {                                            // 判断方向
13              case UP:                                              // 向上移动
14                  this.setLocation(rec.x, rec.y - IMAGEWIDTH);
15                  break;
16              case DOWN:                                            // 向下移动
17                  this.setLocation(rec.x, rec.y + IMAGEWIDTH);
18                  break;
19              case LEFT:                                            // 向左移动
20                  this.setLocation(rec.x - IMAGEWIDTH, rec.y);
21                  break;
22              case RIGHT:                                           // 向右移动
23                  this.setLocation(rec.x + IMAGEWIDTH, rec.y);
24                  break;
25          }
26      }
27      public int getX() {
28          return this.getBounds().x;                                // 获取单元图片的x坐标
29      }
30      public int getY() {
31          return this.getBounds().y;                                // 获取单元图片的y坐标
32      }
33      public int getPlace() {
34          return place;                                             // 获取单元图片的位置
35      }
36  }
```

（4）创建名称为 GamePanel 的类，此类继承 JPanel 类，实现 MouseListener 接口，用于创建游戏面板对象。在 GamePanel 类中定义长度为 9 个单元的图片数组对象，并通过 init() 方法对所有单元图片对象进行实例化，其关键代码如下：

```
01  public class GamePanel extends JPanel implements MouseListener {
02      private static final long serialVersionUID = -653831947783440122L;
03      private Cell[] cells = new Cell[9];                           // 创建单元图片数组
04      private Cell cellBlank = null;                                // 空白
05      public GamePanel() {
```

```java
06          super();
07          setLayout(null);                                        // 设置空布局
08          init();                                                 // 初始化
09      }
10      // 初始化游戏
11      public void init() {
12          int num = 0;                                            // 图片序号
13          Icon icon = null;                                       // 图标对象
14          Cell cell = null;                                       // 单元图片对象
15          for (int i = 0; i < 3; i++) {                           // 循环行
16              for (int j = 0; j < 3; j++) {                       // 循环列
17                  num = i * 3 + j;                                // 计算图片序号
18                  icon = SwingResourceManager.getIcon(GamePanel.class, "/pic/"
19                          + (num + 1) + ".jpg");                  // 获取图片
20                  cell = new Cell(icon, num);                     // 实例化单元图片对象
21                  // 设置单元图片的坐标
22                  cell.setLocation(j * Cell.IMAGEWIDTH, i * Cell.IMAGEWIDTH);
23                  cells[num] = cell;                              // 将单元图片存储到单元图片数组中
24              }
25          }
26          for (int i = 0; i < cells.length; i++) {
27              this.add(cells[i]);                                 // 向面板中添加所有单元图片
28          }
29      }
30      /**
31       * 对图片进行随机排序
32       */
33      public void random() {
34          Random rand = new Random();                             // 实例化Random
35          int m, n, x, y;
36          if (cellBlank == null) {                                // 判断空白的图片位置是否为空
37              cellBlank = cells[cells.length - 1];                // 取出空白的图片
38              for (int i = 0; i < cells.length; i++) {            // 遍历所有单元图片
39                  if (i != cells.length - 1) {
40                      // 对非空白图片注册鼠标监听
41                      cells[i].addMouseListener(this);
42                  }
43              }
44          }
45          for (int i = 0; i < cells.length; i++) {                // 遍历所有单元图片
46              m = rand.nextInt(cells.length);                     // 产生随机数
47              n = rand.nextInt(cells.length);                     // 产生随机数
48              x = cells[m].getX();                                // 获取x坐标
49              y = cells[m].getY();                                // 获取y坐标
50              // 对单元图片调换
51              cells[m].setLocation(cells[n].getX(), cells[n].getY());
52              cells[n].setLocation(x, y);
53          }
54      }
55      @Override
```

```java
56      public void mousePressed(MouseEvent e) {
57          Cell cell = (Cell) e.getSource();                            // 获取触发时间的对象
58          int x = cellBlank.getX();                                    // 获取x坐标
59          int y = cellBlank.getY();                                    // 获取y坐标
60          if ((x - cell.getX()) == Cell.IMAGEWIDTH && cell.getY() == y) {
61              cell.move(Direction.RIGHT);                              // 向右移动
62              cellBlank.move(Direction.LEFT);
63          } else if ((x - cell.getX()) == -Cell.IMAGEWIDTH && cell.getY() == y) {
64              cell.move(Direction.LEFT);                               // 向左移动
65              cellBlank.move(Direction.RIGHT);
66          } else if (cell.getX() == x && (cell.getY() - y) == Cell.IMAGEWIDTH) {
67              cell.move(Direction.UP);                                 // 向上移动
68              cellBlank.move(Direction.DOWN);
69          } else if (cell.getX() == x && (cell.getY() - y) == -Cell.IMAGEWIDTH) {
70              cell.move(Direction.DOWN);                               // 向下移动
71              cellBlank.move(Direction.UP);
72          }
73          if (isSuccess()) {                                           // 判断拼图是否成功
74              int i = JOptionPane.showConfirmDialog(this, "成功,再来一局?", "拼图成功",
75                      JOptionPane.YES_NO_OPTION);                      // 提示成功
76              if (i == JOptionPane.YES_OPTION) {
77                  random();                                            // 开始新一局
78              }
79          }
80      }
81      /**
82       * 判断是否拼图成功
83       * @return 布尔值
84       */
85      public boolean isSuccess() {
86          for (int i = 0; i < cells.length; i++) {                     // 遍历所有单元图片
87              int x = cells[i].getX();                                 // 获取x坐标
88              int y = cells[i].getY();                                 // 获取y坐标
89              if (i != 0) {
90                  if (y / Cell.IMAGEWIDTH * 3 + x / Cell.IMAGEWIDTH != cells[i]
91                          .getPlace()) {  // 判断单元图片位置是否正确
92                      return false;                                    // 只要有一个单元图片的位置不正确,就返回false
93                  }
94              }
95          }
96          return true;                                                 // 所有单元图片的位置都正确返回true
97      }
98  }
```

扩展学习

枚举类型的用途

在 Java 中,可以使用 enum 关键字创建枚举类型。枚举类型可以对数据进行检查,如在使用 switch 语句时,可以让该语句只接受枚举类型的值,这样就可以使用枚举类型检查是否为合法的数据,如果只是简单地传递整数就会出错。

实例 049　海滩捉螃蟹游戏

源码位置：Code\02\049

实例说明

本实例使用线程和鼠标事件监听器开发一个捉螃蟹游戏的程序。程序启动后，会有一个线程控制螃蟹随机出现在沙滩的某个小洞里，用鼠标单击某个螃蟹，表示它被抓，螃蟹会"流泪"，而鼠标也会变成拾取物品的动作。运行程序，效果如图 2.24 所示。

图 2.24　海滩捉螃蟹游戏

关键技术

本实例使用随机数随机确定螃蟹出现的顺序，并使用线程进行循环控制，使螃蟹不停地出现。

（1）开发中唯一的难点就是如何控制螃蟹的显示。考虑到游戏对用户的吸引程度，螃蟹的显示应该是随机确定位置，而不能以固定的顺序出现，这就需要使用随机数。本程序采用的是 Math 类的 random() 方法，关键代码如下：

```
int index = (int) (Math.random() * 6);                    // 生成随机的螃蟹索引
```

（2）螃蟹的显示需要不停地循环，在循环中检测螃蟹是否显示，并为空位置添加螃蟹图片，run() 方法的代码如下：

```
public void run() {
    while (true) {                                        // 使用无限循环
        try {
            Thread.sleep(1000);                           // 使线程休眠1秒
            // 生成随机的螃蟹索引
            int index = (int) (Math.random() * 6);
            // 如果螃蟹标签没有设置图片
            if (carb[index].getIcon() == null) {
```

```
                        // 为该标签添加螃蟹图片
                        carb[index].setIcon(imgCarb);
                    }
                } catch (InterruptedException e) {
                    e.printStackTrace();
                }
            }
        }
```

实现过程

（1）新建一个项目。

（2）在项目中创建一个继承 JFrame 类的 CaptureCarbFrame 窗体类，并实现 Runnable 接口，因此可以通过该类创建线程对象，其中 run() 方法的代码见关键技术部分。

（3）编写内部类 MouseCrab，该类实现了 MouseListener 接口，是窗体控件的鼠标事件监听器，用于在鼠标按键的按下和释放，以及鼠标离开控件区域动作发生时替换鼠标的光标图片，这样会使程序界面更加形象，因为替换的两幅图片能够形成抓取物品的连贯动作，分别作为窗体和标签控件的事件监听器，MouseCrab 类的代码如下：

```
01  private final class MouseCrab implements MouseListener {
02      private final Cursor cursor1;                          // 鼠标图标1
03      private final Cursor cursor2;                          // 鼠标图标2
04      private MouseCrab(Cursor cursor1, Cursor cursor2) {
05          this.cursor1 = cursor1;
06          this.cursor2 = cursor2;
07      }
08      @Override
09      public void mouseReleased(MouseEvent e) {
10          setCursor(cursor1);                                // 鼠标按键释放时设置光标为cursor1
11      }
12      @Override
13      public void mousePressed(MouseEvent e) {
14          setCursor(cursor2);                                // 鼠标按键按下时设置光标为cursor2
15      }
16      @Override
17      public void mouseExited(MouseEvent e) {
18          setCursor(cursor1);                                // 鼠标离开控件区域时设置光标为cursor1
19      }
20      @Override
21      public void mouseEntered(MouseEvent e) {
22      }
23      @Override
24      public void mouseClicked(MouseEvent e) {
25      }
26  }
```

（4）本实例还创建了一个鼠标事件监听器类 Catcher，它对鼠标按键进行判断之后才设置控件图片，但是设置的不是鼠标光标图片，而是显示螃蟹的标签控件的图片。在鼠标单击时，换成螃蟹

流泪的图片,而鼠标释放和初始状态都是一幅微笑的螃蟹图片。该事件监听器主要作为显示螃蟹的标签控件的事件监听器,代码如下:

```java
private final class Catcher extends MouseAdapter {
    @Override
    public void mousePressed(MouseEvent e) {
        if (e.getButton() != MouseEvent.BUTTON1)
            return;
        Object source = e.getSource();              // 获取事件源,即螃蟹标签
        if (source instanceof JLabel) {             // 如果事件源是标签组件
            JLabel carb = (JLabel) source;          // 强制转换为JLabel标签
            if (carb.getIcon() != null)
                carb.setIcon(imgCarb2);             // 为该标签添加螃蟹图片
        }
    }
    @Override
    public void mouseReleased(MouseEvent e) {
        if (e.getButton() != MouseEvent.BUTTON1)
            return;
        Object source = e.getSource();              // 获取事件源,即螃蟹标签
        if (source instanceof JLabel) {             // 如果事件源是标签组件
            JLabel carb = (JLabel) source;          // 强制转换为JLabel标签
            carb.setIcon(null);                     // 清除标签中的螃蟹图片
        }
    }
}
```

扩展学习

强制类型转换

关于强制类型转换,如本实例中的 int index =(int)(Math.random() * 6),之所以这样做是因为 Java 中不能将高精度的类型值赋值给低精度类型的变量,同时在使用强制类型转换时,会有精度的损失,所以使用时一定要小心。

实例 050 荒山打猎游戏

源码位置:Code\02\050

实例说明

本实例程序界面上,底部会有野猪随机出现并以不固定的速度移动,上方有小鸟从反方向飞过,当用鼠标在它们身上进行单击操作时,会打中该动物,动物消失,并在界面左上角得到相应分数,但是如果动物跑出界面,游戏就会扣除一定的分数。另外,界面右上角会显示当前剩余子弹数量,如果无子弹,需要等待系统装载子弹。运行程序,效果如图 2.25 所示。

图 2.25 荒山打猎游戏

关键技术

本程序的难点在于控制动物控件的移动速度。如果每个动物移动的速度相同，就会使程序运行效果枯燥乏味，换言之没有游戏难度也就失去了进行下去的意义，所以要在线程中控制每个控件的移动速度。在线程循环中，可以通过随机数来确定新创建的动物控件移动线程的休眠时间，这样可以为每个动物控件设置不同的移动速度，如在 MainFrame 窗体类的内部线程类 PigThread 中，调用了 Math 类的 random() 方法随机确定线程休眠的时间。窗体类 MainFrame 的内部线程类 PigThread 的代码如下：

```java
class PigThread extends Thread {
    @Override
    public void run() {
        while (true) {
            PigLabel pig = new PigLabel();        // 创建代表野猪的标签控件
            pig.setSize(120, 80);                  // 设置控件初始大小
            backgroundPanel.add(pig);              // 添加控件到背景面板
            try {
                // 线程随机休眠一段时间
                sleep((long) (random() * 3000) + 500);
            } catch (InterruptedException e) {
                e.printStackTrace();
            }
        }
    }
}
```

> **说明**：上段代码的 random() 方法是 Math 类的静态方法，所以在 MainFrame 类的包引用位置使用了静态导入语句"import static java.lang.Math.random;"，将该 Math 类的 random() 方法作为本类的一部分，因此在上述代码中省略了 Math 类名称而直接调用了 random() 方法。

实现过程

（1）新建一个项目。

（2）在项目中创建一个继承 JLabel 类的 BirdLabel 标签类，用于表示小鸟，并且实现 Runnable 接口。通过线程控制小鸟的移动效果，以及实现扣分功能。BirdLabel 标签类中 run() 方法的代码如下：

```
01  public void run() {
02      parent = null;
03      int width = 0;
04      try {
05          while (width <= 0 || parent == null) {
06              if (parent == null){
07                  parent = getParent();          // 获取父容器
08              } else {
09                  width = parent.getWidth();     // 获取父容器的宽度
10              }
```

```
11            Thread.sleep(10);
12        }
13        for (int i = width; i > 0 && parent != null; i -= 8) {
14            setLocation(i, y);                          // 从右向左移动本组件位置
15            Thread.sleep(sleepTime);                    // 休眠片刻
16        }
17    } catch (InterruptedException e) {
18        e.printStackTrace();
19    }
20    if (parent != null) {
21        MainFrame.appScore(-score * 10);                // 自然销毁将扣分
22    }
23    destory();                                          // 移动完毕，销毁本组件
24 }
```

（3）在项目中创建一个继承 JLabel 类的 PigLabel 标签类，用于表示野猪，并且实现 Runnable 接口。通过线程控制野猪的移动效果，以及实现扣分功能。PigLabel 标签类中 run() 方法的代码如下：

```
01 public void run() {
02     parent = null;
03     int width = 0;
04     while (width <= 0 || parent == null) {             // 获取父容器宽度
05         if (parent == null)
06             parent = getParent();                      // 获取父容器
07         else
08             width = parent.getWidth();                 // 获取父容器的宽度
09     }
10     for (int i = 0; i < width && parent != null; i += 8) {
11         setLocation(i, y);                             // 从左向右移动本组件
12         try {
13             Thread.sleep(sleepTime);                   // 休眠片刻
14         } catch (InterruptedException e) {
15             e.printStackTrace();
16         }
17     }
18     if (parent != null) {
19         MainFrame.appScore(-score * 10);               // 自然销毁将扣分
20     }
21     destory();                                         // 移动完毕，销毁本组件
22 }}
```

（4）在项目中创建一个继承 JFrame 类的主窗体类 MainFrame，在该类中分别创建生成小鸟和小猪角色的内部线程类，其中生成小鸟角色的类代码如下：

```
01 class BirdThread extends Thread {
02     @Override
03     public void run() {
04         while (true) {
05             BirdLabel bird = new BirdLabel();          // 创建代表小鸟的标签控件
06             bird.setSize(50, 50);                      // 设置控件初始大小
```

```
07          backgroundPanel.add(bird);                          // 添加控件到背景面板
08          try {
09              // 线程随机休眠一段时间
10              sleep((long) (Math.random() * 3000) + 500);
11          } catch (InterruptedException e) {
12              e.printStackTrace();
13          }
14      }
15  }
16 }
```

> **说明**：由于篇幅原因，这里没有将所有代码进行一一讲解，如果需要对本实例有更进一步的了解，可以参考源程序代码。

扩展学习

Java 中的父类和子类

父类和子类是相互独立的，子类可以继承父类已有的属性和行为，从而可以提高代码的重用率。在 Java 语言中，将两个具有父子关系类中的"父亲"称为超类或父类，将"孩子"称为子类。一个类只能有一个直接父类，但是可以有多个间接父类，这种父子关系在 Java 中被称为继承。

实例 051　打字母游戏

源码位置：Code\02\051

实例说明

本实例开发了一个练习指法的打字母游戏。程序运行后，不断从上向下"掉"苹果，苹果上标有字母，按键盘上对应的字母键，若正确，则该苹果消失；若错误，可以在苹果没有落地之前继续按键，如果正确将得分，如果苹果已经落地，则该字母没有打中，不得分，苹果落地后还会出现新的苹果。运行程序，效果如图 2.26 所示。

关键技术

随机获得大写字母的 ASCII 值，然后把 ASCII 值转换为大写字母字符，再将大写字母字符转换为字符串，这些操作可以通过如下代码来实现：

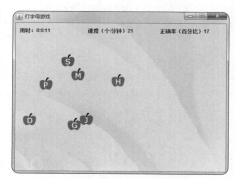

图 2.26　打字母游戏

```
// 产生65~90之间的随机整数, 即大写字母A~Z的ASCII值
int letter = (int) (Math.random() * 26) + 65;
char c = (char) letter;                          // 将字符的ASCII值转换为字符
String s = String.valueOf(c);                    // 将字符转换为字符串
```

> **说明**：这段代码中的letter是int型的整数，用于存储65~90之间的随机整数；c是char型的字符，用于存储转换的大写字母；s是String类型的变量，用于存储单个大写字母字符组成的字符串。

实现过程

（1）新建一个项目。

（2）在项目中创建一个类，命名为RandomBuildLetter，调用该类的方法可以随机产生 65 ~ 90 之间的随机整数，用于以后转换成大写字母，该类的代码如下：

```
01  /**
03   * 产生65~90之间随机整数的类
04   */
05  public class RandomBuildLetter {
06      public RandomBuildLetter() {
07          super();
08      }
09
10      public int[] getLetter(int letterCounts) {
11          int[] letter = new int[letterCounts];          // 根据参数创建整型数组
12          for (int i = 0; i < letterCounts; i++) {
13              // 调用方法产生65~90之间的随机整数，即大写字母A~Z的ASCII值
14              int a = (int) getRandomLetter();
15              letter[i] = a;                              // 将产生的数赋值给数组
16          }
17          return letter;                                  // 返回数组对象
18      }
19
20      public int getRandomLetter() {
21          // 产生65~90之间的随机整数，即大写字母的ASCII值
22          int letter = (int) (Math.random() * 26) + 65;
23          return letter;
24      }
25  }
```

（3）在项目中创建一个继承 JFrame 类的主窗体类 TypeLetterFrame，并在成员声明区定义标签数组，用于显示随机产生的带字母的苹果，定义 RandomBuildLetter 类的实例用于获取随机产生的大写字母的 ASCII 值，定义一个向量对象用于存储准备击打的字母，关键代码如下：

```
01  // 创建随机产生字母的类的对象
02  private RandomBuildLetter buildLetter = new RandomBuildLetter();
03  private JLabel[] labels = null;                        // 创建标签数组
04  // 创建存储准备击打字母的向量
05  private Vector<String> vector = new Vector<String>();
```

（4）在窗体 TypeLetterFrame 中，创建 addLetter() 方法，用于实现在窗体上显示字母、计算出现的字母总数等操作，该方法的代码如下：

```
01  private void addLetter() {
02      int seed = 10;                                          // 设置标签之间偏移量的变量
03      // 调用RandomBuildLetter类的方法随机产生8个整数并赋值给数组，即8个A~Z之间字母的ASCII值
04      int[] letters = buildLetter.getLetter(8);
05      // 创建显示带字母的苹果的标签数组
06      labels = new JLabel[letters.length];
07      // 实例化标签数组的每个对象
08      for (int i = 0; i < letters.length; i++) {
09          int value = letters[i];                             // 获取数组letters中的值
10          char c = (char) value;                              // 将数组letters中的值转换为字符
11          String s = String.valueOf(c);                       // 将字符转换为字符串
12          labels[i] = new JLabel();                           // 实例化标签对象
13          labels[i].setToolTipText(s);                        // 设置标签的提示文本
14          labels[i].setIcon(SwingResourceManager.getIcon(
15          // 设置标签显示的图片，即带字母的苹果
16          TypeLetterFrame.class, "/icon/" + s + ".png"));
17          // 随机产生标签显示位置的横坐标
18          int x = (int) (Math.random() * 60) + seed;
19          // 随机产生标签显示位置的纵坐标
20          int y = (int) (Math.random() * 80);
21          // 设置标签的显示位置和大小
22          labels[i].setBounds(x, y, 100, 30);
23          // 将标签添加到背景面板中
24          backgroundPanel.add(labels[i]);
25          // 调整标签之间的偏移量
26          seed += 60;
27          vector.add(s);                                      // 将字符串字母添加到向量对象中
28          totalLetters++;                                     // 计算出现字母的总个数
29      }
30  }
```

扩展学习

使用 private 关键字修饰类

private 定义的类是私有的，可以使程序更安全。但是在程序中一般不使用 private 修饰类，private 通常用于修饰内部类，可以被其所在的外部类使用，并可以通过类的实例访问内部类的成员。

实例 052　警察抓小偷

源码位置：Code\02\052

实例说明

本实例开发了一个警察抓小偷游戏。程序运行后，小偷在窗体中左侧位置的一定范围内随机跑动，警察在窗体的中上部位置，当用鼠标单击并击中小偷时，则表示小偷被打中，游戏过关，单击"再来一次"按钮，又可以开始新的游戏。运行实例，效果如图 2.27 所示。

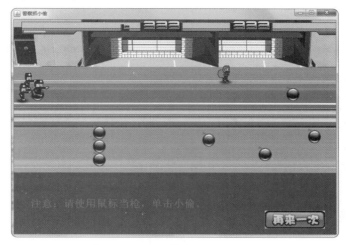

图 2.27　警察抓小偷

关键技术

在使用线程控制小偷标签的移动位置时，通过线程类的成员变量 x 来控制小偷左右运动；通过随机数控制小偷上下运动。改变小偷标签移动位置可以通过如下代码实现：

```
if (flag == false) {                            // flag为false
    x += 20;                                    // x的值增加表示向右运动
    if (x == 640) {                             // 当小偷标签左侧边界的横坐标是640时
        flag = true;                            // 将flag赋值为true
    }
} else {                                        // flag为true
    x -= 20;                                    // x的值减少表示向左运动
    if (x == 100) {                             // 当小偷标签左侧边界的横坐标是100时
        flag = false;                           // 将flag赋值为false
    }
}
// 生成100~200之间的随机整数，用于设置小偷标签上边界的纵坐标
int y = (int) (Math.random() * 100) + 100;
lb_thief.setLocation(x, y);                     // 设置小偷标签的显示位置
```

说明：这段代码中的x是int型的整数，是线程的成员变量，用于指定小偷左右移动；y是int型的整数，是线程中的局部变量，用于指定小偷上下移动。

实现过程

（1）新建一个项目。

（2）在项目中创建继承 JFrame 类的 PolicemanGraspThief 窗体类，在此窗体中创建内部线程类 GraspThiefThread，用于实现动画效果，该内部线程类的代码如下：

```
01  private class GraspThiefThread implements Runnable {
02      boolean flag = false;                            // 标识小偷向左运动还是向右运动的变量
03      int x = 400;                                     // 小偷标签左侧边界的横坐标
04
05      public void run() {
06          while (true) {
07              if (stop) {                              // stop为true时,显示提示文本为"打中了"标签
08                  int x = lb_thief.getX();             // 获得小偷标签的横坐标
09                  int y = lb_thief.getY();             // 获得小偷标签的纵坐标
10                  // 设置提示文本为"打中了"标签的显示位置和大小
11                  lb_tip.setBounds(x, y + 60, 50, 50);
12                  // 显示提示文本为"打中了"的标签
13                  lb_tip.setVisible(true);
14                  thread = null;                       // 释放线程资源
15                  break;                               // 退出循环,结束线程的执行
16              }
17              if (flag == false) {                     // flag为false向右运动
18                  x += 20;                             // x的值增加表示向右运动
19                  if (x == 640) {                      // 当小偷标签左侧边界的横坐标是640时
20                      flag = true;                     // 将flag赋值为true
21                  }
22              } else {                                 // flag为true向左运动
23                  x -= 20;                             // x的值减少表示向左运动
24                  if (x == 100) {                      // 当小偷标签左侧边界的横坐标是100时
25                      flag = false;                    // 将flag赋值为false
26                  }
27              }
28              // 生成100~200之间的随机整数,用于设置小偷标签上边界的纵坐标
29              int y = (int) (Math.random() * 100) + 100;
30              lb_thief.setLocation(x, y);              // 设置小偷标签的显示位置
31              try {
32                  Thread.sleep(200);                   // 休眠200毫秒
33              } catch (InterruptedException e) {
34                  e.printStackTrace();
35              }
36          }
37      }
38  }
```

说明： 由于篇幅原因，这里没有对所有代码进行一一讲解，如果需要对本实例有更进一步的了解，掌握警察抓小偷游戏的开发过程，可以参考本实例的源程序代码。

扩展学习

Java 中的抽象类

在 Java 语言中，如果不希望一个类被实例化，可以使用 abstract 关键字声明一个抽象类。抽象类中可以包含实例方法，也可以包含抽象方法，抽象类只能被其子类实例化，并且子类必须实现抽象类中的所有抽象方法。

实例 053 掷骰子

源码位置：Code\02\053

实例说明

本实例将开发一个单机掷骰子游戏，玩家可以模拟下注 10 元、20 元、50 元或 100 元，而且单击"钱数"按钮后，可以通过单击"加倍"按钮进行加倍下注，然后还需要单击"确认下注"按钮，才算完成了玩家的下注操作，同时在庄家处显示"跟了"的信息，这时玩家就可以选择押大还是押小，然后骰子开始动画变换，动画结束后将显示消息框进行提示。运行程序，效果如图 2.28 所示。

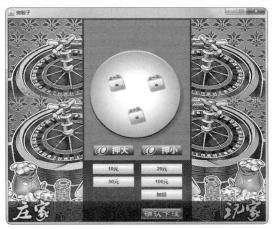

图 2.28 掷骰子游戏

关键技术

使用线程控制骰子的切换，并将 6 个骰子图片文件的主文件名用阿拉伯数字命名（如 1.png、2.png、3.png、4.png、5.png 和 6.png），这样命名之后，可以在程序中方便地通过数字来改变图片文件，以实现切换骰子的操作，在切换骰子时使用随机数产生骰子的主文件名编号，改变骰子的图片可以通过如下代码实现：

```
v1=(int)(Math.random()*6+1);
v2=(int)(Math.random()*6+1);
v3=(int)(Math.random()*6+1);
lb_dice_1.setIcon(SwingResourceManager.getIcon(DiceGameFrame.class, "/icon/"+v1+".png"));
lb_dice_2.setIcon(SwingResourceManager.getIcon(DiceGameFrame.class, "/icon/"+v2+".png"));
lb_dice_3.setIcon(SwingResourceManager.getIcon(DiceGameFrame.class, "/icon/"+v3+".png"));
```

说明： 这段代码中的 v1 是 int 型的整数成员变量，用于存储骰子图片的主文件名编号，同时也是骰子的点数；v2 是 int 型的整数成员变量，用于存储骰子图片的主文件名编号，同时也是骰子的点数；v3 是 int 型的整数成员变量，用于存储骰子图片的主文件名编号，同时也是骰子的点数。

实现过程

（1）新建一个项目。

（2）在项目中创建一个继承 JFrame 类的 DiceGameFrame 窗体类，在此窗体类中创建内部线程类 DiceThread，用于判断骰子的点数并确定玩家赢还是庄家赢，该内部线程类的代码如下：

```java
01    private class DiceThread implements Runnable {
02        public void run() {
03            while (true) {
04                stopIndex++;
05                // 随机产生第一个骰子的点数
06                v1 = (int) (Math.random() * 6 + 1);
07                // 随机产生第二个骰子的点数
08                v2 = (int) (Math.random() * 6 + 1);
09                // 随机产生第三个骰子的点数
10                v3 = (int) (Math.random() * 6 + 1);
11                // 显示骰子的图片
12                lb_dice_1.setIcon(SwingResourceManager.getIcon(
13                        DiceGameFrame.class, "/icon/" + v1 + ".png"));
14                lb_dice_2.setIcon(SwingResourceManager.getIcon(
15                        DiceGameFrame.class, "/icon/" + v2 + ".png"));
16                lb_dice_3.setIcon(SwingResourceManager.getIcon(
17                        DiceGameFrame.class, "/icon/" + v3 + ".png"));
18                int totalValues = v1 + v2 + v3;    // 骰子的点数总和
19                // 当stopIndex为50时，显示消息框，并提示最终的点数
20                if (stopIndex == 50) {
21                    if (flag == true) {
22                        // 骰子的点数为大时显示的提示信息
23                        if (totalValues > 9) {
24                            JOptionPane.showMessageDialog(null, "点数是："
25                                    + totalValues + "，大。\n玩家赢！！！\n总钱数：人民币"
26                                    + totalMoney + "元");
27                        } else {
28                            JOptionPane.showMessageDialog(null, "点数是："
29                                    + totalValues + "，小。\n庄家赢！！！\n总钱数：人民币"
30                                    + totalMoney + "元");
31                        }
32                    } else {
33                        // 骰子的点数为小时显示的提示信息
34                        if (totalValues <= 9) {
35                            JOptionPane.showMessageDialog(null, "点数是："
36                                    + totalValues + "，小。\n玩家赢！！！\n总钱数：人民币"
37                                    + totalMoney + "元");
38                        } else {
39                            JOptionPane.showMessageDialog(null, "点数是："
40                                    + totalValues + "，大。\n庄家赢！！！\n总钱数：人民币"
41                                    + totalMoney + "元");
42                        }
43                    }
44                // ……这里省略了部分代码
```

```
45                    break;
46               }
47               try {
48                    Thread.sleep(20);
49               } catch (Exception ex) {
50                    System.out.println(flag);
51               }
52          }
53     }
54 }
```

扩展学习

关于线程与多线程

世间万物可同时完成很多工作，如人体同时进行呼吸、血液循环、思考问题等活动；你也可以边听音乐边打游戏，这些活动同时进行的思想在 Java 中被称为并发。Java 提供了并发机制，程序员可以在程序中执行多个线程，每一个线程完成一个功能，并与其他线程并发执行。

实例 054 画梅花

源码位置：Code\02\054

实例说明

本实例将开发一个画梅花的小游戏，运行程序，效果如图 2.29 所示，在树枝上只有很少的几朵梅花，然后在窗体的左侧选择花的形状，在右侧的树枝上单击即可画梅花，画梅花后的效果如图 2.30 所示。单击鼠标右键，即可删除绘制的梅花。

图 2.29 画梅花之前的效果　　　　　　图 2.30 画梅花之后的效果

关键技术

实现画梅花程序，主要应用了 JPanel 面板的鼠标事件。在画梅花时，捕获到鼠标的左键被按下的事件，并且获取到鼠标指针的位置，在该位置画梅花，即添加一个 JLabel 控件，并将该组件的 icon 属性设置为所选择的梅花样式；在删除梅花时，捕获到鼠标的右键按下事件，并且获取到鼠标指针所在位置的 JLabel 控件（即梅花），并将该组件从面板中移除即可。

> **说明：** 在添加梅花和删除梅花时，都需要调用JPanel的repaint()方法重绘JPanel面板。

实现过程

（1）新建一个项目。

（2）在项目中创建一个继承 JFrame 类的 DrawPlumBlossomFrame 窗体类。

（3）在 DrawPlumBlossomFrame 窗体的左侧添加一个 JPanel 控件，将其 opaque 属性设置为 false，用于将该 JPanel 的背景设置为透明，并将窗体的布局设置为 null（绝对布局），然后添加 4 个 JLabel 控件，用于显示梅花形状。

（4）分别将 4 个 JLabel 控件的 variable 属性设置为 flower1、flower2、flower3 和 flower4，并将它们的 icon 属性设置为 images 文件夹中的 flower1.png、flower2.png、flower3.png 和 flower4.png。

（5）在 DrawPlumBlossomFrame 窗体的右侧添加一个 JPanel 控件，将该控件的 variable 属性设置为 canvasPane；将 opaque 属性设置为 false，并将窗体的布局设置为 null（绝对布局），以方便在鼠标单击位置处画梅花，然后为该 JPanel 控件添加鼠标按下事件，并判断在按下鼠标左键时根据选择的花朵形状，在窗体上画梅花；在按下鼠标右键时，获取鼠标所在位置的梅花，并将其删除，具体代码如下：

```
01  canvasPane.addMouseListener(new MouseAdapter() {
02      public void mousePressed(final MouseEvent e) {
03          // 按下鼠标左键
04          if (e.getModifiers() == InputEvent.BUTTON1_MASK) {
05              // 显示梅花的标签
06              final JLabel flower = new JLabel();
07              flower.setIcon(SwingResourceManager.getIcon(
08                      DrawPlumBlossomFrame.class, "/images/" + flowerType
09                      + ".png"));
10              // 设置第一种类型梅花的大小及位置
11              if ("flower1".equals(flowerType)) {
12                  flower.setBounds(e.getX() - 6, e.getY() - 12, 30, 36);
13              // 设置第二种类型梅花的大小及位置
14              } else if ("flower2".equals(flowerType)) {
15                  flower.setBounds(e.getX() - 28, e.getY() - 30, 51, 43);
16              // 设置第三种类型梅花的大小及位置
17              } else if ("flower3".equals(flowerType)) {
18                  flower.setBounds(e.getX() - 5, e.getY() - 15, 30, 23);
19              } else {                                  // 设置第四种类型梅花的大小及位置
20                  flower.setBounds(e.getX() - 29, e.getY() - 25, 58, 51);
21              }
22              canvasPane.add(flower);                   // 添加梅花
23              canvasPane.repaint();                     // 重绘面板
24          // 按下右键
25          } else if (e.getModifiers() == InputEvent.BUTTON3_MASK) {
26              // 获取鼠标位置的组件
27              Component at = canvasPane.getComponentAt(e.getPoint());
28              if (at instanceof JLabel) {               // 判断是否为JLabel
```

```
29                  canvasPane.remove(at);                        // 移除组件
30                  canvasPane.repaint();                         // 重绘面板
31              }
32          }
33      }
34  });
```

> **说明：** 由于篇幅原因，这里没有对所有代码进行一一讲解，如果需要对本实例有更进一步的了解，掌握画梅花游戏的开发过程，可以参考本实例的源程序代码。

扩展学习

final 关键字的作用

本实例语句"final JLabel flower = new JLabel();"中，final 关键字可以用于变量声明，一旦该变量被设定后，就不可以再改变该变量的值。通常 final 定义的变量为常量。

实例 055 打造自己的开心农场

源码位置：Code\02\055

实例说明

开心农场曾是风靡一时的一款网络游戏。在开心农场里，用户可以种植自己的蔬菜或水果，"做"一个快乐的农民。本实例开发了一个开心农场游戏，运行程序，效果如图 2.31 所示，单击"播种"按钮，可以播种种子；单击"生长"按钮，可以让作物处于生长阶段；单击"开花"按钮，可以让作物处于开花阶段；单击"结果"按钮，可以让作物结果；单击"收获"按钮，可以收获果实储存到仓库中，收获两个果实并且第 3 棵作物已经结果的效果如图 2.32 所示。

图 2.31 游戏刚刚运行时的效果

图 2.32 收获 2 个果实且第 3 棵作物已结果的效果

关键技术

本实例主要应用了 Java 中的类、对象、成员变量、成员方法和局部变量等技术。另外，在实现作物各种状态的改变时，可以应用已有 Crop 类。

实现过程

（1）新建一个项目。

（2）在项目中创建一个继承 JFrame 类的 MainFrame 窗体类，用于完成播种、生长、开花、结果和收获等操作。

（3）编写一个农场类，名称为 Farm，在该类中编写 seed() 方法，用于实现播种操作。在该方法中，如果作物的状态为未播种，则进行播种，将作物显示为播种状态，并修改成员变量 state 的值为 1（表示已播种），否则，设置提示信息为不能播种。

（4）在农场类 Farm 中编写 grow() 方法，用于实现生长操作。在该方法中，如果作物的状态为已播种，则让其处于生长阶段，并修改成员变量 state 的值为 2（表示已生长），否则，设置提示信息为不能生长。

（5）在农场类 Farm 中编写 fruit() 方法，用于实现结果操作。在该方法中，如果作物的状态为已开花，则让其处于结果阶段，并修改成员变量 state 的值为 4（表示已结果），否则，设置提示信息为不能结果。

（6）在农场类 Farm 中编写 harvest() 方法，用于实现收获操作。在该方法中，如果作物的状态为已结果，则收获果实，让作物处于未播种状态，并修改成员变量 state 的值为 0（表示未播种），否则，设置提示信息为不能收获。

（7）在农场类 Farm 中编写 getMessage() 方法，用于根据作物的状态属性，确定对应的提示信息，具体代码如下：

```
01  public String getMessage() {
02      String message = "";
03      switch (state) {
04          case 0:
05              message = "作物还没有播种";
06              break;
07          case 1:
08              message = "作物刚刚播种";
09              break;
10          case 2:
11              message = "作物正在生长";
12              break;
13          case 3:
14              message = "作物正处于开花期";
15              break;
16          case 4:
17              message = "作物已经结果";
18              break;
19      }
20      return message;
21  }
```

说明：由于篇幅原因，这里没有对所有代码进行一一讲解，如果需要对本实例有更进一步的了解，掌握整个游戏的开发过程，可以参考本实例的源程序代码。

扩展学习

成员变量与局部变量的区别

在类中定义的变量被称为成员变量,它在整个类中都是有效的;在类的方法中定义的变量,即在方法内部定义的变量称为局部变量,它只能被其所在的方法中使用,而成员变量在该类内部始终都是可用的。

实例 056 基本饼图

源码位置:Code\02\056

实例说明

JFreeChart 是一款开源的 Java 图表绘制工具,其图表种类丰富、接口通俗易懂、支持多种显示方式,如 application、applets、servlet 和 JSP 等。本实例创建一个简单的饼图,图中有 A、B、C 三个分类,运行效果如图 2.33 所示。

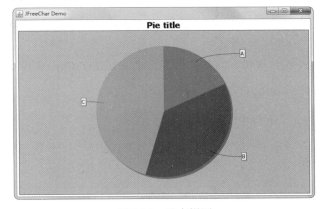

图 2.33 基本饼图

关键技术

(1) DefaultPieDataset 可以创建饼图的数据集合,使用 setValue() 方法可以为数据集合添加数据,其语法如下:

```
public void setValue(Comparable key, double value)
```

参数说明:
① key:指要为饼图添加的类别。
② value:表示与类别相对应的值。

(2) ChartFactory 是一个图形工厂,它有很多方法可以把各种数据集合转换成 JFreeChart 对象,这里使用的 createPieChart() 方法使用饼图数据集合创建一个 JFreeChart 对象,其语法如下:

```
public static JFreeChart createPieChart(String title, PieDataset dataset, boolean legend,
boolean tooltips, boolean urls)
```

参数说明：

① title：表示饼图的标题。
② dataset：表示饼图的数据集合。
③ legend：表示是否使用图示。
④ tooltips：表示是否生成工具栏提示。
⑤ urls：表示是否生成 URL 链接。

实现过程

（1）新建一个 Java 文件。
（2）使用 DefaultPieDataset 创建一个饼图的数据集合，代码如下：

```
01  private PieDataset getPieDataset() {
02      // 创建一个饼图表的数据集
03      DefaultPieDataset dataset = new DefaultPieDataset();
04      // 向饼图表的数据集添加数据
05      dataset.setValue("A", 200);
06      dataset.setValue("B", 400);
07      dataset.setValue("C", 500);
08      return dataset;
09  }
```

（3）使用 ChartFactory 类根据饼图的数据集合创建一个 JFreeChart 对象，代码如下：

```
01  public JFreeChart getJFreeChart() {
02      // 获取数据集
03      PieDataset dataset = getPieDataset();
04      // 生成JFreeChart对象
05      JFreeChart chart = ChartFactory.createPieChart("Pie title",dataset, false, false, false);
06      return chart;
07  }
```

（4）创建一个 main() 方法，使用 ChartFrame 的构造方法为 JFreeChart 生成一个窗体，代码如下：

```
01  public static void main(String[] args) {
02      PieChartDemo1 pieChartDemo1 = new PieChartDemo1();
03      // 生成窗体
04      ChartFrame chartFrame = new ChartFrame("JFreeChar Demo",pieChartDemo1.getJFreeChart());
05      // 调整窗口的大小，以适合图表显示
06      chartFrame.pack();
07      // 显示窗体
08      chartFrame.setVisible(true);
09  }
```

扩展学习

ChartFrame 可以创建窗体

ChartFrame 是 JFreeChart 的子类，它继承了 JDK 中 javax.swing.JFrame 类，同时又有自己的实现，只要把 JFreeChart 的对象传入 ChartFrame 构造方法，ChartFrame 类就可以自动地为 JFreeChart 创建一个展示的窗体。

实例 057　分离饼图

源码位置：Code\02\057

实例说明

制作图表时，某一个或者几个类别可能非常重要，需要将其突出显示。如本实例突出显示 8 月份销售最多和最少的图书，即把《Java 范例完全自学手册（1DVD）》和《Java 全能速查宝典》的销售情况，分离出来，运行效果如图 2.34 所示。

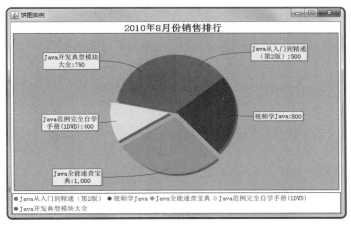

图 2.34　分离饼图

关键技术

使用 PiePlot 类的 setExplodePercent() 方法，可以指定要分离的饼图扇形，语法如下：

```
public void setExplodePercent(Comparable key, double percent)
```

参数说明：
① key：表示要分离的名称。
② percent：表示要分离的距离。

实现过程

（1）新建一个 Java 文件，在创建文件时继承 JFreeChart 的 ApplicationFrame 类。
（2）使用 DefaultPieDataset 创建一个饼图的数据集合，再使用 ChartFactory 类根据饼图的数据集合创建一个 JFreeChart 对象，然后创建 createPiePlot() 方法，在该方法中获取 JFreeChart 的实例。从 JFreeChart 中获取 PiePlot 实例后，设置需要分离的分类，最后调用父类的方法 setContentPane() 把 JFreeChart 添加到面板中。部分代码如下：

```
01    /**
02     * 设置Pie
03     * @param chart
04     */
05    public void createPiePlot() {
```

```
06        JFreeChart chart = getJFreeChart();
07        PiePlot piePlot = (PiePlot) chart.getPlot();
08        // 需要分离的图书
09        piePlot.setExplodePercent("Java范例完全自学手册(1DVD)", 0.1);
10        piePlot.setExplodePercent("Java全能速查宝典", 0.1);
11        // 把JFreeChart面板保存在窗体里
12        setContentPane(new ChartPanel(chart));
13    }
```

（3）在main()方法中生成PieDemo1的实例，调用createPiePlot()方法，同时使用RefineryUtilities的centerFrameOnScreen()方法把实例窗体显示到屏幕中央。代码如下：

```
01    public static void main(String[] args) {
02        PieDemo1 pieChartDemo1 = new PieDemo1("饼图实例");
03        pieChartDemo1.createPiePlot();
04        pieChartDemo1.pack();
05        RefineryUtilities.centerFrameOnScreen(pieChartDemo1);
06        pieChartDemo1.setVisible(true);
07    }
```

扩展学习

使用JFrame类中的方法重写WindowListener接口

本实例继承了org.jfree.ui.ApplicationFrame类，而ApplicationFrame又继承了javax.swing.JFrame类和java.awt.event.WindowListener接口，所以本实例可以直接使用JFrame中的方法，还可以重写WindowListener接口。

实例 058　创建3D饼图

源码位置：Code\02\058

实例说明

普通的饼图若是平面的，会给人一种单调的感觉，JFreeChart提供了一个创建3D饼图的功能，让图表更生动。本实例实现的3D饼图运行效果如图2.35所示。

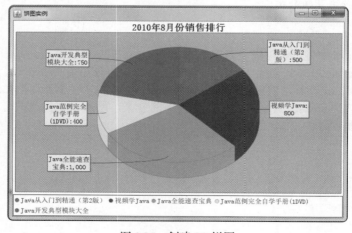

图2.35　创建3D饼图

关键技术

使用 ChartFactory 的 createPieChart3D() 方法可以创建 3D 饼图,语法如下:

```
public static JFreeChart createPieChart3D(String title, PieDataset dataset, boolean legend, boolean tooltips, boolean urls)
```

参数说明:

① title:表示饼图的标题。
② dataset:表示饼图的数据集合。
③ legend:表示是否使用图示。
④ tooltips:表示是否生成工具栏提示。
⑤ urls:表示是否生成 URL 链接。

实现过程

(1)新建一个 Java 文件,在创建文件时继承 JFreeChart 的 ApplicationFrame 类。
(2)使用 DefaultPieDataset 创建一个饼图的数据集合。代码如下:

```
01  private PieDataset getPieDataset() {
02      // 创建数据集合实例
03      DefaultPieDataset dataset = new DefaultPieDataset();
04      // 向数据集合添加数据
05      dataset.setValue("Java从入门到精通(第2版)", 500);
06      dataset.setValue("视频学Java", 800);
07      dataset.setValue("Java全能速查宝典", 1,000);
08      dataset.setValue("Java范例完全自学手册(1DVD)", 400);
09      dataset.setValue("Java开发典型模块大全", 750);
10      return dataset;
11  }
```

(3)使用 ChartFactory 类根据饼图的数据集合创建有 3D 效果的 JFreeChart 对象。代码如下:

```
01  private JFreeChart getJFreeChart() {
02      PieDataset dataset = getPieDataset();
03      JFreeChart chart = ChartFactory.createPieChart3D("2010年8月份销售排行",
04              dataset,true, true, false);
05      // 设置饼图使用的字体
06      setPiePoltFont(chart);
07      return chart;
08  }
```

(4)创建 createPiePlot() 方法,在方法里把 JFreeChart 对象保存到面板中。代码如下:

```
01  public void createPiePlot() {
02      JFreeChart chart = getJFreeChart();
03      // 把JFreeChart对象保存到面板中
04      setContentPane(new ChartPanel(chart));
05  }
```

（5）在main()方法中使用RefineryUtilities类的centerFrameOnScreen()方法把窗体显示到屏幕中央。

扩展学习

3D饼图与普通饼图的区别

3D饼图和普通饼图有很多效果是通用的，比如分离饼图、旋转饼图初始角度、设置简单的分类标签等，但是还有一部分效果是普通饼图特有的，如3D饼图不能设置阴影效果。

实例059　实现多饼图

源码位置：Code\02\059

实例说明

在JFreeChart的图表中，可以建立多饼图，本实例中的多饼图不是创建多个简单的饼图，而是创建一个饼图组。本实例为部门1和部门2创建4～6月份的销售统计图表，运行效果如图2.36所示。

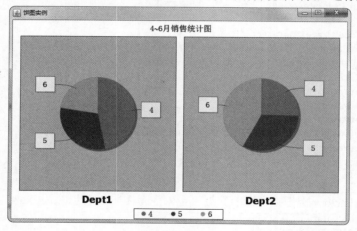

图2.36　多饼图

关键技术

（1）DatasetUtilities类含有创建分类数据集的createCategoryDataset()方法，创建完成以后返回CategoryDataset，该方法的语法如下：

```
public static CategoryDataset createCategoryDataset(String rowKeyPrefix,
String columnKeyPrefix, double[][] data)
```

参数说明：

① rowKeyPrefix：表示分类数据集的行名称。

② columnKeyPrefix：表示分类数据集的列名称。

③ data：是一个二维数组，根据行、列的名称存储数据。

（2）ChartFactory 类中有很多方法，用于创建不同的 JFreeChart，如 createMultiplePieChart() 方法可以创建一个多饼图的 JFreeChart 对象，其语法如下：

```
createMultiplePieChart(String title,CategoryDataset dataset, TableOrder order,
boolean legend, boolean tooltips, boolean urls)
```

参数说明：
① title：表示多饼图的窗体的标题。
② dataset：表示多饼图的数据集合。
③ order：设置多饼图的显示方式。
④ legend：表示是否使用图例。
⑤ tooltips：表示是否生成工具栏提示。
⑥ urls：表示是否生成 URL 链接。

实现过程

（1）新建一个 Java 文件，然后继承 JFreeChart 的 ApplicationFrame 类。
（2）创建 createDataset() 方法，在方法里设置图表数据，创建一个 CategoryDataset 对象，代码如下：

```
01   private CategoryDataset createDataset() {
02       double[ ][ ] data = new double[ ][ ] {
03           { 620, 410, 300 },
04           { 300, 390, 500 } };
05       // 创建数据集合实例
06       CategoryDataset dataset = DatasetUtilities.createCategoryDataset(
07           "Dept",                                    // 行名称
08           "Month",                                   // 列名称
09            data);
10       return dataset;
11   }
```

（3）创建 getJFreeChart() 方法，在方法里根据数据集生成多饼图的 JFreeChart 对象，并且指定多表图排序方法为行排列，代码如下：

```
01   private JFreeChart getJFreeChart() {
02       // 获取数据集
03       CategoryDataset dataset = createDataset();
04       // 生成JFreeChart对象
05       JFreeChart chart = ChartFactory.createMultiplePieChart(
06           "4-6 month sales ranking ",                // 饼图标题
07           dataset,                                   // 数据集
08           TableOrder.BY_ROW,                         // 排序方式
09           true, true, false);
10       return chart;
11   }
```

（4）创建 createPiePlot() 方法，在方法中获取 JFreeChart 的实例，最后调用父类的方法 setContentPane() 把 JFreeChart 添加到面板中，代码如下：

```
01    public void createPiePlot() {
02        JFreeChart chart = getJFreeChart();
03        // 把JFreeChart添加到面板中
04        setContentPane(new ChartPanel(chart));
05    }
```

（5）创建 main() 方法，使用 RefineryUtilities 类的 centerFrameOnScreen() 方法把窗体显示到屏幕中央，代码如下：

```
01    public static void main(final String[] args) {
02        final PieDemo11 demo = new PieDemo11("饼图实例");
03        demo.createPiePlot();
04        demo.pack();
05        // 把窗体显示到屏幕中央
06        RefineryUtilities.centerFrameOnScreen(demo);
07        demo.setVisible(true);
08    }
```

扩展学习

创建多饼图的数据集

在多饼图中创建数据集时，需要指定数据集的行、列名称，生成多饼图以后，JFreeChart 会根据该名称自动为饼图分类并为各个饼图生成自己的名称，命名规则为以指定的行、列名称为基础，后面添加相应数字。

实例 060　简单柱形图

源码位置：Code\02\060

实例说明

本实例使用 JFreeChart 的简单柱形图绘制 2010 年上半年的销售情况，x 轴（即横轴）表示销售月份，y 轴（即纵轴）表示销售数量，运行效果如图 2.37 所示。

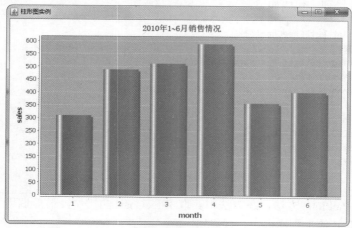

图 2.37　简单柱形图

关键技术

（1）DatasetUtilities 类可以创建一个简单的柱形图数据集，其方法如下：

```
public static CategoryDataset createCategoryDataset(Comparable rowKey, KeyedValues rowData)
```

参数说明：

① rowKey：x 轴的含义，可以作为图示。
② rowData：数据集的内容，可以使用 DefaultKeyedValues 类创建数据集。

（2）DefaultKeyedValues 类可以为柱形图提供一个数据集的操作，为数据集添加数据的方法如下：

```
addValue(Comparable key, double value)
```

参数说明：

① key：x 轴的名称。
② value：与 x 轴名称相对应的数值。

（3）JFreeChart 提供了创建普通柱形图的 createBarChart() 方法，创建完成后会返回一个 JFreeChart 对象，该方法的语法如下：

```
public static JFreeChart createBarChart(String title, String categoryAxisLabel, String
valueAxisLabel, CategoryDataset dataset, PlotOrientation orientation, boolean legend, boolean
tooltips, boolean urls)
```

参数说明：

① title：柱形图的标题。
② categoryAxisLabel：柱形图类别标签，即 x 轴的名称。
③ valueAxisLabel：柱形图数据标签，即 y 轴的名称。
④ dataset：柱形图的数据集合。
⑤ orientation：柱形图的图表方向。
⑥ legend：表示是否使用图示。
⑦ tooltips：表示是否生成工具栏提示。
⑧ urls：表示是否生成 URL 链接。

实现过程

（1）新建一个 Java 文件，同时继承 JFreeChart 的 ApplicationFrame 类。

（2）创建 getCategoryDataset() 方法，在方法内部创建一个适合普通柱形图的数据集合，代码如下：

```
01    private CategoryDataset getCategoryDataset() {
02        DefaultKeyedValues keyedValues = new DefaultKeyedValues();
03        // 添加数据
04        keyedValues.addValue("1", 310);
05        keyedValues.addValue("2", 489);
06        keyedValues.addValue("3", 512);
07        keyedValues.addValue("4", 589);
08        keyedValues.addValue("5", 359);
```

```
09        keyedValues.addValue("6", 402);
10        // 创建数据集合实例
11        CategoryDataset dataset = DatasetUtilities.createCategoryDataset("java book",keyedValues);
12        return dataset;
13    }
```

（3）创建 getJFreeChart() 方法，在方法里获取数据集，通过数据集创建柱形图的 JfreeChart 对象，代码如下：

```
01    private JFreeChart getJFreeChart() {
02        CategoryDataset dataset = getCategoryDataset();
03        JFreeChart chart = ChartFactory.createBarChart(
04            "2010.1-6 sales volume",          // 图表标题
05            "month",                          // x轴标签
06            "sales",                          // y轴标签
07            dataset,                          // 数据集
08            PlotOrientation.VERTICAL,         // 图表方向：垂直
09            false,                            // 是否显示图例（对于简单的柱形图必须是false）
10            false,                            // 是否生成工具
11            false                             // 是否生成URL链接
12        );
13
14        return chart;
15    }
```

（4）创建 createPlot() 方法，在方法里获取 JFreeChart 对象，调用父类的方法 setContentPane() 把 JFreeChart 对象保存在窗体面板里，代码如下：

```
01    public void createPlot() {
02        JFreeChart chart = getJFreeChart();
03        // 把JFreeChart面板保存在窗体里
04        setContentPane(new ChartPanel(chart));
05    }
```

（5）在 main() 方法中调用 createPlot() 方法，并把窗体显示在屏幕中央，代码如下：

```
01    public static void main(String[] args) {
02        BarDemo1 barDemo = new BarDemo1("柱形图实例");
03        barDemo.createPlot();
04        barDemo.pack();
05        // 把窗体显示在屏幕中央
06        RefineryUtilities.centerFrameOnScreen(barDemo);
07        // 设置可以显示
08        barDemo.setVisible(true);
09    }
```

扩展学习

使用 addValue 方法添加数据时注意的地方

创建柱形图的数据集时使用 DefaultKeyedValues 类，在使用 addValue() 方法添加数据时，要注意先后顺序。添加数据集的顺序和 x 轴显示的顺序是一致的。

实例 061 绘制 3D 柱形图

源码位置：Code\02\061

实例说明

不管如何绘制，普通柱形图的显示效果始终不够立体，本实例演示如何绘制 3D 效果的柱形图，运行效果如图 2.38 所示。

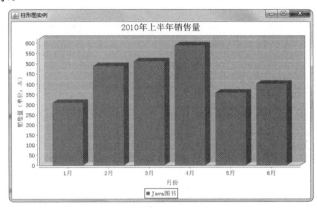

图 2.38 绘制 3D 柱形图

关键技术

在 JFreeChart 中使用 ChartFactory 的 createBarChart3D() 方法可以创建 3D 柱形图，创建完成以后会返回一个 JFreeChart 对象，语法如下：

```
public static JFreeChart createBarChart3D(String title, String categoryAxisLabel,
String valueAxisLabel, CategoryDataset dataset, PlotOrientation orientation, boolean legend,
boolean tooltips, boolean urls)
```

参数说明：

① title：3D 柱形图的标题。
② categoryAxisLabel：3D 柱形图类别标签，即 x 轴的名称。
③ valueAxisLabel：3D 柱形图数据标签，即 y 轴的名称。
④ dataset：柱形图的数据集合。
⑤ orientation：3D 柱形图的图表方向。
⑥ legend：表示是否使用图例。
⑦ tooltips：表示是否生成工具栏提示。
⑧ urls：表示是否生成 URL 链接。

实现过程

（1）新建一个 Java 文件，同时继承 JFreeChart 类的 ApplicationFrame 类。
（2）创建 getCategoryDataset() 方法，在方法内部创建一个分类数据集合，代码如下：

```
01  private CategoryDataset getCategoryDataset() {
02      DefaultKeyedValues keyedValues = new DefaultKeyedValues();
03      // 添加数据
04      keyedValues.addValue("1月", 310);
05      keyedValues.addValue("2月", 489);
06      keyedValues.addValue("3月", 512);
07      keyedValues.addValue("4月", 589);
08      keyedValues.addValue("5月", 359);
09      keyedValues.addValue("6月", 402);
10      // 创建数据集合实例
11      CategoryDataset dataset = DatasetUtilities.createCategoryDataset("java book",
12          keyedValues);
13      return dataset;
14  }
```

（3）创建 getJFreeChart() 方法，在方法里获取数据集，通过数据集创建 3D 柱形图的 JFreeChart 对象，代码如下：

```
01  private JFreeChart getJFreeChart() {
02      CategoryDataset dataset = getCategoryDataset();
03      JFreeChart chart = ChartFactory.createBarChart3D("2010年上半年销售量",  // 图表标题
04          "月份",                                                        // x轴标签
05          "销售量（单位：本）",                                           // y轴标签
06          dataset,                                                       // 数据集
07          PlotOrientation.VERTICAL,                                      // 图表方向：垂直
08          true,                                                          // 是否显示图例
09          false,                                                         // 是否生成工具
10          false                                                          // 是否生成URL链接
11          );
12      return chart;
13  }
```

（4）创建 updateFont() 方法，在方法中重新设置图表标题、标签等字体，代码如下：

```
01  public void updateFont(JFreeChart chart) {
02      // 标题
03      TextTitle textTitle = chart.getTitle();
04      textTitle.setFont(new Font("宋体", Font.PLAIN, 20));
05      // 图表（柱形图）
06      CategoryPlot categoryPlot = chart.getCategoryPlot();
07      CategoryAxis categoryAxis = categoryPlot.getDomainAxis();
08      // x轴字体
09      categoryAxis.setTickLabelFont(new Font("宋体", Font.PLAIN, 14));
10      // x轴标签字体
11      categoryAxis.setLabelFont(new Font("宋体", Font.PLAIN, 14));
12      ValueAxis valueAxis = categoryPlot.getRangeAxis();
13      // y轴字体
14      valueAxis.setTickLabelFont(new Font("宋体", Font.PLAIN, 14));
15      // y轴标签字体
16      valueAxis.setLabelFont(new Font("宋体", Font.PLAIN, 14));
17  }
```

（5）创建 createPlot() 方法，在方法里获取 JFreeChart 对象并且调用 updateFont() 方法修改字体，然后调用父类的方法 setContentPane()，将 JFreeChart 对象保存在窗体面板里，代码如下：

```
01    public void createPlot() {
02        JFreeChart chart = getJFreeChart();
03        // 修改字体
04        updateFont(chart);
05        // 把JFreeChart面板保存在窗体里
06        setContentPane(new ChartPanel(chart));
07
08    }
```

（6）在 main() 方法中调用 createPlot() 方法，并把窗体显示在屏幕中央，代码如下：

```
01    public static void main(String[] args) {
02        BarDemo45 barDemo = new BarDemo45("柱形图实例");
03        barDemo.createPlot();
04        barDemo.pack();
05        // 把窗体显示到显示器中央
06        RefineryUtilities.centerFrameOnScreen(barDemo);
07        // 设置可以显示
08        barDemo.setVisible(true);
09    }
```

扩展学习

3D 柱形图与普通柱形图的区别

3D 柱形图与普通柱形图的一般属性都是相同的，如设置图表字体、修改图表颜色等。但有部分属性不能对两种柱形图都起作用，如普通柱形图可以设置阴影效果，而 3D 柱形图则没有阴影效果。

实例 062　多系列柱形图

源码位置：Code\02\062

实例说明

单系列的柱形图只能比较单一分类之间的不同，而多系列的柱形图可以比较多个分类中的不同以及各个分类之间的不同，运行效果如图 2.39 所示。

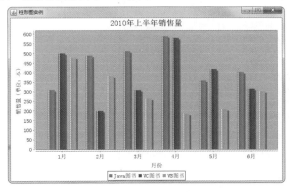

图 2.39　多系列柱形图

关键技术

要绘制多系列的柱形图，首先数据集要能支持多系列的数据，使用 DefaultCategoryDataset 类的 addValue() 方法可以添加多系列的数据集，语法如下：

```
public void addValue(double value, Comparable rowKey, Comparable columnKey)
```

参数说明：
① value：表示柱形图某一系列中某一分类的具体数据。
② rowKey：表示柱形图中的系列名称。
③ columnKey：表示柱形图中的分类名称，也就是 x 轴上的刻度。

实现过程

（1）新建一个 Java 文件，同时继承 JFreeChart 类的 ApplicationFrame 类。
（2）创建 getCategoryDataset() 方法，在方法内部创建多系列的分类数据集合，代码如下：

```
01  private CategoryDataset getCategoryDataset() {
02
03      // 行关键字
04      final String series1 = "Java图书";
05          final String series2 = "VC图书";
06          final String series3 = "VB图书";
07          // 列关键字
08          final String category1 = "1月";
09          final String category2 = "2月";
10          final String category3 = "3月";
11          final String category4 = "4月";
12          final String category5 = "5月";
13          final String category6 = "6月";
14          // 创建分类数据集
15          final DefaultCategoryDataset dataset = new DefaultCategoryDataset();
16          dataset.addValue(310, series1, category1);
17          dataset.addValue(489, series1, category2);
18          dataset.addValue(512, series1, category3);
19          dataset.addValue(589, series1, category4);
20          dataset.addValue(359, series1, category5);
21          dataset.addValue(402, series1, category6);
22          dataset.addValue(501, series2, category1);
23          dataset.addValue(200, series2, category2);
24          dataset.addValue(308, series2, category3);
25          dataset.addValue(580, series2, category4);
26          dataset.addValue(418, series2, category5);
27          dataset.addValue(315, series2, category6);
28          dataset.addValue(480, series3, category1);
29          dataset.addValue(381, series3, category2);
30          dataset.addValue(264, series3, category3);
31          dataset.addValue(185, series3, category4);
32          dataset.addValue(209, series3, category5);
33          dataset.addValue(302, series3, category6);
34
35          return dataset;
```

```
36
37    }
```

（3）创建 getJFreeChart() 方法，在方法里获取数据集，通过数据集创建柱形图的 JFreeChart 对象，代码如下：

```
01    private JFreeChart getJFreeChart() {
02        CategoryDataset dataset = getCategoryDataset();
03        JFreeChart chart = ChartFactory.createBarChart("2010.1-6 sales volume",// 图表标题
04            "月份",                                                            // x轴标签
05            "销售量（单位：本）",                                                // y轴标签
06            dataset,                                                          // 数据集
07            PlotOrientation.VERTICAL,                                         // 图表方向：垂直
08            true,                                                             // 是否显示图例
09            false,                                                            // 是否生成工具
10            false                                                             // 是否生成URL链接
11        );
12        return chart;
13    }
```

（4）创建 updateFont() 方法，在方法里重新设置图表标题、标签等字体，代码如下：

```
01    public void updateFont(JFreeChart chart) {
02        // 标题
03        TextTitle textTitle = chart.getTitle();
04        textTitle.setFont(new Font("宋体", Font.PLAIN, 20));
05        // 图表（柱形图）
06        CategoryPlot categoryPlot = chart.getCategoryPlot();
07        CategoryAxis categoryAxis = categoryPlot.getDomainAxis();
08        // x轴字体
09        categoryAxis.setTickLabelFont(new Font("宋体", Font.PLAIN, 14));
10        // x轴标签字体
11        categoryAxis.setLabelFont(new Font("宋体", Font.PLAIN, 14));
12        ValueAxis valueAxis = categoryPlot.getRangeAxis();
13        // y轴字体
14        valueAxis.setTickLabelFont(new Font("宋体", Font.PLAIN, 14));
15        // y轴标签字体
16        valueAxis.setLabelFont(new Font("宋体", Font.PLAIN, 14));
17    }
```

（5）创建 createPlot() 方法，在方法里获取 JFreeChart 对象并且调用 updateFont() 方法修改字体，然后调用父类的方法 setContentPane() 把 JFreeChart 对象保存在窗体面板里，代码如下：

```
01    public void createPlot() {
02        JFreeChart chart = getJFreeChart();
03        // 修改字体
04        updateFont(chart);
05        // 把JFreeChart面板保存在窗体里
06        setContentPane(new ChartPanel(chart));
07
08    }
```

（6）在 main() 方法中调用 createPlot() 方法，并把窗体显示在屏幕中央，代码如下：

```
01    public static void main(String[] args) {
02        BarDemo47 barDemo = new BarDemo47("柱形图实例");
03        barDemo.createPlot();
04        barDemo.pack();
05        // 把窗体显示在屏幕中央
06        RefineryUtilities.centerFrameOnScreen(barDemo);
07        // 设置可以显示
08        barDemo.setVisible(true);
09    }
```

扩展学习

使用 createCategoryDataset 方法创建多系列的柱形图数据

创建 JFreeChart 的数据集的方法有很多，使用 DatasetUtilities 的 createCategoryDataset() 方法也可以创建一个多系列的柱形图数据，语法如下：

```
createCategoryDataset(String rowKeyPrefix, String columnKeyPrefix, double[][] data)
```

参数说明：
① rowKeyPrefix：表示柱形图中的系列名称。
② columnKeyPrefix：表示柱形图中的分类名称，也就是 x 轴上的刻度。
③ data：表示具体的数据集合。

实例 063 多系列 3D 柱形图

源码位置：Code\02\063

实例说明

多系列的柱形图也可以绘制为 3D 效果。本实例演示如何绘制一个多系列的 3D 柱形图，运行效果如图 2.40 所示。

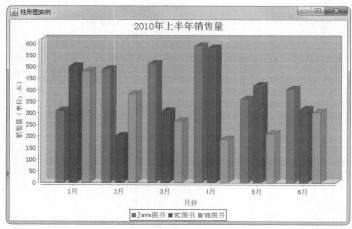

图 2.40 多系列 3D 柱形图

关键技术

在绘制多系列的 3D 柱形图时，可以设置渲染效果。使用 CategoryPlot 类的 getRenderer() 方法可以获取多系列 3D 的渲染效果实例，语法如下：

```
public CategoryItemRenderer getRenderer()
```

实现过程

（1）新建一个 Java 文件，同时继承 JFreeChart 的 ApplicationFrame 类。

（2）创建 getCategoryDataset() 方法，在方法内部创建多系列的分类数据集合，代码如下：

```
01  private CategoryDataset getCategoryDataset() {
02      // 行关键字
03      final String series1 = "Java图书";
04      final String series2 = "VC图书";
05      final String series3 = "VB图书";
06      // 列关键字
07      final String category1 = "1月";
08      final String category2 = "2月";
09      final String category3 = "3月";
10      final String category4 = "4月";
11      final String category5 = "5月";
12      final String category6 = "6月";
13      // 创建分类数据集
14      final DefaultCategoryDataset dataset = new DefaultCategoryDataset();
15      dataset.addValue(310, series1, category1);
16      dataset.addValue(489, series1, category2);
17      dataset.addValue(512, series1, category3);
18      dataset.addValue(589, series1, category4);
19      dataset.addValue(359, series1, category5);
20      dataset.addValue(402, series1, category6);
21      dataset.addValue(501, series2, category1);
22      dataset.addValue(200, series2, category2);
23      dataset.addValue(308, series2, category3);
24      dataset.addValue(580, series2, category4);
25      dataset.addValue(418, series2, category5);
26      dataset.addValue(315, series2, category6);
27      dataset.addValue(480, series3, category1);
28      dataset.addValue(381, series3, category2);
29      dataset.addValue(264, series3, category3);
30      vdataset.addValue(185, series3, category4);
31      vdataset.addValue(209, series3, category5);
32      vdataset.addValue(302, series3, category6);
33      vreturn dataset;
34  }
```

（3）创建 getJFreeChart() 方法，在方法里获取数据集，通过数据集创建柱形图的 JFreeChart 对象，代码如下：

```java
01  private JFreeChart getJFreeChart() {
02      CategoryDataset dataset = getCategoryDataset();
03      JFreeChart chart = ChartFactory.createBarChart3D("2010年上半年销售量",  // 图表标题
04              "月份",                              // x轴标签
05              "销售量（单位：本)",                  // y轴标签
06              dataset,                             // 数据集
07              PlotOrientation.VERTICAL,            // 图表方向：垂直
08              true,                                // 是否显示图例（对于简单的柱形图必须是false）
09              false,                               // 是否生成工具
10              false                                // 是否生成URL链接
11      );
12      return chart;
13  }
```

（4）创建 updateFont() 方法，在方法里重新设置图表标题、标签等字体，代码如下：

```java
01  public void updateFont(JFreeChart chart) {
02      // 标题
03      TextTitle textTitle = chart.getTitle();
04      textTitle.setFont(new Font("宋体", Font.PLAIN, 20));
05      // 图表（柱形图）
06      CategoryPlot categoryPlot = chart.getCategoryPlot();
07      CategoryAxis categoryAxis = categoryPlot.getDomainAxis();
08      // x轴字体
09      categoryAxis.setTickLabelFont(new Font("宋体", Font.PLAIN, 14));
10      // x轴标签字体
11      categoryAxis.setLabelFont(new Font("宋体", Font.PLAIN, 14));
12      ValueAxis valueAxis = categoryPlot.getRangeAxis();
13      // y轴字体
14      valueAxis.setTickLabelFont(new Font("宋体", Font.PLAIN, 14));
15      // y轴标签字体
16      valueAxis.setLabelFont(new Font("宋体", Font.PLAIN, 14));
17  }
```

（5）创建 updatePlot() 方法，在方法里获取 3D 的渲染效果实例，设置柱形图显示边线，代码如下：

```java
01  private void updatePlot(JFreeChart chart) {
02      // 分类图表
03      CategoryPlot categoryPlot = chart.getCategoryPlot();
04      BarRenderer3D renderer = (BarRenderer3D) categoryPlot.getRenderer();
05      // 显示边线
06      renderer.setDrawBarOutline(true);
07  }
```

（6）创建 createPlot() 方法，在方法里获取 JFreeChart 对象并且调用 updateFont() 方法修改字体，调用 updatePlot() 方法更新图表的相关设置，然后调用父类的方法 setContentPane() 把 JFreeChart 对象保存在窗体面板里，代码如下：

```java
01  public void createPlot() {
02      JFreeChart chart = getJFreeChart();
```

```
03        // 修改字体
04        updateFont(chart);
05        // 把JFreeChart面板保存在窗体里
06        setContentPane(new ChartPanel(chart));
07
08    }
```

（7）在 main() 方法中调用 createPlot() 方法，并把窗体显示在屏幕中央，代码如下：

```
01    public static void main(String[] args) {
02        BarDemo48 barDemo = new BarDemo48("柱形图实例");
03        barDemo.createPlot();
04        barDemo.pack();
05        // 把窗体显示到显示器中央
06        RefineryUtilities.centerFrameOnScreen(barDemo);
07        // 设置可以显示
08        barDemo.setVisible(true);
09    }
```

扩展学习

多系列的 3D 柱形图设置边线的方法

在本实例为多系列的 3D 柱形图设置了边线，需要使用 BarRenderer 类的 setDrawBarOutline() 方法，语法如下：

```
setDrawBarOutline(boolean draw)
```

参数说明：

draw：表示是否显示柱形图的边线，当 draw 为 true 时，显示边线；当 draw 为 false 时，不显示边线。

实例 064 基本折线图   源码位置：Code\02\064

实例说明

折线图通过数据的线形走势来体现情况的变化趋势，x 轴表示分类情况，y 轴表示具体数值。本实例演示如何创建一个基本的折线图，运行效果如图 2.41 所示。

关键技术

ChartFactory 类的 createLineChart() 方法提供了创建基本折线图的方法，创建完成以后会返回一个 JFreeChart 对象，语法如下：

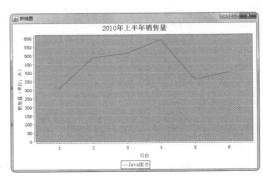

图 2.41 基本折线图

```
createLineChart (String title, String categoryAxisLabel, String valueAxisLabel, CategoryDataset
dataset, PlotOrientation orientation, boolean legend, boolean tooltips, boolean urls)
```

参数说明：
① title：图表的标题。
② categoryAxisLabel：图表类别标签，即 x 轴的名称。
③ valueAxisLabel：图表数据标签，即 y 轴的名称。
④ dataset：折线图的数据集合。
⑤ orientation：图表的显示方向。
⑥ legend：表示是否使用图例。
⑦ tooltips：表示是否生成工具栏提示。
⑧ urls：表示是否生成 URL 链接。

实现过程

（1）新建一个 Java 文件，在创建文件时继承 JFreeChart 的 ApplicationFrame 类。

（2）创建 getCategoryDataset() 方法，向 DefaultKeyedValues 类的实例里面添加数据内容，然后通过 DatasetUtilities 类的 createCategoryDataset() 方法创建一个数据集，代码如下：

```
01    private CategoryDataset getCategoryDataset() {
02        DefaultKeyedValues keyedValues = new DefaultKeyedValues();
03        keyedValues.addValue("1", 310);
04        keyedValues.addValue("2", 489);
05        keyedValues.addValue("3", 512);
06        keyedValues.addValue("4", 589);
07        keyedValues.addValue("5", 359);
08        keyedValues.addValue("6", 402);
09        CategoryDataset dataset = DatasetUtilities.createCategoryDataset("Java图书",
10                keyedValues);
11        return dataset;
13    }
```

（3）创建 getJFreeChart() 方法，在方法中获取数据集合，再使用 ChartFactory 类的 createLineChart() 方法根据数据集合生成一个 JFreeChart 对象，代码如下：

```
01    private JFreeChart getJFreeChart() {
02        CategoryDataset dataset = getCategoryDataset();
03        JFreeChart chart = ChartFactory.createLineChart("2010年上半年销售量",    // 图表标题
04            "月份",                                                              // x轴标签
05            "销售量（单位：本）",                                                 // y轴标签
06            dataset,                                                            // 数据集
07            PlotOrientation.VERTICAL,                                           // 图表方向：垂直
08            true,                                                               // 显示图例
09            false,                                                              // 不生成工具栏提示
10            false                                                               // 不生成URL链接
11            );
12        return chart;
13    }
```

（4）创建 updateFont() 方法，在方法中修改标题、x 轴、y 轴等标签字体，代码如下：

```
01   private void updateFont(JFreeChart chart) {
02       // 标题
03       TextTitle textTitle = chart.getTitle();
04       textTitle.setFont(new Font("宋体", Font.PLAIN, 20));
05       LegendTitle legendTitle = chart.getLegend();
06       legendTitle.setItemFont(new Font("宋体", Font.PLAIN, 14));
07       // 图表
08       CategoryPlot categoryPlot = chart.getCategoryPlot();
09       CategoryAxis categoryAxis = categoryPlot.getDomainAxis();
10       // x轴字体
11       categoryAxis.setTickLabelFont(new Font("宋体", Font.PLAIN, 14));
12       // x轴标签字体
13       categoryAxis.setLabelFont(new Font("宋体", Font.PLAIN, 14));
14       ValueAxis valueAxis = categoryPlot.getRangeAxis();
15       // y轴字体
16       valueAxis.setTickLabelFont(new Font("宋体", Font.PLAIN, 14));
17       // y轴标签字体
18       valueAxis.setLabelFont(new Font("宋体", Font.PLAIN, 14));
19   }
```

（5）创建 createPlot() 方法，在方法中获取一个 JFreeChart 对象，然后调用 updateFont() 方法修改字体，最后调用父类的 setContentPane() 方法把 JFreeChart 对象保存在窗体面板里，代码如下：

```
01   public void createPlot() {
02       JFreeChart chart = getJFreeChart();
03       // 修改字体
04       updateFont(chart);
05       setContentPane(new ChartPanel(chart));
06   }
```

（6）在 main() 方法中调用 createPlot() 方法创建图表，并把图表的窗体显示在屏幕中央，代码如下：

```
01   public static void main(String[] args) {
02       LineDemo1 demo = new LineDemo1("折线图");
03       demo.createPlot();
04       demo.pack();
05       // 把窗体显示在屏幕中央
06       RefineryUtilities.centerFrameOnScreen(demo);
07       // 设置可以显示
08       demo.setVisible(true);
09   }
```

扩展学习

在折线图中设置 x 轴、y 轴的字体

折线图的 x、y 轴字体使用不同的类进行设置，x 轴使用 CategoryAxis 类，y 轴使用 ValueAxis 类，二者都可以使用 setLabelFont() 方法修改标签字体。

实例 065 3D 折线图

源码位置：Code\02\065

实例说明

利用 JFreeChart 不但可以绘制普通折线图，还可以绘制 3D 折线图，让图表更有立体感。本实例演示如何绘制 3D 折线图，运行效果如图 2.42 所示。

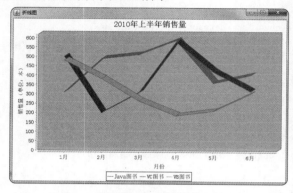

图 2.42 3D 折线图

关键技术

使用 ChartFactory 类的 createLineChart3D() 方法可以创建 3D 折线图，创建完成以后会返回一个 JFreeChart 对象，语法如下：

```
createLineChart3D (String title, String categoryAxisLabel, String valueAxisLabel,
CategoryDataset dataset, PlotOrientation orientation, boolean legend, boolean tooltips, boolean urls)
```

参数说明：
① title：图表的标题。
② categoryAxisLabel：图表类别标签，即 x 轴的名称。
③ valueAxisLabel：图表数据标签，即 y 轴的名称。
④ dataset：折线图的数据集合。
⑤ orientation：图表的显示方向。
⑥ legend：表示是否使用图例。
⑦ tooltips：表示是否生成工具栏提示。
⑧ urls：表示是否生成 URL 链接。

实现过程

（1）新建一个 Java 文件，在创建文件时继承 JFreeChart 的 ApplicationFrame 类。
（2）创建 getCategoryDataset() 方法，向 DefaultCategoryDataset 类的实例里面添加数据内容，代码如下：

```
01  private CategoryDataset getCategoryDataset() {
02      // 系列关键字
03      final String series1 = "Java图书";
04      final String series2 = "VC图书";
05      final String series3 = "VB图书";
06      // 分类关键字
07      final String category1 = "1月";
08      final String category2 = "2月";
09      final String category3 = "3月";
10      final String category4 = "4月";
11      final String category5 = "5月";
12      final String category6 = "6月";
13      // 创建分类数据集
14      final DefaultCategoryDataset dataset = new DefaultCategoryDataset();
15      dataset.addValue(310, series1, category1);
16      dataset.addValue(489, series1, category2);
17      dataset.addValue(512, series1, category3);
18      dataset.addValue(589, series1, category4);
19      dataset.addValue(359, series1, category5);
20      dataset.addValue(402, series1, category6);
21      dataset.addValue(501, series2, category1);
22      dataset.addValue(200, series2, category2);
23      dataset.addValue(308, series2, category3);
24      dataset.addValue(580, series2, category4);
25      dataset.addValue(418, series2, category5);
26      dataset.addValue(315, series2, category6);
27      dataset.addValue(480, series3, category1);
28      dataset.addValue(381, series3, category2);
29      dataset.addValue(264, series3, category3);
30      dataset.addValue(185, series3, category4);
31      dataset.addValue(209, series3, category5);
32      dataset.addValue(302, series3, category6);
33      return dataset;
34  }
```

（3）创建 getJFreeChart() 方法，在方法中获取数据集合，再使用 ChartFactory 类的 createLineChart3D() 方法根据数据集合生成一个 JFreeChart 对象，代码如下：

```
01  private JFreeChart getJFreeChart() {
02      CategoryDataset dataset = getCategoryDataset();
03      JFreeChart chart = ChartFactory.createLineChart3D (
04          "2010年上半年销售量",              // 图表标题
05          "月份",                            // x轴标签
06          "销售量（单位：本）",              // y轴标签
07          dataset,                           // 数据集
08          PlotOrientation.VERTICAL,          // 图表方向：垂直
09          true,                              // 显示图例
10          false,                             // 不生成工具栏提示
11          false                              // 不生成URL链接
12      );
13      return chart;
14  }
```

（4）创建 updateFont() 方法，在方法中修改标题、x 轴、y 轴等标签字体，代码如下：

```
01  private void updateFont(JFreeChart chart) {
02      // 标题
03      TextTitle textTitle = chart.getTitle();
04      textTitle.setFont(new Font("宋体", Font.PLAIN, 20));
05      LegendTitle legendTitle = chart.getLegend();
06      legendTitle.setItemFont(new Font("宋体", Font.PLAIN, 14));
07      // 图表
08      CategoryPlot categoryPlot = chart.getCategoryPlot();
09      CategoryAxis categoryAxis = categoryPlot.getDomainAxis();
10      // x轴字体
11      categoryAxis.setTickLabelFont(new Font("宋体", Font.PLAIN, 14));
12      // x轴标签字体
13      categoryAxis.setLabelFont(new Font("宋体", Font.PLAIN, 14));
14      ValueAxis valueAxis = categoryPlot.getRangeAxis();
15      // y轴字体
16      valueAxis.setTickLabelFont(new Font("宋体", Font.PLAIN, 14));
17      // y轴标签字体
18      valueAxis.setLabelFont(new Font("宋体", Font.PLAIN, 14));
19  }
```

（5）创建 createPlot() 方法，在方法中获取一个 JFreeChart 对象，然后修改字体与图表设置，最后调用父类的 setContentPane() 方法把 JFreeChart 对象保存在窗体面板里，代码如下：

```
01  public void createPlot() {
02      JFreeChart chart = getJFreeChart();
03      // 修改字体
04      updateFont(chart);
05      // 修改图表
06      updatePlot(chart);
07      setContentPane(new ChartPanel(chart));
08  }
```

（6）在 main() 方法中调用 createPlot() 方法创建图表，并把图表的窗体显示在屏幕中央，代码如下：

```
01  public static void main(String[] args) {
02      LineDemo10 demo = new LineDemo10("折线图");
03      demo.createPlot();
04      demo.pack();
05      // 把窗体显示在屏幕中央
06      RefineryUtilities.centerFrameOnScreen(demo);
07      // 设置可以显示
08      demo.setVisible(true);
09  }
```

扩展学习

通过 setWallPaint 方法设置 3D 折线图墙的颜色

在 3D 折线图中，可以使用 LineRenderer3D 类的 setWallPaint() 方法设置 3D 折线图墙的颜色，语法如下：

```
setWallPaint(Paint paint)
```

参数说明：

paint：表示 3D 折线图墙的颜色。

实例 066　XY 折线图

源码位置：Code\02\066

实例说明

利用 JFreeChart 可以绘制多种折线图，如分类折线图、XY 折线图等。本实例演示如何绘制 XY 折线图，并通过 XY 折线图体现数据的变化情况，运行效果如图 2.43 所示。

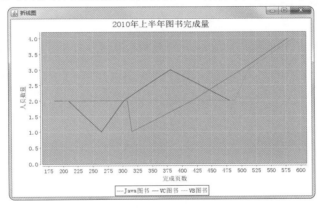

图 2.43　XY 折线图

关键技术

ChartFactory 类的 createXYLineChart() 方法提供了创建基本 XY 折线图的方法，创建完成以后会返回一个 JFreeChart 对象，语法如下：

```
createXYLineChart(String title, String xAxisLabel, String yAxisLabel, XYDataset dataset,
PlotOrientation orientation, boolean legend, boolean tooltips, boolean urls)
```

参数说明：

① title：图表的标题。
② xAxisLabel：图表 x 轴的标签内容。
③ yAxisLabel：图表 y 轴的标签内容。
④ dataset：XY 折线图的数据集合。
⑤ orientation：图表的显示方向。
⑥ legend：表示是否使用图例。
⑦ tooltips：表示是否生成工具栏提示。

⑧ urls:表示是否生成 URL 链接。

实现过程

(1) 新建一个 Java 文件,在创建文件时继承 JFreeChart 的 ApplicationFrame 类。

(2) 创建 getDataset() 方法,使用 XYSeries 类向 XYSeriesCollection 类的实例里面添加数据内容,代码如下:

```
01  private IntervalXYDataset getDataset() {
02      final XYSeries series1 = new XYSeries("Java图书");
03      final XYSeries series2 = new XYSeries("VC图书");
04      final XYSeries series3 = new XYSeries("VB图书");
05      series1.add(501, 3);
06      series1.add(200, 2);
07      series1.add(308, 2);
08      series1.add(580, 4);
09      series1.add(418, 2);
10      series1.add(315, 1);
11      series2.add(480, 2);
12      series2.add(381, 3);
13      series2.add(264, 1);
14      series2.add(185, 2);
15      series2.add(209, 2);
16      series2.add(302, 2);
17      series3.add(310, 2);
18      series3.add(489, 2);
19      series3.add(512, 3);
20      series3.add(589, 4);
21      series3.add(359, 2);
22      series3.add(402, 2);
23      final XYSeriesCollection dataset = new XYSeriesCollection();
24      dataset.addSeries(series1);
25      dataset.addSeries(series2);
26      dataset.addSeries(series3);
27      return dataset;
28  }
```

(3) 创建 getJFreeChart() 方法,在方法中获取 IntervalXYDataset 数据集合,再使用 ChartFactory 类的 createXYLineChart() 方法根据数据集合生成一个 JFreeChart 对象,代码如下:

```
01  private JFreeChart getJFreeChart() {
02      IntervalXYDataset dataset = getDataset();
03      JFreeChart chart = ChartFactory.createXYLineChart(
04          "2010年上半年图书完成量",           // 图表标题
05          "完成页数",                      // x轴标签
05          "人员数量",                      // y轴标签
06          dataset,                       // 数据集
07          PlotOrientation.VERTICAL,      // 图表方向:垂直
08          true,                          // 显示图例
09          false,                         // 不生成工具栏提示
```

```
10                  false                                           // 不生成URL链接
11              );
12          return chart;
13      }
```

（4）创建 updateFont() 方法，在方法中修改标题、x 轴、y 轴等标签字体，代码如下：

```
01      private void updateFont(JFreeChart chart) {
02          // 标题
03          TextTitle textTitle = chart.getTitle();
04          textTitle.setFont(new Font("宋体", Font.PLAIN, 20));
05          LegendTitle legendTitle = chart.getLegend();
06          legendTitle.setItemFont(new Font("宋体", Font.PLAIN, 14));
07          // 图表
08          CategoryPlot categoryPlot = chart.getCategoryPlot();
09          CategoryAxis categoryAxis = categoryPlot.getDomainAxis();
10          // x轴字体
11          categoryAxis.setTickLabelFont(new Font("宋体", Font.PLAIN, 14));
12          // x轴标签字体
13          categoryAxis.setLabelFont(new Font("宋体", Font.PLAIN, 14));
14          ValueAxis valueAxis = categoryPlot.getRangeAxis();
15          // y轴字体
16          valueAxis.setTickLabelFont(new Font("宋体", Font.PLAIN, 14));
17          // y轴标签字体
18          valueAxis.setLabelFont(new Font("宋体", Font.PLAIN, 14));
19      }
```

（5）创建 createPlot() 方法，在方法中获取一个 JFreeChart 对象，再修改字体，然后调用父类的 setContentPane() 方法把 JFreeChart 对象保存在窗体面板里，代码如下：

```
01      public void createPlot() {
02          JFreeChart chart = getJFreeChart();
03          // 修改字体
04          updateFont(chart);
05          setContentPane(new ChartPanel(chart));
06      }
```

（6）在 main() 方法中调用 createPlot() 方法创建图表，并把图表的窗体显示在屏幕中央，代码如下：

```
01      public static void main(String[] args) {
02          LineDemo11 demo = new LineDemo11("折线图");
03          demo.createPlot();
04          demo.pack();
05          // 把窗体显示到显示器中央
06          RefineryUtilities.centerFrameOnScreen(demo);
07          // 设置可以显示
08          demo.setVisible(true);
09      }
```

扩展学习

通过 add() 方法向 XYSeries 实例中添加 XY 折线图数据

使用 XYSeries 类 add() 方法向 XYSeries 实例中添加 xy 折线图数据，再向 XYSeries 实例添加数据集，语法如下：

```
add(double x, double y)
```

参数说明：
① x：表示 x 轴对应的数据值。
② y：图表 y 轴对应的数据值。

实例 067 排序折线图

源码位置：Code\02\067

实例说明

在绘制折线图时，首先要准备数据集填充折线图表，很多时候需要对数据集进行排序显示。本实例演示如何对 x 轴进行升序排列，运行效果如图 2.44 所示。

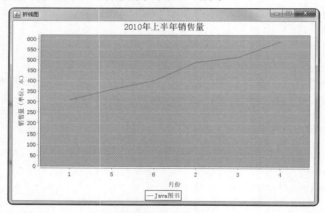

图 2.44 排序折线图

关键技术

使用 DefaultKeyedValues 类的 sortByValues() 方法可以对数据集进行排序，语法如下：

```
sortByValues(SortOrder order)
```

参数说明：
order：表示 DefaultKeyedValues 数据内容的排序方式。

实现过程

（1）新建一个 Java 文件，在创建文件时继承 JFreeChart 的 ApplicationFrame 类。

（2）创建 getCategoryDataset() 方法，使用 DefaultKeyedValues 类创建分类数据集，代码如下：

```
01  private CategoryDataset getCategoryDataset() {
02      DefaultKeyedValues keyedValues = new DefaultKeyedValues();
03      keyedValues.addValue("1", 310);
04      keyedValues.addValue("2", 489);
05      keyedValues.addValue("3", 512);
06      keyedValues.addValue("4", 589);
07      keyedValues.addValue("5", 359);
08      keyedValues.addValue("6", 402);
09      // 排序
10      keyedValues.sortByValues(SortOrder.ASCENDING);
11      CategoryDataset dataset = DatasetUtilities.createCategoryDataset("Java图书", keyedValues);
12      return dataset;
13  }
```

（3）创建 getJFreeChart() 方法，在方法中获取 CategoryDataset 数据集合，再使用 ChartFactory 类的 createLineChart() 方法生成 JFreeChart 对象，代码如下：

```
01  private JFreeChart getJFreeChart() {
02      CategoryDataset dataset = getCategoryDataset();
03      JFreeChart chart = ChartFactory.createLineChart3D (
04          "2010年上半年销售量",            // 图表标题
05          "月份",                          // x轴标签
06          "销售量（单位：本）",            // y轴标签
07          dataset,                        // 数据集
08          PlotOrientation.VERTICAL,       // 图表方向：垂直
09          true,                           // 显示图例
10          false,                          // 不生成工具栏提示
11          false                           // 不生成URL链接
12      );
13      return chart;
14  }
```

（4）创建 updateFont() 方法，在方法中修改标题、x 轴、y 轴等标签字体，代码如下：

```
01  private void updateFont(JFreeChart chart) {
02      // 标题
03      TextTitle textTitle = chart.getTitle();
04      textTitle.setFont(new Font("宋体", Font.PLAIN, 20));
05      LegendTitle legendTitle = chart.getLegend();
06      legendTitle.setItemFont(new Font("宋体", Font.PLAIN, 14));
07      // 图表
08      CategoryPlot categoryPlot = chart.getCategoryPlot();
09      CategoryAxis categoryAxis = categoryPlot.getDomainAxis();
10      // x轴字体
11      categoryAxis.setTickLabelFont(new Font("宋体", Font.PLAIN, 14));
12      // x轴标签字体
13      categoryAxis.setLabelFont(new Font("宋体", Font.PLAIN, 14));
14      ValueAxis valueAxis = categoryPlot.getRangeAxis();
```

```
15        // y轴字体
16        valueAxis.setTickLabelFont(new Font("宋体", Font.PLAIN, 14));
17        // y轴标签字体
18        valueAxis.setLabelFont(new Font("宋体", Font.PLAIN, 14));
19    }
```

（5）创建 createPlot() 方法，用于获取 JFreeChart 对象修改字体，然后调用父类的 setContentPane() 方法把 JFreeChart 对象保存在窗体面板里，代码如下：

```
01    public void createPlot() {
02        JFreeChart chart = getJFreeChart();
03        // 修改字体
04        updateFont(chart);
05        setContentPane(new ChartPanel(chart));
06    }
```

（6）在 main() 方法中调用 createPlot() 方法创建图表，并把图表的窗体显示在屏幕中央，代码如下：

```
01    public static void main(String[] args) {
02        LineDemo12 demo = new LineDemo12("折线图");
03        demo.createPlot();
04        demo.pack();
05        // 把窗体显示到显示器中央
06        RefineryUtilities.centerFrameOnScreen(demo);
07        // 设置可以显示
08        demo.setVisible(true);
09    }
```

扩展学习

使用 sortByValues 方法对数据集进行排序

DefaultKeyedValues 类使用 sortByValues() 方法对数据集进行排序，该方法的参数为 SortOrder 类，SortOrder 类中定义了两个常量，SortOrder.ASCENDING 表示数据集升序排列；SortOrder.DESCENDING 表示数据集降序排列。

第 3 章

文字操作与数据库

以树结构显示文件路径

文件批量重命名

快速批量移动文件

读取属性文件的单个属性值

删除文件夹中的所有文件

……

实例 068 以树结构显示文件路径

源码位置：Code\03\068

实例说明

Java 的 JTree 树控件用于显示多层次结构的数据，而且各个操作系统也都采用树控件来显示文件夹的层次结构。本实例结合文件夹数据与树控件来显示计算机中的文件与文件夹信息。运行实例，效果如图 3.1 所示。

图 3.1 以树结构显示文件路径

关键技术

JTree 树控件中包含了一个特殊的方法，利用该方法可以展开指定的树节点。该方法的声明如下：

```
public void expandPath(TreePath path)
```

该方法将指定路径标识的节点展开，并且可查看。如果路径中的最后一项是叶节点，则此方法无效。

参数说明：

path：标识节点的 TreePath。

在本实例中使用如下代码来展开根节点：

```
tree.expandPath(new TreePath(rootNode));
```

这个方法接收一个 TreePath 类型的参数，其作用是指明树节点的路径。创建该类型对象的常用构造方法有两个，分别介绍如下：

```
TreePath(Object singlePath)
```

该方法构造仅包含单个元素的 TreePath，这个单个元素可以是节点对象。

```
TreePath(Object[] path)
```

该构造方法把指定数组的每个元素作为不被显示的新根节点的子节点。

例如，本实例中创建根节点的 TreePath 对象的方法如下：

```
        tree.expandPath(new TreePath(rootNode));
```

实现过程

（1）继承 JFrame 类，编写一个窗体类，名称为 DiskTree。

（2）创建 JTree 树控件并布局到窗体的中间位置。这个树控件在窗体激活时要读取计算机根节点的数据，即一个磁盘名称。

（3）编写窗体激活事件监听器调用的 do_this_windowActivated() 方法，该方法是在类中自定义的，主要用途是获取计算机中的磁盘列表，并将其添加到树控件中。关键代码如下：

```
01  protected void do_this_windowActivated(WindowEvent e) {
02      File[] disks = File.listRoots();                    // 获取磁盘列表
03      for (File file : disks) {                           // 遍历列表
04          // 使用文件对象创建树节点
05          DefaultMutableTreeNode node = new DefaultMutableTreeNode(file);
06          rootNode.add(node);                             // 添加节点到树控件的根节点
07      }
08      tree.expandPath(new TreePath(rootNode));            // 展开根节点
09  }
```

（4）在树节点的选择事件监听器中调用 do_tree_valueChanged() 方法，这个方法将获取选择的树节点，并读取节点中封装的文件对象。如果该文件对象是文件夹，则遍历文件夹中的文件列表，并将其封装到树节点对象中作为树控件的显示内容。关键代码如下：

```
01  protected void do_tree_valueChanged(TreeSelectionEvent e) {
02      TreePath path = e.getPath();                        // 获取树选择路径
03      // 获取选择路径中的节点
04      DefaultMutableTreeNode node = (DefaultMutableTreeNode) path.getLastPathComponent();
05      // 获取节点中的用户对象
06      Object userObject = node.getUserObject();
07      if (!(userObject instanceof File)) {
08          return;
09      }
10      File folder = (File) userObject;                    // 把用户对象转换为文件对象
11      if (!folder.isDirectory())                          // 过滤非文件夹的选择操作
12          return;
13      File[] files = folder.listFiles();                  // 获取文件夹中的文件列表
14      for (File file : files) {                           // 遍历文件列表数组
15          // 将文件用作用户对象创建节点
16          node.add(new DefaultMutableTreeNode(file));
17      }
18  }
```

扩展学习

根据数据的结构来确定使用何种控件

数据结构是编程必须掌握的，经常使用的字符串、整型、浮点型等数据可以直接使用 JTextField 文本框控件来显示。比较特殊的有表结构的数据与树结构的数据，它们可以使用 JavaSE 对应的 JTable 和 JTree 控件来显示这二者都是针对特殊数据类型所设计的。

实例 069 文件批量重命名

源码位置：Code\03\069

实例说明

Windows 操作系统可以实现重命名文件操作，却不能实现批量重命名。本实例实现了批量重命名功能，可以将一个文件夹内同一类型的文件按照一定的规则批量重命名。用户可以给出重命名模版，程序将根据模版对相应的文件进行重命名。除此之外，还可以在重命名模版中添加特殊符号，程序会将这些特殊符号替换成重命名后的文件编号。实例运行效果如图 3.2 所示。

图 3.2 文件批量重命名

关键技术

本实例主要应用了 String 字符串的格式化方法，该方法可以将指定对象按特定的格式生成字符串。本实例格式化的目的是在为新文件名称做递增编号的同时保留指定位数的 0 前导数字。例如，3 位编号的 1 应该为 001。字符串类的格式化方法声明如下：

```
public static String format(String format, Object... args)
```

该方法的作用是使用指定的格式字符串和参数返回一个格式化字符串。

参数说明：

① format：格式化字符串。

② args：格式化字符串中由格式说明符引用的参数。

例如，以下代码可以格式化并返回字符串 photo025。

```
String fileName = String.format("photo%04d", 25);
```

实现过程

（1）继承 JFrame 类，编写一个窗体类，名称为 RenameFiles。

（2）设计 RenameFiles 窗体类时用到的主要控件及说明如表 3.1 所示。

表 3.1 窗体的主要控件及说明

控件类型	控件名称	控件用途
JSpinner	startSpinner	设置起始编号
JTextField	forderField	显示要处理的文件夹
JTextField	templetField	新名称的模版字符串
JTextField	extNameField	指定文件扩展名，程序将针对这些文件进行改名

控件类型	控件名称	控件用途
JButton	button	"浏览"按钮
JButton	startButton	"开始"按钮
JTable	table	显示文件改名记录

（3）编写"浏览"按钮的事件处理方法。在该方法中创建一个文件选择器，并设置其只对文件夹生效，然后把选择的文件夹保存为类的成员变量，最后把选择的文件夹信息显示在文本框中。关键代码如下：

```
01  protected void do_button_actionPerformed(ActionEvent e) {
02      JFileChooser chooser = new JFileChooser();           // 创建文件选择器
03      // 设置只选择文件夹
04      chooser.setFileSelectionMode(JFileChooser.DIRECTORIES_ONLY);
05      int option = chooser.showOpenDialog(this);           // 显示打开对话框
06      if (option == JFileChooser.APPROVE_OPTION) {
07          dir = chooser.getSelectedFile();                 // 获取选择的文件夹
08      } else {
09          dir = null;
10      }
11      forderField.setText(dir + "");                       // 显示文件夹信息
12  }
```

（4）编写"开始"按钮的事件处理方法，在这个方法中将完善模版字符串，并利用过滤器来提取指定扩展名类型的文件列表，在遍历文件列表的过程中对文件进行改名，并把改名记录保存到表格中。关键代码如下：

```
01  protected void do_startButton_actionPerformed(ActionEvent e) {
02      String templet = templetField.getText();             // 获取模版字符串
03      if (templet.isEmpty()) {
04          JOptionPane.showMessageDialog(this, "请确定重命名模版", "信息对话框",
05              JOptionPane.WARNING_MESSAGE);
06          return;
07      }
08      // 获取表格数据模型
09      DefaultTableModel model = (DefaultTableModel) table.getModel();
10      model.setRowCount(0);                                // 清除表格数据
11      int bi = (Integer) startSpinner.getValue();          // 获取起始编号
12      int index = templet.indexOf("#");                    // 获取第一个"#"的索引
13      String code = templet.substring(index);              // 获取模版中数字占位字符串
14      // 把模版中数字占位字符串替换为指定格式
15      templet = templet.replace(code, "%0" + code.length() + "d");
16      String extName = extNameField.getText().toLowerCase();
17      if (extName.indexOf(".") == -1)
18          extName = "." + extName;
19      // 获取文件中的文件列表数组
20      File[] files = dir.listFiles(new ExtNameFileFilter(extName));
```

```
21      for (File file : files) {                              // 变量文件数组
22          // 格式化每个文件名称
23          String name = templet.format(templet, bi++) + extName;
24          // 把文件的旧名称与新名称添加到表格的数据模型
25          model.addRow(new String[] { file.getName(), name });
26          File parentFile = file.getParentFile();            // 获取文件所在文件夹对象
27          File newFile = new File(parentFile, name);
28          file.renameTo(newFile);                            // 文件重命名
29      }
30  }
```

（5）编写文件过滤器，这个过滤器的任务是只允许获取指定扩展名的文件对象，它将被应用到遍历文件夹所有文件的 listFiles() 方法中。关键代码如下：

```
01  private final class ExtNameFileFilter implements FileFilter {
02      private String extName;
03      public ExtNameFileFilter(String extName) {
04          this.extName = extName;                            // 保存文件扩展名
05      }
06      @Override
07      public boolean accept(File pathname) {
08          // 过滤文件扩展名
09          if (pathname.getName().toUpperCase().endsWith(extName.toUpperCase()))
10              return true;
11          return false;
12      }
13  }
```

扩展学习

不要忽略文件扩展名

文件的名称以不同的后缀来区分其类别，也称为文件的扩展名。在更改文件名称时不要忘记把扩展名也一同输入，否则如果软件没有特殊处理，可能会把文件变成无类型（即没有扩展名）的文件。

实例 070　快速批量移动文件

源码位置：Code\03\070

实例说明

文件移动是计算机资源管理常用的一个操作，这在操作系统中可以通过文件的剪切或复制来实现，也可以通过鼠标的拖动来实现。但是在 Java 语言的编程实现中，大多数是以复制文件到目的地，再删除原有文件来实现的。这对于小文件来说没有什么弊端，但是如果移动几个大文件就会显现操作缓慢的弊端，并且浪费系统资源。本实例将通过 File 类的 API 方法直接实现文件的快速移动，哪怕是超过 1GB 的大文件也不会造成严重延时。实例运行效果如图 3.3 所示。

图 3.3　快速批量移动文件

关键技术

File 类位于 Java.io 类包中，它提供了多种获取文件属性的方法，其中 renameTo() 方法可用于实现文件的重新命名，而本实例则是利用该方法对文件路径进行修改，从而实现文件的快速移动。该方法的声明如下：

```
public boolean renameTo(File dest)
```

参数说明：

dest：指定文件的新抽象路径名。

对于参数 dest，可以设置不同路径的文件对象，这样就可以实现文件的快速移动。

 如果是不同磁盘之间的文件移动，还会涉及文件的复制与删除操作，速度无法提升，但是这些都由 renameTo() 方法自动完成。

实现过程

（1）继承 JFrame 类，编写一个窗体类，名称为 QuickMoveFiles。

（2）设计 QuickMoveFiles 窗体类时用到的主要控件及说明如表 3.2 所示。

表 3.2　窗体的主要控件及说明

控 件 类 型	控 件 名 称	控 件 用 途
JTextField	sourceFolderField	显示选择的源文件列表信息
JTextField	targetFolderField	显示要移动到的目标文件夹路径
JTextArea	infoArea	显示文件操作记录
JButton	browserButton1	浏览源文件的按钮
JButton	browserButton2	浏览目标文件夹的按钮

（3）首先实现选择源文件的"浏览"按钮的事件处理方法，在该方法中使用文件选择器来获取用户选择的多个文件，并把选择的文件以数组形式保存为类的成员变量，同时把所有选择的文件名

称显示到文本框中。程序主要代码如下：

```java
01  protected void do_browserButton1_actionPerformed(ActionEvent e) {
02      JFileChooser chooser = new JFileChooser();         // 创建文件选择器
03      chooser.setMultiSelectionEnabled(true);            // 设置文件多选
04      int option = chooser.showOpenDialog(this);         // 显示文件打开对话框
05      if (option == JFileChooser.APPROVE_OPTION) {
06          files = chooser.getSelectedFiles();            // 获取选择的文件数组
07          sourceFolderField.setText("");                 // 清空文本框
08          StringBuilder filesStr = new StringBuilder();
09          for (File file : files) {                      // 遍历文件数组
10              filesStr.append("、" + file.getName());    // 连接文件名称
11          }
12          String str = filesStr.substring(1);            // 获取所有文件名称的字符串
13          sourceFolderField.setText(str);                // 设置文件名称信息到文本框
14      } else {
15          files = new File[0];
16          sourceFolderField.setText("");                 // 清空文本框
17      }
18  }
```

> **说明**：这里的文件多选是指选择同一个文件夹中的多个文件，也就是说第二次打开文件选择对话框时，会把第一次打开文件选择对话框中的文件信息清除掉。

（4）编写选择目标文件夹的"浏览"按钮的事件处理方法，该方法将创建文件选择器，并设置其只针对文件夹有效，也就是说只能选择文件夹的文件选择器。在获取用户选择文件夹的同时也把该文件夹的信息显示到文本框中。关键代码如下：

```java
01  protected void do_browserButton2_actionPerformed(ActionEvent e) {
02      JFileChooser chooser = new JFileChooser();         // 创建文件选择器
03      // 设置选择器只针对文件夹生效
04      chooser.setFileSelectionMode(JFileChooser.DIRECTORIES_ONLY);
05      int option = chooser.showOpenDialog(this);         // 显示文件打开对话框
06      if (option == JFileChooser.APPROVE_OPTION) {
07          dir = chooser.getSelectedFile();               // 获取选择的文件夹
08          targetFolderField.setText(dir.toString());     // 将文件夹显示到文本框
09      } else {
10          dir = null;
11          targetFolderField.setText("");
12      }
13  }
```

（5）编写"移动"按钮的事件处理方法，在该方法中利用之前用户选取的文件数组和目标文件夹实现文件移动操作，并把操作记录显示到 JTextArea 文本域控件中。关键代码如下：

```java
01  protected void do_moveButton_actionPerformed(ActionEvent e) {
02      if (files.length <= 0)                             // 判断文件数组有无元素
03          return;
04      for (File file : files) {                          // 遍历文件数组
```

```
05            File newFile = new File(dir, file.getName());              // 创建移动目标文件
06            // 显示移动记录
07            infoArea.append(file.getName() + "\t移动到\t" + dir);
08            file.renameTo(newFile);                                     // 文件移动
09            infoArea.append("------完成\n");                            // 显示移动完成信息
10        }
11        // 显示操作完成
12        infoArea.append("################操作完成################\n");
13    }
```

扩展学习

明确文件路径

在运用编程实现文件移动的程序中，一定要确定文件的路径。最好通过文件选择器来获取目标文件夹的绝对路径，如果是用户手动输入，有可能会使用相对路径，容易导致移动到错误的文件夹，如果覆盖了目标文件夹的同名文件是无法恢复的。

实例071 读取属性文件的单个属性值

源码位置：Code\03\071

实例说明

在程序设计中，有些内容需要经常改动，如操作的数据表等。这些信息如果放在程序中，修改起来不是很方便。在 Java 中可以将其放置在以 properties 为扩展名的属性文件中，这样可以通过修改属性文件来修改相应的信息。在 Java 中提供了 Properties 类，该类可实现读取属性文件的相关信息，并将其写入到窗体中。实例运行效果如图 3.4 所示。

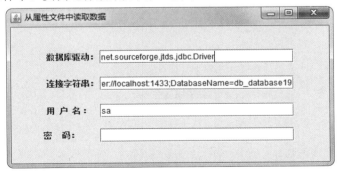

图 3.4 读取属性文件的单个属性值

关键技术

本实例实现读取属性文件信息，主要应用了 java.util 包下的 Properties 类，该类可实现读取属性文件操作。该类常用的构造方法介绍如下：

Properties()：无参构造，创建一个无默认值的空属性列表。

Properties(Properties defaults)：创建一个带有指定默认值的空属性列表。

通过该类的 load() 方法，可以从输入流中读取属性列表。该方法的语法如下：

```
load(Reader reader)
```

参数说明：

reader：输入流。

属性文件中的内容都是采用 key-value 对的形式保存的。因此要从属性文件中读取相应的 value 值，需要使用该类的 getProperty() 方法，具体语法如下：

```
String getProperty(String key)
```

参数说明：

key：要从属性文件中查询相应的属性值。

实现过程

（1）创建窗体类 GetPropertiesFrame，该类继承自 JFrame 类。
（2）向该类中添加控件，主要控件及说明如表 3.3 所示。

表 3.3 窗体的主要控件及说明

控件类型	控件名称	控件用途
JTextField	driveTextField	显示连接数据库的驱动文本框
JTextField	connectionTextField	显示连接数据库的 url 文本框
JTextField	userNameTextField	显示连接数据库的"用户名"文本框
JTextField	passWordTextField	显示连接数据库的"密码"文本框

（3）编写工具类 GetProperties，在该类中定义了 getProperties() 方法，用于获取属性文件中指定的 key 值的 value 值。具体代码如下：

```
01  public String getProperties(String keyName) {
02      // 根据属性文件创建InputStream对象
03      InputStream ins = getClass().getResourceAsStream("ApplicationResources.properties");
04      Properties props = new Properties();              // 创建Properties对象
05      String value = "";
06      try {
07          props.load(ins);                              // 从输入流中读取属性文件中的信息
08          value = props.getProperty(keyName);           // 获取指定参数的属性值
09      } catch (IOException e) {
10          e.printStackTrace();
11      }
12      return value;
13  }
```

扩展学习

Properties 类存储数据

与 Map 集合相同，Properties 不允许键重复。只是根据键的 hashCode 值存储数据，当 Properties 转换成数据时，可以发现文件中的记录顺序并不是插入的顺序。

实例 072　删除文件夹中的所有文件

源码位置：Code\03\072

实例说明

删除文件是对文件的常用操作之一，操作系统可以根据用户的选择，删除文件或者删除文件夹。本实例可以根据用户指定的文件夹，删除该文件夹中的所有文件，包括子文件夹和隐藏文件，但是保留用户选择的不删除的文件夹。实例运行效果如图 3.5 所示。

图 3.5　删除文件夹中的所有文件

关键技术

Java SE API 中的 File 类提供了很多与文件管理相关的方法。本实例使用到的方法如表 3.4 所示。

表 3.4　File 类的常用方法

方法名	作用
delete()	如果该 File 对象是一个文件或空文件夹就将其删除
getAbsolutePath()	以字符串的形式返回该 File 对象的绝对路径
isFile()	测试该 File 对象是否是一个文件，是则返回 true
isHidden()	测试该 File 对象是否是一个隐藏文件，是则返回 true
listFiles()	如果给定的 File 对象是一个文件夹，则将其转换成 File 数组，数组中包括该文件夹中的文件和子文件夹，否则抛出 NullPointerException

 delete() 方法只能用来删除文件或空文件夹，并且被该方法删除的文件不能被恢复。

实现过程

（1）继承 JFrame 类，编写一个窗体类，名称为 FileDeleteFrame。
（2）设计 FileDeleteFrame 窗体类时用到的控件及说明如表 3.5 所示。

表 3.5 窗体的控件及说明

控件类型	控件名称	控件用途
JTextField	chooseTextField	显示用户选择的文件夹的绝对路径
JButton	chooseButton	实现让用户选择要删除的文件夹
JButton	deleteButton	实现删除文件的功能
JTextArea	resultTextArea	显示被用户删除的文件

（3）编写方法 deleteDirectories() 来实现删除文件夹及其中内容的功能，参数 rootFile 代表用户想删除的文件夹。代码如下：

```
01  public static void deleteDirectories(File rootFile) {
02      if (rootFile.isFile()) {
03          rootFile.delete();                              // 如果给定的File对象是文件就直接删除
04      } else {                                            // 如果是一个文件夹就将其转换成File数组
05          File[] files = rootFile.listFiles();
06          for (File file : files) {
07              // 如果不是空文件夹就迭代deleteDirectories()方法
08              deleteDirectories(file);
09          }
10          rootFile.delete();                              // 如果是空文件夹就直接删除
11      }
12  }
```

（4）编写方法 deleteFiles() 来实现删除文件夹下所有内容，但保留给定文件夹的功能，参数 rootFile 代表用户想删除的文件夹。关键代码如下：

```
01  public static void deleteFiles(File rootFile) {
02      // 如果用户给定的是空文件夹就退出方法
03      if (rootFile.listFiles().length == 0) {
04          return;
05      } else {
06          // 将非空文件夹转换成File数组
07          File[] files = rootFile.listFiles();
08          for (File file : files) {
09              if (file.isFile()) {
10                  file.delete();                          // 删除指定文件夹下的所有文件
11              } else {
12                  if (file.listFiles().length == 0) {
13                      file.delete();                      // 删除指定文件夹下的所有空文件夹
14                  } else {
15                      // 删除指定文件夹下的所有非空文件夹
16                      deleteDirectories(file);
17                  }
18              }
19          }
20      }
21  }
```

第 3 章 文字操作与数据库

> **提示**：上面的方法具有很好的通用性，读者可以将其放在自己的工具包中。

扩展学习

File 类与文件管理

Java 中用 File 类统一管理文件和文件夹。文件夹又可以分成空文件夹和非空文件夹。对于不同的类型，能够使用的方法是不同的。在实际应用中，读者一定要注意其中的区别。

实例 073　修改文件属性

源码位置：Code\03\073

实例说明

在操作系统平台中文件是数据的存储单位，每个文件都有不同的属性。在 Windows 操作系统中可以通过文件的属性对话框查看其对应的属性信息。本实例通过程序编码也实现了该功能，即获取文件大小、创建时间、路径等属性。实例运行效果如图 3.6 所示。

图 3.6　修改文件属性

关键技术

File 类位于 Java.io 类包中，它提供了多种获取文件属性的方法，如获取文件的名称、路径和大小等。File 类的常用方法如表 3.6 所示。

表 3.6　File 类的常用方法

方法名	作　用	方法名	作　用
getName()	获取文件名称，不包括路径信息	lastModified()	获取文件最后修改日期，以 long 值表示
length()	获取文件长度，以字节为单位	canRead()	文件是否可读
getPath()	获取文件的路径信息，包括文件名	canWrite()	文件是否可写
toURI()	文件的 URI 路径，以 file：为前缀	isHidden()	文件是否隐藏

实现过程

（1）继承 JFrame 类，编写一个窗体类，名称为 ModifyFileAttribute。
（2）设计 ModifyFileAttribute 窗体类时用到的主要控件及说明如表 3.7 所示。

表 3.7　窗体的主要控件及说明

控件类型	控件名称	控件用途
JButton	chooseButton	激活文件选择对话框
JTextField	sizeField	显示文件大小的文本框

续表

控件类型	控件名称	控件用途
JTextField	pathField	显示文件路径的文本框
JTextField	uriField	显示文件 URI 路径的文本框
JTextField	modifyDateField	显示最后修改日期
JCheckBox	readCheckBox	显示文件可读属性
JCheckBox	writeCheckBox	显示文件是否可写
JCheckBox	hideCheckBox	显示文件是否隐藏

（3）程序主要代码如下：

```
01   jButton.setText("选择文件");
02   // 添加按钮事件监听器
03   jButton.addActionListener(new ActionListener() {
04       public void actionPerformed(ActionEvent e) {
05           // 创建文件选择器
06           JFileChooser chooser = new JFileChooser();
07           // 显示文件打开对话框
08           chooser.showOpenDialog(ModifyFileAttribute.this);
09           File file = chooser.getSelectedFile();              // 获取选择文件
10           fileLabel.setText(file.getName());                  // 显示文件名称
11           sizeField.setText(file.length() + "");              // 显示文件大小
12           pathField.setText(file.getPath());                  // 显示文件路径
13           pathField.select(0, 0);
14           uriField.setText(file.toURI() + "");                // 显示文件的URI路径
15           uriField.select(0, 0);
16           // 显示文件最后修改时间
17           modifyDateField.setText(new Date(file.lastModified()) + "");
18           // 显示可读属性
19           readCheckBox.setSelected(file.canRead());
20           // 显示可写属性
21           writeCheckBox.setSelected(file.canWrite());
22           // 显示隐藏属性
23           hideCheckBox.setSelected(file.isHidden());
24       }
25   });
```

扩展学习

快速转换对象为字符串

程序开发中，大多数显示在 UI 控件中的值都是以字符串的形式出现的，而有些数据可能会以其他数据类型或对象的形式被获取，如 int、double 以及 Date 类的对象等，这些数据类型如果经过严格的数据类型转换，再赋值给控件的 text 属性会比较烦琐，最简单的方法就是直接把该类型的值与空字符串""进行连接，即使用"+"（加号）运算符连接为字符串。

实例 074　显示指定类型的文件

源码位置：Code\03\074

实例说明

文件作为存储数据的单元，会根据数据类型产生很多分类，也就是所谓的文件类型。在对数据文件进行操作时，常常需要根据不同的文件类型来做不同的处理。本实例实现的是读取文件夹指定类型的文件并显示到表格控件中。这对于项目开发中的文件分类起到了抛砖引玉的作用，读者可以对该实例进行扩展。实例运行效果如图 3.7 所示。

图 3.7　显示指定类型的文件

关键技术

File 类位于 Java.io 类包中，它提供了多种对应文件和文件夹相关的操作，而本实例需要利用对文件夹相关的操作实现读取文件列表，并使用过滤器进行过滤，所以只能选用 File 类的 listFiles() 方法。该方法的声明如下：

```
File[] listFiles(FileFilter filter)
```

该方法返回抽象路径名数组，这些路径名表示，此抽象路径名表示的目录中满足指定过滤器的文件和目录。

参数说明：

filter：实现 FileFilter 接口的实例对象，该对象的 accept() 方法用于实现文件的过滤。

实现过程

（1）继承 JFrame 类，编写一个窗体类，名称为 ListCustomTypeFile。
（2）设计 ListCustomTypeFile 窗体类时用到的主要控件及说明如表 3.8 所示。

表 3.8　窗体的主要控件及说明

控件类型	控件名称	控件用途
JButton	button	选择文件夹按钮
JTextField	extNameField	指定扩展名的文本框
JTable	table	显示文件夹中符合条件的文件信息

（3）单击"选择文件夹"按钮时，事件监听器会调用 do_button_actionPerformed() 方法。该方法将通过文件选择器让用户选择一个文件夹，然后调用 listFiles() 方法把文件夹中符合扩展名过滤要求的文件显示到表格控件中。关键代码如下：

```java
01  protected void do_button_actionPerformed(ActionEvent e) {
02      JFileChooser chooser = new JFileChooser();              // 创建文件选择器
03      // 设置选择器的过滤器
04      chooser.setFileSelectionMode(JFileChooser.DIRECTORIES_ONLY);
05      chooser.showDialog(this, null);
06      dir = chooser.getSelectedFile();
07      getLabel().setText(dir.toString());
08      // 获取过滤后的符合条件的文件数组
09      listFiles();
10  }
```

（4）编写 listFiles() 方法，该方法将从用户选择的文件夹对象中获取所有文件信息，这些信息是经过过滤的，也就是按照用户指定的扩展名筛选的文件。然后把这些文件信息显示在表格控件中。关键代码如下：

```java
01  private void listFiles() {
02      if (dir == null)
03          return;
04      // 获取符合条件的文件数组
05      File[] files = dir.listFiles(new CustomFilter());
06      // 获取表格的数据模型
07      DefaultTableModel model = (DefaultTableModel) table.getModel();
08      model.setRowCount(0);
09      for (File file : files) {                               // 遍历文件数组
10          // 创建表格行数据
11          Object[] row = { file.getName(), file.length(), new Date(file.lastModified()) };
12          model.addRow(row);                                  // 添加行数据到表格模型
13      }
14  }
```

（5）listFiles() 方法中调用了 File 类的 listFiles() 方法，其中使用了一个过滤器参数，这个参数类型是在本类中定义的一个内部类，它将过滤所有不符合扩展名要求的文件。关键代码如下：

```java
01  private final class CustomFilter implements java.io.FileFilter {
02      @Override
03      public boolean accept(File pathname) {
04          // 获取用户设置的指定扩展名
05          String extName = extNameField.getText();
06          if (extName == null || extName.isEmpty())
07              return false;
08          if (!extName.startsWith("."))                       // 判断扩展名前缀
09              extName = "." + extName;                        // 完善扩展名前缀
10          extName = extName.toLowerCase();
11          // 判断扩展名与过滤文件名是否符合要求
12          if (pathname.getName().toLowerCase().endsWith(extName))
```

```
13              return true;
14              return false;
15          }
16          @Override
17          public boolean accept(File pathname) {
18              // TODO Auto-generated method stub
19              return false;
20          }
21      }
```

扩展学习

通过表格模型改变表格数据

JTable 控件是 Swing 技术中的表格控件，用于显示表数据。虽然该 JTable 控件提供了一些操作数据的 API，但同时它也提供了对应的数据模型 TableModel。该模型默认实现的是 DefaultTableModel 类，它提供了对表格数据的操作方法，所有数据操作都会直接体现在表格控件上，建议优先考虑使用表格模型来操作表格控件。

实例 075 键盘录入内容保存到文本文件

源码位置：Code\03\075

实例说明

本节为读者介绍文件读取和写入的相关实例，通过本实例相信读者会对文件的写入有更多的了解。本实例实现的是将键盘录入的内容保存到文本文件中，实例运行效果如图 3.8 所示。

运行本实例后，会将用户输入的内容写入到与项目同一目录的 Example8.txt 文本文件中，文本文件中的内容如图 3.9 所示。

图 3.8　输入文本内容

图 3.9　文本文件中的内容

关键技术

本实例首先通过文件输入流类 InputStreamReader 实现用户写入内容的读取，再通过文件输出流类 FileWriter，将读取的内容写入到磁盘文件中。

（1）InputStreamReader 类提供了 read() 方法可实现数据的读取，该方法有两种重载形式，分别介绍如下：

read()：读取单个字符。

read(char[] cbuf, int offset, int length)：将字符读入数组中的某一部分。

参数说明：

① cbuf：目标缓冲区。

② offset：开始存储字符的偏移量。

③ length：要读取的最大字符数。

（2）BufferedWriter 类提供了 write() 方法，实现向文件中写数据，该方法提供了 3 种重载形式，分别介绍如下：

write(int c)：写入单个字符。

参数说明：

c：指定要写入字符的 int 值。

write(char[] cbuf, int off, int len)：写入字符数组的某一部分。

参数说明：

① cbuf：字符数组。

② off：开始读取字符的索引。

③ len：要写入的字符数。

write(String s, int off, int len)：写入字符串的某一部分。

参数说明：

① s：要写入的字符串。

② off：开始读取字符的索引。

③ len：要写入的字符数。

实现过程

在项目中创建类 Employ，在该类中的主方法中实现将用于输入的数据写入到文件中。具体代码如下：

```
01  public static void main(String args[]) {
02      File file = new File("Example8.txt");
03      try {
04          if (!file.exists())                                  // 如果文件不存在
05              file.createNewFile();                            // 创建新文件
06          // 定义输入流对象
07          InputStreamReader isr = new InputStreamReader(System.in);
08          BufferedReader br = new BufferedReader(isr);
09          System.out.println("请输入：");
10          String str = br.readLine();                          // 读取用户输入的信息
11          System.out.println("您输入的内容是：" + str);
12          FileWriter fos = new FileWriter(file, true);         // 创建文件输出流
13          BufferedWriter bw = new BufferedWriter(fos);
14          bw.write(str);                                       // 向文件写入信息
15          br.close();
16          bw.close();
17      } catch (IOException e) {
18          e.printStackTrace();
19      }
20  }
```

扩展学习

System 类的重要属性

本实例在实现将录入的数据写入到文本文件中时，使用到了 System 类，该类提供的设施中，有标准输入、标准输出和错误输出流，以及加载文件和库的方法，且能够对外部定义的属性和环境变量进行访问，还有快速复制数组的一部分的实用方法。该类有 3 个重要的属性，分别为 err（"标准"错误输出流）、in（"标准"输入流）和 out（"标准"输出流）。

实例 076　逆序输出数组信息

源码位置：Code\03\076

实例说明

将一个数组写入到文件中是一种很常用的操作，本实例实现将数组顺序写入到文件中并实现逆序输出。实例运行效果如图 3.10 所示。

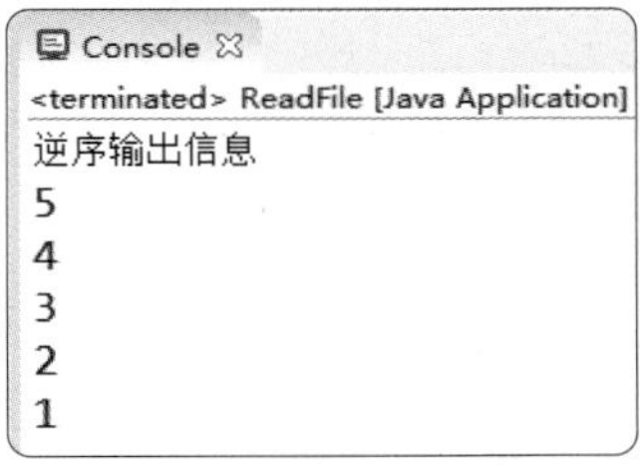

关键技术

本实例使用 RandomAccessFile 类实现了数据的读取和写入，由此，本实例能够支持读取和写入随机访问文件。该类的构造方法介绍如下：

RandomAccessFile(File file, String mode)：创建从中读取和向其中写入（可选）的随机访问文件流，该文件由 File 参数指定。

图 3.10　逆序输出数组信息

参数说明：

① file：文件对象。

② mode：访问模式。可选项为"r"，以只读方式打开；"rw"，打开以便读取和写入，如果该文件尚不存在，则尝试创建该文件；"rws"，打开以便读取和写入。对于"rw"，还要求对文件的内容或元数据的每个更新都同步写入到底层存储设备。

RandomAccessFile(String name, String mode)：创建从中读取和向其中写入（可选）的随机访问文件流，该文件具有指定名称。

参数说明：

① name：取决于系统的文件名。

② mode：访问模式。

实现过程

在项目中创建 ReadFile 类，用于实现数组的写入和反向读取。该类主方法中的代码如下：

```
01   public static void main(String args[]) {
02       int bytes[] = { 1, 2, 3, 4, 5 };                    // 定义写入文件的数组
03       try {
04           // 创建RandomAccessFile类的对象
05           File file = new File("Example9.txt");
06           if (!file.exists()) {                            // 判断该文件是否存在
```

```
07              file.createNewFile();                   // 新建文件
08          }
09          // 定义RandomAccessFile类对象
10          RandomAccessFile raf = new RandomAccessFile(file, "rw");
11          for (int i = 0; i < bytes.length; i++) {    // 循环遍历数组
12              raf.writeInt(bytes[i]);                  // 将数组写入文件
13          }
14          System.out.println("逆序输出信息");
15          for (int i = bytes.length - 1; i >= 0; i--) { // 反向遍历数组
16              raf.seek(i * 4);                         // int型数据占4个字节
17              System.out.println(+raf.readInt());
18          }
19          raf.close();                                 // 关闭流
20      } catch (Exception e) {
21          e.printStackTrace();
22      }
23  }
```

扩展学习

RandomAccessFile 类抛出的异常

如果 RandomAccessFile 类中的所有读取例程在读取所需数量的字节之前已到达文件末尾，则抛出 EOFException（是一种 IOException）。如果由于某些原因无法读取任何字节，而不是在读取所需数量的字节之前已到达文件末尾，则抛出 IOException，而不是 EOFException。需要特别指出的是，如果流已被关闭，则可能抛出 IOException。

实例 077 合并多个 txt 文件

源码位置：Code\03\077

实例说明

本实例实现的是将多个 txt 文件合并为一个文件。通过 IO 流可以实现文件的合并，当然可以对任意格式的文件进行合并，本实例以合并 txt 文件为例，来介绍如何实现文件合并。实例运行效果如图 3.11 所示。

关键技术

本实例实现的文件合并主要通过 FileInputStream 类读取文件，通过 FileOutputStream 类向文件中写入内容。在对文件进行读取的过程中，本实例应用了 FileInputStream 类的 available() 方法，来获取可读的有效字节数。该方法的语法格式如下：

图 3.11 合并多个 txt 文件

```
int available()
```

可以通过 FileInputStream 类对象调用该方法。该方法的返回值是可以从输入流中读取的字节数。

 该方法抛出 IO 异常，在调用该方法时，要通过 try 语句处理异常。

实现过程

（1）在项目中创建 UniteFile 类，在该类中定义 writeFiles() 方法，该方法包含 List 对象与 String 类型对象，分别表示要进行合并的文件对象和合并后文件的保存地址。具体代码如下：

```
01  public void writeFiles(List<File> files, String fileName) {
02      try {                                          // 根据文件保存地址创建FileOutputStream对象
03          fo = new FileOutputStream(fileName, true);
04          // 循环遍历要复制的文件集合
05          for (int i = 0; i < files.size(); i++) {
06              File file = files.get(i);              // 获取集合中的文件对象
07              fi1 = new FileInputStream(file);       // 创建FileInputStream对象
08              b1 = new byte[fi1.available()];        // 从流中获取字节数
09              fi1.read(b1);                          // 读取数据
10              fo.write(b1);                          // 向文件中写数据
11          }
12      } catch (Exception e) {
13          e.printStackTrace();
14      }
15  }
```

（2）创建 UniteFrame 类，该类继承自 JFrame 类，实现窗体类。向窗体中添加控件，主要控件及说明如表 3.9 所示。

表 3.9 窗体的主要控件及说明

控件类型	控件名称	控件用途
JList	fileList	显示要合并文件的列表控件
JTextField	savePathtextField	显示用户选择的保存地址的文本框控件
JButton	submitButton	显示"确定合并"按钮控件
JButton	choiceButton	显示"选择合并文件"按钮控件
JButton	saveButton	显示"保存地址"按钮控件

（3）当用户单击"选择合并文件"按钮时，系统会对用户选择的文件进行过滤，把 txt 文件添加到列表控件中。代码如下：

```
01  protected void do_choiceButton_actionPerformed(ActionEvent arg0) {
02      java.awt.FileDialog fd = new FileDialog(this);  // 创建选择文件对话框
```

```
03        fd.setVisible(true);                                    // 设置窗体为可视状态
04        // 获取用户选择的文件路径
05        String filePath = fd.getDirectory() + fd.getFile();
06        if (filePath.endsWith(".txt")) {                         // 判断用户选择的是否为txt文件
07            // 将用户选择的文件添加到列表中
08            list.addElement(fd.getDirectory() + fd.getFile());
09            // 将用户选择的文件名添加到集合对象中
10            listFile.add(new File((fd.getDirectory() + fd.getFile())));
11        }
12    }
```

（4）在"确定合并"按钮的单击事件中调用文件合并方法，将用户选择的文件进行合并。具体代码如下：

```
01  protected void do_button_actionPerformed(ActionEvent arg0) {
02      UniteFile unitFile = new UniteFile();                     // 创建UniteFile对象
03      // 调用合并文件方法
04      unitFile.writeFiles(listFile, savePathtextField.getText());
05      JOptionPane.showMessageDialog(getContentPane(), "文件合并成功！", "信息提示框",
06              JOptionPane.WARNING_MESSAGE);
07  }
```

扩展学习

合并文件

本实例是以文本文件为例，介绍如何将多个文件合并成一个文件，当然可以合并其他类型的文件，但需要注意合并其他文件时要使用字节流。

实例 078　实现文件简单加密与解密

源码位置：Code\03\078

实例说明

对磁盘文件进行加密与解密是一项很常见的技术，这样的操作可以提高文件的安全性。使用Java 中的流技术可以很轻松地实现文件的加密与解密，但需要注意的是，对文件进行加密后，必须通过相应的方法才能正确地解密。实例运行效果如图 3.12 所示。加密后的文件如图 3.13 所示。

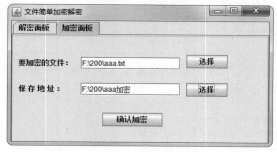

图 3.12　选择加密文件和保存地址

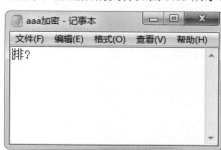

图 3.13　加密后的文件

关键技术

本实例实现的文件加密与解密很简单，就是对通过流从文件中读取的数据进行处理，然后写入到新的文件中；当解密时通过对应的方式对加密的文件进行处理即可。

本实例对从文件中读取的字节进行处理，实现文件加密。关键代码如下：

```
int ibt = buffer[i];
ibt += 100;
ibt %= 256;
```

对文件进行解密后，再从读取的字节中运行对应的操作。关键代码如下：

```
int ibt = buffer[i];
ibt -= 100;
ibt %= 256;
```

实现过程

（1）创建 EncryptFile 类，在该类中定义文件加密、解密方法。其中 encry() 方法为加密方法，该方法有两个 String 类型的参数，分别用于指定要进行加密的文件路径与加密后文件的保存地址。代码如下：

```
01  public void encry(String frontFile, String backFile) {
02      try {
03          File f = new File(frontFile);                      // 根据加密文件地址创建文件对象
04          // 创建FileInputStream对象
05          FileInputStream fileInputStream = new FileInputStream(f);
06          // 从流中读取可读的字节数
07          byte[] buffer = new byte[fileInputStream.available()];
08          fileInputStream.read(buffer);                      // 从流中读取字节
09          fileInputStream.close();                           // 把输出流关闭
10          // 循环遍历从流中读取的数组
11          for (int i = 0; i < buffer.length; i++) {
12              int ibt = buffer[i];
13              ibt += 100;                                    // 对数组中的数据做相加运算
14              ibt %= 256;
15              buffer[i] = (byte) ibt;
16          }
17          // 根据加密后文件的保存地址创建输出流对象
18          FileOutputStream fileOutputStream = new FileOutputStream(new File(backFile));
19          // 向输出流中写数据
20          fileOutputStream.write(buffer, 0, buffer.length);
21          fileOutputStream.close();                          // 将流关闭
22      } catch (Exception e) {
23          e.printStackTrace();
24      }
25  }
```

（2）创建 unEncry() 方法，该方法用于实现文件解密。该方法有两个 String 类型的参数，分别用于指定要进行解密的文件与加密后文件的保存地址。具体代码如下：

```
01  public void unEncry(String frontFile, String backFile) {
02      try {
03          File f = new File(frontFile);                          // 创建要解密的文件对象
04          // 创建文件输入流对象
05          FileInputStream fileInputStream = new FileInputStream(f);
06          // 从流中获取可读的字节数
07          byte[] buffer = new byte[fileInputStream.available()];
08          fileInputStream.read(buffer);                           // 从流中读取字节
09          fileInputStream.close();                                // 关闭流
10          for (int i = 0; i < buffer.length; i++) {
11              int ibt = buffer[i];
12              ibt -= 100;                                         // 对从流中读取的数据进行运算处理
13              ibt %= 256;
14              buffer[i] = (byte) ibt;
15          }                                                       // 根据要写入的文件地址创建输出流
16          FileOutputStream fileOutputStream = new FileOutputStream(new File(backFile));
17          // 向输出流中写入数据
18          fileOutputStream.write(buffer, 0, buffer.length);
19          fileOutputStream.close();                               // 将流关闭
20      } catch (Exception e) {
21          e.printStackTrace();
22      }
23  }
```

(3)创建 EnctryAndUnEntryFrame 类,该类继承自 JFrame 类,实现窗体类。向窗体中添加控件,主要控件及说明如表 3.10 所示。

表 3.10 窗体的主要控件及说明

控件类型	控件名称	控件用途
JTabbedPane	tabbedPane	为窗体添加选项卡面板
JPanel	untryPanene	解密面板
JPanel	entryPanel	加密面板
JTextField	entryTextField	显示要加密文件地址文本框
JTextField	saveTextField	显示加密后文本的保存地址文本框
JButton	confirmButton	"确认加密"按钮
JButton	entryButton	为用户提供"选择"加密文件的按钮
JButton	saveButton	为用户提供"选择"加密文件的保存地址按钮

(4)当用户单击"确认加密"按钮时,系统会调用 EncryptFile 类的加密方法 encry(),实现对文件的加密。"确认加密"按钮的单击事件代码如下:

```
01  protected void do_confirmButton_actionPerformed(ActionEvent arg0) {
02      // 创建保存有文件加密方法的类对象
```

```
03        EncryptFile encryFile = new EncryptFile();
04        // 调用对文件进行加密的方法
05        encryFile.encry(entryTextField.getText(), saveTextField.getText());
06        JOptionPane.showMessageDialog(getContentPane(), "文件加密成功！", "信息提示框",
07                JOptionPane.WARNING_MESSAGE);           // 为用户提供提示信息对话框
08    }
```

扩展学习

数据简单加密算法

本实例实现文件的加密与解密时，对从文件中检索出来的字节进行处理而实现的加密，解密后再通过相应的算法来获取字节。本实例在将字节进行加 100 后，对 256 取余，当然读者也可以进行其他运算。

实例 079　分割大文件

源码位置：Code\03\079

实例说明

传输大文件不太方便，为了便于携带，很多软件都提供了将大文件进行分割的功能。这样就可以实现将一个较大的文件分割成若干个小的文件，方便携带。如果要得到原文件，则可以通过相应的工具，将分割后的文件进行合并，不会影响文件的完整性。本实例中的对话框将显示用户选择的文件，并显示按指定的大小进行分割，运行效果如图 3.14 所示。

图 3.14　分割大文件

> 说明：本实例就是将较大的文件分割成若干个小的文件，但是分割后的文件不能作为单独的文件运行。

关键技术

实现本实例的关键是通过输入流读取要分割的文件，再分别从流中读取相应的字节数，将其写入到以 tem 为扩展名的文件中。通过 FileInputStream 类的 read() 方法可实现文件读取。

语法一：以 byte 数组为参数。表示从输入流中把与数组长度相同个数的字节读取到 byte 数组中。该方法的语法格式如下：

```
int read(byte[] b)
```

语法二：从输入流中读取指定的字节到数组中。其语法格式如下：

```
int read(byte[] b,int off.int len)
```

参数说明：

① b：存储读取数据的字节数组。

② off：目标数组 b 中的开始偏移量。

③ len：读取的最大字节数。

注意　　在使用 read() 方法读取字节时，都会抛出 IOException 异常，因此在使用该方法读取字节时，要处理该异常。

实现过程

（1）创建 ComminuteFrame 类，该类继承自 JFrame 类，实现窗体类。

（2）向该窗体中添加控件，主要控件及说明如表 3.11 所示。

表 3.11　窗体的主要控件及说明

控件类型	控件名称	控件用途
JTextField	sourceTextField	显示要进行分割的文件地址文本框
JTextField	sizeTextField	显示分割文件大小的文本框控件
JButton	sourceButton	显示"选择"按钮控件
JButton	cominButton	显示"分割"按钮控件
JButton	close	显示"退出"按钮控件

（3）编写 ComminuteUtil 工具类，在该类中定义实现文件分割方法，该类包含两个 String 类型的参数（分别用于指定分割文件的地址与分割后文件的保存地址）和一个 int 类型的参数（用于指定分割文件的大小）。代码如下：

```java
01  public void fenGe(File commFile, File untieFile, int filesize) {
02      FileInputStream fis = null;
03      long size = 1024 * 1024;                    // 用来指定分割文件大小以MB为单位
04      try {
05          if (!untieFile.isDirectory()) {         // 如果要保存分割文件的地址不是路径
06              untieFile.mkdirs();                 // 创建该路径
07          }
08          size = size * filesize;
09          long length = (int) commFile.length();  // 获取文件大小
10          int num = (int) (length / size);        // 获取文件大小除以MB的得数
11          int yu = (int) (length % size);         // 获取文件大小与MB相除的余数
12          // 获取保存文件的完整路径信息
13          String newfengeFile = commFile.getAbsolutePath();
14          int fileNew = newfengeFile.lastIndexOf(".");
15          // 截取字符串
```

```
16              String strNew = newfengeFile.substring(fileNew, newfengeFile.length());
17              // 创建FileInputStream类对象
18              fis = new FileInputStream(commFile);
19              File[] fl = new File[num + 1];                    // 创建文件数组
20              long begin = 0;
21              for (int i = 0; i < num; i++) {                   // 循环遍历数组
22                  // 指定分割后小文件的文件名
23                  fl[i] = new File(untieFile.getAbsolutePath() + "\\" + (i + 1) + strNew + ".tem");
24                  if (!fl[i].isFile()) {
25                      fl[i].createNewFile();                    // 创建该文件
26                  }
27                  FileOutputStream fos = new FileOutputStream(fl[i]);
28                  byte[] bl = new byte[(int) size];
29                  fis.read(bl);                                 // 读取分割后的小文件
30                  fos.write(bl);                                // 写文件
31                  begin = begin + size * 1024 * 1024;
32                  fos.close();                                  // 关闭流
33              }
34              if (yu != 0) {                                    // 文件大小与指定文件分割大小相除的余数不为0
35                  // 指定文件分割后数组中的最后一个文件名
36                  fl[num] = new File(untieFile.getAbsolutePath() + "\\" + (num + 1) + strNew + ".tem");
37                  if (!fl[num].isFile()) {
38                      fl[num].createNewFile();                  // 新建文件
39                  }
40                  FileOutputStream fyu = new FileOutputStream(fl[num]);
41                  byte[] byt = new byte[yu];
42                  fis.read(byt);
43                  fyu.write(byt);
44                  fyu.close();
45              }
46          } catch (Exception e) {
47              e.printStackTrace();
48          }
49      }
```

扩展学习

将 String 转换为 int 类型

在程序中获取的文本框控件的值都是 String 类型。本实例中的 fenGe() 方法指定分割文件的大小是 int 类型，可以通过 Integer 对象的 parseInt() 方法将字符串类型转换为 int 类型。

实例 080　重新合并分割后的文件

源码位置：Code\03\080

实例说明

在实例 079 中，介绍了如何实现将较大的文件进行分割，分割后的文件是不能运行的。如果想运行分割后的文件，就需要通过程序对相应的文件进行重新合并。本实例实现的是文件合并，实例运行效果如图 3.15 所示。

关键技术

本实例实现文件合并，仍然是通过文件字节输入 / 输出流。在进行文件合并时，需要将要合并的所有文件全部读取之后，再写入到新文件中。

实现过程

（1）创建 UniteFrame 窗体类，该类继承自 JFrame 类。
（2）向该窗体中添加控件，主要控件及说明如表 3.12 所示。

图 3.15　重新合并分割后的文件

表 3.12　窗体的主要控件及说明

控 件 类 型	控 件 名 称	控 件 用 途
JList	fileList	显示要进行合并的文件列表控件
JButton	openButton	显示"打开"按钮控件
JButton	uniteButton	显示"合并"按钮控件
JButton	closeButton	显示"退出"按钮控件

（3）编写工具类 UniteUtil，在该类中定义文件合并方法 heBing()，该方法中包含一个 File 类型数组参数，用于指定要合并的文件数组；一个 File 对象，用于指定要合并后文件的保存地址；还有一个 String 类型参数，用于指定合并后文件的格式。该方法的具体代码如下：

```
01  public void heBing(File[] file, File cunDir, String hz) {
02      try {                                               // 指定分割后文件的文件名
03          File heBingFile = new File(cunDir.getAbsoluteFile() + "\\UNTIE" + hz);
04          if (!heBingFile.isFile()) {
05              heBingFile.createNewFile();
06          }
07          // 创建FileOutputStream对象
08          FileOutputStream fos = new FileOutputStream(heBingFile);
09          // 循环遍历要进行合并的文件数组对象
10          for (int i = 0; i < file.length; i++) {
11              FileInputStream fis = new FileInputStream(file[i]);
12              int len = (int) file[i].length();           // 获取文件长度
13              byte[] bRead = new byte[len];
14              fis.read(bRead);                            // 读取文件
15              fos.write(bRead);                           // 写入文件
16              fis.close();                                // 将流关闭
17          }
18          fos.close();
19      } catch (Exception e) {
20          e.printStackTrace();
21      }
22  }
```

扩展学习

创建 FileOutputStream 对象

细心的读者可以发现，本实例在 for 循环语句中创建了 FileInputStream 对象，并在 for 循环中将输入流关闭。而 FileOutputStream 对象只创建了一个，是因为要合并成一个文件的小文件有很多个。要读取每个小文件，就要分别创建 FileInputStream 对象。而合并的文件只有一个，因此只需创建一个 FileOutputStream 对象。

实例 081 向属性文件中添加信息

源码位置：Code\03\081

实例说明

Properties 属性文件以 key、value 的形式保存数据，在 key 与 value 之间有一个"="相连。如果通过手动方法向属性文件中写数据，可能会出现格式上的问题。本实例实现一个小工具，通过在窗体中输入内容，可实现向属性文件中写数据。实例运行效果如图 3.16 所示。

图 3.16 向属性文件中添加信息

关键技术

本实例实现设置 Properties 属性文件的值，使用的是 Properties 类的 setProperty() 方法。该方法的语法格式如下：

```
setProperty(String key,String value)
```

参数说明：
① key：要置于属性列表中的键。
② value：key 值对应的 value 值。

要将设置的属性文件信息通过流写入到属性文件中，需要使用 Properties 类的 store() 方法，具体语法格式如下：

```
store(OutputStream out, String comments)
```

参数说明：
① out：输出流。
② comments：对属性列表的描述信息。

实现过程

（1）创建 SavePropertiesFrame 类，该类继承自 JFrame 类。
（2）向窗体中添加控件，实现窗体布局，主要控件及说明如表 3.13 所示。

表 3.13 窗体的主要控件及说明

控件类型	控件名称	控件用途
JTextField	keyTextField	为用户提供可填写的 key 值的文本框控件

续表

控件类型	控件名称	控件用途
JTextField	valueTextField	为用户提供可填写的 value 值的文本框控件
JButton	saveButton	显示"写入"按钮控件

（3）编写 SaveProperties 工具类，该类的 saveProperties() 方法实现向属性文件中写数据。该方法有两个 String 类型的参数，分别用于指定要写入属性文件的 key 值与 value 值。具体代码如下：

```
01    public void saveProperties(String key, String value) {
02        Properties properties = new Properties();        // 定义Properties对象
03        properties.setProperty(key, value);              // 设置属性文件值
04        try {
05            // 创建输出流对象
06            FileOutputStream out = new FileOutputStream("C://message.properties");
07            properties.store(out, "test");               // 将信息通过流写入到属性文件
08            out.close();                                 // 关闭流
09        } catch (Exception e) {
10            e.printStackTrace();
11        }
12    }
```

扩展学习

在 Properties 属性文件中填写数据

在 Properties 属性文件中保存成文件时，以 key 值、value 值的格式保存数据。在对属性文件进行程序编写时，如果要用 Properties 解析属性文件，必须把属性文件按照 key 值、value 值的格式填写。

实例 082　替换文本文件内容

源码位置：Code\03\082

实例说明

文本替换几乎是所有文本编辑器都支持的功能，但是执行该功能要限制在编辑器中才可以。本实例实现了不需要在编辑器中打开文本文件，即可替换指定文本文件内容的功能。实例运行效果如图 3.17、图 3.18 和图 3.19 所示。读者可以将这个实例进行扩展，实现多文件内容的替换，从而提高实用价值。

图 3.17　选择替换文本

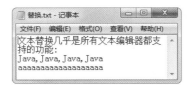
图 3.18　替换前文本

图 3.19　替换后文本

关键技术

对文本文件的内容进行替换，离不开字符串的操作。它可以改变字符串内容和不断向尾部追加新字符串。下面介绍本实例用到的 StringBuilder 类追加字符串的方法和 String 类替换字符串的方法。

☑ append() 方法

利用 StringBuilder 类的 append() 方法可以向该类的对象尾部追加字符串文本，该方法的声明如下：

```
public StringBuilder append(String str)
```

该方法的作用是在字符串构建器的尾部追加参数指定的字符串。方法有多种重载形式，其他重载方法支持各种类型的参数。

☑ replace() 方法

替换字符串要通过 String 类的 replace() 方法实现，该方法的声明如下：

```
public String replace(CharSequence target, CharSequence replacement)
```

参数说明：

① target：要被替换的 char 值序列，即字符串。

② replacement：替换的新字符串。

实现过程

（1）继承 JFrame 类，编写一个窗体类，名称为 ReplaceFileText。

（2）设计 ReplaceFileText 窗体类时用到的主要控件及说明如表 3.14 所示。

表 3.14　窗体的主要控件及说明

控 件 类 型	控 件 名 称	控 件 用 途
JButton	button	激活文件选择对话框
JButton	replaceButton	执行文件内容替换操作的按钮
JButton	openfileButton	打开选定文本文件的按钮
JTextField	fileField	显示文件路径与名称信息的文本框
JTextField	searchTextField	输入搜索文本字符串的文本框
JTextField	replaceTextField	输入替换字符串的文本框

（3）"选择文件"按钮用于打开文件选择对话框，并获取用户选择的文件对象，其按钮事件处理方法的关键代码如下：

```java
01  protected void do_button_actionPerformed(ActionEvent e) {
02      JFileChooser chooser = new JFileChooser("./");           // 创建文件选择器
03      // 设置文件扩展名过滤器
04      chooser.setFileFilter(new FileNameExtensionFilter("文本文件", "txt", "java",
05              "php", "html", "htm"));
06      // 设置文件选择模式
07      chooser.setFileSelectionMode(JFileChooser.FILES_ONLY);
08      // 显示文件打开对话框
09      int option = chooser.showOpenDialog(this);
10      // 确定用户按下打开按钮，而非取消按钮
11      if (option != JFileChooser.APPROVE_OPTION)
12          return;
13      // 获取用户选择的文件对象
14      file = chooser.getSelectedFile();
15      // 显示文件信息到文本框
16      fileField.setText(file.toString());
17  }
```

（4）"替换"按钮的事件处理方法将在文件中搜索指定的文本，并替换为新的文本再保存到文件中。该按钮的事件处理方法的关键代码如下：

```java
01  protected void do_replaceButton_actionPerformed(ActionEvent event) {
02      String searchText = searchTextField.getText();            // 获取搜索文本
03      String replaceText = replaceTextField.getText();          // 获取替换文本
04      if (searchText.isEmpty())
05          return;
06      try {
07          FileReader fis = new FileReader(file);                // 创建文件输入流
08          char[] data = new char[1024];                         // 创建缓冲字符数组
09          int rn = 0;
10          StringBuilder sb = new StringBuilder();               // 创建字符串构建器
11          while ((rn = fis.read(data)) > 0) {                   // 读取文件内容到字符串构建器
12              String str = String.valueOf(data, 0, rn);
13              sb.append(str);
14          }
15          fis.close();                                          // 关闭输入流
16          // 从构建器中生成字符串，并替换搜索文本
17          String str = sb.toString().replace(searchText, replaceText);
18          FileWriter fout = new FileWriter(file);               // 创建文件输出流
19          fout.write(str.toCharArray());                        // 把替换完成的字符串写入文件内
20          fout.close();                                         // 关闭输出流
21      } catch (FileNotFoundException e) {
22          e.printStackTrace();
23      } catch (IOException e) {
24          e.printStackTrace();
25      }
26      JOptionPane.showMessageDialog(null, "替换完成");
27  }
```

扩展学习

为文件选择器过滤不必要的文件

JFileChooser 文件选择器控件为程序提供了资源文件选取的方便,但在访问文件较多的文件夹时也会出现一些麻烦,在数量太多的文件中无法迅速锁定需要的文件。所以文件选择器提供了过滤功能,开发者应该尽量使用其中的过滤器来屏蔽非支持的文件类型,这样方便用户的操作,同时也提高了软件的实用性。

实例 083　批量复制指定扩展名的文件

源码位置:Code\03\083

实例说明

Windows 操作系统可以很轻松地实现文件复制,但是如果要批量复制某个类型的文件,操作就较为烦琐。本实例实现一个小工具,运行此工具可以将某文件夹下指定格式的文件统一复制到指定的文件夹下。实例运行效果如图 3.20 所示。

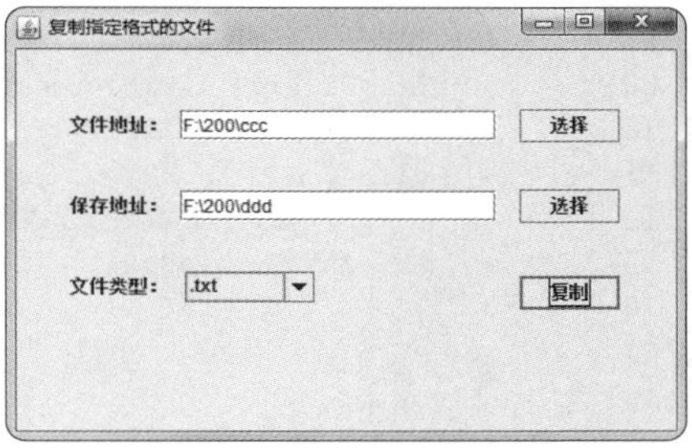

关键技术

实现本实例需要遍历指定文件夹下的文件,之后将满足条件的文件复制到相应的地址下。通过 File 类的 listFiles() 方法可以获取指定路径下的文件集合。该方法的语法如下:

```
File[] listFiles()
```

图 3.20　批量复制指定扩展名的文件

该方法返回的是 File 数组。要获取数组中 File 文件的绝对路径,可以使用 File 类的 getAbsolutePath() 方法,该方法以 String 形式返回文件的绝对路径。该方法的语法如下:

```
String getAbsolutePath()
```

实现过程

(1) 创建 CopyFileFrame 类,该类继承自 JFrame 类,实现窗体类。
(2) 向窗体中添加控件,实现窗体布局,主要控件及说明如表 3.15 所示。

表 3.15　窗体的主要控件及说明

控件类型	控件名称	控件用途
JTextField	filePathTextField	显示要复制文件地址的文本框控件
JTextField	saveTextField	显示要复制文件保存路径的文本框控件
JComboBox	typeComboBox	显示要复制的文件类型
JButton	choiceButton	为用户提供要进行复制的文件对话框按钮

控 件 类 型	控 件 名 称	控 件 用 途
JButton	saveButton	为用户提供保存复制后的文件地址对话框按钮
JButton	copyButton	显示"复制"按钮

（3）创建工具类 CopyUtil，在该类中定义 getList() 方法，用于获取某文件夹下的文件集合。该方法有一个 String 类型的参数，用于要查询的文件夹。具体代码如下：

```
01  public List getList(String path) {
02      // 定义保存目录的集合对象
03      LinkedList<File> list = new LinkedList<File>();
04      // 定义文件地址的集合对象
05      ArrayList<String> listPath = new ArrayList<String>();
06      File dir = new File(path);                          // 根据文件地址创建File对象
07      File file[] = dir.listFiles();                      // 获取文件夹下的文件数组
08      for (int i = 0; i < file.length; i++) {             // 循环遍历数组
09          if (file[i].isDirectory())                      // 判断文件是否是一个目录
10              list.add(file[i]);                          // 向集合中添加元素
11          else {
12              // 将文件路径添加到集合中
13              listPath.add(file[i].getAbsolutePath());
14          }
15      }
16      File tmp;
17      while (!list.isEmpty()) {                           // 如果保存文件路径的集合不为空
18          tmp = list.removeFirst();                       // 移除并返回集合中第一项
19          if (tmp.isDirectory()) {
20              file = tmp.listFiles();
21              if (file == null)
22                  continue;
23              for (int i = 0; i < file.length; i++) {     // 循环遍历数组
24                  if (file[i].isDirectory())              // 如果文件表示一个目录
25                      list.add(file[i]);
26                  else {                                  // 如果为一个文件对象
27                      listPath.add(file[i].getAbsolutePath());
28                  }
29              }
30          }
31      }
32      return listPath;
33  }
```

（4）在 CopyUtil 类中定义复制文件的方法 copyFile()，该方法包含两个 String 类型的参数，分别用于指定复制文件的路径与复制后文件的保存路径。具体代码如下：

```
01  public void copyFile(String oldPath, String newPath) {
02      try {
03          int bytesum = 0;
04          int byteread = 0;
05          File oldfile = new File(oldPath);
```

```
06            if (oldfile.exists()) {                        // 文件存在时
07                // 读入源文件
08                InputStream inStream = new FileInputStream(oldPath);
09                FileOutputStream fs = new FileOutputStream(newPath);
10                byte[] buffer = new byte[1444];
11                // 循环读取文件
12                while ((byteread = inStream.read(buffer)) != -1) {
13                    bytesum += byteread;                   // 获取文件大小
14                    fs.write(buffer, 0, byteread);          // 向文件中写数据
15                }
16                inStream.close();
17            }
18        } catch (Exception e) {
19            e.printStackTrace();
20        }
21    }
```

扩展学习

提取文件扩展名

通过 File 类可以获取文件的完整名称,但是不能获取文件的扩展名,要获取文件的扩展名,可以通过 String 类的 substring() 方法,指定截取字符串的开始索引位置和结束索引位置,来完成字符串扩展名的提取。本实例获取文件的扩展名是通过截取字符串的方式。

实例 084 投票统计

源码位置:Code\03\084

实例说明

IO 流技术作为一项广泛流传的技术被应用在很多方面,本实例实现的是一个投票统计工具。因为运用了 IO 技术,所以在多次运行工具时,数据也不会丢失。实例运行效果如图 3.21 所示。

图 3.21 实例运行效果

关键技术

本实例通过 BufferedReader 类实现将名称和票数都写入到流中,再通过该流将数据从文件中读取出来,经过修改,再实现当用户每次单击按钮时,会将票数做加 1 处理的效果。

实现过程

(1)在项目中创建 MyMin 类,该类继承自 JFrame 类,通过其实现窗体类。在该窗体中添加

复选框、文本域与按钮控件完成窗体布局,复选框控件显示可选择的人员,文本域控件显示统计结果。

(2)创建工具类 Candidate,在该类中定义 getBallot() 方法,该方法实现从保存统计结果的文件中读取指定姓名的干部的选票。具体代码如下:

```
01  public int getBallot(String name) {
02      File file = new File("C://count.txt");        // 创建文件对象
03      FileReader fis;
04      try {
05          if (!file.exists())                        // 如果该文件不存在
06              file.createNewFile();                  // 新建文件
07          fis = new FileReader(file);
08          // 创建BufferedReader对象
09          BufferedReader bis = new BufferedReader(fis);
10          String str[] = new String[3];
11          String size;
12          int i = 0;
13          while ((size = bis.readLine()) != null) {  // 循环读取文件内容
14              str[i] = size.trim();                  // 去除字符串中的空格
15              if (str[i].startsWith(name)) {
16                  int length = str[i].indexOf(":");
17                  // 对字符串进行截取
18                  String sub = str[i].substring(length + 1, str[i].length());
19                  len = Integer.parseInt(sub);
20                  continue;
21              }
22              i++;
23          }
24      } catch (Exception e) {
25          e.printStackTrace();
26      }
27      return len;
28  }
```

(3)在工具类中定义 addBallot() 方法,实现将某候选人的票数做加 1 处理。具体代码如下:

```
01  public void addBallot(String name) {               // 定义增加选票方法
02      File file = new File("C://count.txt");         // 创建文件对象
03      FileReader fis;
04      try {
05          if (!file.exists())                         // 如果该文件不存在
06              file.createNewFile();                   // 新建文件
07          is = new FileReader(file);                  // 对FileReader对象进行实例化
08          BufferedReader bis = new BufferedReader(fis);
09          String str[] = new String[3];
10          String size;
11          int i = 0;
12          while ((size = bis.readLine()) != null) {   // 循环读取文件
13              str[i] = size.trim();
14              if (str[i].startsWith(name)) {
```

```
15              int length = str[i].indexOf(":");              // 获取指定字符索引位置
16              // 对字符串进行截取
17              String sub = str[i].substring(length + 1, str[i].length());
18              len = Integer.parseInt(sub) + 1;
19              break;
20          }
21          i++;
22      }
23      FileWriter fw = new FileWriter(file);                   // 创建FileWriter对象
24      BufferedWriter bufw = new BufferedWriter(fw);
25      bufw.write(name + ":" + len);                           // 向流中写数据
26      bufw.close();                                           // 关闭流
27      fw.close();
28  } catch (Exception e) {
29      e.printStackTrace();
30  }
31 }
```

扩展学习

灵活地使用字符串处理技术

本实例中是将候选人的名称和其所得到的票数写入到文本文件中，要实现将候选人的票数加1，就要从文本中读取数据，再进行处理。这时就要使用字符串处理技术来保证更新票数的准确性。

实例 085　压缩所有文本文件　　　　　源码位置：Code\03\085

实例说明

文件传输（如下载文件）过程中，用户通常希望在保证质量的情况下，文件的体积尽可能小，且多个文件可以当成一个文件来传输。利用压缩即可实现上述需求。本实例使用 Java 自带的压缩工具包来实现对多个文本文件进行压缩的功能。实例运行效果如图 3.22 所示。

图 3.22　压缩所有文本文件

说明：当用户单击"开始压缩"按钮时，会在用户选择文件夹的父文件夹中创建一个名为 java.zip 的压缩文件。

关键技术

压缩文件和复制文件类似，只是用另一种格式来保存输入流。本实例使用 ZipOutputStream() 方法，它以 ZIP 格式写入文件以实现输出流过滤器。本实例使用的方法如表 3.16 所示。

表 3.16　ZipOutputStream 的常用方法

方 法 名	作　用
ZipOutputStream(OutputStream out)	创建新的 ZIP 输出流
putNextEntry(ZipEntry e)	开始写入新的 ZIP 文件条目并将流定位到条目数据的起始处

实现过程

（1）继承 JFrame 类，编写一个窗体类，名称为 ZipTextFileFrame。
（2）设计 ZipTextFileFrame 窗体类时用到的主要控件及说明如表 3.17 所示。

表 3.17　窗体的主要控件及说明

控件类型	控件名称	控件用途
JButton	chooseButton	实现选择压缩文件夹的功能
JButton	zipButton	实现压缩功能
JTextField	chooseTextField	显示用户选择的文件夹绝对路径
JTable	table	显示用户选择的文件夹中所有的文本文件

（3）实现压缩文件的方法 zipFile()，参数 files 指明要压缩的文件，targetZipFile 指明压缩后生成的文件。代码如下：

```java
01  private static void zipFile(File[] files, File targetZipFile) throws IOException {
02      // 利用给定的targetZipFile对象创建文件输出流对象
03      FileOutputStream fos = new FileOutputStream(targetZipFile);
04      // 利用文件输出流创建压缩输出流
05      ZipOutputStream zos = new ZipOutputStream(fos);
06      byte[] buffer = new byte[1024];                    // 创建写入压缩文件的数组
07      for (File file : files) {                          // 遍历全部文件
08          // 利用每个文件的名字创建ZipEntry对象
09          ZipEntry entry = new ZipEntry(file.getName());
10          // 利用每个文件创建文件输入流对象
11          FileInputStream fis = new FileInputStream(file);
12          zos.putNextEntry(entry);                       // 在压缩文件中添加一个ZipEntry对象
13          int read = 0;
14          while ((read = fis.read(buffer)) != -1) {
15              zos.write(buffer, 0, read);                // 将输入写入到压缩文件
16          }
17          zos.closeEntry();                              // 关闭ZipEntry
18          fis.close();                                   // 释放资源
19      }
20      zos.close();
21      fos.close();
22  }
```

第 3 章 文字操作与数据库 | 177

> **提示**：对于写入到ZIP文件的每个文件，都要创建一个ZipEntry对象来区别，不同文件的ZipEntry对象要不同。

扩展学习

压缩普通文件

文件的压缩过程实质上就是把文件的输入流用另一种格式来保存。Java 中每个被压缩的文件都要使用 ZipEntry 对象来区别，最后将文件的数据写入到 ZIP 文件中即可。

实例 086 压缩所有子文件夹

源码位置：Code\03\086

实例说明

压缩文件时，一个文件夹里通常会有若干个子文件夹。此时该怎样处理呢？本实例向读者展示如何压缩包含子文件夹的文件夹。实例运行效果如图 3.23 所示。

图 3.23　压缩所有子文件夹

> **说明**：在压缩完成后，表格中显示压缩的文件。压缩文件与用户选择的文件夹同名，并且位于同一文件夹中。

关键技术

压缩文件和复制文件类似，只是用另一种格式来保存输入流。本实例使用 ZipOutputStream 方法，它以 ZIP 格式写入文件以实现输出流过滤器。本实例使用的方法如表 3.18 所示。

表 3.18　ZipOutputStream 的常用方法

方法名	作用
ZipOutputStream(OutputStream out)	创建新的 ZIP 输出流
putNextEntry(ZipEntry e)	开始写入新的 ZIP 文件条目并将流定位到条目数据的起始处

实现过程

（1）继承 JFrame 类，编写一个窗体类，名称为 ZipDirectoryFrame。

（2）设计 ZipDirectoryFrame 窗体类时用到的主要控件及说明如表 3.19 所示。

表 3.19　窗体的主要控件及说明

控 件 类 型	控 件 名 称	控 件 用 途
JButton	chooseButton	显示文件选择对话框
JButton	zipButton	实现压缩功能
JTextField	chooseTextField	显示用户选择的文件夹绝对路径
JTable	table	显示用户选择的文件夹中所有的文本文件

（3）编写实现压缩功能的方法 zipFile()，参数 path 指明所有要压缩文件的路径，targetZipFile 指明生成的压缩文件的保存位置，base 指明压缩文件夹的根路径（如果要压缩的文件夹是 "d:\ 资料"，那么根路径就是 "d:\ 资料"）。代码如下：

```
01  private static void zipFile(List<String> path, File targetZipFile, String base)
        throws IOException {
02      // 根据给定的targetZipFile创建文件输出流对象
03      FileOutputStream fos = new FileOutputStream(targetZipFile);
04      // 利用文件输出流对象创建ZIP输出流对象
05      ZipOutputStream zos = new ZipOutputStream(fos);
06      byte[] buffer = new byte[1024];
07      for (String string : path) {                            // 遍历所有要压缩文件的路径
08          File currentFile = new File(string);
09          // 利用要压缩文件的相对路径创建ZipEntry对象
10          ZipEntry entry = new ZipEntry(string.substring(base.length() + 1,
11                  string.length()));
12          FileInputStream fis = new FileInputStream(currentFile);
13          zos.putNextEntry(entry);
14          int read = 0;
15          // 将数据写入到ZIP输出流中
16          while ((read = fis.read(buffer)) != -1) {
17              zos.write(buffer, 0, read);
18          }
19          zos.closeEntry();                                   // 关闭ZipEntry对象
20          fis.close();
21      }
22      zos.close();                                            // 释放资源
23      fos.close();
24  }
```

扩展学习

压缩包含子文件夹的文件夹

包含子文件夹的文件夹，与仅由文件构成的文件夹，二者的压缩想法是相类似的，区别在于找出所有包含子文件夹的文件夹的方法，并且保证在构造 ZipEntry 时不会出现重名现象。本实例采用获得要压缩文件夹中所有文件相对路径的创新方法来解决这个问题。

实例 087 在指定目录下搜索文件

源码位置：Code\03\087

实例说明

Windows 操作系统下的文件搜索功能是为人所熟知的，通过该功能用户可以在指定的范围内搜索指定的文件。本实例模拟该功能开发一个小型的文件搜索工具，通过该工具可以将相关文件名称显示在窗体中。本实例支持星号"*"表示任意多个字符，支持问号"?"表示任意一个字符。实例运行效果如图 3.24 所示。

图 3.24 在指定目录下搜索文件

关键技术

本实例的实现首先要获取指定目录下的文件数组，再从数组中查询满足条件的文件。获取指定目录下的文件数组，可以通过 File 类的 listFiles() 方法，具体语法如下：

```
File[] listFiles()
```

该方法返回一个抽象路径名数组，即此抽象路径名表示的目录中的文件。

实现过程

（1）继承 JFrame 类，编写一个窗体类，名称为 SearchFrame。
（2）设计 SearchFrame 窗体类时用到的控件及说明如表 3.20 所示。

表 3.20 窗体的控件及说明

控件类型	控件名称	控件用途
JTextField	pathTextField	显示要进行搜索的文件地址文本框控件
JTextField	nameTextField	显示要搜索的文件名文本框控件
JComboBox	postfixComboBox	显示要搜索的文件名后缀的下拉列表控件
JList	resultList	显示搜索出满足条件的文件名的列表控件

（3）编写工具类 FileSearch，在该类中定义 findName() 方法，用于查找匹配的文件。如果要查找的文件名与搜索模式匹配，则返回 true；如果不匹配，则返回 false。具体代码如下：

```
01  public static boolean findName(String pattern, String str) {
02      int patternLength = pattern.length();           // 获取参数字符串的长度
03      int strLength = str.length();
04      int strIndex = 0;
05      char eachCh;
06      // 循环字符参数字符串中的每个字符
07      for (int i = 0; i < patternLength; i++) {
08          eachCh = pattern.charAt(i);                 // 获取字符串中每个索引位置的字符
09          if (eachCh == '*') {                        // 如果这个字符是一个星号 "*"
10              while (strIndex < strLength) {
11                  // 如果文件名与搜索模式匹配
12                  if (findName(pattern.substring(i + 1), str.substring(strIndex))) {
13                      return true;
14                  }
15                  strIndex++;
16              }
17          } else if (eachCh == '?') {                 // 如果包含问号 "?"
18              strIndex++;
19              if (strIndex > strLength) {             // 如果 str 中没有字符可以匹配 "?"
20                  return false;
21              }
22          } else {                                    // 如果要寻找的是普通的文件
23              // 如果没有查找到匹配的文件
24              if ((strIndex >= strLength) || (eachCh != str.charAt(strIndex))) {
25                  return false;
26              }
27              strIndex++;
28          }
29      }
30      return (strIndex == strLength);
31  }
```

（4）定义 findFiles() 方法，实现文件搜索功能。该方法有两个 String 类型的参数，分别用于指定要搜索目录的地址和要搜索文件的名称。具体代码如下：

```
01  public static List findFiles(String baseDirName, String targetFileName) {
02      List fileList = new ArrayList();                // 定义保存返回值的 List 对象
03      File baseDir = new File(baseDirName);           // 根据参数创建 File 对象
04      // 如果该 File 对象不存在或者不是一个目录
05      if (!baseDir.exists() || !baseDir.isDirectory()) {
06          return fileList;                            // 返回 List 对象
07      }
08      String tempName = null;
09      File[] files = baseDir.listFiles();             // 获取参数目录下的文件数组
10      for (int i = 0; i < files.length; i++) {        // 循环遍历文件数组
11          if (!files[i].isDirectory()) {              // 如果数组中的文件不是一个目录
12              tempName = files[i].getName();          // 获取该数组的名称
13              // 调用文件匹配方法
14              // 将指定的文件名添加到集合中
```

```
15                if (FileSearch.findName(targetFileName, tempName)) {
16                    fileList.add(files[i].getAbsoluteFile());
17                }
18            }
19        }
20        return fileList;
21    }
```

扩展学习

将满足条件的文件名添加到 JList 列表中

本实例中实现将满足条件的文件名添加到 JList 列表中，由于在该列表中可能会包含上次查询的结果，因此在显示本次查询结果时，要使用 JList 对象的 removeAllElements() 方法将列表对象清空，才能达到实用的效果。

实例 088　压缩包解压到指定文件夹

源码位置：Code\03\088

实例说明

在获取一个以 ZIP 格式压缩的文件之后，需要对其进行解压缩，还原成压缩前的文件。本实例使用 Java 自带的压缩工具包来实现将压缩文件解压到指定文件夹的功能。实例运行效果如图 3.25 所示。

> **说明：** 压缩包中的文本文件不要放在文件夹中，否则会出现异常。

图 3.25　压缩包解压到指定文件夹

关键技术

ZipFile 是用来从 ZIP 文件中读取 ZipEntry 类。本实例使用的方法如表 3.21 所示。

表 3.21　ZipFile 类的常用方法

方法名	作用
close()	关闭 ZIP 文件
entries()	返回 ZIP 文件条目的枚举
getInputStream(ZipEntry entry)	返回输入流以读取指定 ZIP 文件条目的内容

实现过程

（1）继承 JFrame 类，编写一个窗体类，名称为 UnZipTextFileFrame。
（2）设计 UnZipTextFileFrame 窗体类时用到的主要控件及说明如表 3.22 所示。

表 3.22 窗体的主要控件及说明

控件类型	控件名称	控件用途
JButton	sourceButton	让用户选择要解压缩的 ZIP 文件
JButton	targetButton	让用户选择解压到哪个文件夹
JButton	unzipButton	实现解压缩功能
JTextField	sourceTextField	显示用户选择的 ZIP 文件的绝对路径
JTextField	targetTextFiled	显示用户选择的解压到的文件夹
JTable	table	显示解压缩的文件

（3）利用 do_unzipButton_actionPerformed() 方法来实现用户对于单击"开始解压缩"按钮的响应，该方法实现了解压缩 ZIP 文件的功能。核心代码如下：

```
01  protected void do_unzipButton_actionPerformed(ActionEvent arg0) {
02      // 获取表格模型
03      DefaultTableModel model = (DefaultTableModel) table.getModel();
04      // 设置表头
05      model.setColumnIdentifiers(new Object[] { "序号", "文件名" });
06      int id = 1;                                          // 声明序号变量
07      ZipFile zf = null;
08      try {
09          zf = new ZipFile(zipFile);                       // 利用用户选择的ZIP文件创建ZipFile对象
10          Enumeration e = zf.entries();                    // 创建枚举变量
11          while (e.hasMoreElements()) {                    // 遍历枚举变量
12              // 获取ZipEntry对象
13              ZipEntry entry = (ZipEntry) e.nextElement();
14              // 如果不是文本文件就不进行解压缩
15              if (!entry.getName().endsWith(".txt")) {
16                  continue;
17              }
18              // 利用用户选择的文件夹和ZipEntry对象名称创建解压后的文件
19              File currentFile = new File(targetFile + File.separator + entry.getName());
20              FileOutputStream out = new FileOutputStream(currentFile);
21              // 获得ZipEntry对象的输入流
22              InputStream in = zf.getInputStream(entry);
23              int buffer = 0;
24              // 将输入流写入到本地文件
25              while ((buffer = in.read()) != -1) {
26                  out.write(buffer);
27              }
28              // 增加一行表格数据
29              model.addRow(new Object[] { id++, currentFile.getName() });
30              in.close();                                  // 释放资源
31              out.close();
32          }
33          table.setModel(model);                           // 更新表格
34          // 提示用户解压缩完成
35          JOptionPane.showMessageDialog(this, "解压缩完成");
```

```
36              } catch (ZipException e) {                              // 捕获异常
37                  e.printStackTrace();
38              } catch (IOException e) {
39                  e.printStackTrace();
40              } finally {
41                  if (zf != null) {
42                      try {
43                          zf.close();
44                      } catch (IOException e) {
45                          e.printStackTrace();
46                      }
47                  }
48              }
49      }
```

 注意　　对于读到的每一个 ZipEntry 类，都要进行一次写入数据的处理，这样才能还原成压缩前的文件。

扩展学习

解压缩普通文件

解压缩文件首先要把 ZIP 文件转换成一个 ZipFile 对象，再利用 ZipEntry 类分割各个被压缩的文件，将每个 ZipEntry 还原成一个文件即可。

实例 089　设置 RAR 压缩包密码

源码位置：Code\03\089

实例说明

RAR 作为目前最流行的压缩文档，经常被用来打包资源并在网络中传输，从网络上下载的资源、软件、音频和视频等很多都是经过 RAR 压缩后提供给用户下载的。但是有些资源需要保密，只有知道密码的人才能够获取压缩包中的文件。RAR 具备对压缩包设置密码的功能，本实例在 RAR 命令的基础上实现了图形化操作的加密程序。实例运行效果如图 3.26 所示。

图 3.26　设置 RAR 压缩包密码

关键技术

本实例使用 RAR 的命令把用户选定的资源文件压缩为 RAR 压缩包并支持密码设置功能，设置密码以后只有通过合法的密码才能解压这个 RAR 压缩包。本实例中用到的 RAR 完整命令格式如下：

```
C:\\Program Files\\WinRAR\\Rar.exe a -p"password" <rarFile>
```

参数说明：
① password：要设置的压缩密码。
② rarFile：一个 RAR 压缩文档文件。
例如：

```
C:\\Program Files\\WinRAR\\Rar.exe a -p"mrsoft" -y 资料.rar *.*
```

这个命令是把当前文件夹中的所有文件压缩成名称为"资料.rar"的压缩文件，同时设置该压缩文件的密码为"mrsoft"。

> **说明**：本实例仅仅完成了设置 RAR 压缩包的密码，并没有在解压文件时实现对密码进行验证的功能。例如压缩文件的密码为"mrsoft"，解压时，当输入"123"时，被压缩的文件依然会被释放到指定文件夹下。

实现过程

（1）继承 JFrame 类，编写一个窗体类，名称为 CompressFileWithPassword。
（2）设计 CompressFileWithPassword 窗体类时用到的主要控件及说明如表 3.23 所示。

表 3.23　窗体的主要控件及说明

控件类型	控件名称	控件用途
JButton	addButton	添加待压缩文件的按钮
JButton	removeButton	从表格控件中移除文件的按钮
JButton	compressButton	"压缩"按钮，用于执行文件压缩命令
JButton	stopButton	用于停止压缩任务
JButton	browseButton	选择保存压缩文档 RAR 文件的浏览按钮
JTable	table	显示选择待压缩文件的表格
JTextField	compressFileField	显示 RAR 压缩文档路径的文本框
JProgressBar	progressBar	显示压缩进度的进度条控件
JPasswordField	passwordField1	接收用户输入密码
JPasswordField	passwordField2	用于确认用户输入密码的正确性

（3）程序的主要代码如下：

```
01    private final class CompressThread extends Thread {
02        public void run() {
03            try {
04                progressBar.setString(null);                        // 初始化进度条控件
05                progressBar.setValue(0);
06                // 获取密码
07                String pass1 = String.valueOf(passwordField1.getPassword());
```

```java
08          // 获取确认密码
09          String pass2 = String.valueOf(passwordField2.getPassword());
10          String passCommand = "";                      // 设置密码命令字符串
11          if (pass1 != null) {
12              if (pass1.equals(pass2)) {                // 判断两次密码是否相同
13                  // 完成密码命令
14                  passCommand = "-p\"" + pass1 + "\" ";
15              } else {                                  // 如果两次密码不一样则终止当前命令
16                  JOptionPane.showMessageDialog(null, "两次输入密码不一致");
17                  return;
18              }
19          }
20          // 获取表格控件的数据模型
21          DefaultTableModel model = (DefaultTableModel) table.getModel();
22          // 获取数据模型中表格的行数
23          int rowCount = model.getRowCount();
24          StringBuilder fileList = new StringBuilder();
25          // 遍历数据表格模型中的文件对象
26          for (int i = 0; i < rowCount; i++) {
27              File file = (File) model.getValueAt(i, 2);
28              // 把文件路径保存到字符串构建器中
29              fileList.append(file.getPath() + "\n");
30          }
31          // 创建临时文件,用于保存压缩文件列表
32          File listFile = File.createTempFile("fileList", ".tmp");
33          FileOutputStream fout = new FileOutputStream(listFile);
34          // 保存字符串构建器数据到临时文件
35          fout.write(fileList.toString().getBytes());
36          fout.close();
37
38          // 创建压缩命令字符串
39          final String command = "C:\\Program Files\\WinRAR\\Rar.exe a " + passCommand
40                  + rarFile.getPath() + " @" + listFile.getPath();
41          Runtime runtime = Runtime.getRuntime();       // 获取Runtime对象
42          // 执行压缩命令
43          progress = runtime.exec(command.toString() + "\n");
44          progress.getOutputStream().close();           // 关闭进程输出流
45          // 获取进程输入流
46          Scanner scan = new Scanner(progress.getInputStream());
47          while (scan.hasNext()) {
48              String line = scan.nextLine();            // 获取进程提示单行信息
49              // 获取提示信息的进度百分比的索引位置
50              int index = line.lastIndexOf("%") - 3;
51              if (index <= 0)
52                  continue;
53              // 获取进度百分比字符串
54              String substring = line.substring(index, index + 3);
55              // 获取整数的百分比数值
56              int percent = Integer.parseInt(substring.trim());
57              // 在进度条控件中显示百分比
58              progressBar.setValue(percent);
59          }
60          progressBar.setString("完成");
61          scan.close();
62      } catch (IOException e) {
```

```
63                e.printStackTrace();
64            }
65        }
66    }
```

扩展学习

快速转换对象为字符串

程序需要处理的数据量有可能会很大，如图片处理。在下一次内存操作之前，可能 JVM 还没有整理出可用内存，此时就可以调用 System 类的 gc() 方法强制执行垃圾回收机制来获取可用内存。

实例 090 深层压缩文件夹的释放

源码位置：Code\03\090

实例说明

通常情况下，压缩包内应该会有多个文件，并且使用多个文件夹将其分类。为了从压缩包中获得这些文件，需要将其解压缩。本实例将演示如何解压复杂的压缩文件，并且还原出文件夹的层次关系。实例运行效果如图 3.27 所示。

图 3.27 深层压缩文件夹的释放

说明：解压缩后生成的文件夹与用户选择的ZIP文件在同一文件夹下，并且名称相同。

关键技术

ZipFile 是用来从 ZIP 文件中读取 ZipEntry 的类。本实例使用的方法如表 3.24 所示。

表 3.24 ZipFile 类的常用方法

方 法 名	作 用
close()	关闭 ZIP 文件
entries()	返回 ZIP 文件条目的枚举
getInputStream(ZipEntry entry)	返回输入流以读取指定 ZIP 文件条目的内容

实现过程

(1) 继承 JFrame 类，编写一个窗体类，名称为 UnZipDirectoryFrame。
(2) 设计 UnZipDirectoryFrame 窗体类时用到的主要控件及说明如表 3.25 所示。

表 3.25 窗体的主要控件及说明

控 件 类 型	控 件 名 称	控 件 用 途
JButton	chooseButton	让用户选择要解压缩的 ZIP 文件
JButton	unzipButton	实现解压缩功能
JTextField	chooseTextField	显示用户选择的 ZIP 文件的绝对路径
JTable	table	显示解压缩的文件

(3) 编写实现解压缩功能的方法 unzip()，参数 zipFile 指明要解压缩的 ZIP 文件，targetfile 指明要解压到的文件夹，list 是解压缩后生成的文件的路径。代码如下：

```java
01    private static void unzip(File zipFile, File tragetfile, List<String> list) throws IOException {
02        // 利用用户选择的ZIP文件创建ZipInputStream对象
03        ZipInputStream in = new ZipInputStream(new FileInputStream(zipFile));
04        ZipEntry entry;
05        while ((entry = in.getNextEntry()) != null) {           // 遍历所有ZipEntry对象
06            if (!entry.isDirectory()) {                          // 如果是文件则创建并写入
07                File tempFile = new File(zipFile.getParent() + File.separator + entry.getName());
08                list.add(tempFile.getName());                    // 增加文件名
09                new File(tempFile.getParent()).mkdirs();         // 创建文件夹
10                tempFile.createNewFile();                        // 创建新文件
11                FileOutputStream out = new FileOutputStream(tempFile);
12                int b;
13                while ((b = in.read()) != -1) {                  // 写入数据
14                    out.write(b);
15                }
16                out.close();                                     // 释放资源
17            }
18        }
19        in.close();
20    }
```

扩展学习

解压缩包含子文件夹的文件夹

包含子文件夹的文件夹和仅由文件构成的文件夹，二者的解压缩想法相似，区别在于找出所有包含子文件夹的文件夹的方法，以便构造 ZipEntry 时不会出现重名现象。

实例 091　把窗体压缩成 ZIP 文件

源码位置：Code\03\091

实例说明

Java 中使用 new 运算符创建的对象是存储在内存中的，当虚拟机关闭或重启时这个对象就会消失。如果想在以后还能使用这个对象该怎么办呢？使用 Java 的序列化功能就能实现对象的持久化存储。本实例将演示如何将一个窗体序列化并压缩成为一个 ZIP 文件。实例运行效果如图 3.28 和图 3.29 所示。

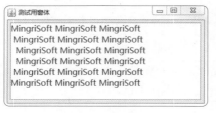

图 3.28　测试用的窗体

图 3.29　把窗体压缩成 ZIP 文件

说明：在"测试用窗体"窗口中输入一定文字，再选择保存序列化压缩文件的位置，单击"序列化"按钮即可。

 注意：不要在窗体中使用中文，不要修改用户界面样式。

关键技术

本实例使用 ObjectOutputStream() 方法将 Java 对象的基本数据类型和图形写入 OutputStream，使用 ObjectInputStream 读取（重构）对象。通过在流中使用文件可以实现对象的持久化存储。如果流是网络套接字流，则可以在另一台主机上或另一个进程中重构对象。本实例使用的方法如表 3.26 所示。

表 3.26　ObjectOutputStream 的常用方法

方法名	作用
ObjectOutputStream(OutputStream out)	创建写入指定 OutputStream 的 ObjectOutputStream() 方法
writeObject(Object obj)	将指定的对象写入 ObjectOutputStream

实现过程

（1）继承 JFrame 类，编写一个窗体类，名称为 SerializationFrame。
（2）设计 SerializationFrame 窗体类时用到的主要控件及说明如表 3.27 所示。

表 3.27　窗体的主要控件及说明

控件类型	控件名称	控件用途
JButton	serializeButton	实现序列化窗体并将其压缩成 ZIP 文件的功能
JButton	chooseButton	选择保存压缩文件的文件夹
JTextField	chooseTextField	显示用户选择的保存压缩文件的文件夹

（3）创建一个工具方法 zipSerializationObject()，实现压缩对象的功能。参数 object 指明要压缩的对象，path 指明保存压缩文件的位置。代码如下：

```
01  private static void zipSerializationObject(Object object, File path) throws IOException {
02      // 根据用户选择的路径创建文件
03      File serializeFile = new File(path + "serialization.dat");
04      FileOutputStream fos = new FileOutputStream(serializeFile);
05      ObjectOutputStream oos = new ObjectOutputStream(fos);
06      oos.writeObject(object);                              // 将对象写入到创建的DAT文件
07      oos.close();                                          // 释放资源
08      fos.close();
09      File zipFile = new File(path + "serialization.zip");  // 创建压缩文件
10      fos = new FileOutputStream(zipFile);
11      ZipOutputStream zos = new ZipOutputStream(fos);
12      byte[] buffer = new byte[1024];
13      ZipEntry entry = new ZipEntry(serializeFile.getName());
14      FileInputStream fis = new FileInputStream(serializeFile);
15      zos.putNextEntry(entry);
16      int read = 0;
17      while ((read = fis.read(buffer)) != -1) {
18          zos.write(buffer, 0, read);                       // 写入压缩文件
19      }
20      zos.closeEntry();
21      fis.close();                                          // 释放资源
22      zos.close();
23      fos.close();
24      serializeFile.delete();                               // 删除创建的DAT文件
25  }
```

扩展学习

序列化

Java 中的序列化就是把一个对象转换成一个输出流，它可以被写入到文件或者在网络上传输。序列化的实质就是记录对象的状态，读者可以把序列化理解成为对象拍照。Java 中所有类通过实现 java.io.Serializable 接口以启用其序列化功能，而未实现此接口的类将无法使其任何状态序列化或反序列化，可序列化的类的所有子类型本身都是可序列化的。序列化接口没有方法或字段，仅用于标识可序列化的语义。

实例 092　解压缩 Java 对象

源码位置：Code\03\092

实例说明

对于一个已经被序列化的对象，如果要将其还原该怎么办呢？本实例在实例 091 的基础上，实现对序列化文件的解压缩操作和反序列化操作。实例运行效果如图 3.30 和图 3.31 所示。

图 3.30　选择解压缩的对象

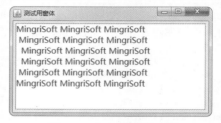

图 3.31　解压缩后的窗体

> 说明：用户需要选择序列化文件的压缩文件。单击"反序列化"按钮后会出现"测试用窗体"窗口。

关键技术

ObjectInputStream 用于恢复那些已被序列化的对象。本实例使用的方法如表 3.28 所示。

表 3.28　ObjectInputStream 的常用方法

方法名	作用
ObjectInputStream(InputStream in)	创建从指定 InputStream 中读取的 ObjectInputStream
readObject()	从 ObjectInputStream 中读取对象

实现过程

（1）继承 JFrame 类，编写一个窗体类，名称为 UnSerializationFrame。
（2）设计 UnSerializationFrame 窗体类时用到的主要控件及说明如表 3.29 所示。

表 3.29　窗体的主要控件及说明

控件类型	控件名称	控件用途
JButton	unserializeButton	反序列化用户选择的文件
JButton	chooseButton	让用户选择序列化文件的压缩文件
JTextField	chooseTextField	显示用户选择的 ZIP 文件的绝对路径

（3）编写方法 unzipSerializationObject() 实现解压缩文件和反序列化功能，参数 file 指明要解压缩的文件。代码如下：

```
01  private static void unzipSerializationObject(File file) throws IOException,
02          ClassNotFoundException {
03      ZipFile zipFile = new ZipFile(file);                    // 创建ZipFile对象
04      File currentFile = null;
05      Enumeration e = zipFile.entries();
06      while (e.hasMoreElements()) {
07          ZipEntry entry = (ZipEntry) e.nextElement();
08          // 遇到扩展名是.dat的文件就进行解压缩
09          if (!entry.getName().endsWith(".dat")) {
10              continue;
11          }
12          currentFile = new File(file.getParent() + entry.getName());
13          FileOutputStream out = new FileOutputStream(currentFile);
14          InputStream in = zipFile.getInputStream(entry);
15          int buffer = 0;
16          while ((buffer = in.read()) != -1) {                // 写入文件
17              out.write(buffer);
18          }
19          in.close();                                         // 释放资源
20          out.close();
21      }
22      FileInputStream in = new FileInputStream(currentFile);
23      // 读入解压缩后的文件
24      ObjectInputStream ois = new ObjectInputStream(in);
25      TestFrame frame = (TestFrame) ois.readObject();         // 还原被序列化的对象
26      frame.setVisible(true);                                 // 显示被序列化的对象
27      currentFile.delete();                                   // 删除解压缩产生的文件
28  }
```

扩展学习

反序列化

当使用序列化来保存对象后，如果需要再次将序列化文件还原成原来的对象，就要进行反序列化。反序列化就是打开字节流并且重构对象，此时新的对象和序列化时的对象是一样的。如果读者在前面的实例中改变了对象的状态，那么在本实例中反序列化生成的对象也就保存了前面的操作。

实例 093　窗体动态加载磁盘文件

源码位置：Code\03\093

实例说明

在使用图形界面操作系统时，当打开一个文件夹系统，界面上会自动列出该文件夹下的所有文件及子文件夹。本实例将实现类似的功能：首先让用户选择一个文件夹，程序会动态列出该文件夹下的所有文件，如果该文件是隐藏文件，就在属性栏中显示"隐藏文件"。实例运行效果如图 3.32 所示。

图 3.32　窗体动态加载磁盘文件

> **说明**：文件的属性还包括可读、可写、可运行等。用户可以根据 File 类中的相关方法实现对其他属性的判断。

Java API 中的 File 类提供了很多与文件属性相关的方法。本实例使用到的方法如表 3.30 所示。

表 3.30　File 类的常用方法

方 法 名	作　　用
getAbsolutePath()	以字符串的形式返回该 File 对象的绝对路径
isFile()	测试该 File 对象是否是一个文件，是则返回 true
isHidden()	测试该 File 对象是否是一个隐藏文件，是则返回 true
listFiles()	如果给定的 File 对象是一个文件夹，则将其转换成 File 数组，数组中包括该文件夹中的文件和子文件夹；否则抛出 NullPointerException

注意　如果对磁盘使用 isHidden() 方法，返回的结果也是 true，如 "new File("d:\\"). isHidden()"。

实现过程

（1）继承 JFrame 类，编写一个窗体类，名称为 FileListFrame。
（2）设计 FileListFrame 窗体类时用到的控件及说明如表 3.31 所示。

表 3.31　窗体的控件及说明

控 件 类 型	控 件 名 称	控 件 用 途
JTextField	chooseTextField	显示用户选择的文件夹的绝对路径
JButton	chooseButton	实现动态加载磁盘文件的功能
JTable	table	显示用户选择的文件夹中文件的信息

（3）编写按钮激活事件监听器调用的 do_chooseButton_actionPerformed() 方法，该方法是在类中自定义的，主要用途是实现动态加载磁盘文件的功能。关键代码如下：

```java
01  protected void do_chooseButton_actionPerformed(ActionEvent arg0) {
02      JFileChooser fileChooser = new JFileChooser();
03      fileChooser.setFileSelectionMode(JFileChooser.DIRECTORIES_ONLY);
04      fileChooser.setMultiSelectionEnabled(false);
05      int result = fileChooser.showOpenDialog(this);
06      if (result == JFileChooser.APPROVE_OPTION) {
07          // 获取用户选择的文件夹
08          chooseFile = fileChooser.getSelectedFile();
09          // 显示用户选择的文件夹
10          chooseTextField.setText(chooseFile.getAbsolutePath());
11          progressBar.setIndeterminate(true);                    // 设置滚动条开始滚动
12          // 获取用户选择的文件夹中的所有文件
13          final File[] subFiles = chooseFile.listFiles();
14          final DefaultTableModel model = (DefaultTableModel) table.getModel();
15          model.setRowCount(0);                                  // 清空表格
16          new Thread() {                                         // 开始新的线程
17              public void run() {
18                  // 遍历用户选择的文件夹
19                  for (int i = 0; i < subFiles.length; i++) {
20                      if (subFiles[i].isFile()) {                // 判断是否是一个文件
21                          Object[] property = new Object[3];
22                          property[0] = i + 1;                   // 保存序号
23                          property[1] = subFiles[i].getName();   // 保存文件名
24                          property[2] = "";
25                          // 判断是否是一个隐藏文件
26                          if (subFiles[i].isHidden()) {
27                              property[2] = "隐藏文件";
28                          }
29                          model.addRow(property);                // 向表格中添加记录
30                          table.setModel(model);                 // 更新表格
31                      }
32                      try {
33                          Thread.sleep(100);                     // 线程休眠0.1秒实现动态加载
34                      } catch (InterruptedException e) {
35                          e.printStackTrace();
36                      }
37                  }
38                  progressBar.setIndeterminate(false);           // 停止进度条滚动
39              };
40          }.start();
41      }
42  }
43  }
```

扩展学习

File 类与文件属性

文件的属性包括隐藏、可读、可写、可执行等。在 File 类中，对于上面所说的属性都有相对应的方法进行判断。读者可以认真学习一下，方便以后使用。

实例 094   从 XML 文件中读取数据

源码位置：Code\03\094

实例说明

XML 文件是以节点的形式保存信息，以树形分层结构排列，元素可以嵌套在其他元素中。在 XML 文件中可以保存各种信息，也可以将其当作数据库来使用。本实例使用 XML 文件保存连接数据库的相关信息，并实现读取 XML 文件中的内容，将其显示在窗体中。实例运行效果如图 3.33 所示。

关键技术

使用 DOM 和 SAX 技术可以操作 XML 文件，但是都需要下载相关的文件，并将其添加到项目中。为了简便操作，本实例使用 JDK 内置类来实现从 XML 文件中读取数据。实现本实例的功能涉及以下重要的类与方法：

图 3.33 从 XML 文件中读取数据

- ☑ DocumentBuilderFactory 类

该类表示工厂 API，可以使应用程序从 XML 文档获取生成 DOM 对象树的解析器。

- ☑ DocumentBuilder 类

使用此类，可以从 XML 文件读取一个 Document 对象。

- ☑ Document 接口

该接口表示整个 HTML 或 XML 文档。从概念上讲，该接口表示文档树的根。

通过 Document 接口的 getElementsByTagName() 方法，从 XML 文档中读取具有指定标记名称的所有程序元素的有序集合 NodeList 对象。具体语法如下：

```
getElementsByTagName(String tagname)
```

参数说明：

tagname：要匹配的标记名称。对于 XML 文件，该参数值是区分大小写的。

实现过程

（1）创建 ReadXmlFrame 类，该类继承自 JFrame 类，实现窗体类。
（2）向该窗体中添加控件，实现窗体布局，主要控件及说明如表 3.32 所示。

表 3.32 窗体的主要控件及说明

控件类型	控件名称	控件用途
JTextField	classNameTextField	显示驱动代码的文本框控件
JTextField	urlTextField	显示 URL 的文本框控件
JTextField	userNameTextField	显示用户名的文本框控件
JTextField	passWordTextField	显示密码的文本框控件

（3）本实例实现显示连接数据库的相关信息，这些信息都是从 XML 文件中读取出来的。编写工具类 ReadXMLDataBase，在该类中定义读取 XML 文件的方法。具体代码如下：

```java
01  private Document document;                              // 定义Document对象
02  public String readXml(String passWord) {
03      File xml_file = new File("users.xml");              // 根据XML文件地址创建File对象
04      // 定义从XML文档获取生成DOM对象的解析器
05      DocumentBuilderFactory factory = DocumentBuilderFactory.newInstance();
06      try {
07          DocumentBuilder builder = factory.newDocumentBuilder();
08          document = builder.parse(xml_file);             // 根据XML获取DOM文档实例
09      } catch (Exception e) {
10          e.printStackTrace();
11      }
12      // 获取指定节点保存的值
13      String subNodeTag = document.getElementsByTagName(passWord).item(0).
                getFirstChild().getNodeValue();
14      return subNodeTag;                                  // 返回读取的信息
15  }
```

扩展学习

对于数据库连接的相关信息，将其写在 XML 或其他格式的文件中，这样如果项目连接的数据库需要修改，直接修改相应的 XML 文件即可，不用对项目进行修改。因此掌握本实例中介绍的读取 XML 文件的方法是非常实用的。

实例 095 分类存储文件夹中的文件

源码位置：Code\03\095

实例说明

随着信息技术的高速发展，人们在计算机中存储的文件越来越多，如果没有及时整理文件的存放位置，这样长期下去，计算机中的文件就会显得十分凌乱。在这种情况下，读者可以自己开发一个小程序，实现文件的分类存储，将具有相同格式的文件存储在同一个文件夹下，以方便查询。实例运行效果如图 3.34 所示。

图 3.34 分类存储文件夹中的文件

关键技术

本实例实现文件分类存储的关键是获取某文件夹下的文件，并通过字符串截取的方式提取文件的格式，再根据获取的文件格式创建文件夹。提取文件格式使用的是 String 类的 substring() 方法，该方法可在指定的字符串中截取子字符串，语法格式如下：

```
substring(int beginIndex,int endIndex)
```

参数说明:
① beginIndex:要截取字符串的开始索引位置,包括该索引位置处的字符。
② endIndex:要截取字符串的结束索引位置,不包括该索引位置处的字符。

实现过程

(1)继承 JFrame 编写一个窗体类,名称为 SortFrame。
(2)设计 SortFrame 窗体类时用到的控件及说明如表 3.33 所示。

表 3.33 窗体的控件及说明

控件类型	控件名称	控件用途
JTextField	pathTextField	显示要分类的文件夹地址
JButton	choicButton	为用户提供选择要分类的文件夹的按钮
JButton	sortButton	显示"确定分类"按钮

(3)创建工具类 SortUtil,该类定义了获取文件夹下所有文件的方法 getList() 和复制文件的方法 copyFile(),读者可参考光盘中的源程序,这里不再赘述。还定义了新建文件夹方法 createFolder(),该方法有一个 String 类型的参数,用于定义新建文件夹的保存地址。具体代码如下:

```
01  public void createFolder(String strPath) {
02      try {
03          File myFilePath = new File(strPath);       // 根据文件地址创建File对象
04          if (!myFilePath.exists()) {                // 如果指定的File对象不存在
05              myFilePath.mkdir();                    // 创建目录
06          }
07      } catch (Exception e) {
08          System.out.println("新建文件夹操作出错");
09          e.printStackTrace();
10      }
11  }
```

(4)当用户单击"确定分类"按钮后,系统会调用相应方法,实现文件分类存储。具体代码如下:

```
01  protected void do_sortButton_actionPerformed(ActionEvent arg0) {
02      SortUtil sortUtil = new SortUtil();
03      // 获取用户选择文件夹中的所有文件集合
04      List list = sortUtil.getList(pathTextField.getText());
05      for (int i = 0; i < list.size(); i++) {        // 循环遍历该文件集合
06          String strFile = list.get(i).toString();
07          int index = strFile.lastIndexOf(".");
08          if (index != -1) {
09              // 对文件夹进行截取,获取文件扩展名
10              String strN = strFile.substring(index + 1, strFile.length());
11              int ind = strFile.lastIndexOf("\\");
12              String strFileName = strFile.substring(ind, index);
13              // 调用创建文件夹的方法,新建文件夹
```

```
14              sortUtil.createFolder(pathTextField.getText() + "\\" + "分类");
15              sortUtil.createFolder(pathTextField.getText() + "\\" + "分类" + "\\" + strN);
16              if (strFile.endsWith(strN)) {
17                  // 将文件集合中与文件夹名称相同的文件复制到相应的文件夹中
18                  sortUtil.copyFile(strFile, pathTextField.getText() + "\\"
19                      +"分类" + "\\" + strN + "\\" + strFileName
20                      + strFile.substring(index, strFile.length()));
21              }
22          }
23      }
24      // 给出用户分类完成提示框
25      JOptionPane.showMessageDialog(getContentPane(),
26          "文件分类成功！", "信息提示框", JOptionPane.WARNING_MESSAGE);
27  }
```

扩展学习

用户提示信息对话框

本实例中如果分类完成，将给出用户提示信息。提示信息应用的是 JOptionPane 类，通过创建该类对象可以实现显示信息对话框。该类的构造方法中的参数，依次表示信息对话框所依赖的控件、指定对话框上显示的文字信息、对话框上显示的文字信息、对话框显示的类型。

实例 096　统计文本中的字符数

源码位置：Code\03\096

实例说明

在常见的文本编辑器中，有一些提供了统计字数的功能，如 Word。但有些文本编辑器是没有字数统计功能的，如记事本工具。为了方便使用记事本的用户可以快速地统计记事本文档中的字符数，可以开发专门的小工具，Java 中的 StreamTokenizer 类可以实现该功能。本实例显示统计记事本文档的字符数，实例运行效果如图 3.35 所示。

图 3.35　统计文本中的字符数

关键技术

java.io 包中的 StreamTokenizer 类可以获取输入流并将其解析为标记，可以通过该类的 nextToken() 方法读取下一个标记。该类的构造方法的语法如下：

```
StreamTokenizer(Reader r)
```

参数说明：

r：提供输入流的 Reader 对象。

该类有几个非常重要的常量来标记读取文件的内容。这些常量与含义如表 3.34 所示。

表 3.34 常量与含义

常 量 名	常 量 说 明
TT_EOF	表示读取到文件末尾
TT_WORD	指示读到一个文字标记的常量
TT_NUMBER	表示已读到一个数字标记的常量

实现过程

（1）继承 JFrame 类，编写一个窗体类，名称为 StatFrame。

（2）设计 StatFrame 窗体类时用到的控件及说明，如表 3.35 所示。

表 3.35 窗体的控件及说明

控 件 类 型	控 件 名 称	控 件 用 途
JTextField	pathTextField	显示要统计的文本文件地址的文本框控件
JButton	chooseButton	为用户提供选择文件的按钮控件
JTextArea	resultTextArea	为用户提供显示统计结果的文本与控件

（3）定义 StatUtil 工具类，在该类中定义 statis() 方法，获取读取文件的字符数组。该类有一个 String 类型的参数，用于指定文件地址，返回值为保存读取结果的 int 数组。关键代码如下：

```
01  public static int[] statis(String fileName) {
02      FileReader fileReader = null;
03      try {
04          fileReader = new FileReader(fileName);           // 创建FileReader对象
05          // 创建StreamTokenizer对象
06          StreamTokenizer stokenizer = new StreamTokenizer(new BufferedReader(fileReader));
07          stokenizer.ordinaryChar('\'');                   // 将单引号当作普通字符
08          stokenizer.ordinaryChar('\"');                   // 将双引号当作普通字符
09          stokenizer.ordinaryChar('/');                    // 将"/"当作普通字符
10          int[] length = new int[4];                       // 定义保存计算结果的int型数组
11          String str;
12          int numberSum = 0;                               // 定义保存数字的变量
13          int symbolSum = 0;                               // 定义保存英文标点数的变量
14          int wordSum = 0;
15          int sum = 0;                                     // 定义保存总字符数的变量
16          // 如果没有读到文件的末尾
17          while (stokenizer.nextToken() != StreamTokenizer.TT_EOF) {
18              switch (stokenizer.ttype) {                  // 判断读取标记的类型
19                  // 如果用户读取的是一个数字标记
20                  case StreamTokenizer.TT_NUMBER:
21                      // 获取读取的数字值
22                      str = String.valueOf(stokenizer.nval);
23                      numberSum += str.length();           // 计算读取的数字长度
24                      length[0] = numberSum;               // 设置数组中的元素
```

```
25                      break;                      // 退出语句
26                  case StreamTokenizer.TT_WORD:    // 如果读取的是文字标记
27                      str = stokenizer.sval;       // 获取该标记
28                      wordSum += str.length();     // 计算该文字的长度
29                      length[1] = wordSum;
30                      break;
31                  default:                         // 如果读取的是其他标记
32                      // 读取该标记
33                      str = String.valueOf((char) stokenizer.ttype);
34                      symbolSum += str.length();   // 计算该标记的长度
35                      length[2] = symbolSum;       // 设置int数组中的元素
36                  }
37              }
38              sum = symbolSum + numberSum + wordSum;  // 获取总字符数
39              length[3] = sum;
40              return length;
41          } catch (Exception e) {
42              e.printStackTrace();
43              return null;
44          }
45      }
```

扩展学习

StreamTokenizer 统计字符

要统计文件的字符数,不能简单地统计标记数,因为字符数不等于标记数。按照标记的规定,单引号和双引号以及其中的内容,只能算是一个标记。如果把单引号和双引号以及其中的内容都算作标记,应该通过 StreamTokenizer 类的 ordinaryChar() 方法将单引号和双引号当作普通字符处理。

实例 097 序列化与反序列化对象   源码位置:Code\03\097

实例说明

一个复杂的应用程序需要使用很多对象,由于虚拟机内存有限,有时不可能将所有有用的对象都放在内存中,因此,需要将不常用的对象暂时持久化到文件中,这一过程就被称为对象的序列化。当需要使用对象时,再从文件中把对象恢复到内存,这个过程被称为对象的反序列化。本实例实现的是将对象序列化到文件,然后再从文件反序列化到对象。实例运行效果如图 3.36 所示。

图 3.36 序列化与反序列化对象

关键技术

需要被序列化的对象必须实现 java.io.Serializable 接口,需要注意的是,该接口中没有定义任

何方法。对象输出流 ObjectOutputStream 可以将对象写入到流中,该类构造方法的语法介绍如下:
☑ 语法一:创建写入指定 OutputStream 的 ObjectOutputStream,其声明如下:

```
ObjectOutputStream(OutputStream out)
```

参数说明:
out:要写入数据的输出流。
☑ 语法二:完全实现 ObjectOutputStream 的子类提供的方法,其声明如下:

```
ObjectOutputStream()
```

对象输入流 ObjectInputStream 类可以从流中读取对象到内存,该类构造方法的语法介绍如下:
☑ 语法一:创建从指定 InputStream 读取的 ObjectInputStream,其声明如下:

```
ObjectInputStream(InputStream in)
```

参数说明:
in:要从中读取的输入流。
☑ 语法二:完全实现 ObjectInputStream 的子类,其声明如下:

```
ObjectInputStream()
```

实现过程

(1)继承 JFrame 类,编写一个窗体类,名称为 WriteObjectFrame。
(2)设计 WriteObjectFrame 窗体类时用到的控件及说明如表 3.36 所示。

表 3.36 窗体的控件及说明

控 件 类 型	控 件 名 称	控 件 用 途
JTextField	pathTextField	显示文件地址的文本框控件对象
JButton	pathButton	显示"选择"的按钮控件
JTextArea	textArea	显示要搜索的文件名后缀的下拉列表控件

(3)编写 SerializeObject 工具类,在该类中定义 Bowel 内部类,表示被序列化的对象,该类实现了 Serializable 接口。具体代码如下:

```
01  static class Bowel implements Serializable {
02      private int number1, number2;                  // 定义普通的实例变量
03      private transient int number3;                 // 定义不会被序列化和反序列化的对象
04      private static int number4;
05      // 构造方法
06      public Bowel(int number1, int number2, int c, int number3) {
07          this.number1 = number1;
08          this.number2 = number2;
09          this.number3 = number3;
10          this.number4 = number4;
11      }
12  }
```

（4）在该类中定义 serialize() 方法，该方法用于实现对象的序列化，通过 ObjectOutputStream 类的 writeObject() 方法，将对象写入到文件中。具体代码如下：

```java
01  public static void serialize(String fileName) {
02      try {
03          File file = new File(fileName);              // 根据文件地址创建文件对象
04          if (!file.exists()) {                         // 如果该对象不存在
05              file.createNewFile();                     // 创建该文件对象
06          }
07          // 创建对象输出流
08          ObjectOutputStream out = new ObjectOutputStream(new FileOutputStream(fileName));
09          out.writeObject("今天是:");                   // 向文件中写入数据
10          out.writeObject(new Date());
11          Bowel my1 = new Bowel(5, 6, 7, 3);            // 定义内部类对象
12          out.writeObject(my1);                         // 将对象写入到文件中
13          out.close();                                  // 将流关闭
14      } catch (Exception e) {
15          e.printStackTrace();
16      }
17  }
```

（5）创建 deserialize() 方法，该方法用于实现对象的反序列化。具体代码如下：

```java
01  public static Object[] deserialize(String fileName) {
02      try {
03          File file = new File(fileName);              // 根据文件地址创建文件对象
04          if (!file.exists()) {                         // 如果该文件不存在
05              file.createNewFile();                     // 新建文件
06          }                                             // 创建对象输入流
07          ObjectInputStream in = new ObjectInputStream(new FileInputStream(fileName));
08          String today = (String) (in.readObject());    // 从流中读取信息
09          Date date = (Date) (in.readObject());
10          System.out.println(date.toString());
11          Object[] object = { today, date };
12          Bowel my1 = (Bowel) (in.readObject());
13          in.close();                                   // 关闭流
14          return object;
15      } catch (Exception e) {
16          e.printStackTrace();
17          return null;
18      }
19  }
```

扩展学习

对象序列化

在进行对象序列化时，对象按照 writeObject() 方法的调用顺序存储在文件中，先被序列化的对象在文件的前面，后被序列化的对象在文件的后面。因此，在反序列化时，先读到的对象就是先被序列化的对象。

实例 098 文件锁定

源码位置：Code\03\098

实例说明

在操作文件时，可能会遇到这样的问题：打开一个文件，会弹出"另一个程序正在使用此文件，进程无法访问。"的对话框。这是因为另一个程序正在编辑该文件，在这个过程中，不允许其他程序修改这个文件，这就是文件的锁定。本实例通过 Java 程序实现将 C 盘中的 count.txt 文件锁定 1 分钟，当对该文件进行编辑保存时，会出现如图 3.37 所示的结果。

关键技术

图 3.37 文件锁定

本实例通过使用 FileLock 类文件进行文件锁定。文件锁定可阻止其他同时运行的程序获取重叠的独占锁定。文件锁定可以独占，也可以共享。FileLock 类的主要方法介绍如下：

- ☑ isShared() 方法：判断此锁定是否为共享的。
- ☑ isValid() 方法：判断此锁定是否有效。
- ☑ release() 方法：释放锁定。

实现过程

（1）创建 EncryptInput 类，在该类中定义锁定文件方法 fileLock()，该方法有一个 String 类型的参数，用于指定锁定文件的地址。具体代码如下：

```
01  public static void fileLock(String file) {
02      FileOutputStream fous = null;                         // 创建FileOutputStream对象
03      FileLock lock = null;                                 // 创建FileLock对象
04      try {
05          fous = new FileOutputStream(file);                // 实例化FileOutputStream对象
06          lock = fous.getChannel().tryLock();               // 获取文件锁定
07          Thread.sleep(60 * 1000);                          // 线程锁定1分钟
08      } catch (Exception e) {
09          e.printStackTrace();
10      }
11  }
```

> **说明**：本程序将文件锁定1分钟，1分钟后文件会解除锁定。

（2）在该类的主方法中调用锁定文件方法，实现将 C 盘中的 count.txt 文件进行锁定。具体代码如下：

```
01  public static void main(String[] args) {
02      String file = "C://count.txt";                        // 创建文件对象
```

```
03        fileLock(file);                                              // 调用文件锁定方法
04    }
```

扩展学习

对部分文件锁定

本实例使用 fous.getChannel().tryLock() 实现了整个文件的锁定。除了整体锁定外，还可以对文件进行部分锁定。运用 FileLock.tryLock() 可以锁定整个文件，而文件的部分锁定则可以运用 FileLock.tryLock(long posi,long size,Bollean shard) 来实现，表示是否共享锁定文件从指定位置开始的指定个数的字节。

实例 099 使用 SAX 解析 XML 元素名称   源码位置：Code\03\099

实例说明

本实例讲解如何使用 SAX 解析 XML 元素名称，并把解析的 XML 元素名称打印到控制台，如图 3.38 所示。

图 3.38 SAX 解析 XML 元素名称

关键技术

使用 SAX 解析 XML 时，按顺序以流的方式读取 XML，用 ElementNameSAXParsing 继承 DefaultHandler 类，并重写 endElement() 方法。以后在每次调用 SAXParser 的 parse() 方法时，向 parse() 方法里传入 XML 文件和 ElementNameSAXParsing 的实例，当 SAX 读取 XML 到每个元素结束时，endElement() 方法就会被执行。解析结束时，XML 中有几个元素，endElement() 就会被调用几次。endElement() 方法的语法如下：

```
public void endElement(String uri, String localName, String qName)    throws SAXException
```

参数说明：

① uri：表示 XML 元素命名空间，在这里就是 http://www.mingrisoft.com。

② localName：表示 XML 元素的本地标示符，在这里就是 name、publisher、company、author 和 ISBN 等。

③ qName：表示元素在 XML 文件中使用的名称，在这里就是 book:name、book:publisher、book:company、book:author 和 book:ISBN 等。

实现过程

（1）创建一个 XML 文档用于 SAX 对其进行解析。

（2）创建一个 JAVA 文件，定义 ElementNameSAXParsing 类，然后继承 DefaultHandler 类。在 JAVA 文件中创建 parseReadFile() 方法用于解析 XML。代码如下：

```
01  public void parseReadFile(String pathname) {
02      SAXParser parser;
03      SAXParserFactory factory = SAXParserFactory.newInstance();
04      try {
05          // 验证XML的格式是否正确
06          factory.setValidating(true);
07          // 是否引入XML命名空间
08          factory.setNamespaceAware(true);
09          parser = factory.newSAXParser();
10          File file = new File(pathname);
11          parser.parse(file, this);
12      } catch (ParserConfigurationException e) {
13          e.printStackTrace();
14      } catch (SAXException e) {
15          e.printStackTrace();
16      } catch (IOException e) {
17          e.printStackTrace();
18      }
19  }
```

（3）在 ElementNameSAXParsing 类中重写 endElement() 方法，在该方法中获取 localName，并将其保存在 List 中。代码如下：

```
01  public void endElement(String uri, String localName, String qName) throws SAXException {
02      list.add(localName);
03  }
```

（4）创建 main() 方法，在方法里使用 ElementNameSAXParsing 解析 books.xml 文件，输出元素名称到控制台。代码如下：

```
01  public static void main(String[] arg) {
02      String pathname = "xmldemo/books.xml";
03      ElementNameSAXParsing elementSAXParsing = new ElementNameSAXParsing();
04      elementSAXParsing.parseReadFile(pathname);
05      System.out.println("元素名称");
06      System.out.println(elementSAXParsing.getList());
07  }
```

扩展学习

setValidating() 方法与 setNamespaceAware() 方法的实现功能

parseReadFile() 方法里有如下两行代码：

```
// 验证XML的格式是否正确
factory.setValidating(true);
// 是否引入XML命名空间
factory.setNamespaceAware(true);
```

设置 setValidating 为 true,表示 SAX 在解析 XML 时,会验证 XML 的格式是否正确,如果不正确,则后台会报告相应的错误。

设置 setNamespaceAware 为 true,表示 SAX 在解析 XML 时,会引入 XML 命名空间,只有引入命名空间,在解析 XML 时处理 endElement() 等方法,SAX 才会向 uri、localName 参数传值。

实例 100　使用 SAX 解析 XML 元素名称和内容　源码位置:Code\03\100

实例说明

解析 XML 元素名称和内容的关键在于当 SAX 解析 XML 时,要把元素的名称和内容及时保存起来,同时 XML 中可能会有很多同名的元素,要把元素名称和内容对应起来。本实例在解析 XML 时,在 endElement() 方法中把元素和内容拼成一个字符串,然后把字符串保存在 List 中。控制台输出 List 集合中元素的效果如图 3.39 所示。

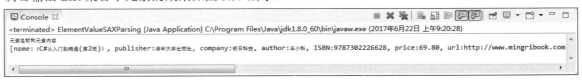

图 3.39　SAX 解析 XML 元素名称和内容

关键技术

(1) 使用 ElementValueSAXParsing 类继承 DefaultHandler 类可以实现 characters() 方法,通过实现该方法,可以获取 XML 元素名称和内容,语法如下:

```
public void characters(char[] ch, int start, int length) throws SAXException
```

参数说明:

① ch:表示 XML 的内容,即整个 XML 文档。

② start:表示当前元素在整个 XML 文档中开始的字节数。

③ length:表示当前元素本身的字节长度。

(2) SAX 解析 XML 时,ElementValueSAXParsing 继承了 DefaultHandler 类,并重写 endElement() 方法。在每次调用 SAXParser 的 parse() 方法时,向 parse() 里传入 XML 文件和 ElementValueSAXParsing 的实例,当 SAX 读取每个 XML 元素内容时,characters() 方法就会被执行;当读取 XML 元素结束时,endElement() 方法就会被调用。代码如下:

```
01  package com.mingrisoft.SAX_demo;
02  import java.io.File;
03  import java.io.IOException;
04  import java.util.ArrayList;
05  import java.util.List;
06  import javax.xml.parsers.ParserConfigurationException;
07  import javax.xml.parsers.SAXParser;
```

```java
08   import javax.xml.parsers.SAXParserFactory;
09   import org.xml.sax.SAXException;
10   import org.xml.sax.helpers.DefaultHandler;
11
12   public class ElementValueSAXParsing extends DefaultHandler {
13
14       private List<String> list = new ArrayList<String>();
15       private String value;
16
17       /**
18        * 读取当前元素的内容,过滤制表符、空格符、回车符和换行符
19        */
20       @Override
21       public void characters(char[] ch, int start, int length) throws SAXException {
22           // TODO Auto-generated method stub
23           value = String.valueOf(ch, start, length);
24           value = value.replace("\t", "");
25           value = value.replace(" ", "");
26           value = value.replace("\n", "");
27           value = value.replace("\r", "");
28       }
29
30       /**
31        * 读取元素结束,把元素名称和元素内容保存在Map中
32        */
33       @Override
34       public void endElement(String uri, String localName, String qName) throws SAXException {
35           // TODO Auto-generated method stub
36           list.add(localName + ":" + value);
37       }
38       public List<String> getList() {
39           return this.list;
40       }
41
42       /**
43        * 通过文件读取XML
44        *
45        * @param pathname
46        *            文件路径
47        */
48       public void parseReadFile(String pathname) {
49           SAXParser parser;
50           SAXParserFactory factory = SAXParserFactory.newInstance();
51           try {
52               factory.setValidating(true);
53               factory.setNamespaceAware(true);
54               parser = factory.newSAXParser();
55               File file = new File(pathname);
56               parser.parse(file, this);
57           } catch (ParserConfigurationException e) {
58               // TODO Auto-generated catch block
59               e.printStackTrace();
60           } catch (SAXException e) {
61               // TODO Auto-generated catch block
62               e.printStackTrace();
```

```
63              } catch (IOException e) {
64                  // TODO Auto-generated catch block
65                  e.printStackTrace();
66              }
67          }
68
69          public static void main(String[] arg) {
70              String pathname = "xmldemo/books.xml";
71              ElementValueSAXParsing elementSAXParsing = new ElementValueSAXParsing();
72              elementSAXParsing.parseReadFile(pathname);
73              System.out.println("元素名称和元素内容");
74              System.out.println(elementSAXParsing.getList());
75          }
76      }
```

实现过程

（1）创建一个 XML 文档，运用 SAX 对其进行解析。

（2）创建 ElementNameSAXParsing 类，然后继承 DefaultHandler 接口。在 JAVA 文件中创建 parseReadFile() 方法用于解析 XML。

（3）实现 characters() 方法，获取当前元素的内容，把它保存在临时变量 value 里。代码如下：

```
01  public void characters(char[] ch, int start, int length) throws SAXException {
02      // 读取当前元素的内容，过滤制表符、空格符、回车符和换行符
03      value = String.valueOf(ch, start, length);
04      value = value.replace("\t", "");
05      value = value.replace(" ", "");
06      value = value.replace("\n", "");
07      value = value.replace("\r", "");
08  }
```

（4）实现 endElement() 方法，在方法中获取 localName 和临时变量 value 值，并把元素的名称和内容一块保存在 List 中。代码如下：

```
01  public void endElement(String uri, String localName, String qName) throws SAXException {
02      // 读取元素结束，把元素名称和内容保存在List中
03      list.add(localName + ":" + value);
04  }
```

（5）创建 main() 方法，在方法里使用 ElementValueSAXParsing 解析 books.xml 文件，输出元素名称到控制台。

扩展学习

SAX 读取文件时对字符的操作

在 XML 文档中，book 是一个父元素，其内部包含了几个子元素，但是它本身并没有元素内容。SAX 在读取文件时，会把内部一些不可见的字符读出来，比如空格符、回车符等，可以通过字符串的替换把这些字符替换掉。也可以使用 ignorableWhitespace() 方法，此方法获取的元素内容都是没有空格符的，但是要想触发 ignorableWhitespace() 方法，必须让 XML 文档引用 DTD。使用 XML

Schema 限定 XML 时，ignorableWhitespace() 方法是不会被触发的。

实例 101　使用 SAX 解析 XML 元素属性和属性值　源码位置：Code\03\101

实例说明

　　XML 的属性包含属性名称和属性值。在 XML 中，每个元素都可能含有属性，属性是针对元素而言的。本实例的 XML 文档有两本图书，每本图书都有自己的价格，也就是每个 book 元素里面都包含一个 price 元素，但是它们的内容可能又是不一样的。在 price 元素中包含 unit 和 unitType 两个属性，每个 price 元素都可以有同样的属性，但是不同 price 的属性值可能是不一样的。本实例讲解如何获取 XML 元素的属性和属性值，如图 3.40 所示。

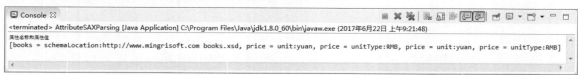

图 3.40　SAX 解析 XML 元素属性和属性值

关键技术

　　SAX 每次开始读取 XML 元素时，startElement() 方法都会被执行，使用 AttributeSAXParsing 类重写 DefaultHandler 的 startElement() 方法可以获取元素属性和属性值，语法如下：

```
public void startElement(String uri, String localName, String qName, Attributes attributes) throws SAXException
```

参数说明：

①uri：表示 XML 元素命名空间，在这里就是 http://www.mingrisoft.com。

②localName：表示 XML 元素的本地标示符，在这里就是 name、publisher、company、author 和 ISBN 等。

③qName：表示元素在 XML 文件中使用的名称，在这里就是 book:name、book:publisher、book:company、book:author 和 book:ISBN 等。

④attributes：表示当前元素的属性集合。

实现过程

（1）创建一个 XML 文档，运用 SAX 对其进行解析。

（2）创建 AttributeSAXParsing 类继承 DefaultHandler 类，重写 startElement() 方法读取属性和属性值，并把它们合并为一个字符串保存在 List 里。一个元素可能有多个属性，所以使用 attributes 中的 getLength() 方法，获取当前元素属性的个数。在这个属性集合中，使用 getLocalName() 方法能获取当前元素中某个指定属性的名称，getValue() 方法中参数是几就表示当前元素的第几个属性值。代码如下：

```
01  public void startElement(String uri, String localName, String qName, Attributes attributes)
    throws SAXException {
02      // 读取属性名称和属性值保存在List中
03      for (int i = 0; i < attributes.getLength(); i++) {
04          attribute.add(localName + " = " + attributes.getLocalName(i)+ ":"
05                  + attributes.getValue(i));
06      }
07  }
```

（3）创建 parseReadFile() 方法，把 AttributeSAXParsing 实例传入解析器，实现 XML 的解析。代码如下：

```
01  public void parseReadFile(String pathname) {
02      SAXParser parser;
03      // 获取SAXParserFactory实例
04      SAXParserFactory factory = SAXParserFactory.newInstance();
05      try {
06          factory.setValidating(true);
07          factory.setNamespaceAware(true);
08          // 获取SAXParser实例
09          parser = factory.newSAXParser();
10          // 获取XML文件
11          File file = new File(pathname);
12          parser.parse(file, this);
13      } catch (ParserConfigurationException e) {
14          e.printStackTrace();
15      } catch (SAXException e) {
16          e.printStackTrace();
17      } catch (IOException e) {
18          e.printStackTrace();
19      }
20  }
```

（4）创建 main() 方法，使用 AttributeSAXParsing 解析 books.xml 文件，输出属性名称和属性值到控制台。

扩展学习

attributes 参数的含义

本实例中，使用 startElement() 方法获取了属性的名称和值。attributes 是 startElement() 方法的一个参数，通过它可以获取当前元素的所有属性集合和属性相关信息。如使用 getIndex() 方法获取某个属性的索引值，使用 getType() 方法获取某个属性的类型，使用 getQName() 方法获取某个属性的 XML 元素名称等。

实例 102 使用 DOM 解析 XML 元素名称

源码位置：Code\03\102

实例说明

解析 XML 时，首先要获取元素名称，DOM 把元素信息保存在 Node 里，通过 Node 类的 getNodeName() 方法可以获取元素名称。本实例演示如何使用 DOM 解析 XML 元素名称，解析的 XML 元素如图 3.41 所示。

图 3.41 DOM 解析 XML 元素名称

关键技术

（1）使用 Node 类的 getChildNodes() 方法可以获取 XML 文件中的子元素列表，语法如下：

```
public NodeList getChildNodes()
```

（2）使用 Node 类的 hasChildNodes() 方法可以判断当前 XML 元素是否还有子节点，语法如下：

```
public boolean hasChildNodes()
```

实现过程

（1）创建一个 XML 文档用于 DOM 解析。

（2）创建 ElementNameDOMParserFile 类的 parseReadFile() 方法，用于读取 XML 文件，同时返回一个 Document，代码如下：

```
01  public Document parseReadFile(String path) throws ParserConfigurationException, SAXException, IOException {
02      // 创建DocumentBuilderFactory实例
03      DocumentBuilderFactory documentBuilderFactory = DocumentBuilderFactory.newInstance();
04      // 创建DocumentBuilder实例
05      DocumentBuilder dombuilder = documentBuilderFactory.newDocumentBuilder();
06      File file = new File(path);
07      // 解析XML文件
08      return dombuilder.parse(file);
09  }
```

（3）创建 getElementName() 方法，该方法有个参数 Node，通过 Node 的 hasChildNodes() 和 getChildNodes() 方法遍历 Node 的内容。当 Node 存在子节点时，则使用 getNodeName() 方法得到当前节点的名称，也就是元素的名称，同时保存在 List 中，然后递归调用 getElementName() 方法获取下级子节点的元素名称。因为 XML 文档是一个树型结构，只有这样才能得到所有 XML 元素的名称。代码如下：

```
01  public List<String> getElementName(Node parentNode) {
02      // 是否有子节点
03      if (parentNode.hasChildNodes()) {
04          // 获取子节点
05          NodeList nodeList = parentNode.getChildNodes();
06          for (int i = 0; i < nodeList.getLength(); i++) {
07              Node node = nodeList.item(i);
08              // 如果有子节点则递归调用
09              if (node.hasChildNodes()) {
10                  getElementName(node);
11                  elementList.add((node.getNodeName()));
12              }
13          }
14      }
15      return elementList;
16  }
```

（4）创建 main() 方法，在内部调用 parseReadFile() 和 getElementName() 方法，最后把结果输出到控制台。

扩展学习

获取 XML 元素名称的方法

在 main() 方法中，根据 parseReadFile() 方法得到一个 Document，因为 Document 继承了 Node 接口，而 getElementName() 方法的参数是 Node，所以可以把 Document 对象传入到 getElementName() 方法中，由 getElementName() 方法负责获取 XML 元素名称。

实例 103 使用 DOM 解析 XML 元素名称和内容   源码位置：Code\03\103

实例说明

XML 元素的名称和内容都可以使用 DOM 解析出来。本实例演示如何使用 DOM 解析 XML 元素名称和内容，然后把它们输出到控制台，如图 3.42 所示。

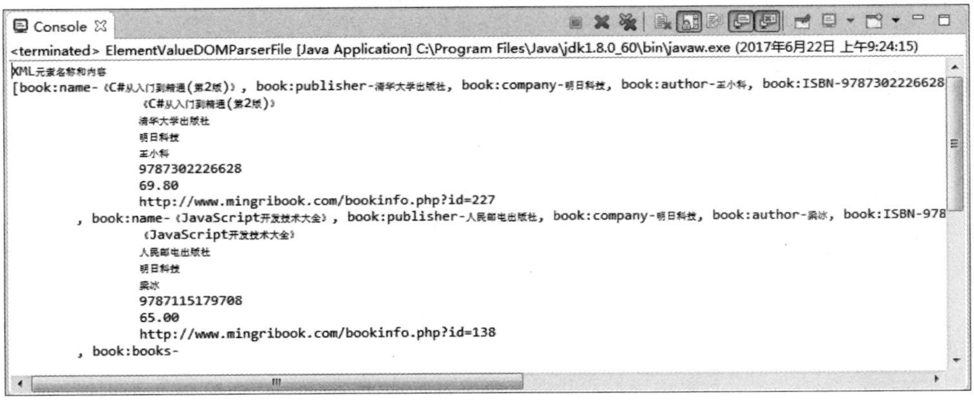

图 3.42 DOM 解析 XML 元素名称和内容

关键技术

(1) 使用 Node 类的 getNodeName() 方法可以获取元素节点的名称,语法如下:

```
public String getNodeName()
```

(2) 使用 Node 类的 getTextContent() 方法可以获取元素内容,语法如下:

```
public String getTextContent() throws DOMException;
```

实现过程

(1) 创建一个 XML 文档用于 DOM 解析。

(2) 创建 ElementValueDOMParserFile 类,在类中创建 parseReadFile() 方法用于读取 XML 文件,同时返回一个 Document。

(3) 建立一个 List 变量,用来保存 XML 文件的元素和内容,代码如下:

```
01    private List<String> elementList = new ArrayList<String>();
```

(4) 创建一个 getElementName() 方法,在方法内部读取 XML 元素和内容,然后拼成一个字符串,保存到 List 的变量里。代码如下:

```
01  public void getElementName(Node parentNode) {
02      if (parentNode.hasChildNodes()) {
03          NodeList nodeList = parentNode.getChildNodes();
04          for (int i = 0; i < nodeList.getLength(); i++) {
05              Node node = nodeList.item(i);
06              // 判断是否有子节点
07              if (node.hasChildNodes()) {
08                  getElementName(node);
09                  // 拼成字符串保存在List中
10                  elementList.add(node.getNodeName() + "-"+ node.getTextContent());
11              }
12          }
13      }
14  }
```

(5) 创建 getElementList() 方法,返回保存在 List 变量里的结果,代码如下:

```
01  public List<String> getElementList() {
02          return this.elementList;
03  }
```

(6) 创建 main() 方法,在内部调用 getElementList() 方法,最后把结果输出到控制台。

实例 104 使用 DOM 解析 XML 元素属性和属性值   源码位置:Code\03\104

实例说明

DOM 解析完 XML 以后,每个元素都会转换成一个 Node 对象,Node 内不但存储着元素内容,同时还保存着元素的属性，使用 getAttributes() 方法可以获取当前元素的所有属性。在 XML 中，不同父节点的同名子节点的属性有可能相同，如本实例中的两个 book:book 元素，它们都有 book:price 子节点，两个子节点的属性都是 "unit="yuan"" 和 "unitType="RMB""，使用 DOM 解析 XML 属性如图 3.43 所示。

图 3.43　DOM 解析 XML 元素属性和属性值

关键技术

（1）使用 Node 类的 getAttributes() 方法可以获取属性列表，语法如下：

```
public NamedNodeMap getAttributes()
```

（2）使用 NamedNodeMap 类的 item() 方法可以获取指定的节点，语法如下：

```
public Node item(int index)
```

参数说明：

index：表示当前节点的索引。

实现过程

（1）创建一个 XML 文档用于 DOM 解析。

（2）创建 AttriburteDOMParserFile 类，在类中创建 parseReadFile() 方法，用于读取 XML 文件，同时返回一个 Document。

（3）建立一个 List 变量，用于保存 XML 文件的元素和内容，代码如下：

```
01    private List<String> elementList = new ArrayList<String>();
```

（4）创建一个 getElementName() 方法，在方法内部读取 XML 文件元素、属性和属性值，然后拼成一个字符串，保存到 List 的变量里。代码如下：

```
01    public void getElementName(Node parentNode) {
02        if (parentNode.hasChildNodes()) {
03            NodeList nodeList = parentNode.getChildNodes();
04            for (int i = 0; i < nodeList.getLength(); i++) {
05                Node node = nodeList.item(i);
06                if (node.hasChildNodes()) {
07                    getElementName(node);
08                    // 获取属性列表
09                    NamedNodeMap namedNodeMap = node.getAttributes();
10                    for (int j = 0; j < namedNodeMap.getLength(); j++) {
11                        Node node2 = namedNodeMap.item(j);
12                        // 获取属性值
13                        elementList.add(node.getNodeName() + " = "+
```

```
14                         node2.getNodeName() + " > "+ node2.getNodeValue());
15                     }
16                 }
17             }
18         }
19 }
```

（5）创建 getElementList() 方法，返回保存在 List 变量里的结果，代码如下：

```
01     public List<String> getElementList() {
02         return this.elementList;
03     }
```

（6）创建 main() 方法，在内部调用 AttriburteDOMParserFile 的 parseReadFile()、getElementName() 和 getElementList() 方法，然后把结果输出到控制台。

扩展学习

获取属性值的方法

在实例中，我们根据 Node 的 getNodeValue() 方法获取属性的值，如果只是针对属性而言，使用 getTextContent() 方法也可以获取属性值，且 getTextContent() 和 getNodeValue() 方法的内容是一样的。

第4章

网络安全与多线程

获取本地主机的域名和主机名
通过 IP 地址获取域名和主机名
获取内网的所有 IP 地址
设置等待连接的超时时间
获取 Socket 信息
……

实例 105　获取本地主机的域名和主机名

源码位置：Code\04\105

实例说明

网络编程时，除了使用本地主机的 IP 地址外，还经常需要使用本地主机的域名和主机名。本实例将演示如何通过 Java 程序获得本地主机的域名和主机名。运行程序，单击窗体上的"获取域名和主机名"按钮，将在相应的文本框中显示本地主机的域名和主机名，效果如图 4.1 所示。

关键技术

本实例主要是通过 InetAddress 类的 getLocalHost() 方法获得本地主机的 InetAddress 对象，然后调用该对象的 getHostName() 方法获得本地主机的名称，以及使用 getCanonicaHostName() 方法获得本地主机的域名。

图 4.1　获取本地主机的域名和主机名

（1）通过 InetAddress 类的 getHostName() 方法，可以获得本地主机的主机名，该方法的定义如下：

```
public String getHostName()
```

参数说明：
返回值：本地主机的主机名。

（2）通过 InetAddress 类的 getCanonicalHostName() 方法，可以获得本地主机的域名，该方法的定义如下：

```
public String getCanonicalHostName()
```

参数说明：
返回值：本地主机的域名。

实现过程

（1）新建一个项目。
（2）在项目中创建一个继承自 JFrame 类的窗体类 GetLocalHostNameFrame。
（3）将 GetLocalHostNameFrame 窗体的内容面板设置为绝对布局，然后在面板上放置 3 个 JLabel 标签和两个 JTextField 文本框，其中，文本框的名称分别为 tf_canonical 和 tf_host；再添加两个 JButton 命令按钮，分别显示"本地主机的域名和主机名"和"退出系统"，并用以实现相应数据的获取。
（4）在"获取域名和主机名"按钮的事件中，实现获得本地主机的域名和主机名的功能，并显示在相应的文本框中，该按钮的代码如下：

```
01  button.addActionListener(new ActionListener() {
02      public void actionPerformed(final ActionEvent e) {
03          try {
```

```
04              // 创建本地主机的InetAddress对象
05              InetAddress inetAddr = InetAddress.getLocalHost();
06              // 获取本地主机的域名
07              String canonical = inetAddr.getCanonicalHostName();
08              // 获取本地主机的主机名
09              String host = inetAddr.getHostName();
10              // 在文本框中显示本地主机的域名
11              tf_canonical.setText(canonical);
12              // 在文本框中显示本地主机的主机名
13              tf_host.setText(host);
14          } catch (UnknownHostException e1) {
15              e1.printStackTrace();
16          }
17      }
18  });
```

扩展学习

为什么域名和主机名重名

当获得本地主机的域名和主机名时,如果本地主机没有域名,则会显示与主机名重名的域名;如果本地主机有域名,就会显示对应的域名。

实例 106　通过 IP 地址获取域名和主机名

源码位置:Code\04\106

实例说明

在进行网络编程时,可以通过指定主机的 IP 地址,获取该主机的域名和主机名。本实例演示如何在 Java 应用程序中,通过 IP 地址获取域名和主机名。运行程序,在"输入 IP 地址"文本框中输入 IP 地址 192.168.1.254,然后单击窗体上的"获取域名和主机名"按钮,将在"域名"和"主机名"文本框中显示对应的域名和主机名,效果如图 4.2 所示。

图 4.2　通过 IP 地址获取域名和主机名

关键技术

本实例主要是将 IP 地址转换为字节数组,然后通过 InetAddress 类的 getByAddress() 方法,获得网络主机中具有指定 IP 地址的 InetAddress 对象,然后调用该对象的 getCanonicalHostName() 方法,获得对应的域名,通过 getHostName() 方法,获得对应的主机名。

(1)将 IP 地址转换为字节数组,可以通过如下代码实现:

```
String ip = tf_ip.getText();                    // IP地址
String[] ipStr = ip.split("[.]");               // IP地址转换为字符串数组
```

```
byte[] ipBytes = new byte[4];                              // 声明存储转换后，IP地址的字节数组
for (int i = 0; i < 4; i++) {
    int m = Integer.parseInt(ipStr[i]);                    // 转换为整数
    byte b = (byte) (m & 0xff);                            // 转换为字节
    ipBytes[i] = b;                                        // 赋值给字节数组
}
```

> **说明：** 上面代码中的 **tf_ip** 指的是窗体上用于输入IP地址的文本框控件。

（2）通过 InetAddress 类的 getByAddress() 方法，可以获得网络主机中具有指定 IP 地址的 InetAddress 对象，然后调用该对象的 getCanonicalHostName() 方法，获得对应的域名，通过 getHostName() 方法，获得对应的主机名，实现代码如下：

```
InetAddress inetAddr = InetAddress.getByAddress(ipBytes);  // 创建InetAddress对象
String canonical = inetAddr.getCanonicalHostName();        // 获取域名
String host = inetAddr.getHostName();                      // 获取主机名
```

> **说明：** 上面代码中的 **ipBytes** 是指定IP地址的字节数组的表示形式。

实现过程

（1）新建一个项目。
（2）在项目中创建一个继承自 JFrame 类的窗体类 ByIpGainDomainFrame。
（3）将 ByIpGainDomainFrame 窗体的内容面板设置为绝对布局，然后在内容面板的适当位置放置标签、文本框和命令按钮控件，完成窗体界面的设置。
（4）在"获取域名和主机名"按钮的事件中，实现根据输入的 IP 地址，获得指定主机的域名和主机名的功能，并显示在相应的文本框中。该按钮的事件代码如下：

```
01  button.addActionListener(new ActionListener() {
02      public void actionPerformed(final ActionEvent e) {
03          try {
04              String ip = tf_ip.getText();                             // IP地址
05              String[] ipStr = ip.split("[.]");                        // IP地址转换为字符串数组
06              byte[] ipBytes = new byte[4];                            // 声明存储转换后，IP地址的字节数组
07              for (int i = 0; i < 4; i++) {
08                  int m = Integer.parseInt(ipStr[i]);                  // 转换为整数
09                  byte b = (byte) (m & 0xff);                          // 转换为字节
10                  ipBytes[i] = b;                                      // 赋值给字节数组
11              }
12              // 创建InetAddress对象
13              InetAddress inetAddr = InetAddress.getByAddress(ipBytes);
14              String canonical = inetAddr.getCanonicalHostName();      // 获取域名
15              String host = inetAddr.getHostName();                    // 获取主机名
16              tf_canonical.setText(canonical);                         // 在文本框中显示域名
17              tf_host.setText(host);                                   // 在文本框中显示主机名
18          } catch (UnknownHostException e1) {
```

```
19                  e1.printStackTrace();
20              }
21          }
22      });
```

扩展学习

域名的用途

通常情况下，域名中不同的字母组合可以表示不同的含义，如 com 表示商业组织、edu 表示教育组织等。因此，可以根据由 IP 地址获得的域名大致判断网站的用途。

实例 107　获取内网的所有 IP 地址　　源码位置：Code\04\107

实例说明

在进行网络编程时，有时需要对局域网内的所有主机进行遍历，为此需要获取内网的所有 IP 地址。本实例将演示如何在 Java 应用程序中，获取内网的所有 IP 地址。运行程序，单击窗体上的"显示所有 IP"按钮，将在文本域中显示内网所有主机的 IP 地址，效果如图 4.3 所示。

关键技术

本实例首先获取本机 IP 地址所属的网段，然后 ping 通网络中的 IP 地址，通过输入流对象读取所 ping 的结果，并判断是否为内网的 IP 地址，从而实现本实例的功能。

图 4.3　获取内网的所有 IP 地址

（1）获得本机 IP 地址所属的网段，可以通过如下代码实现：

```
InetAddress host = InetAddress.getLocalHost();           // 获取本机的InetAddress对象
String hostAddress = host.getHostAddress();              // 获取本机的IP地址
int pos = hostAddress.lastIndexOf(".");                  // 获取IP地址中最后一个点的位置
String wd = hostAddress.substring(0, pos + 1);           // 对本机的IP地址进行截取，获得网段
```

（2）ping 通网络中的 IP 地址后，通过输入流对象读取所 ping 的结果，并判断是否为内网的 IP 地址，实现代码如下：

```
// 获得所ping的IP进程，-w 280是等待每次回复的超时时间，-n 1是要发送的回显请求数
Process process = Runtime.getRuntime().exec("ping " + ip + " -w 280 -n 1");
InputStream is = process.getInputStream();               // 获取进程的输入流对象
InputStreamReader isr = new InputStreamReader(is);       // 创建InputStreamReader对象
BufferedReader in = new BufferedReader(isr);             // 创建缓冲字符流对象
String line = in.readLine();                             // 读取信息
    while (line != null) {
```

```
            if (line != null && !line.equals("")) {
                if (line.substring(0, 2).equals("来自")
                    || (line.length() > 10 && line.substring(0, 10).equals("Reply from"))) {
                    pingMap.put(ip, "true");                    // 向集合中添加IP
                }
            }
            line = in.readLine();                               // 再读取信息
        }
    }
```

> **说明：**（1）ping指的是端对端连通，通常用来作为可用性的检查。
> （2）上面代码中的ip是一个具体的IP地址值，如果它是内网中的IP地址值，就将其添加到集合中。

实现过程

（1）新建一个项目。
（2）在项目中创建一个继承自 JFrame 类的窗体类 GainAllIpFrame。
（3）在 GainAllIpFrame 窗体的内容面板顶部位置，放置一个面板控件，并在该面板控件上添加两个命令按钮，然后在内容面板的中部位置添加一个滚动面板控件，并在滚动面板上放置一个文本域控件，完成窗体界面的设置。
（4）在 GainAllIpFrame 窗体类中定义一个 gainAllIp() 方法，用于获得内容中的所有 IP 地址，并追加到文本域中显示，该方法的代码如下：

```
01  InetAddress host = InetAddress.getLocalHost();      // 获取本机的InetAddress对象
02  String hostAddress = host.getHostAddress();         // 获取本机的IP地址
03  int pos = hostAddress.lastIndexOf(".");             // 获取IP地址中最后一个点的位置
04  String wd = hostAddress.substring(0, pos + 1);      // 对本机的IP地址进行截取，获取网段
05  for (int i = 1; i <= 255; i++) {                    // 对局域网的IP地址进行遍历
06      String ip = wd + i;                             // 生成IP地址
07      PingIpThread thread = new PingIpThread(ip);     // 创建线程对象
08      thread.start();                                 // 启动线程对象
09  }
10  Set<String> set = pingMap.keySet();                 // 获取集合中键的Set视图
11  Iterator<String> it = set.iterator();               // 获取迭代器对象
12  while (it.hasNext()) {                              // 如果迭代器中有元素，则执行循环体
13      String key = it.next();                         // 获取下一个键的名称
14      String value = pingMap.get(key);                // 获取指定键的值
15      if (value.equals("true")) {
16          ta_allIp.append(key + "\n");                // 追加显示IP地址
17      }
18  }
```

（5）在 GainAllIpFrame 窗体类中定义一个 PingIpThread 线程类，用于 ping 指定的 IP 地址，并判断其是否为有效的内网 IP 地址，如果是，就添加到集合对象中，该类的代码如下：

```
01  try {
02      // 获取所ping的IP进程，-w 280是等待每次回复的超时时间，-n 1是要发送的回显请求数
03      Process process = Runtime.getRuntime().exec("ping " + ip + " -w 280 -n 1");
04      InputStream is = process.getInputStream();              // 获取进程的输入流对象
05      // 创建InputStreamReader对象
06      InputStreamReader isr = new InputStreamReader(is);
07      BufferedReader in = new BufferedReader(isr);            // 创建缓冲字符流对象
08      String line = in.readLine();                            // 读取信息
09      while (line != null) {
10          if (line != null && !line.equals("")) {
11              // 是ping通的IP地址
12              if (line.substring(0, 2).equals("来自")
13                      || (line.length() > 10 && line.substring(0, 10).equals("Reply from"))) {
14                  pingMap.put(ip, "true");                    // 向集合中添加IP地址
15              }
16          }
17          line = in.readLine();                               // 再读取信息
18      }
19  } catch (IOException e) {
20  }
```

扩展学习

避免设置的 IP 地址重复

在内网中增加计算机时，需要设置其 IP 地址，为了避免 IP 地址重复，可以先获得内网的所有 IP 地址，然后再进行设置。

实例 108　设置等待连接的超时时间

源码位置：Code\04\108

实例说明

在进行网络编程时，网络连接是比较消耗资源的，因此，可以对连接的等待时间进行设置，如果在规定的时间内没有完成连接，则进行其他处理。运行程序，等待 10 秒后，将弹出消息框提示连接超时，效果如图 4.4 所示。

关键技术

本实例主要是通过 ServerSocket 类调用 setSoTimeout() 方法，实现等待连接的超时时间的设置，ServerSocket 类的 setSoTimeout() 方法的定义如下：

图 4.4　设置等待连接的超时时间

```
public void setSoTimeout(int timeout) throws SocketException
```

参数说明：

① timeout：以毫秒为单位指定等待连接的超时时间。
② 使用该方法需要处理 SocketException 异常。

实现过程

（1）新建一个项目。
（2）在项目中创建一个继承自 JFrame 类的窗体类 ConnectionTimeoutSetFrame。
（3）在 ConnectionTimeoutSetFrame 窗体类的内容面板上添加一个 JScrollPane 滚动面板控件，然后在滚动面板的视图上放置一个 JTextArea 文本域控件，并命名为 ta_info，用于显示服务器等待客户端连接的相关信息，并显示等待连接超时的信息。
（4）实现创建服务器套接字和设置等待连接超时时间的代码定义在 getServer() 方法中，该方法的代码如下：

```
01   public void getserver() {
02       try {
03           server = new ServerSocket(1978);                            // 实例化Socket对象
04           server.setSoTimeout(10000);                                 // 设置连接超时时间为10秒
05           ta_info.append("服务器套接字已经创建成功\n");                    // 输出信息
06           while (true) {                                              // 如果套接字是连接状态
07               ta_info.append("等待客户机的连接……\n");                    // 输出信息
08               server.accept();                                        // 等待客户机连接
09           }
10       } catch (SocketTimeoutException e) {
11           ta_info.append("连接超时……");
12           JOptionPane.showMessageDialog(null, "连接超时……");
13       } catch (IOException e) {
14           e.printStackTrace();
15       }
16   }
```

扩展学习

禁用和启用数据延迟

可以使用 Socket 类的 setTcpNoDelay() 方法，将参数设置为 true，以禁用网络传输中的数据延迟；设置为 false，则启用数据延迟。对于一般的网络通信，是允许数据延迟的，而对于一些特殊的网络应用，如果允许数据延迟，将会极大地影响数据传输的速度，如需要实时监控的网络程序以及游戏，就必须禁用数据延迟。

实例 109 获取 Socket 信息

源码位置：Code\04\109

实例说明

本实例演示在网络通信程序中，如何获取远程服务器和客户机的 IP 地址与端口号。运行程序，效果如图 4.5 和图 4.6 所示。其中，图 4.5 是服务器端程序，用于等待客户端的连接；图 4.6 是客户端程序，用于获得远程服务器和客户机的 IP 地址与端口号。

图 4.5　服务器端程序　　　　　　　　图 4.6　获取 Socket 信息

关键技术

本实例主要是通过 Socket 类的 getInetAddress() 方法获得远程服务器的地址，使用 getLocalAddress() 方法获得客户端的地址实现的。

（1）通过 Socket 类的 getInetAddress() 方法，可以获得远程服务器的地址，进而可以获得远程服务器的 IP 地址和端口号，该方法的定义如下：

```
public InetAddress getInetAddress()
```

参数说明：

返回值：此套接字连接到的远程 IP 地址；如果套接字是未连接的，则返回 null。

（2）通过 Socket 类的 getLocalAddress() 方法，可以获得客户端的地址，进而可以获得客户端的 IP 地址和端口号，该方法的定义如下：

```
public InetAddress getLocalAddress()
```

参数说明：

返回值：套接字绑定到的本地地址；如果尚未绑定套接字，则返回 InetAddress.anyLocalAddress()。

实现过程

（1）新建一个项目。

（2）在项目中创建一个继承自 JFrame 类的服务器窗体类 ServerSocketFrame 和一个客户端窗体类 ClientSocketFrame。

（3）在服务器窗体类 ServerSocketFrame 的内容面板上添加一个 JScrollPane 滚动面板控件，然后在滚动面板的视图上放置一个 JTextArea 文本域控件，并命名为 ta_info，用于显示客户端与服务器的连接信息。

（4）在客户端窗体类 ClientSocketFrame 的内容面板上添加一个 JScrollPane 滚动面板控件，然后在滚动面板的视图上放置一个 JTextArea 文本域控件，并命名为 ta_info，用于显示远程服务器和客户机的 IP 地址与端口号。

（5）客户端窗体类 ClientSocketFrame 中，用于显示远程服务器和客户机的 IP 地址与端口号的代码定义在 connect() 方法中，该方法的代码如下：

```
01   private void connect() {                                        // 连接套接字方法
02       ta.append("尝试连接......\n");                              // 文本域中的信息
03       try {                                                       // 捕捉异常
04           socket = new Socket("192.168.1.122", 1978);             // 实例化Socket对象
05           ta.append("完成连接。\n");                                // 文本域中的提示信息
06           InetAddress netAddress = socket.getInetAddress();       // 获取远程服务器的地址
07           String netIp = netAddress.getHostAddress();             // 获取远程服务器的IP地址
08           int netPort = socket.getPort();                         // 获取远程服务器的端口号
09           InetAddress localAddress = socket.getLocalAddress();    // 获取客户端的地址
10           String localIp = localAddress.getHostAddress();         // 获取客户端的IP地址
11           int localPort = socket.getLocalPort();                  // 获取客户端的端口号
12           ta.append("远程服务器的IP地址: " + netIp + "\n");
13           ta.append("远程服务器的端口号: " + netPort + "\n");
14           ta.append("客户机本地的IP地址: " + localIp + "\n");
15           ta.append("客户机本地的端口号: " + localPort + "\n");
16       } catch (Exception e) {
17           e.printStackTrace();                                    // 输出异常信息
18       }
19   }
```

扩展学习

另一种获取远程和本地端口的方式

如果已经建立了套接字对象，并且只需要获取远程和本地计算机的端口号，那么可以使用 Socket 类的 getPort() 方法获取远程计算机的端口号，使用 Socket 类的 getLocalPort() 方法获取本地计算机的端口号。

实例 110 接收和发送 Socket 信息

源码位置：Code\04\110

实例说明

本实例将演示在网络通信程序中，如何实现信息的发送与接收。运行程序，服务器端程序效果如图 4.7 所示，客户端程序效果如图 4.8 所示。当在图 4.7 所示的客户端程序下面的文本框中输入信息，然后按 Enter 键确认，就会将所输入的信息发送到服务器端，并在图 4.8 所示的服务器端显示接收到的信息。

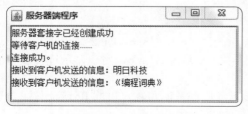

图 4.7 服务器端程序

图 4.8 客户端程序

关键技术

本实例主要是通过 Socket 类的 getInputStream() 方法获得输入流对象,使用 getOutputStream() 方法获得输出流对象实现的。

(1) 通过 Socket 类的 getInputStream() 方法,可以获得输入流对象,该输入流对象用于接收对方发送的信息,该方法的定义如下:

```
public InputStream getInputStream() throws IOException
```

参数说明:
① 返回值:从此套接字读取字节的输入流,用于接收对方发送的信息。
② 使用该方法需要处理 IO 异常。

(2) 通过 Socket 类的 getOutputStream() 方法,可以获得输出流对象,该输出流对象用于向对方发送信息,该方法的定义如下:

```
public OutputStream getOutputStream() throws IOException
```

参数说明:
① 返回值:将字节写入此套接字的输出流,用于向对方发送信息。
② 使用该方法需要处理 IO 异常。

实现过程

(1) 新建一个项目。
(2) 在项目中创建一个继承自 JFrame 类的服务器窗体类 ServerSocketFrame 和一个客户端窗体类 ClientSocketFrame。
(3) 在服务器窗体类 ServerSocketFrame 的内容面板上,添加一个 JScrollPane 滚动面板控件,然后在滚动面板的视图上放置一个 JTextArea 文本域控件,并命名为 ta_info,用于显示客户端与服务器的连接信息以及接收到的客户端发送的信息。
(4) 在客户端窗体类 ClientSocketFrame 的内容面板中部位置,添加一个 JScrollPane 滚动面板控件,然后在滚动面板的视图上放置一个 JTextArea 文本域控件,并命名为 ta_info,用于显示连接信息以及客户端本身发送的信息;再向客户端窗体的内容面板底部位置添加一个 JTextField 文本框,命名为 tf_send,用于向服务器端发送信息。
(5) 在服务器窗体类 ServerSocketFrame 的成员声明区,声明输入流、服务器套接字等成员变量,以方便在其他方法中使用,代码如下:

```
01  private BufferedReader reader;                        // 声明BufferedReader对象
02  private ServerSocket server;                          // 声明ServerSocket对象
03  private Socket socket;                                // 声明Socket对象
```

(6) 在服务器窗体类 ServerSocketFrame 中,定义 getServer() 方法用于创建服务器端套接字、监听客户端程序,以及创建输入流对象用于接收客户端发送的信息,该方法的代码如下:

```
01  public void getServer() {
02      try {
03          server = new ServerSocket(1978);              // 实例化ServerSocket对象
```

```
04          ta_info.append("服务器套接字已经创建成功\n");           // 输出信息
05          while (true) {                                           // 如果套接字是连接状态
06              ta_info.append("等待客户机的连接......\n");          // 输出信息
07              socket = server.accept();                            // 实例化Socket对象
08              ta_info.append("连接成功。\n");                      // 输出信息
09              // 实例化BufferedReader对象
10              reader = new BufferedReader(new InputStreamReader(socket.getInputStream()));
11              getClientInfo(); // 调用getClientInfo()方法，该方法也是一个自定义的成员方法
12          }
13      } catch (Exception e) {
14          e.printStackTrace();                                     // 输出异常信息
15      }
16  }
```

（7）在服务器窗体类 ServerSocketFrame 中，再定义一个 getClientInfo() 方法，用于接收客户端发送的信息以及关闭输入流对象和套接字对象，该方法的代码如下：

```
01  private void getClientInfo() {
02      try {
03          while (true) {                                           // 如果套接字是连接状态
04              // 获得客户端信息
05              ta_info.append("接收到客户机发送的信息：" + reader.readLine() + "\n");
06          }
07      } catch (Exception e) {
08          ta_info.append("客户端已退出。\n");                      // 输出异常信息
09      } finally {
10          try {
11              if (reader != null) {
12                  reader.close();                                  // 关闭流
13              }
14              if (socket != null) {
15                  socket.close();                                  // 关闭套接字
16              }
17          } catch (IOException e) {
18              e.printStackTrace();
19          }
20      }
21  }
```

（8）在客户端窗体类 ClientSocketFrame 的成员声明区，声明输出流和套接字对象，以方便在其他方法中使用，代码如下：

```
01  private PrintWriter writer;                                      // 声明PrintWriter类对象
02  private Socket socket;                                           // 声明Socket对象
```

（9）在客户端窗体类 ClientSocketFrame 中，定义 connect() 方法用于创建套接字对象和输出流对象，以及在文本域中显示连接信息，该方法的代码如下：

```
01  private void connect() {                                         // 连接套接字方法
02      ta_info.append("尝试连接......\n");                          // 文本域中的信息
03      try {                                                        // 捕捉异常
04          socket = new Socket("192.168.1.122", 1978);              // 实例化Socket对象
05          writer = new PrintWriter(socket.getOutputStream(), true);// 创建输出流对象
```

```
06              ta_info.append("完成连接。\n");            // 文本域中的提示信息
07          } catch (Exception e) {
08              e.printStackTrace();                        // 输出异常信息
09          }
10      }
```

（10）在客户端窗体类 ClientSocketFrame 中，为文本框 tf_send 添加事件代码，实现向服务器端发送信息，该方法的代码如下：

```
01  tf_send.addActionListener(new ActionListener() {        // 绑定事件
02      public void actionPerformed(ActionEvent e) {
03          writer.println(tf_send.getText());              // 将文本框中的信息写入流
04          // 将文本框中的信息显示在文本域中
05          ta_info.append("客户端发送的信息是：" + tf_send.getText() + "\n");
06          tf_send.setText("");                            // 将文本框清空
07      }
08  });
```

 要使本程序正常运行，必须先运行服务器端程序，然后再运行客户端程序，否则程序会发生异常。

扩展学习

实现服务器端与客户端相互通信

在本实例的服务器端再添加一个文本框，就可以在文本框事件中通过服务器套接字的输出流，向客户端发送信息，同样在客户端通过套接字的输入流就可以接收到服务器发送的信息，从而实现服务器端与客户端相互通信。

实例 111 使用 Socket 通信

源码位置：Code\04\111

实例说明

本实例使用套接字实现服务器端与客户端的通信。运行程序，在服务器端的文本框中输入信息，然后按 Enter 键确认，客户端就会收到服务器端发送的信息；在客户端的文本框中输入信息，然后按 Enter 键确认，服务器端就会收到客户端发送的信息，发送信息后的效果如图 4.9 和图 4.10 所示。

图 4.9 服务器端程序

图 4.10 客户端程序

关键技术

本实例主要是通过 Socket 类的 getInputStream() 方法获得输入流对象，并借助 InputStreamReader 类将输入流对象转换为 BufferedReader 对象，读取接收到的信息，使用 getOutputStream() 方法获取输出流对象，并创建了 PrintWriter 对象发送信息。

（1）InputStreamReader 类是字节流通向字符流的桥梁，该类的构造方法定义如下：

```
public InputStreamReader(InputStream in)
```

参数说明：

in：字节输入流对象。

（2）BufferedReader 类是缓冲字符输入流，可以通过 InputStreamReader 类作为 BufferedReader 类构造方法的参数，创建 BufferedReader 对象。BufferedReader 类的构造方法定义如下：

```
public BufferedReader(Reader in)
```

参数说明：

in：字符输入流对象。

（3）根据 PrintWriter 类的构造方法，以通过 Socket 类的 getOutputStream() 方法获得的输出流对象作为参数，创建 PrintWriter 对象，PrintWriter 类的构造方法定义如下：

```
public PrintWriter(OutputStream out, boolean autoFlush)
```

参数说明：

① out：用通过 Socket 类的 getOutputStream() 方法获得的输出流对象。

② autoFlush：如果为 true，则 println()、printf() 或 format() 方法将刷新输出缓冲区，反之则不刷新输出缓冲区。

实现过程

（1）新建一个项目。

（2）在项目中创建一个继承自 JFrame 类的服务器窗体类 ServerSocketFrame 和一个客户端窗体类 ClientSocketFrame。

（3）在服务器窗体类 ServerSocketFrame 的内容面板中央，添加一个 JScrollPane 滚动面板控件，然后在滚动面板的视图上放置一个 JTextArea 文本域控件，并命名为 ta_info，用于显示客户端与服务器的连接信息以及接收到的来自客户端的信息；再在服务器窗体内容面板的上部位置，添加一个 JPanel 面板控件，并在面板上添加一个 JLabel 标签和一个 JTextField 文本框，文本框的名称为 tf_send，用于向客户端发送信息。

（4）在客户端窗体类 ClientSocketFrame 内容面板的中部位置，添加一个 JScrollPane 滚动面板控件，然后在滚动面板的视图上放置一个 JTextArea 文本域控件，并命名为 ta_info，用于显示连接信息以及客户端本身发送的信息；再在客户端窗体内容面板的上部位置，添加一个 JPanel 面板控件，并在面板上添加一个 JLabel 标签和一个 JTextField 文本框，文本框的名称为 tf_send，用于向服务器端发送信息。

（5）在服务器窗体类 ServerSocketFrame 的成员声明区，声明输出流、输入流、服务器套接字等成员变量，以方便在其他方法中使用，代码如下：

```
01  private PrintWriter writer;                // 声明PrintWriter类对象
02  private BufferedReader reader;             // 声明BufferedReader对象
03  private ServerSocket server;               // 声明ServerSocket对象
04  private Socket socket;                     // 声明Socket对象
```

（6）在服务器窗体类 ServerSocketFrame 中，定义 getServer() 方法用于创建服务器端套接字、监听客户端程序，以及创建向客户端发送信息的输出流对象、用于接收客户端发送信息的输入流对象。该方法的代码如下：

```
01  public void getserver() {
02      try {
03          server = new ServerSocket(1978);                // 实例化Socket对象
04          ta_info.append("服务器套接字已经创建成功\n");    // 输出信息
05          while (true) {                                  // 如果套接字是连接状态
06              ta_info.append("等待客户机的连接......\n"); // 输出信息
07              socket = server.accept();                   // 实例化Socket对象
08              // 实例化BufferedReader对象
09              reader = new BufferedReader(new InputStreamReader(socket.getInputStream()));
10              writer = new PrintWriter(socket.getOutputStream(), true);
11              getClientInfo();                            // 调用getClientInfo()方法
12          }
13      } catch (Exception e) {
14          e.printStackTrace();                            // 输出异常信息
15      }
16  }
```

（7）在服务器窗体类 ServerSocketFrame 中，再定义一个 getClientInfo() 方法，用于接收客户端发送的信息以及关闭输入流对象和套接字对象，该方法的代码如下：

```
01  private void getClientInfo() {
02      try {
03          while (true) {                              // 如果套接字是连接状态
04              String line = reader.readLine();        // 读取客户端发送的信息
05              if (line != null)
06                  // 获取客户端信息
07                  ta_info.append("接收到客户机发送的信息：" + line + "\n");
08          }
09      } catch (Exception e) {
10          ta_info.append("客户端已退出。\n");          // 输出异常信息
11      } finally {
12          try {
13              if (reader != null) {
14                  reader.close();                     // 关闭流
15              }
16              if (socket != null) {
17                  socket.close();                     // 关闭套接字
18              }
```

```
19              } catch (IOException e) {
20                  e.printStackTrace();
21              }
22          }
23      }
```

（8）在服务器端窗体类 ServerSocketFrame 中，为文本框 tf_send 添加事件代码，实现向客户端发送信息，其事件代码如下：

```
01  tf_send.addActionListener(new ActionListener() {
02      public void actionPerformed(final ActionEvent e) {
03          writer.println(tf_send.getText());              // 将文本框中的信息写入流
04          // 将文本框中的信息显示在文本域中
05          ta_info.append("服务器发送的信息是："+ tf_send.getText() + "\n");
06          tf_send.setText(" ");                           // 将文本框清空
07      }
08  });
```

（9）在客户端窗体类 ClientSocketFrame 的成员声明区，声明输出流、输入流和套接字对象，以方便在其他方法中使用，代码如下：

```
01  private PrintWriter writer;                 // 声明PrintWriter类对象
02  private BufferedReader reader;              // 声明BufferedReader对象
03  private Socket socket;                      // 声明Socket对象
```

（10）在客户端窗体类 ClientSocketFrame 中，定义 connect() 方法用于创建套接字对象输入流和输出流对象，以及在文本域中显示连接信息和接收服务器端发送的信息。该方法的代码如下：

```
01  private void connect() {                        // 连接套接字方法
02      ta_info.append("尝试连接......\n");         // 文本域中的信息
03      try {                                        // 捕捉异常
04          socket = new Socket("192.168.1.122", 1978);  // 实例化Socket对象
05          while (true) {
06              // 创建输出流对象
07              writer = new PrintWriter(socket.getOutputStream(), true);
08              // 实例化BufferedReader对象
09              reader = new BufferedReader(new InputStreamReader(socket.getInputStream()));
10              ta_info.append("完成连接。\n");     // 文本域中的提示信息
11              getClientInfo();
12          }
13      } catch (Exception e) {
14          e.printStackTrace();                    // 输出异常信息
15      }
16  }
```

（11）在客户端窗体类 ClientSocketFrame 中，再定义一个 getClientInfo() 方法，用于接收服务器端发送的信息，以及关闭输入流对象和套接字对象。该方法的代码如下：

```
01    private void getClientInfo() {
02        try {
03            while (true) {                                    // 如果套接字是连接状态
04                if (reader != null) {
05                    String line = reader.readLine();          // 读取服务器发送的信息
06                    if (line != null)
07                        // 获取客户端信息
08                        ta_info.append("接收到服务器发送的信息:" + line + "\n");
09                }
10            }
11        } catch (Exception e) {
12            e.printStackTrace();
13        } finally {
14            try {
15                if (reader != null) {
16                    reader.close();                           // 关闭流
17                }
18                if (socket != null) {
19                    socket.close();                           // 关闭套接字
20                }
21            } catch (IOException e) {
22                e.printStackTrace();
23            }
24        }
25    }
```

（12）在客户端窗体类 ClientSocketFrame 中，为文本框 tf_send 添加事件代码，实现向服务器端发送信息。该方法的代码如下：

```
01    tf_send.addActionListener(new ActionListener() {         // 绑定事件
02        public void actionPerformed(ActionEvent e) {
03            writer.println(tf_send.getText());               // 将文本框中的信息写入流
04            // 将文本框中的信息显示在文本域中
05            ta_info.append("客户端发送的信息是:" + tf_send.getText() + "\n");
06            tf_send.setText(" ");                            // 将文本框清空
07        }
08    });
```

扩展学习

实现 Socket 通信的原理

要实现 Socket 通信，需要有一个服务器端程序和一个客户端程序，服务器端程序负责对指定的端口进行监听，并创建套接字对象；客户端程序则通过套接字与网络中的这个端口进行连接，如果连接成功就可以与服务器端通信。另外注意要先运行服务器端程序，再运行客户端程序。

实例 112 防止 Socket 传递汉字乱码

源码位置：Code\04\112

实例说明

通过套接字进行网络编程时，使用 Socket 传递汉字，有时可能会出现乱码，本实例将讲解如何防止出现汉字乱码。运行程序，效果如图 4.11 和图 4.12 所示。

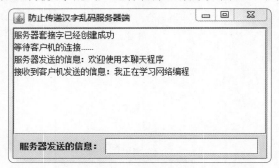

图 4.11 防止传递汉字乱码服务器端

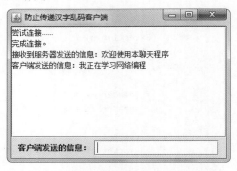

图 4.12 防止传递汉字乱码客户端

关键技术

之所以在 Socket 传递中会出现汉字乱码，是因为发送数据和接收数据所用的编码不同，因此，若要解决汉字乱码问题，只需要在创建输入流和输出流对象时，使用相同的编码即可。在使用 OutputStreamWriter 类和 InputStreamReader 类创建对象时，在构造方法中指定相同的编码。

（1）OutputStreamWriter 类是字节流通向字符流的桥梁，该类的构造方法定义如下：

```
public OutputStreamWriter(OutputStream out, String charsetName) throws UnsupportedEncodingException
```

参数说明：
① out：字节输出流对象。
② charsetName：被支持的字符集名称。
③ 使用该方法需要处理 UnsupportedEncodingException 异常。

（2）InputStreamReader 类是字节流通向字符流的桥梁，该类的构造方法定义如下：

```
public InputStreamReader(InputStream in, String charsetName) throws UnsupportedEncodingException
```

参数说明：
① in：字节输入流对象。
② charsetName：被支持的字符集名称。
③ 使用该方法需要处理 UnsupportedEncodingException 异常。

实现过程

（1）新建一个项目。

（2）在项目中创建一个继承自 JFrame 类的服务器窗体类 ServerSocketFrame 和一个客户端窗体类 ClientSocketFrame。

（3）在服务器窗体类 ServerSocketFrame 的内容面板中央，添加一个 JScrollPane 滚动面板控件，然后在滚动面板的视图上放置一个 JTextArea 文本域控件，并命名为 ta_info，用于显示客户端与服务器的连接信息以及接收到的客户端发送的信息；再在服务器窗体内容面板的上部位置，添加一个 JPanel 面板控件，并在面板上添加一个 JLabel 标签和一个 JTextField 文本框，文本框的名称为 tf_send，用于向客户端发送信息。

（4）在客户端窗体类 ClientSocketFrame 内容面板的中部位置，添加一个 JScrollPane 滚动面板控件，然后在滚动面板的视图上放置一个 JTextArea 文本域控件，并命名为 ta_info，用于显示连接信息以及客户端本身发送的信息；再在客户端窗体内容面板的上部位置，添加一个 JPanel 面板控件，并在面板上添加一个 JLabel 标签和一个 JTextField 文本框，文本框的名称为 tf_send，用于向服务器端发送信息。

（5）在服务器窗体类 ServerSocketFrame 中，定义 getServer() 方法用于创建服务器端套接字、监听客户端程序，以及创建向客户端发送信息的输出流对象和用于接收客户端发送信息的输入流对象，该方法的代码如下：

```
01  public void getserver() {
02      try {
03          server = new ServerSocket(1978);                          // 实例化Socket对象
04          ta_info.append("服务器套接字已经创建成功\n");              // 输出信息
05          while (true) {                                            // 如果套接字是连接状态
06              ta_info.append("等待客户机的连接......\n");            // 输出信息
07              socket = server.accept();                             // 实例化Socket对象
08              reader = new BufferedReader(new InputStreamReader(socket.getInputStream(),
09                      "UTF-8"));                                    // 实例化BufferedReader对象
10              // 实例化OutputStreamWriter对象
11              out = new OutputStreamWriter(socket.getOutputStream(), "UTF-8");
12              writer = new PrintWriter(out, true);                  // 实例化PrintWriter对象
13              getClientInfo();                                      // 调用getClientInfo()方法
14          }
15      } catch (Exception e) {
16          e.printStackTrace();                                      // 输出异常信息
17      }
18  }
```

（6）在客户端窗体类 ClientSocketFrame 中，定义 connect() 方法用于创建套接字对象输入流和输出流对象，以及在文本域中显示连接信息和接收服务器端发送的信息，该方法的代码如下：

```
01  private void connect() {                                          // 连接套接字方法
02      ta_info.append("尝试连接......\n");                           // 文本域中的信息
03      try {                                                         // 捕捉异常
04          socket = new Socket("192.168.1.122", 1978);               // 实例化Socket对象
05          while (true) {
06              // 实例化OutputStreamWriter对象
07              out = new OutputStreamWriter(socket.getOutputStream(), "UTF-8");
08              writer = new PrintWriter(out, true);                  // 实例化PrintWriter对象
```

```
09                reader = new BufferedReader(new InputStreamReader(socket.getInputStream(),
10                      "UTF-8"));                                       // 实例化BufferedReader对象
11                ta_info.append("完成连接。\n");                          // 文本域中的提示信息
12                getClientInfo();                                        // 调用方法
13            }
14        } catch (Exception e) {
15            e.printStackTrace();                                        // 输出异常信息
16        }
17    }
```

扩展学习

使用 Socket 传递汉字的原则

由于 Socket 通信是通过 IO 流实现的，因此为了避免传递汉字乱码，只需记住一个原则，那就是通过什么字符集发送数据，就使用什么字符集接收数据，这样就不会发生 Socket 传递汉字乱码的问题。

实例 113　　使用 Socket 传输图片

源码位置：Code\04\113

实例说明

使用套接字进行网络编程，有时需要通过 Socket 传输图片，本实例讲解如何通过套接字传输图片。运行程序，在服务器端选择图片，单击"发送"按钮，就会将图片发送到客户端，效果如图 4.13 和图 4.14 所示。也可以在客户端选择图片，单击"发送"按钮，向服务器端发送图片。

图 4.13　服务器端选择图片并发送

图 4.14　客户端显示接收到的图片

关键技术

本实例通过使用 DataInputStream 类的 read() 方法，将图片文件读取到字节数组，然后使用 DataOutputStream 类从 DataOutput 类继承的 write() 方法输出字节数组，从而实现了使用 Socket 传输图片的功能。

（1）使用 DataInputStream 类的 read() 方法，可以将文件中的信息读取到字节数组，该方法的定义如下：

```
public final int read(byte[] b) throws IOException
```

参数说明：
① b：存储读取信息的字节数组。
② 返回值：读取到的字节总数，如果已经是文件尾，则返回 –1。
③ 使用该方法需要处理 IOException 异常。

（2）使用 DataOutputStream 类从 DataOutput 类继承的 write() 方法，可以输出字节数组，该方法的定义如下：

```
void write(byte[] b) throws IOException
```

参数说明：
① b：需要写入输出流中的字节数组。
② 使用该方法需要处理 IOException 异常。

实现过程

（1）新建一个项目。

（2）在项目中创建一个继承自 JFrame 类的服务器窗体类 ServerSocketFrame 和一个客户端窗体类 ClientSocketFrame，并完成服务器和客户端窗体界面的设计。

（3）在服务器窗体类 ServerSocketFrame 中，定义 getServer() 方法用于创建服务器端套接字、监听客户端程序，以及创建向客户端发送信息的输出流对象和用于接收客户端发送信息的输入流对象。该方法的关键代码如下：

```
01   server = new ServerSocket(1978);                           // 实例化Socket对象
02   while (true) {                                             // 如果套接字是连接状态
03       socket = server.accept();                              // 实例化Socket对象
04       out = new DataOutputStream(socket.getOutputStream());  // 获取输出流对象
05       in = new DataInputStream(socket.getInputStream());     // 获取输入流对象
06       getClientInfo();                                       // 调用getClientInfo()方法
07   }
```

（4）在服务器窗体类 ServerSocketFrame 中，定义 getClientInfo() 方法用于接收客户端发送的图片。该方法的关键代码如下：

```
01   long lengths = in.readLong();                              // 读取图片文件的长度
02   byte[] bt = new byte[(int) lengths];                       // 创建字节数组
03   for (int i = 0; i < bt.length; i++) {
04       bt[i] = in.readByte();                                 // 读取字节信息并存储到字节数组
05   }
06   receiveImg = new ImageIcon(bt).getImage();                 // 创建图像对象
07   receiveImagePanel.repaint();                               // 重新绘制图像
```

（5）在客户端窗体类 ClientSocketFrame 中，"发送"按钮的事件用于向服务器传输图片，其事件代码如下：

```
01  DataInputStream inStream = null;                          // 定义数据输入流对象
02  if (imgFile != null) {
03      lengths = imgFile.length();                           // 获取选择图片的大小
04      // 创建输入流对象
05      inStream = new DataInputStream(new FileInputStream(imgFile));
06  } else {
07      JOptionPane.showMessageDialog(null, "还没有选择图片文件。");
08      return;
09  }
10  out.writeLong(lengths);                                   // 将文件的大小写入输出流
11  byte[] bt = new byte[(int) lengths];                      // 创建字节数组
12  int len = -1;
13  while ((len = inStream.read(bt)) != -1) {                 // 将图片文件读取到字节数组
14      out.write(bt);                                        // 将字节数组写入输出流
15  }
```

扩展学习

不要被假象迷惑

说到使用 Socket 传输图片，很多程序员都会想到创建一个图片的 Image 对象，然后使用 Socket 对象传递该 Image 对象。但是由于 Image 不是序列化对象，因此不能使用 Socket 传递，这时必须考虑使用其他方法。本实例中讲解的方法就可以成功实现图片的传输。

实例 114　使用 Socket 传输音频

源码位置：Code\04\114

实例说明

使用套接字进行网络编程，有时需要通过 Socket 传输音频文件，本实例讲解如何通过套接字传输音频文件。运行程序，在服务器端选择音频文件，单击"发送"按钮，就会将音频文件发送到客户端，在客户端弹出的"保存"对话框中指定文件的保存位置和文件名，单击"保存"按钮，即可完成音频文件的传输，效果如图 4.15 和图 4.16 所示。也可以在客户端选择音频文件，单击"发送"按钮，向服务器端发送音频文件。

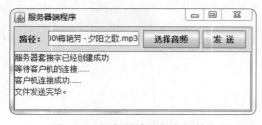

图 4.15　服务器端选择音频并发送

图 4.16　客户端显示文件接收完毕

关键技术

本实例使用 DataInputStream 类的 read() 方法和 DataOutputStream 类从 DataOutput 类继承的

write()方法,实现了对音频文件的读写操作,并使用保存对话框将接收到的音频文件保存到接收方的主机上。

(1)使用 DataInputStream 类的 read() 方法,可以将文件中的信息读取到字节数组,该方法的定义如下:

```
public final int read(byte[] b) throws IOException
```

参数说明:
① b:存储读取信息的字节数组。
② 返回值:读取到的字节总数,如果已经是文件尾,则返回 –1。
③ 使用该方法需要处理 IOException 异常。

(2)使用 DataOutputStream 类从 DataOutput 类继承的 write() 方法,可以输出字节数组,该方法的定义如下:

```
void write(byte[] b) throws IOException
```

参数说明:
① b:需要写入输出流中的字节数组。
② 使用该方法需要处理 IOException 异常。

(3)本实例在接收方保存所接收到的音频文件时,使用文件保存对话框。在 Java 中,将 FileDialog 对象的模式设置为 FileDailog.SAVE,这样该对话框就会成为文件保存对话框。创建文件保存对话框的代码如下:

```
FileDialog dialog = new FileDialog(ServerSocketFrame.this, "保存");
dialog.setMode(FileDialog.SAVE);
```

实现过程

(1)新建一个项目。

(2)在项目中创建一个继承自 JFrame 类的服务器窗体类 ServerSocketFrame 和一个客户端窗体类 ClientSocketFrame,并完成服务器和客户端窗体界面的设计。

(3)在服务器窗体类 ServerSocketFrame 中,定义 getServer() 方法,用于创建服务器端套接字、监听客户端程序,以及创建向客户端发送信息的输出流对象和接收客户端发送信息的输入流对象,并显示相应的信息,该方法的关键代码如下:

```
01   server = new ServerSocket(1978);                          // 实例化Socket对象
02   ta_info.append("服务器套接字已经创建成功\n");                // 输出信息
03   ta_info.append("等待客户机的连接……\n");                     // 输出信息
04   socket = server.accept();                                  // 实例化Socket对象
05   ta_info.append("客户机连接成功……\n");                       // 输出信息
06   while (true) {                                             // 如果套接字是连接状态
07       if (socket != null && !socket.isClosed()) {
08           out = new DataOutputStream(socket.getOutputStream());  // 获取输出流对象
09           in = new DataInputStream(socket.getInputStream());     // 获取输入流对象
10           getClientInfo();                                        // 调用getClientInfo()方法
11       } else {
```

```
12              socket = server.accept();                    // 实例化Socket对象
13          }
14      }
```

（4）在服务器窗体类 ServerSocketFrame 中，定义 getClientInfo() 方法，用于接收客户端发送的音频文件，并弹出"保存"对话框，保存接收到的音频文件。该方法的关键代码如下：

```
01   String name = in.readUTF();                              // 读取文件名
02   long lengths = in.readLong();                            // 读取文件的长度
03   byte[] bt = new byte[(int) lengths];                     // 创建字节数组
04   for (int i = 0; i < bt.length; i++) {
05       bt[i] = in.readByte();                               // 读取字节信息并存储到字节数组
06   }
07   FileDialog dialog = new FileDialog(ServerSocketFrame.this, "保存");  // 创建对话框
08   dialog.setMode(FileDialog.SAVE);                         // 设置对话框为保存对话框
09   dialog.setFile(name);                                    // 设置保存对话框显示的文件名
10   dialog.setVisible(true);                                 // 显示保存对话框
11   String path = dialog.getDirectory();                     // 获取文件的保存路径
12   String newFileName = dialog.getFile();                   // 获取保存的文件名
13   if (path == null || newFileName == null) {
14       return;
15   }
16   String pathAndName = path + "\\" + newFileName;          // 文件的完整路径
17   FileOutputStream fOut = new FileOutputStream(pathAndName); // 创建输出流对象
18   fOut.write(bt);                                          // 向输出流写信息
19   fOut.flush();                                            // 更新缓冲区
20   fOut.close();                                            // 关闭输出流对象
21   ta_info.append("文件接收完毕。\n");
```

（5）在客户端窗体类 ClientSocketFrame 中，"发送"按钮的事件用于向服务器传输音频文件，其事件代码如下：

```
01   DataInputStream inStream = null;                         // 定义数据输入流对象
02   if (file != null) {
03       lengths = file.length();                             // 获取所选择音频文件的大小
04       inStream = new DataInputStream(new FileInputStream(file)); // 创建输入流对象
05   } else {
06       JOptionPane.showMessageDialog(null, "还没有选择音频文件。");
07       return;
08   }
09   out.writeUTF(fileName);                                  // 写入音频文件名
10   out.writeLong(lengths);                                  // 将文件的大小写入输出流
11   byte[] bt = new byte[(int) lengths];                     // 创建字节数组
12   int len = -1;                                            // 用于存储读取到的字节数
13   while ((len = inStream.read(bt)) != -1) {                // 将音频文件读取到字节数组
14       out.write(bt);                                       // 将字节数组写入输出流
15   }
16   out.flush();                                             // 更新输出流对象
17   out.close();                                             // 关闭输出流对象
18   ta_info.append("文件发送完毕。\n");
```

扩展学习

关于 TCP 协议的话题

TCP 协议是一种以固接连线为基础的协议，它为两台计算机间提供可靠的数据传送。TCP 可以保证数据从一端送至其所连接的另一端时，能够确实送达，而且抵达数据的排列顺序和送出时的顺序相同。因此 TCP 协议适合可靠性要求比较高的场合。就像拨打电话一样，必须先拨号给对方，等两端确定连接后，才能听到对方说话，也能做出相应的回复。

实例 115　使用 Socket 传输视频

源码位置：Code\04\115

实例说明

使用套接字进行网络编程，有时需要通过 Socket 传输视频文件，本实例讲解如何通过套接字传输视频文件。运行程序，在服务器端或客户端选择视频文件，单击"发送"按钮，就会将视频文件发送给对方，并弹出"保存"对话框，然后由用户指定文件的保存位置和文件名，单击对话框中的"保存"按钮，完成视频文件的传输，如图 4.17 所示。

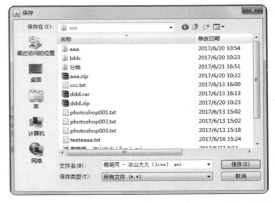

图 4.17　视频文件的"保存"对话框

关键技术

本实例与实例 114 基本相同，只是在文件选择对话框中，指定的用于发送的文件类型不同而已。为了方便用户操作，在发送不同类型的文件时，为文件选择对话框指定相应的文件类型，下面是为文件选择对话框指定音频和视频的代码。

（1）为文件选择对话框指定音频类型的文件，代码如下：

```
JFileChooser fileChooser = new JFileChooser();                          // 创建文件选择器
FileFilter filter = new FileNameExtensionFilter("音频文件（WAV/MIDI/MP3/AU）",
        "WAV", "MID", "MP3", "AU");                                     // 创建音频过滤器
fileChooser.setFileFilter(filter);                                      // 设置过滤器
int flag = fileChooser.showOpenDialog(null);                            // 显示打开对话框
```

> 说明：上述代码打开的文件选择对话框中，只显示文件类型是 WAV、MID、MP3 和 AU 类型的音频文件，这样可以方便用户对音频文件进行选择。

（2）为文件选择对话框指定视频类型的文件，代码如下：

```
JFileChooser fileChooser = new JFileChooser();                          // 创建文件选择器
```

```
FileFilter filter = new FileNameExtensionFilter("视频文件（AVI/MPG/DAT/RM）",
        "AVI", "MPG", "DAT", "RM");                          // 创建视频过滤器
fileChooser.setFileFilter(filter);                           // 设置过滤器
int flag = fileChooser.showOpenDialog(null);                 // 显示打开对话框
```

> **说明：** 上述代码打开的文件选择对话框中，只显示文件类型是AVI、MPG、DAT和RM类型的视频文件，这样可以方便用户对视频文件进行选择。

实现过程

（1）新建一个项目。

（2）在项目中创建一个继承自 JFrame 类的服务器窗体类 ServerSocketFrame 和一个客户端窗体类 ClientSocketFrame，并完成服务器和客户端窗体界面的设计。

（3）在服务器窗体类 ServerSocketFrame 中，定义 getServer() 方法用于创建服务器端套接字、监听客户端程序，以及创建向客户端发送信息的输出流对象，和用于接收客户端发送信息的输入流对象，并显示相应的信息。

（4）在服务器窗体类 ServerSocketFrame 中，定义 getClientInfo() 方法用于接收客户端发送的视频文件，并弹出"保存"对话框，保存接收到的视频文件。

（5）在客户端窗体类 ClientSocketFrame 中，定义连接服务器的 connect() 方法，接收服务器信息的 getServerInfo() 方法，以及在"发送"按钮的事件中添加向服务器传输视频文件的代码，完成客户端程序的功能。

> **说明：** 由于本实例与实例114的代码基本相同，只是在选择要发送的文件时，所显示的文件类型不同，这里不再给出，如果需要可以查看源程序代码。

扩展学习

使用 UDP 提高数据传输速度

用户数据报（UDP）是网络信息传输的另一种形式。基于 UDP 的通信与基于 TCP 的通信不同，基于 UDP 的信息传递更快，但不提供可靠性保证。虽然 UDP 是一种不可靠的协议，但在需要较快地传输信息、可以容忍小的错误时，可以考虑使用。

实例 116　一个服务器与一个客户端通信　　　源码位置：Code\04\116

实例说明

在使用套接字进行网络编程时，需要在服务器和客户端之间进行通信，本实例讲解如何实现一个服务器与一个客户端进行通信。运行程序，效果如图 4.18 和图 4.19 所示。

图 4.18　服务器端发送和接收信息的效果　　图 4.19　客户端接收和发送信息的效果

关键技术

本实例在服务器端和客户端没有使用线程来处理接收到的信息，所以当有多个客户连接到服务器时，只有第一个客户能够与服务器进行通信，而其他客户必须等待，只有第一个客户退出，服务器才能与下一个客户进行通信，以此类推。

（1）服务器端通过 getClientInfo() 方法来接收客户端发送的信息，该方法的关键代码如下：

```java
private void getClientInfo() {
    try {
        while (true) {
            String line = reader.readLine();                    // 读取客户端发送的信息
            if (line != null)
                // 显示客户端发送的信息
                ta_info.append("接收到客户端发送的信息：" + line + "\n");
        }
    } catch (Exception e) {
        ta_info.append("客户端已退出。\n");                      // 输出异常信息
    }
}
```

（2）客户端通过 getServerInfo() 方法来接收服务器端发送的信息，该方法的关键代码如下：

```java
private void getServerInfo() {
    try {
        while (true) {
            if (reader != null) {
                String line = reader.readLine();                // 读取服务器端发送的信息
                if (line != null)
                    // 显示服务器端发送的信息
                    ta_info.append("接收到服务器端发送的信息：" + line + "\n");
            }
        }
    } catch (Exception e) {
        e.printStackTrace();
    }
}
```

实现过程

（1）新建一个项目。

（2）在项目中创建一个继承自 JFrame 类的服务器窗体类 ServerSocketFrame 和一个客户端窗体类 ClientSocketFrame。

（3）在服务器窗体类 ServerSocketFrame 中，定义 getServer() 方法用于创建服务器端套接字、监听客户端程序、创建向客户端发送信息的输出流对象和接收客户端发送信息的输入流对象，该方法的关键代码如下：

```
01    server = new ServerSocket(1978);                              // 实例化Socket对象
02    ta_info.append("服务器套接字已经创建成功\n");                      // 输出信息
03    while (true) {                                                // 如果套接字是连接状态
04        ta_info.append("等待客户机的连接......\n");                   // 输出信息
05        socket = server.accept();                                 // 实例化Socket对象
06        // 实例化BufferedReader对象
07        reader = new BufferedReader(new InputStreamReader(socket.getInputStream()));
08        // 实例化PrintWriter对象
09        writer = new PrintWriter(socket.getOutputStream(), true);
10        getClientInfo();                                          // 调用getClientInfo()方法
11    }
```

（4）在服务器窗体类 ServerSocketFrame 中，"发送"按钮用于向客户端发送信息，其事件代码如下：

```
01    writer.println(tf_send.getText());                            // 将文本框中的信息写入流
02    // 将文本框中的信息显示在文本域中
03    ta_info.append("服务器发送的信息是：" + tf_send.getText() + "\n");
04    tf_send.setText("");                                          // 将文本框清空
```

（5）在客户端窗体类 ClientSocketFrame 中定义 connect() 方法，用于创建与服务器连接的套接字对象、输入流对象和输出流对象，以及在文本域中显示与服务器的连接信息和接收到服务器端发送的信息，该方法的关键代码如下：

```
01    socket = new Socket("192.168.1.122", 1978);                   // 实例化Socket对象
02    while (true) {
03        // 实例化PrintWriter对象
04        writer = new PrintWriter(socket.getOutputStream(), true);
05        // 实例化BufferedReader对象
06        reader = new BufferedReader(new InputStreamReader(socket.getInputStream()));
07        ta_info.append("完成连接。\n");                             // 文本域中的提示信息
08        getServerInfo();
09    }
```

（6）在客户端窗体类 ServerSocketFrame 中，"发送"按钮用于向服务器端发送信息，其事件代码如下：

```
01    writer.println(tf_send.getText());                            // 将文本框中的信息写入流
02    // 将文本框中的信息显示在文本域中
```

```
03     ta_info.append("客户端发送的信息是:" + tf_send.getText() + "\n");
04     tf_send.setText("");                                    // 将文本框清空
```

扩展学习

服务器与客户端一对一通信的原理

服务器与客户端一对一通信的原理,是服务器端启动后对客户端进行监听,如果有客户端连接到服务器,就可以与其进行通信了,并且,在该客户端没有退出时,再打开其他客户端程序,只有第一个连接到服务器的客户端程序能接收到服务器的信息,同样服务器也只能接收到第一个客户端发送的信息。如果第一个客户端退出了,第二个连接到服务器的客户端则可以与服务器通信,以此类推。这主要是由于服务器端的所有操作都是在一个主线程中完成的。

实例 117　一个服务器与多个客户端通信

源码位置:Code\04\117

实例说明

在使用套接字进行网络编程时,需要在服务器和客户端之间进行通信,本实例讲解如何实现一个服务器与多个客户端进行通信。运行程序,服务器启动后,启动两个客户端程序,然后通过服务器向客户端发送信息,两个客户端都会收到服务器发送的信息,效果如图 4.20 和图 4.21 所示。

图 4.20　第一个客户端接收到的服务器信息　　图 4.21　第二个客户端接收的服务器信息

关键技术

本实例在服务器端通过线程来处理不同客户发送的信息。当有多个客户连接到服务器时,服务器会为每个客户建立一个线程来处理接收到的信息,而不会产生阻塞,从而实现了一个服务器与多个客户端通信。而且在关闭客户端窗体时,还会向服务器端发送退出客户的索引。

(1) 在服务器端创建线程类 ServerThread,用于接收客户端发送的信息以及处理客户端的退出信息,该线程类中 run() 方法的关键代码如下:

```
public void run() {
    try {
        if (socket != null) {
```

```java
            // 实例化BufferedReader对象
            reader = new BufferedReader(new InputStreamReader(socket.getInputStream()));
            int index = -1;                                         // 存储退出的客户端索引值
            try {
                while (true) {                                      // 如果套接字是连接状态
                    String line = reader.readLine();                // 读取客户端信息
                    try {
                        index = Integer.parseInt(line);             // 获取退出的客户端索引值
                    } catch (Exception ex) {
                        index = -1;
                    }
                    if (line != null) {
                        // 获取客户端信息
                        ta_info.append("接收到客户机发送的信息：" + line + "\n");
                    }
                }
            } catch (Exception e) {
                if (index != -1) {
                    vector.set(index, null);                        // 将退出的客户端套接字设置为null
                    // 输出异常信息
                    ta_info.append("第" + (index + 1) + "个客户端已经退出。\n");
                }
            }
        } catch (Exception e) {
            e.printStackTrace();
        }
    }
```

（2）客户端窗体的关闭事件，用于向服务器发送退出客户的索引值，客户端窗体的关闭事件代码如下：

```java
addWindowListener(new WindowAdapter() {
    public void windowClosing(final WindowEvent e) {                // 窗体关闭事件
        writer.println(String.valueOf(index));                      // 向服务器端发送退出客户的索引值
    }
});
```

实现过程

（1）新建一个项目。

（2）在项目中创建一个继承自 JFrame 类的服务器窗体类 ServerSocketFrame 和一个客户端窗体类 ClientSocketFram。

（3）在服务器窗体类 ServerSocketFrame 中，定义 getServer() 方法用于创建服务器端套接字、监听客户端程序、创建向客户端发送信息的输出流对象，并向客户端发送连接用户的套接字索引以及创建并启动线程对象，用于接收客户端发送的信息，该方法的关键代码如下：

```
01    server = new ServerSocket(1978);                              // 实例化Socket对象
02    ta_info.append("服务器套接字已经创建成功\n");                      // 输出信息
03    while (true) {                                                // 如果套接字是连接状态
04        socket = server.accept();                                 // 实例化Socket对象
05        counts++;                                                 // 计算连接客户总数
06        ta_info.append("第" + counts + "个客户连接成功\n");            // 输出信息
07        // 创建输出流对象
08        PrintWriter out = new PrintWriter(socket.getOutputStream(), true);
09        out.println(String.valueOf(counts - 1));                  // 向客户端发送套接字索引
10        vector.add(socket);                                       // 存储客户端套接字对象
11        new ServerThread(socket).start();                         // 创建并启动线程对象
12    }
```

（4）在客户端窗体类 ClientSocketFrame 中定义 connect() 方法，用于创建与服务器连接的套接字对象、输入流对象和输出流对象，从服务器读取客户端的索引以及在文本域中显示是第几个与服务器连接的用户和接收服务端发送的信息，该方法的关键代码如下：

```
01    socket = new Socket("192.168.1.122", 1978);                   // 实例化Socket对象
02    while (true) {
03        writer = new PrintWriter(socket.getOutputStream(), true); // 创建输出流对象
04        // 实例化BufferedReader对象
05        reader = new BufferedReader(new InputStreamReader(socket.getInputStream()));
06        index = Integer.parseInt(reader.readLine());              // 获取客户登录服务器的索引值
07        // 文本域中提示信息
08        ta_info.append("你是第" + (index + 1) + "个完成连接的用户。\n");
09        getServerInfo();                                          // 调用接收服务器信息的方法
10    }
```

扩展学习

服务器与客户端一对多通信的原理

由于服务器与客户端一对一通信存在些许不足，因此使用服务器与客户端进行一对多通信是十分必要的。其原理是在服务器端为每个客户建立一个线程，这样服务器就可以向多个客户端发送信息了，同样每个客户端也都可以向服务器发送信息，而与客户端程序连接到服务器的顺序无关。

实例 118 客户端一对多通信

源码位置：Code\04\118

实例说明

使用套接字进行网络编程，有时需要在不同的客户端之间进行通信，其中有一种通信方式就是一个客户端与其他多个客户端进行通信。本实例讲解如何实现一个客户端与其他多个客户端进行通信。运行程序，服务器启动后，启动 3 个客户端程序，然后通过第一个客户端向另外两个客户端发送信息，则另外的两个客户端都会收到服务器发送的信息，效果如图 4.22 和图 4.23 所示。

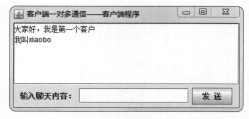

图 4.22　第二个客户端接收到第一个客户端的信息　　图 4.23　第三个客户端接收到第一个客户端的信息

关键技术

本实例主要是在服务器端通过线程对客户端发送的信息进行监听。当有客户端发送信息时，就会将该信息发送给其他已经登录到服务器的客户端，但是不会向发送方发送该信息，在客户端也通过线程来监听服务器转发的信息。

（1）在服务器端创建线程类 ServerThread，用于接收客户端发送的信息，并转发给其他已经连接到服务器的客户端，该线程类中 run() 方法的关键代码如下：

```java
while (true) {
    String info = in.readLine();                            // 读取信息
    for (Socket s : vector) {                               // 遍历所有客户端套接字对象
        if (s != socket) {                                  // 如果不是发送信息的套接字对象
            // 创建输出流对象
            PrintWriter out = new PrintWriter(s.getOutputStream(), true);
            out.println(info);                              // 发送信息
            out.flush();                                    // 刷新输出缓冲区
        }
    }
}
```

（2）在客户端创建线程类 ClientThread，用于接收服务器端转发的客户端信息，并在客户端的文本域中显示接收到的信息，该线程类中 run() 方法的关键代码如下：

```java
while (true) {
    String info = in.readLine();                            // 读取信息
    ta_info.append(info + "\n");                            // 在文本域中显示信息
    if (info.equals("88")) {                                // 如果接收到的信息是88，就结束线程的执行
        break;                                              // 结束线程
    }
}
```

实现过程

（1）新建一个项目。

（2）在项目中创建一个继承自 JFrame 类的服务器窗体类 ClientOneToMany_ServerFrame 和一个客户端窗体类 ClientOneToMany_ClientFrame。

（3）在服务器窗体类 ClientOneToMany_ServerFrame 中，定义 createSocket() 方法，用于创建服务器端套接字、监听客户端程序，以及创建并启动线程对象，将接收到的客户端发送的信息转发给其他客户端。该方法的关键代码如下：

```
01    server = new ServerSocket(1978);
02    while (true) {
03        ta_info.append("等待新客户连接......\n");
04        socket = server.accept();                                    // 创建套接字对象
05        vector.add(socket);                                          // 将套接字对象添加到向量对象中
06        ta_info.append("客户端连接成功。" + socket + "\n");
07        new ServerThread(socket).start();                            // 创建并启动线程对象
08    }
```

（4）在客户端窗体类 ClientOneToMany_ClientFrame 中定义 createClientSocket() 方法，用于创建与服务器连接的套接字对象、创建输出流对象以及启动线程对象接收服务器端转发的信息，该方法的关键代码如下：

```
01    Socket socket = new Socket("192.168.1.122", 1978);               // 创建套接字对象
02    out = new PrintWriter(socket.getOutputStream(), true);           // 创建输出流对象
03    new ClientThread(socket).start();                                // 创建并启动线程对象
```

扩展学习

允许客户端接收自己发送的信息

本实例运行后，客户端发送的信息能够被其他客户端接收，但是本身并不能接收到自己发送的信息。如果允许客户端接收自己发送的信息，可以将服务器端线程类 run() 中的 if 条件语句去掉。

实例 119　客户端一对一通信　　　　　源码位置：Code\04\119

实例说明

使用套接字进行网络编程，有时需要在不同的客户端之间进行通信，其中有一种通信方式就是一个客户端与另一个指定的客户端进行通信。本实例讲解如何实现一个客户端与另一个指定的客户端进行通信。运行程序，服务器启动后，再启动 3 个客户端程序，并分别以 aaa、bbb 和 ccc 的身份进行登录，然后在左侧的用户列表中选择接收信息的用户，输入聊天信息即可发送到目标用户，效果如图 4.24 和图 4.25 所示。

图 4.24　客户端 aaa 接收到 bbb 的信息

图 4.25　客户端 bbb 接收到 aaa 的信息

关键技术

本实例主要是在服务器端通过线程对客户端发送的信息进行监听,并对登录用户和消息分别进行处理。如果是登录用户,就将所有用户添加到客户端的用户列表中;如果是消息,就转发给指定的用户。客户端则通过线程对接收到的信息进行处理,如果是登录用户,就添加到用户列表中;如果是消息,就追加到文本域中。

(1) 在服务器端创建线程类 ServerThread,用于对登录用户和消息分别进行处理。如果是登录用户,就将所有用户添加到客户端的用户列表中;如果是消息,就转发给指定的用户,该线程类 run() 方法中用于判断是登录用户还是消息的关键代码如下:

```
if (info.startsWith("用户: ")) {                    // 添加登录用户到客户端列表
    // 省略了向客户端用户列表添加登录用户的代码
} else {                                            // 转发接收的消息
    // 省略了向客户端指定用户发送信息的代码
}
```

(2) 在客户端创建线程类 ClientThread,用于对接收到的信息进行处理,如果是登录用户,就添加到用户列表中;如果是消息,就追加到文本域中,该线程类 run() 方法中用于判断接收到的是登录用户还是消息的关键代码如下:

```
if (!info.startsWith("MSG:")) {                    // 如果接收到的不是消息,即是登录用户
    // 省略了向用户列表添加登录用户的代码
} else {                                           // 如果接收到的是消息
    ta_info.append(info + "\n");                   // 在文本域中显示信息
    if (info.equals("88")) {
        break;                                     // 结束线程
    }
}
```

实现过程

(1) 新建一个项目。

(2) 在项目中创建一个继承自 JFrame 类的服务器窗体类 ClientOneToOne_ServerFrame 和一个客户端窗体类 ClientOneToOne_ClientFrame。

(3) 在服务器窗体类 ClientOneToMany_ServerFrame 中,定义 ServerThread 线程类,在该线程类的 run() 方法中有一部分代码用于为客户端添加用户列表,其关键代码如下:

```
01   if (info.startsWith("用户: ")) {                         // 添加登录用户到客户端列表
02       key = info.substring(3, info.length());             // 获取用户名并作为键使用
03       map.put(key, socket);                               // 添加键值对
04       Set<String> set = map.keySet();                     // 获取集合中所有键的Set视图
05       Iterator<String> keyIt = set.iterator();            // 获取所有键的迭代器
06       while (keyIt.hasNext()) {
07           String receiveKey = keyIt.next();               // 获取表示接收信息的键
08           Socket s = map.get(receiveKey);                 // 获取与该键对应的套接字对象
09           // 创建输出流对象
10           PrintWriter out = new PrintWriter(s.getOutputStream(), true);
```

```
11          Iterator<String> keyIt1 = set.iterator();        // 获取所有键的迭代器
12          while (keyIt1.hasNext()) {
13              String receiveKey1 = keyIt1.next();          // 获取键，用于向客户端添加用户列表
14              out.println(receiveKey1);                    // 发送信息
15              out.flush();                                 // 刷新输出缓冲区
16          }
17      }
18
19  } else {                                                 // 转发接收到的消息
20      // 省略了转发接收消息的代码
21  }
```

（4）在服务器窗体类 ClientOneToMany_ServerFrame 的线程类 ServerThread 中，在 run() 方法中有一部分代码用于转发客户端发送的消息，其关键代码如下：

```
01  if (info.startsWith("用户：")) {                         // 添加登录用户到客户端列表
02      // 省略了向客户端添加用户列表的代码
03  } else {                                                 // 转发接收的消息
04      // 获取接收方的key值，即接收方的用户名
05      key = info.substring(info.indexOf("：发送给：") + 5, info.indexOf("：的信息是："));
06      // 获取发送方的key值，即发送方的用户名
07      String sendUser = info.substring(0, info.indexOf("：发送给："));
08      Set<String> set = map.keySet();                      // 获取集合中所有键的Set视图
09      Iterator<String> keyIt = set.iterator();             // 获取所有键的迭代器
10      while (keyIt.hasNext()) {
11          String receiveKey = keyIt.next();                // 获取表示接收信息的键
12          // 如果是发送方，但不是用户本身
13          if (key.equals(receiveKey) && !sendUser.equals(receiveKey)) {
14              Socket s = map.get(receiveKey);              // 获取与该键对应的套接字对象
15              // 创建输出流对象
16              PrintWriter out = new PrintWriter(s.getOutputStream(), true);
17              out.println("MSG:" + info);                  // 发送信息
18              out.flush();                                 // 刷新输出缓冲区
19          }
20      }
21  }
```

（5）在客户端窗体类 ClientOneToOne_ClientFrame 中定义 ClientThread 线程类，用于对接收到的服务器的信息进行处理，如果是登录用户，就添加到用户列表中；如果是消息，就追加到文本域中，该线程类的 run() 方法实现该功能的关键代码如下：

```
01  if (!info.startsWith("MSG:")) {
02      // 标记是否为列表框添加列表项，true不添加，false添加
03      boolean itemFlag = false;
04      for (int i = 0; i < model.getSize(); i++) {
05          if (info.equals((String) model.getElementAt(i))) {
06              itemFlag = true;                             // 标记为true，表示是用户
07          }
08      }
```

```
09        if (!itemFlag) {
10            model.addElement(info);                              // 添加列表项
11        } else {
12            itemFlag = false;                                    // 标记设置为false
13        }
14    } else {
15        ta_info.append(info + "\n");                             // 在文本域中显示信息
16        if (info.equals("88")) {
17            break;                                               // 结束线程
18        }
19    }
```

扩展学习

在客户端显示自己发送的信息

本实例中,客户端发送的信息能够被某个指定的客户端接收,但是客户端本身并没有显示自己发送的信息。如果希望在客户端显示自己发送的信息,则可以在发送信息时,向文本域追加发送者、接收者和发送的信息。

实例 120 聊天室服务器端

源码位置:Code\04\120

实例说明

本实例实现了聊天室服务器端的功能。运行程序,服务器端等待客户端的连接,并显示客户端的连接信息,如图 4.26 所示,有 3 个客户端连接到服务器、一个客户端退出的效果。

关键技术

本实例使用 Hashtable 类存储连接到服务器的用户名和套接字对象,并使用 String 类的 startWith() 方法判断客户端发送信息的类型,从而实现了向服务器端添加登录用户、发送退出信息、通过服务器转发客户端发送的信息等功能,最终完成了聊天室服务器端程序的开发。

图 4.26 聊天室服务器端

(1) Hashtable 类实现了一个哈希表的创建,用于存储键值映射关系,任何非 null 对象都可以用作键和值使用,在本实例中用到该类的构造方法定义如下:

```
public Hashtable()
```

参数说明:
使用默认的初始容量(11)和加载因子(0.75)创建一个新的空哈希表。

(2) String 类的 startWith() 方法,用于判断当前字符串是否以参数指定的字符串为前缀,该方法的定义如下:

```
public boolean startsWith(String prefix)
```

参数说明：
① prefix：指定的前缀字符串。
② 返回值：如果该方法以指定的前缀开始，则返回 true；否则返回 false。

实现过程

（1）新建一个项目。

（2）在项目中创建一个继承自 JFrame 类的服务器窗体类 ChatServerFrame，然后在窗体上添加一个滚动面板，并在滚动面板上添加一个文本域控件，完成窗体界面的设计。

（3）在服务器窗体类 ChatServerFrame 的成员声明区定义一个 Hashtable 对象，用于存储登录用户的用户名和套接字对象，代码如下：

```
01    private Hashtable<String, Socket> map = new Hashtable<String, Socket>();
02    // 用于存储连接到服务器的用户和客户端套接字对象
```

（4）在服务器窗体类 ChatServerFrame 中，定义 createSocket() 方法，用于创建服务器套接字对象、获得连接到服务器的客户端套接字对象以及启动线程对象对客户端发送的信息进行处理。该方法的代码如下：

```
01    public void createSocket() {
02        try {
03            server = new ServerSocket(1982);              // 创建服务器套接字对象
04            while (true) {
05                ta_info.append("等待新客户连接......\n");
06                socket = server.accept();                 // 获取套接字对象
07                ta_info.append("客户端连接成功。" + socket + "\n");
08                new ServerThread(socket).start();         // 创建并启动线程对象
09            }
10        } catch (IOException e) {
11            e.printStackTrace();
12        }
13    }
```

（5）在服务器窗体类 ChatServerFrame 中，定义内部线程类 ServerThread，用于对客户端的连接信息以及发送的信息进行处理和转发。该类的定义如下：

```
01    class ServerThread extends Thread {
02        // 省略了部分代码
03        public void run() {
04            try {
05                // 获取输入流对象
06                ObjectInputStream ins = new ObjectInputStream(socket.getInputStream());
07                while (true) {
08                    // 省略了部分代码
09                    if (v != null && v.size() > 0) {
```

```
10                      for (int i = 0; i < v.size(); i++) {
11                          String info = (String) v.get(i);          // 读取信息
12                          String key = "";
13                          if (info.startsWith("用户：")) {            // 添加登录用户到客户端列表
14                              // 省略了部分代码
15                          } else if (info.startsWith("退出：")) {
16                              // 省略了部分代码
17                          } else {                                   // 转发接收的消息
18                              key = info.substring(info.indexOf("：发送给：")
19                                      + 5, info.indexOf("：的信息是："));
20                              String sendUser = info.substring(0, info.indexOf("：发送给："));
21                              Set<String> set = map.keySet();        // 获取集合中所有键的Set视图
22                              // 获取所有键的迭代器
23                              Iterator<String> keyIt = set.iterator();
24                              while (keyIt.hasNext()) {
25                                  // 获取表示接收信息的键
26                                  String receiveKey = keyIt.next();
27                                  // 与接收用户相同，但不是发送用户
28                                  if (key.equals(receiveKey) && !sendUser.equals(receiveKey)) {
29                                      // 获取与该键对应的套接字对象
30                                      Socket s = map.get(receiveKey);
31                                      // 创建输出流对象
32                                      PrintWriter out = new PrintWriter(s.getOutputStream(),
33                                              true);
34                                      out.println("MSG:" + info);    // 发送信息
35                                      out.flush();                   // 刷新输出缓冲区
36                                  }
37                              }
38                          }
39                      }
40                  }
41              }
42          } catch (IOException e) {
43              ta_info.append(socket + "已经退出。\n");
44          }
45      }
46  }
```

扩展学习

使聊天室服务器端可以发送信息

本实例实现的聊天室服务器端，只是简单地执行客户端的监听，并在客户端之间转发信息。为完善本实例，使其实现向客户端群发信息或选择客户端发送信息的功能，可以参考实例118和实例119。

实例121 聊天室客户端

源码位置：Code\04\121

实例说明

本实例将实现聊天室客户端。运行程序，用户登录服务器后，可以从用户列表中选择单个用户

进行聊天，也可以选择多个用户进行聊天，其中选择单个用户进行聊天的效果如图 4.27 和图 4.28 所示。

图 4.27　小 a 的聊天界面　　　　　　　　图 4.28　小 b 的聊天界面

关键技术

通过线程对接收到的信息进行处理分为 3 种情况，第 1 种接收到的是登录用户；第 2 种接收到的是退出提示；第 3 种接收到的是消息。实现上述 3 种功能的关键代码如下：

```
01  String info = in.readLine().trim();                    // 读取信息
02      if (!info.startsWith("MSG:")) {                    // 接收到的不是消息
03          if (info.startsWith("退出：")) {                // 接收到的是退出消息
04              model.removeElement(info.substring(3));    // 从用户列表中移除用户
05          } else {                                       // 接收到的是登录用户
06              // 标记是否为列表框添加列表项，true不添加，false添加
07              boolean itemFlag = false;
08              for (int i = 0; i < model.getSize(); i++) { // 对用户列表进行遍历
09                  // 如果用户列表中存在该用户名
10                  if (info.equals((String) model.getElementAt(i))) {
11                      itemFlag = true;                   // 设置为true，表示不添加到用户列表
12                      break;                             // 结束for循环
13                  }
14              }
15              if (!itemFlag) {
16                  model.addElement(info);                // 将登录用户添加到用户列表
17              }
18          }
19      } else { // 如果获取的是消息，则在文本域中显示接收到的消息
20          DateFormat df = DateFormat.getDateInstance();  // 获取DateFormat实例
21          String dateString = df.format(new Date());     // 格式化为日期
22          df = DateFormat.getTimeInstance(DateFormat.MEDIUM); // 获得DateFormat实例
23          String timeString = df.format(new Date());     // 格式化为时间
24          // 获取发送信息的用户
25          String sendUser = info.substring(4, info.indexOf("：发送给："));
26          // 获取接收到的信息
27          String receiveInfo = info.substring(info.indexOf("：的信息是：") + 6);
28          ta_info.append(" " + sendUser + " " + dateString + " " + timeString + "\n"
```

```
29                + receiveInfo + "\n");
30            // 设置选择的起始位置
31            ta_info.setSelectionStart(ta_info.getText().length() - 1);
32            ta_info.setSelectionEnd(ta_info.getText().length());       // 设置选择的结束位置
33            tf_send.requestFocus();                                     // 使发送信息文本框获得焦点
34        }
35    }
```

实现过程

（1）新建一个项目。

（2）在项目中创建一个继承自 JFrame 类的客户端窗体类 ChatClientFrame，用来进行用户登录、发送聊天信息和显示聊天信息，并在该类中完成窗体界面的设计。

（3）在客户端窗体类 ChatClientFrame 中，定义 createClientSocket() 方法，用于创建套接字对象、输出流对象以及启动线程对象对服务器转发的信息进行处理。该方法的代码如下：

```
01   public void createClientSocket() {
02       try {
03           Socket socket = new Socket("192.168.1.122", 1982);          // 创建套接字对象
04           out = new ObjectOutputStream(socket.getOutputStream());     // 创建输出流对象
05           new ClientThread(socket).start();                            // 创建并启动线程对象
06       } catch (UnknownHostException e) {
07           e.printStackTrace();
08       } catch (IOException e) {
09           e.printStackTrace();
10       }
11   }
```

（4）在客户端窗体类 ChatClientFrame 中，定义内部线程类 ClientThread，用于对服务器端转发的信息进行处理，并显示在相应的控件中。该类的关键代码已在关键技术中给出。

（5）在客户端窗体类 ChatClientFrame 中，为"登录"按钮添加实现用户登录效果的代码。"登录"按钮的事件代码如下：

```
01   if (loginFlag) {                                                     // 已登录标记为true
02       JOptionPane.showMessageDialog(null, "在同一窗口只能登录一次。");
03       return;
04   }
05   String userName = tf_newUser.getText().trim();                      // 获取登录用户名
06   Vector v = new Vector();                                             // 定义向量，用于存储登录用户
07   v.add("用户: " + userName);                                          // 添加登录用户
08   try {
09       out.writeObject(v);                                              // 将用户向量发送到服务器
10       out.flush();                                                     // 刷新输出缓冲区
11   } catch (IOException ex) {
12       ex.printStackTrace();
13   }
14   tf_newUser.setEnabled(false);                                        // 禁用用户文本框
15   loginFlag = true;
```

（6）在客户端窗体类 ChatClientFrame 中，定义发送聊天信息的 send() 方法，该方法的代码如下：

```
01  private void send() {
02      if (!loginFlag) {
03          JOptionPane.showMessageDialog(null, "请先登录。");
04          return;                                              // 如果用户没登录则返回
05      }
06      String sendUserName = tf_newUser.getText().trim();       // 获取登录用户名
07      String info = tf_send.getText();                         // 获取输入的发送信息
08      if (info.equals("")) {
09          return;                                              // 如果没输入信息则返回，即不发送
10      }
11      Vector<String> v = new Vector<String>();                 // 创建向量对象，用于存储发送的消息
12      Object[] receiveUserNames = user_list.getSelectedValues(); // 获取选择的用户数组
13      if (receiveUserNames.length <= 0) {
14          return;                                              // 如果没选择用户则返回
15      }
16      for (int i = 0; i < receiveUserNames.length; i++) {
17          String msg = sendUserName + ": 发送给: " + (String) receiveUserNames[i] + ": 的信息是: "
    + info;                                                     // 定义发送的信息
18          v.add(msg);                                          // 将信息添加到向量
19      }
20      try {
21          out.writeObject(v);                                  // 将向量写入输出流，完成信息的发送
22          out.flush();                                         // 刷新输出缓冲区
23      } catch (IOException e) {
24          e.printStackTrace();
25      }
26      DateFormat df = DateFormat.getDateInstance();            // 获取DateFormat实例
27      String dateString = df.format(new Date());               // 格式化为日期
28      df = DateFormat.getTimeInstance(DateFormat.MEDIUM);      // 获取DateFormat实例
29      String timeString = df.format(new Date());               // 格式化为时间
30      String sendUser = tf_newUser.getText().trim();           // 获取发送信息的用户
31      String receiveInfo = tf_send.getText().trim();           // 显示发送的信息
32      ta_info.append(" " + sendUser + " " + dateString + " " + timeString + "\n" + receiveInfo
    + "\n");                                                    // 在文本域中显示信息
33      tf_send.setText(null);                                   // 清空文本框
34      ta_info.setSelectionStart(ta_info.getText().length() - 1); // 设置选择的起始位置
35      ta_info.setSelectionEnd(ta_info.getText().length());     // 设置选择的结束位置
36      tf_send.requestFocus();                                  // 使发送信息文本框获得焦点
37  }
```

扩展学习

使用文件记录聊天信息

在使用本实例时，如果退出客户端后，再打开客户端重新连接服务器，或清空接收信息文本域中的信息，就无法找回聊天记录了。我们可以将聊天记录追加到文件中，这样需要时可以通过文件找回聊天信息。

实例 122 使用 MD5 加密

源码位置：Code\04\122

实例说明

MD5 加密是一种单项加密技术，加密后生成固定的 byte[] 类型的数据，这种数据不能使用某一种方法恢复，因此可以将其用于用户密码的加密。一般软件的用户登录密码都是使用 MD5 加密的。用户注册时，把用户密码进行加密后保存起来，每次用户登录时输入的密码都会被加密一次，再把加密后的密码与保存在数据库中的密码进行比较验证，通过验证才允许登录。这样把 byte[] 类型的数据转换成 16 进制的字符串更方便操作，如使用 MD5 对"明日科技"加密以后，密文为 ff1b82e719afc4f874b9f47a0b52b666，运行效果如图 4.29 所示。

图 4.29 使用 MD5 对"明日科技"加密

> **说明**：MD5 加密有一个特点，即同样的明文每次使用 MD5 加密生成的密文是不变的，没有随机性。而且生成的密文只是一个信息摘要，并不是对全文的加密，所以每次生成以后都是一个固定位数的字节数组。

关键技术

使用 MessageDigest 类的 getInstance() 方法可以创建一个 MessageDigest 实例，语法如下：

```
public static MessageDigest getInstance(String algorithm) throws NoSuchAlgorithmException
```

参数说明：

algorithm：表示指定算法名称的信息摘要。

实现过程

（1）新建一个 Java 文件。

（2）创建 encryptMD5() 方法，指定加密算法为 MD5，对明文数据进行加密，代码如下：

```
01  public static byte[] encryptMD5(byte[] data) throws NoSuchAlgorithmException {
02      // 指定加密算法
03      MessageDigest digest = MessageDigest.getInstance(algorithm);
04      // 进行加密
05      digest.update(data);
06      return digest.digest();
07  }
```

(3) 创建 encryptMD5toString() 方法把 byte[] 类型的数据转换成 16 进制的字符串, 具体代码如下:

```
01  public static String encryptMD5toString(byte[] data) throws NoSuchAlgorithmException {
02      String str = "";
03      String str16;
04      for (int i = 0; i < data.length; i++) {
05          // 转换为16进制数据
06          str16 = Integer.toHexString(0xFF & data[i]);
07          // 如果长度为1, 前位补0
08          if (str16.length() == 1) {
09              str = str + "0" + str16;
10          } else {
11              str = str + str16;
12          }
13      }
14      return str;
15  }
```

扩展学习

使用 toHexString() 方法转换字符的数据长度一致

16 进制的数据最多有两位数字, 在使用 Integer 类的 toHexString() 方法把一个数据转换成 16 进制字符时, 有可能是一位数字或两位数字, 如 "e" 和 "14" 都是 16 进制数据。在存储数据时, 为了能让加密以后的数据长度一致, 把长度是一位的数字前面加 "0" 补齐, 所以 16 进制中的 "e" 表示成 "0e"。

实例 123 使用 Hmac 加密

源码位置: Code\04\123

实例说明

Hmac 加密可以用于数据传输的确认, 如用户需要做一次投票, 在投票之前服务器端先生成一个密钥, 然后把密钥发送给客户端, 与此同时服务器端使用该密钥对投票的题目进行加密并生成一个信息摘要。当客户端得到密钥以后也使用这个密钥对投票的题目进行加密并生成信息摘要, 并把这个信息摘要和投票结果发给服务端。服务器端收到以后, 把客户端的信息摘要与服务器端的信息摘要进行比较, 如果两者一致则认为是有效的投票。

本实例中, 使用两个类模拟这种客户端与服务器端的情况, 都对 "明日科技" 进行加密, 如果经比较一致, 则输出 "验证通过"; 否则, 输出 "验证不通过", 运行效果如图 4.30 所示。

图 4.30 比较 Hmac 摘要信息

关键技术

使用 SecretKeySpec 类的构造函数可以根据密钥文件生成实例,语法如下:

```
public SecretKeySpec(byte[] key, String algorithm)
```

参数说明:

① key:密钥的内容,复制该数组的内容来防止后续修改。

② algorithm:表示与密钥内容相关联的密钥算法的名称。

实现过程

(1)新建两个 Java 文件,一个文件用于服务器端加密,另一个文件用于客户端加密。

(2)在服务器端创建 initMacKey() 方法生成随机密钥,然后把密钥保存在 keyData.bat 文件里。代码如下:

```
01  public void initMacKey() throws NoSuchAlgorithmException {
02      // 生成密钥生成器
03      KeyGenerator generator = KeyGenerator.getInstance(algorithm);
04      // 生成密钥
05      SecretKey key = generator.generateKey();
06      writeFile(key.getEncoded(), keyFile);
07  }
```

(3)分别在服务器端和客户端创建 encryptHMAC() 方法加密原文,然后生成 byte[] 类型的数据摘要。代码如下:

```
01  public byte[] encryptHMAC(byte[] data) throws NoSuchAlgorithmException,InvalidKeyException {
02      // 读取密钥
03      byte key[] 文件= readFile(keyFile);
04      SecretKey secretKey = new SecretKeySpec(key, algorithm);
05      // 进行加密操作
06      Mac mac = Mac.getInstance(secretKey.getAlgorithm());
07      mac.init(secretKey);
08      return mac.doFinal();
09  }
```

(4)对服务器端和客户端产生的数据摘要使用 BASE64 进行加密,转成 String 类型,然后对二者进行比较,如果相同,则打印"验证通过";否则,打印"验证不通过"。代码如下:

```
01  public static void main(String[] avg) throws NoSuchAlgorithmException, InvalidKeyException {
02      SingleHmacServerFile singleHmacServerFile = new SingleHmacServerFile();
03      SingleHmacClientFile singleHmacClientFile = new SingleHmacClientFile();
04      String data = "明日科技";
05      System.out.println("加密前:" + data);
06      String strData = null;
07      String strDataClient = null;
08      // 生成密钥
09      singleHmacServerFile.initMacKey();
10      // 服务器端加密
```

```
11        strData = BothBase64.encryptBASE64(singleHmacServerFile.encryptHMAC(data.getBytes()));
12        // 客户端加密
13        strDataClient = BothBase64.encryptBASE64(singleHmacClientFile.encryptHMAC(data.getBytes()));
14        System.out.println("服务端加密后: " + strData);
15        System.out.println("客户端加密后: " + strDataClient);
16        // 比较加密结果
17        if (strData.equals(strDataClient)) {
18            System.out.println("验证通过");
19        } else {
20            System.out.println("验证不通过");
21        }
22    }
```

扩展学习

Hmac 加密时密钥的特点

Hmac 加密时，密钥是随机生成的，每个客户端获取的密钥都是唯一的。服务器端与客户端密钥与生成的信息摘要的往来，增强了信息在传递过程中的安全性。

实例 124 使用 DSA 加密

源码位置：Code\04\124

实例说明

DSA 的加密适合验证在从服务器端向客户端传递数据的过程中，数据是否被第三者修改过。如果把服务器端比作老师，把客户端比作家长，老师要把学生成绩单拿给家长看，那么成绩单就可以看作是服务器端向客户端传递的数据。老师一般不会直接把成绩单交给家长，而是要通过学生转交，成绩单是公开的，任何人都可以看但不能修改。当家长看到成绩单时，不知道学生在传递过程中有没有修改过，这就需要使用一种办法来验证，也就是 DSA 加密。本实例对字符串"明日科技"进行加密，然后验证其有效性，运行效果如图 4.31 所示。

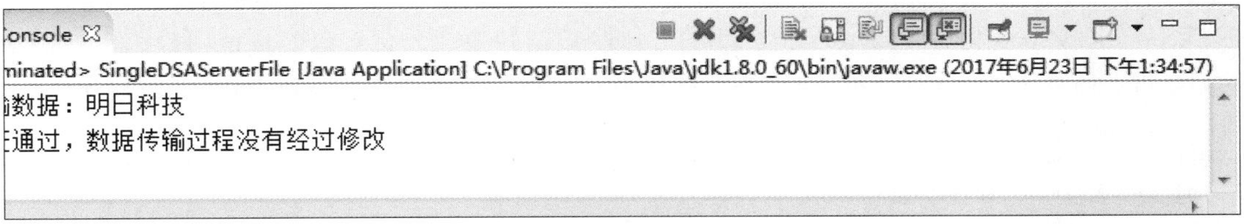

图 4.31 DAS 验证数据传输

关键技术

使用 Signature 类的 verify() 方法可以验证签名字节及传输数据是否经过修改，如果没有经过修改，则方法返回 true，表示验证通过；如果经过修改，则返回 false，表示验证不通过。语法如下：

```
public final boolean verify(byte[] signature) throws SignatureException
```

参数说明：

signature：表示要验证的签名字节。

实现过程

（1）新建两个 Java 文件，一个用于服务器端加密，一个用于客户端验证。

（2）DSA 加密需要生成密钥对，其中，公钥传给客户端，私钥在服务器端用来生成数字签名。在服务器端生成密钥对后，把公钥保存在 keyPublicData.dat 文件中传给客户端，私钥保存在 keyPrivateData.dat 文件中供自己使用。

（3）在服务器端创建 generatorSign() 方法，使用公钥对要传送的数据生成签名。生成数字签名需要使用私钥数据和要传输的数据。使用 PKCS8EncodedKeySpec 类和 KeyFactory 类把二进制私钥数据转换成私钥对象，然后使用私钥对象对 Signature 进行初始化，使用 sign() 方法得到数字签名，并把数字签名保存在 fileSignData.dat 文件中，最后把签名文件和字符串"明日科技"直接发送给客户端，代码如下：

```
01  public void generatorSign(byte[] data) throws NoSuchAlgorithmException,
    InvalidKeySpecException, InvalidKeyException, SignatureException {
02      // 读取私钥
03      byte[] privateKey = readFile(privatekeyFile);
04      PKCS8EncodedKeySpec pkcs8KeySpec = new PKCS8EncodedKeySpec(privateKey);
05      // algorithm 指定的加密算法
06      KeyFactory keyFactory = null;
07      PrivateKey priKey = null;
08      keyFactory = KeyFactory.getInstance(algorithm);
09      priKey = keyFactory.generatePrivate(pkcs8KeySpec);
10      // 生成数字签名
11      Signature signature = Signature.getInstance(keyFactory.getAlgorithm());
12      signature.initSign(priKey);
13      signature.update(data);
14      writeFile(signature.sign(), signdataFile);
15  }
```

（4）把要传输的数据和数字签名发送给客户端。在客户端创建 verifySign() 方法，先使用 X509EncodedKeySpec 和 KeyFactory 把公钥的二进制数据转换成公钥对象，再使用公钥对象初始化 Signature 的验证，然后对接收到的字符串"明日科技"进行验证，如果 Signature 类的 verify() 方法返回 true，表示数据没有被修改过；否则数据被修改过，代码如下：

```
01  public boolean verifySign(byte[] data) {
02      // 获取公钥数据
03      byte[] key = readFile(publickeyFile);
04      // 获取签名
05      byte[] sign = readFile(signdataFile);
06      X509EncodedKeySpec keySpec = new X509EncodedKeySpec(key);
07      KeyFactory keyFactory = null;
08      PublicKey publicKey = null;
09      try {
10          // 获取公钥
```

```
11            keyFactory = KeyFactory.getInstance(algorithm);
12            publicKey = keyFactory.generatePublic(keySpec);
13        } catch (InvalidKeySpecException e) {
14            e.printStackTrace();
15        } catch (NoSuchAlgorithmException e) {
16            e.printStackTrace();
17        }
18        try {
19            // 验证数字签名
20            Signature signature = Signature.getInstance(keyFactory.getAlgorithm());
21            signature.initVerify(publicKey);
22            signature.update(data);
23            return signature.verify(sign);
24        } catch (NoSuchAlgorithmException e) {
25            e.printStackTrace();
26        } catch (InvalidKeyException e) {
27            e.printStackTrace();
28        } catch (SignatureException e) {
29            e.printStackTrace();
30        }
31        return false;
32    }
```

扩展学习

DSA 加密算法的特点

DSA 加密算法的重点不是对原文加密，而是验证原文在传输过程中是否被修改。所以从服务器端到客户端的数据传输是明文，不需要对其进行加密。

实例 125　线程的插队运行

源码位置：Code\04\125

实例说明

在编写多线程程序时，会遇到让一个线程优先于其他线程运行的情况。此时除了可以设置该线程的优先级高于其他线程外，更直接的方式是使用 Thread 类的 join() 方法，本实例将演示该方法的实际效果。实例运行效果如图 4.32 和图 4.33 所示。

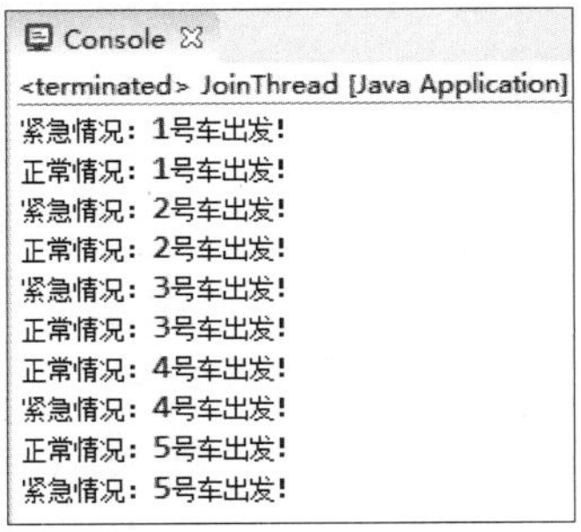

图 4.32　使用 join() 方法前 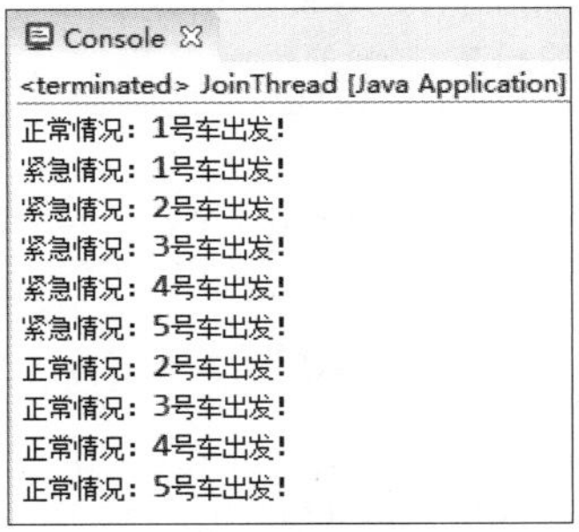　　　　图 4.33　使用 join() 方法后

关键技术

线程（Thread）是程序中的执行线程。Java 虚拟机允许应用程序并发运行多个执行线程，在该类中定义了大量与线程操作相关的方法。join() 方法是 Thread 类的一个静态方法，它有 3 种形式，具体介绍如表 4.1 所示。

表 4.1 Thread 类的 join() 方法

方法名	作用
join()	等待调用该方法的线程终止
join(long millis)	等待调用该方法的线程终止的时间最长为 millis 毫秒
join(long millis, int nanos)	等待调用该方法的线程终止的时间最长为 millis 毫秒加 nanos 纳秒

注意：如果有线程中断了运行 join() 方法的线程，则抛出 InterruptedException 异常。

实现过程

（1）编写类 EmergencyThread，该类实现了 Runnable 接口。在 run() 方法中，每隔 0.1 秒输出一条语句。代码如下：

```
01  public class EmergencyThread implements Runnable {
02      @Override
03      public void run() {
04          for (int i = 1; i < 6; i++) {
05              try {
06                  Thread.sleep(100);                      // 当前线程休眠0.1秒，实现动态更新
07              } catch (InterruptedException e) {
08                  e.printStackTrace();
09              }
10              System.out.println("紧急情况: " + i + "号车出发！");  // 紧急情况下车辆出发
11          }
12      }
13  }
```

（2）编写 JoinThread 类用来进行测试，在该类中使用 EmergencyThread 创建并运行新的线程。使用 join() 方法让新线程优先于当前线程运行。代码如下：

```
01  public class JoinThread {
02      public static void main(String[] args) {
03          Thread thread = new Thread(new EmergencyThread());  // 创建新线程
04          thread.start();                                     // 运行新线程
05          for (int i = 1; i < 6; i++) {
06              try {
07                  Thread.sleep(100);                          // 当前线程休眠0.1秒，实现动态更新
08              } catch (InterruptedException e) {
09                  e.printStackTrace();
```

```
10              }
11              System.out.println("正常情况：" + i + "号车出发！"); // 正常情况下车辆出发
12              try {
13                  thread.join();                              // 使用join()方法让新创建的线程优先运行
14              } catch (InterruptedException e) {
15                  e.printStackTrace();
16              }
17          }
18      }
19  }
```

> **提示**：读者可以注释掉thread.join()语句对比程序的运行效果。

扩展学习

join() 方法的应用

使用 join() 方法可以让调用该方法的线程优先于其他线程运行，实现类似"插队"的效果。当"插队"的线程运行完毕后，其他线程会继续运行，不会因为"插队"而发生改变。

实例 126　使用方法实现线程同步

源码位置：Code\04\126

实例说明

Java 提供了很多种方式和工具类来帮助程序员简化多线程的开发，"同步"是最简单和常用的一种方法。本实例将模拟一个简单的银行系统，使用两个不同的线程向同一个账户存钱。账户的原始金额是 100 元，两个线程分别各存入 100 元，并将存钱的方法修改成同步的方法。实例运行效果如图 4.34 所示。

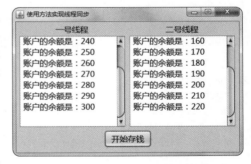

图 4.34　使用方法实现线程同步

关键技术

所谓同步方法，就是有 synchronized 关键字修饰的方法。之所以十几个字母就能解决困难的同步问题，与 Java 的内置锁密切相关。从 1.0 版开始，每个 Java 对象都有一个内置锁，如果方法用 synchronized 关键字进行声明，内置锁就会保护整个方法。即在调用该方法前，需要获得内置锁，否则程序将会处于阻塞状态。最简单的同步方法代码如下：

```
public synchronized void save(){}
```

> **说明**：synchronized关键字也可以修饰静态方法，如果调用该静态方法，将会锁住整个类。

实现过程

（1）继承 JFrame 类编写名为 SynchronizedBankFrame 的窗体。该窗体的主要控件如表 4.2 所示。

表 4.2　窗体主要控件

控 件 类 型	控 件 名 称	控 件 用 途
JButton	startButton	启动两个线程开始转账
JTextArea	thread1TextArea	显示一号线程的输出结果
JTextArea	thread2TextArea	显示二号线程的输出结果

（2）编写内部类 Bank，在该类中定义一个整型域 account 来表示账户、一个存钱方法 deposit() 和一个显示账户余额的方法 getAccount()。代码如下：

```
01  private class Bank {
02      private int account = 100;                       // 每个账户的初始金额是100元
03      public synchronized void deposit(int money) {    // 向账户中存入"money"元
04          account += money;
05      }
06      public int getAccount() {                        // 查询账户余额
07          return account;
08      }
09  }
```

> 提示：请读者思考为什么要同步 deposit() 方法，即 "account += money;" 语句到底是怎么执行的？

（3）编写内部类 Transfer，它实现了 Runnable 接口，因此可以在新线程中运行。其实现向账户存钱功能的代码如下：

```
01  private class Transfer implements Runnable {
02      private Bank bank;
03      private JTextArea textArea;
04      public Transfer(Bank bank, JTextArea textArea) {    // 初始化变量
05          this.bank = bank;
06          this.textArea = textArea;
07      }
08      public void run() {
09          for (int i = 0; i < 10; i++) {                  // 向账户中存钱10次
10              bank.deposit(10);                           // 向账户中存入10元钱
11              String text = textArea.getText();           // 获得文本域中的文本
12              // 在文本域中显示账户中的余额
13              textArea.setText(text + "账户的余额是：" + bank.getAccount() + "\n");
14          }
15      }
16  }
```

扩展学习

理解"account += money;"语句

"account += money;"分为 3 个步骤执行：①读取 account 的值；② account 的值和 money 的值求和；③存入 account 的值。在单线程程序中，上述步骤的执行并没有什么问题，而在多线程程序中，如果两个线程同时读取 account，再先后存入 account，就会少计算一次 money 的值。

实例 127　使用代码块实现线程同步

源码位置：Code\04\127

实例说明

Java 提供了很多方式和工具类来帮助程序员简化多线程的开发。同步方法是最简单和常用的一种方法，本实例将演示如何使用代码块实现同步。在此模拟一个简单的银行系统，使用两个不同的线程向同一个账户存钱。账户的原始金额是 100 元，两个线程分别各存入 100 元，运行效果如图 4.35 所示。

关键技术

synchronized 关键字除了可以用来修饰方法，还可以用来修饰语句块。被该关键字修饰的语句块会自动加上内置锁，从而可以实现同步。最简单的同步块代码如下：

图 4.35　使用代码块实现线程同步

```
synchronized (object) {}
```

实现过程

（1）继承 JFrame 类编写名为 SynchronizedBankFrame 的窗体。该窗体的主要控件如表 4.3 所示。

表 4.3　窗体主要控件

控 件 类 型	控 件 名 称	控 件 用 途
JButton	startButton	启动两个线程开始转账
JTextArea	thread1TextArea	显示一号线程的输出结果
JTextArea	thread2TextArea	显示二号线程的输出结果

（2）编写内部类 Bank，在该类中定义一个整型域 account 来表示账户、一个存钱方法 deposit() 和一个显示账户余额的方法 getAccount()。代码如下：

```
01  private class Bank {
02      private int account = 100;
03      public void deposit(int money) {
04          synchronized (this) {                    // 获得Bank类的内置锁
05              account += money;
06          }
07      }
08      public int getAccount() {                    // 获得账户的余额
09          return account;
10      }
11  }
```

> **提示**：请读者思考在deposit()方法中使用同步块的原因,即 "account += money;" 语句到底是怎么执行的?

（3）编写内部类 Transfer,它实现了 Runnable 接口,因此可以在新线程中运行。其实现向账户存钱功能的代码如下：

```
01  private class Transfer implements Runnable {
02      private Bank bank;
03      private JTextArea textArea;
04      public Transfer(Bank bank, JTextArea textArea) {    // 初始化变量
05          this.bank = bank;
06          this.textArea = textArea;
07      }
08      public void run() {
09          for (int i = 0; i < 10; i++) {                   // 向账户中存钱10次
10              bank.deposit(10);                            // 向账户中存入10元钱
11              String text = textArea.getText();            // 获得文本域中的文本
12              // 在文本域中显示账户中的余额
13              textArea.setText(text + "账户的余额是:" + bank.getAccount() + "\n");
14          }
15      }
16  }
```

扩展学习

synchronized 代码块的使用

同步是一种维护成本较高的操作,应该尽量减少同步的内容。通常没有必要同步整个方法,使用 synchronized 代码块同步关键代码即可。

实例 128　使用特殊域变量实现线程同步

源码位置：Code\04\128

实例说明

Java 提供了很多方式和工具类来帮助程序员简化多线程的开发。"同步"是最简单和常用的一种

方法，本实例将演示如何使用 volatile 关键字实现同步。在此模拟一个简单的银行系统，使用两个不同的线程向同一个账户存钱。账户的原始金额是 100 元，两个线程分别各存入 100 元，运行效果如图 4.36 所示。

关键技术

volatile 关键字为域变量的访问提供了一种免锁机制。使用 volatile 修饰域相当于告诉虚拟机该域可能会被其他线程更新。因此每次使用该域就要重新计算，而不是使用寄存器中的值。volatile 不会提供任何原子操作，它也不能用来修饰 final 类型的变量。

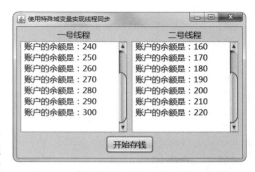

图 4.36　使用特殊域变量实现线程同步

实现过程

（1）继承 JFrame 类编写名为 SynchronizedBankFrame 的窗体，该窗体的主要控件如表 4.4 所示。

表 4.4　窗体主要控件

控 件 类 型	控 件 名 称	控 件 用 途
JButton	startButton	启动两个线程开始转账
JTextArea	thread1TextArea	显示一号线程的输出结果
JTextArea	thread2TextArea	显示二号线程的输出结果

（2）编写内部类 Bank，在该类中定义一个整型域 account 来表示账户、一个存钱方法 deposit() 和一个显示账户余额的方法 getAccount()。代码如下：

```
01    private class Bank {
02        private volatile int account = 100;              // 将域变量用volatile修饰
03        public void deposit(int money) {                 // 向账户中存钱
04            account += money;
05        }
06        public int getAccount() {                        // 获得账户余额
07            return account;
08        }
09    }
```

提示：请读者思考为什么要使用volatile关键字修饰account？

（3）编写内部类 Transfer，它实现了 Runnable 接口，因此可以在新线程中运行。其实现向账户存钱功能的代码如下：

```
01    private class Transfer implements Runnable {
02        private Bank bank;
03        private JTextArea textArea;
04        public Transfer(Bank bank, JTextArea textArea) {     // 初始化变量
```

```
05              this.bank = bank;
06              this.textArea = textArea;
07          }
08          public void run() {
09              for (int i = 0; i < 10; i++) {                      // 向账户中存钱10次
10                  bank.deposit(10);                                // 向账户中存入10元钱
11                  String text = textArea.getText();                // 获得文本域中的文本
12                  // 在文本域中显示账户中的余额
13                  textArea.setText(text + "账户的余额是: " + bank.getAccount() + "\n");
14              }
15          }
16      }
```

扩展学习

安全的域并发访问

多线程中的非同步问题主要出现在对域的读写上，如果能够让域从自身角度避免这个问题，则不需要修改操作该域的方法。有 3 种域可以自行避免非同步的问题，即 final 域、有锁保护的域和 volatile 域。

实例 129 使用重入锁实现线程同步

源码位置：Code\04\129

实例说明

Java 提供了很多方式和工具类来帮助程序员简化多线程的开发。同步方法是最简单和常用的一种方法。本实例将演示如何使用重入锁实现同步。在此模拟一个简单的银行系统，使用两个不同的线程向同一个账户存钱。账户的原始金额是 100 元，两个线程分别存入 100 元，运行效果如图 4.37 所示。

关键技术

在 Java SE 5.0 版本中新增了一个 java.util. concurrent 包来支持线程的同步运行。ReentrantLock 类

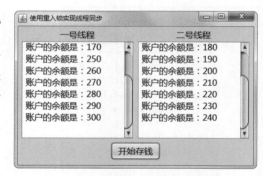

图 4.37 使用重入锁实现线程同步

是可重入、互斥、执行 Lock 接口的锁，它与使用 synchronized 方法和代码块具有相同的基本行为和语义，但是其能力得到了扩展。ReentrantLock 类的常用方法如表 4.5 所示。

表 4.5 ReentrantLock 类的常用方法

方 法 名	作 用
ReentrantLock()	创建一个 ReentrantLock 实例
lock()	获得锁
unlock()	释放锁

> **提示**：ReentrantLock()还有一个可以创建公平锁的构造方法，但由于其会大幅度降低程序运行效率，并不推荐使用。

实现过程

（1）继承 JFrame 类编写名为 SynchronizedBankFrame 的窗体，该窗体的主要控件如表 4.6 所示。

表 4.6　窗体主要控件

控 件 类 型	控 件 名 称	控 件 用 途
JButton	startButton	启动两个线程开始转账
JTextArea	thread1TextArea	显示一号线程的输出结果
JTextArea	thread2TextArea	显示二号线程的输出结果

（2）编写内部类 Bank，在该类中定义一个整型域 account 来表示账户、一个存钱方法 deposit() 和一个显示账户余额的方法 getAccount()。代码如下：

```
01  private class Bank {
02      private int account = 100;                        // 账户的初始金额是100元
03      private Lock lock = new ReentrantLock();          // 创建重入锁对象
04      public void deposit(int money) {
05          lock.lock();                                  // 打开锁
06          try {
07              account += money;
08          } finally {
09              lock.unlock();                            // 关闭锁
10          }
11      }
12      public int getAccount() {                         // 查看余额
13          return account;
14      }
15  }
```

> **提示**：请读者思考为什么要对"account += money;"语句加锁？

（3）编写内部类 Transfer，它实现了 Runnable 接口，因此可以在新线程中运行。其实现向账户存钱功能的代码如下：

```
01  private class Transfer implements Runnable {
02      private Bank bank;
03      private JTextArea textArea;
04      public Transfer(Bank bank, JTextArea textArea) {   // 初始化变量
05          this.bank = bank;
06          this.textArea = textArea;
07      }
```

```
08      public void run() {
09          for (int i = 0; i < 10; i++) {              // 向账户中存钱10次
10              bank.deposit(10);                        // 向账户中存入10元钱
11              String text = textArea.getText();        // 获得文本域中的文本
12              // 在文本域中显示账户中的余额
13              textArea.setText(text + "账户的余额是: " + bank.getAccount() + "\n");
14          }
15      }
16  }
```

扩展学习

Lock 对象和 synchronized 关键字的选择

实现线程同步的方法最好使用 java.util.concurrent 包提供的机制，能够帮助用户处理所有与锁相关的代码。如果 synchronized 关键字能满足用户的需求，就使用它，因为能简化代码。如果需要更高级的功能，则使用 Lock 对象。在使用 ReentrantLock() 类时，要注意及时释放锁，否则程序会出现死锁状态，通常将其放在 finally 代码块中进行释放。

实例 130　使用线程局部变量实现线程同步

源码位置：Code\04\130

实例说明

Java 提供了很多方式和工具类来帮助程序员简化多线程的开发。"同步"是最简单和常用的一种方法。本实例演示的是两个线程同时修改一个变量，可以发现每个线程完成修改后，其副本的值都是相互独立的。如果使用有返回值的线程，就可以统一处理线程的运行结果。同样模拟简单的银行系统进行说明，运行效果如图 4.38 所示。

关键技术

如果使用 ThreadLocal 类管理变量，则每个使用该变量的线程都会获得该变量的副本，副本之间相互独立。这样每个线程都可以随意修改自己的变量副本，而不会对其他线程产生影响。ThreadLocal 类的常用方法如表 4.7 所示。

图 4.38　使用线程局部变量实现线程同步

表 4.7　ThreadLocal 类的常用方法

方法名	作用
ThreadLocal()	创建一个线程本地变量
get()	返回此线程局部变量的当前线程副本中的值

续表

方法名	作 用
initialValue()	返回此线程局部变量的当前线程的"初始值"
set(T value)	将此线程局部变量的当前线程副本中的值设置为 value

实现过程

（1）继承 JFrame 类编写名为 SynchronizedBankFrame 的窗体，该窗体的主要控件如表 4.8 所示。

表 4.8 窗体主要控件

控件类型	控件名称	控件用途
JButton	startButton	启动两个线程开始转账
JTextArea	thread1TextArea	显示一号线程的输出结果
JTextArea	thread2TextArea	显示二号线程的输出结果

（2）编写内部类 Bank，在该类中定义一个整型域 account 来表示账户、一个存钱方法 deposit() 和一个显示账户余额的方法 getAccount()。代码如下：

```java
01  public class Bank {
02      // 使用ThreadLocal类来管理共享变量account
03      private static ThreadLocal<Integer> account = new ThreadLocal<Integer>() {
04          @Override
05          protected Integer initialValue() {
06              return 100;              // 重写initialValue()方法，将account的初始值设为100
07          }
08      };
09      public void deposit(int money) {
10          account.set(account.get() + money);   // 利用account的get()、set()方法实现存钱
11      }
12      public int getAccount() {                 // 获得账户余额
13          return account.get();
14      }
15  }
```

提示：请读者思考使用线程局部变量操作account的原因。

（3）编写内部类 Transfer，它实现了 Runnable 接口，因此可以在新线程中运行。其实现向账户存钱功能的代码如下：

```java
01  private class Transfer implements Runnable {
02      private Bank bank;
03      private JTextArea textArea;
04      public Transfer(Bank bank, JTextArea textArea) {    // 初始化变量
```

```
05              this.bank = bank;
06              this.textArea = textArea;
07          }
08          public void run() {
09              for (int i = 0; i < 10; i++) {            // 向账户中存钱10次
10                  bank.deposit(10);                      // 向账户中存入10元钱
11                  String text = textArea.getText();      // 获得文本域中的文本
12                  // 在文本域中显示账户中的余额
13                  textArea.setText(text + "账户的余额是:" + bank.getAccount() + "\n");
14              }
15          }
16      }
```

扩展学习

ThreadLocal 类与同步机制

ThreadLocal 类和同步机制都是为了解决多线程中相同变量的访问冲突问题。前者采用"以空间换时间"的方式，后者采用"以时间换空间"的方式。请读者根据自己项目的实际需求进行选择。

实例 131　简单的线程通信　　　　　源码位置：Code\04\131

实例说明

使用多线程进行编程的一个重要原因就是线程间通信的代价比较小。本实例将模拟一个在线购物系统，当单击"开始交易"按钮时，卖家会向买家发送 5 种 Java 图书，以此来演示如何实现两个线程间的通信。实例运行效果如图 4.39 所示。

关键技术

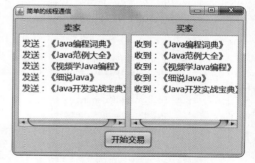

图 4.39　简单的线程通信

线程（Thread）是程序中的执行线程，Java 虚拟机允许应用程序并发运行多个执行线程，在 Thread 类中定义了大量与线程操作相关的方法。yield() 方法是 Thread 类的静态方法，用来暂停当前正在执行的线程对象，并执行其他线程。该方法的声明如下：

```
public static void yield()
```

实现过程

（1）继承 JFrame 类编写名为 TransactionFrame 的窗体，该窗体的主要控件如表 4.9 所示。

表 4.9 窗体主要控件

控 件 类 型	控 件 名 称	控 件 用 途
JButton	button	实现线程通信的功能
JTextArea	senderTextArea	显示卖家线程的输出结果
JTextArea	receiverTextArea	显示买家线程的输出结果

（2）编写内部类 Sender，该类实现了 Runnable 接口。在 run() 方法中，向买家发送了 5 本书并检查买家是否接收到。核心代码如下：

```
01  private class Sender implements Runnable {
02      private String[] products = { "《Java编程词典》", "《Java范例大全》", "《视频学Java编程》",
        "《细说Java》", "《Java开发实战宝典》" };
03      // 模拟商品列表
04      private volatile String product;             // 保存一个商品名称
05      private volatile boolean isValid;            // 保存卖家是否发送商品的状态
06      public boolean isIsValid() {                 // 读取状态
07          return isValid;
08      }
09      public void setIsValid(boolean isValid) {    // 设置状态
10          this.isValid = isValid;
11      }
12      public String getProduct() {                 // 获取商品
13          return product;
14      }
15      public void run() {
16          for (int i = 0; i < 5; i++) {            // 向买家发送5次商品
17              while (isValid) {                    // 如果已经发送商品，就进入等待状态，等待买家接收
18                  Thread.yield();
19              }
20              product = products[i];               // 获取一件商品
21              String text = senderTextArea.getText();  // 获取卖家文本域信息
22              // 更新卖家文本域信息
23              senderTextArea.setText(text + "发送：" + product + "\n");
24              try {
25                  Thread.sleep(100);               // 当前线程休眠0.1秒，实现发送的效果
26              } catch (InterruptedException e) {
27                  e.printStackTrace();
28              }
29              isValid = true;                      // 将状态设置为已经发送商品
30          }
31      }
32  }
```

（3）编写内部类 Receiver，该类实现了 Runnable 接口。在 run() 方法中，接收卖家发送的商品并等待卖家再次发送商品。核心代码如下：

```
01    private class Receiver implements Runnable {
02        private Sender sender;                               // 创建一个对发送者的引用
03
04        public Receiver(Sender sender) {                     // 利用构造方法初始化发送者引用
05            this.sender = sender;
06        }
07        public void run() {
08            for (int i = 0; i < 5; i++) {                    // 接收5次商品
09                while (!sender.isIsValid()) {                // 如果发送者没有发送商品就进行等待
10                    Thread.yield();
11                }
12                String text = receiverTextArea.getText();    // 获取卖家文本域信息
13                // 更新卖家文本域信息
14                receiverTextArea.setText(text + "收到: " + sender.getProduct() + "\n");
15                try {
16                    Thread.sleep(1000);                      // 线程休眠1秒，实现动态发送的效果
17                } catch (InterruptedException e) {
18                    e.printStackTrace();
19                }
20                // 设置卖家发送商品的状态为未发送，这样卖家就可以继续发送商品
21                sender.setIsValid(false);
22            }
23        }
24    }
```

扩展学习

正确理解线程的通信

线程间通信的重点是关注通信的内容，要确保其同步性。而且各个线程对该资源使用后要及时释放，否则会出现死锁现象。在实际应用中，商品的信息通常都是存储在数据库中的，可以利用本书介绍的数据库相关范例进行操作。

实例 132　解决线程的死锁问题

源码位置：Code\04\132

实例说明

在编写多线程程序时，必须注意资源的使用问题。如果两个线程（多个线程时情况类似）分别拥有不同的资源，而同时又需要对方释放资源才能继续运行，此时就会发生死锁。本实例演示了一种解决死锁的方法，运行效果如图 4.40 所示。

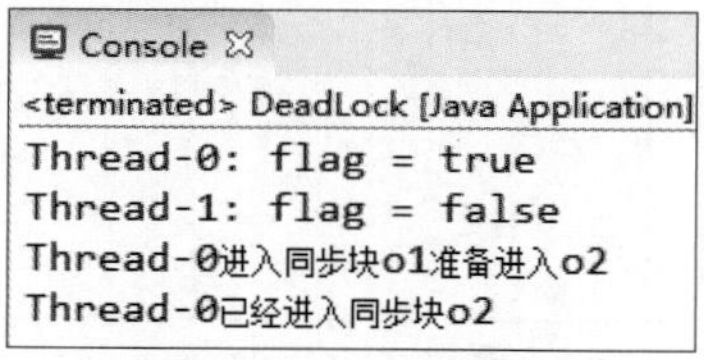

关键技术

图 4.40　解决线程的死锁问题

synchronized 关键字除了可以用来修饰方法，还可以用来修饰语句块。被该关键字修饰的语句块会自动加上内置锁，从而实现同步。最简单的同步块代码如下：

```
synchronized (object) {}
```

实现过程

编写类 DeadLock,该类实现了 Runnable 接口。在 run() 方法中,由于去掉了一个同步块而解决了线程的死锁问题。代码如下:

```java
01  public class DeadLock implements Runnable {
02      private boolean flag;                                       // 使用flag变量作为进入不同块的标志
03      private static final Object o1 = new Object();
04      private static final Object o2 = new Object();
05      public void run() {
06          String threadName = Thread.currentThread().getName();   // 获取当前线程的名字
07          System.out.println(threadName + ": flag = " + flag);    // 输出当前线程的flag变量值
08          if (flag == true) {
09              synchronized (o1) {                                 // 为o1加锁
10                  try {
11                      Thread.sleep(1000);                         // 线程休眠1秒钟
12                  } catch (InterruptedException e) {
13                      e.printStackTrace();
14                  }
15                  // 显示进入o1块
16                  System.out.println(threadName + "进入同步块o1准备进入o2");
17                  System.out.println(threadName + "已经进入同步块o2"); // 显示进入o2块
18              }
19          if (flag == false) {
20              synchronized (o2) {
21                  try {
22                      Thread.sleep(1000);
23                  } catch (InterruptedException e) {
24                      e.printStackTrace();
25                  }
26                  // 显示进入o2块
27                  System.out.println(threadName + "进入同步块o2准备进入o1");
28                  synchronized (o1) {
29                      // 显示进入o1块
30                      System.out.println(threadName + "已经进入同步块o1");
31                  }
32              }
33          }
34      }
35  }
36
37  public static void main(String[] args) {
38      DeadLock d1 = new DeadLock();                               // 创建DeadLock对象d1
39      DeadLock d2 = new DeadLock();                               // 创建DeadLock对象d2
40      d1.flag = true;                                             // 将d1的flag设置为true
41      d2.flag = false;                                            // 将d2的flag设置为false
42      new Thread(d1).start();                                     // 在新线程中运行d1的run()方法
43      new Thread(d2).start();                                     // 在新线程中运行d2的run()方法
44  }
45  }
```

> **提示**：去掉4个同步块中的任意一个就可以解决死锁问题。

扩展学习

解决死锁的方法

当具备以下 4 个条件时，就会产生死锁：资源互斥（资源只能供一个线程使用）、请求保持（拥有资源的线程在请求新的资源又不释放占有的资源）、不能剥夺（已经获得的资源在使用完成前不能剥夺）和循环等待（各个线程对资源的需求构成一个循环）。通常破坏循环等待是最有效的方法。

实例 133　使用阻塞队列实现线程同步

源码位置：Code\04\133

实例说明

前面的实例重点介绍了如何在底层实现线程同步，在实际开发中，应尽量远离底层结构。使用 Java SE 5.0 版本新增的 java.util.concurrent 包将有助于简化开发。本实例使用 LinkedBlocking-Queue<E> 类来解决生产者和消费者问题。生产者向队列中增加商品，消费者从队列中取出产品，实例运行效果如图 4.41 所示。

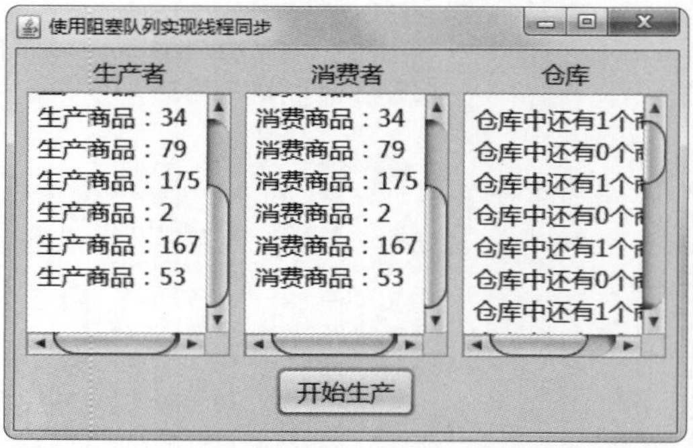

图 4.41　使用阻塞队列实现线程同步

关键技术

LinkedBlockingQueue 是一个链表实现的阻塞队列；在链表一头添加元素，如果队列被填满，就会阻塞；在链表的另一头取出元素，如果队列为空，也会阻塞。LinkedBlockingQueue 实现了 FIFO（先进先出）的特性，是生产者消费者开发模式的首选，LinkedBlockingQueue 可以指定容量，也可以不指定，不指定的话，默认最大是 Integer.MAX_VALUE，LinkedBlockingQueue 主要用到了 put() 和 take() 方法，put() 方法在队列被填满的时候会阻塞直到有队列元素被取出；take() 方法在队列为空的时候会阻塞，直到有队列元素被添加进来。LinkedBlockingQueue 类的常用方法如表 4.10 所示。

表 4.10　LinkedBlockingQueue 类的常用方法

方法名	作用
LinkedBlockingQueue()	创建一个容量为 Integer.MAX_VALUE 的 LinkedBlockingQueue
put(E e)	在队尾添加一个元素，如果队列满则阻塞
size()	返回队列中的元素个数
take()	移除并返回队头元素，如果队列空则阻塞

实现过程

（1）继承 JFrame 类编写名为 ProducerAndConsumerFrame 的窗体，该窗体的主要控件如表 4.11 所示。

表 4.11 窗体主要控件

控 件 类 型	控 件 名 称	控 件 用 途
JButton	startButton	启动新线程运行程序
JTextArea	producerTextArea	显示生产者生成产品的过程
JTextArea	consumerTextArea	显示消费者消费产品的过程
JTextArea	storageTextArea	显示仓库中产品数量变化的过程

（2）编写内部类 Producer，该类实现了 Runnable 接口。在 run() 方法中，向队列中增加了 10 次随机数并显示增加的过程。核心代码如下：

```
01  private class Producer implements Runnable {
02      @Override
03      public void run() {
04          for (int i = 0; i < size; i++) {          // size是域变量，表示添加商品的次数
05              int b = new Random().nextInt(255);    // 生成一个随机数
06              String text = producerTextArea.getText();  // 获得生产者文本域信息
07              producerTextArea.setText(text + "生产商品：" + b + "\n"); // 更新文本域信息
08              try {
09                  queue.put(b);                     // 向队列中添加元素
10              } catch (InterruptedException e) {
11                  e.printStackTrace();
12              }
13              String storage = storageTextArea.getText(); // 获得仓库文本域信息
14              storageTextArea.setText(storage + "仓库中还有" + queue.size() + "个商品\n");
15              try {
16                  Thread.sleep(100);                // 休眠0.1秒实现动态效果
17              } catch (InterruptedException ex) {
18              }
19          }
20      }
21  }
```

扩展学习

BlockingQueue<E> 接口的使用

BlockingQueue<E> 接口定义了阻塞队列的常用方法。例如，添加元素有 add()、offer()、put() 三种方法。当队列满时，add() 方法会抛出异常，offer() 方法会返回 false，put() 方法会阻塞。读者需要根据自己的需求选择适当的方法以实现线程的同步。

实例 134　哲学家就餐问题

源码位置：Code\04\134

实例说明

假设有 5 位哲学家，他们围绕圆桌坐成一圈，每人的右手边有一根筷子。哲学家只有两种状态，即思考和吃饭。其中一位哲学家要吃饭时，他需要用两根筷子，但此时很有可能他只有一根或没有筷子，因为旁边的哲学家正在就餐，那么他就处于等待状态。如果 5 位哲学家都在等待别人的筷子，程序就会进入死锁状态。本实例演示如何解决哲学家就餐问题。实例运行效果如图 4.42 所示。

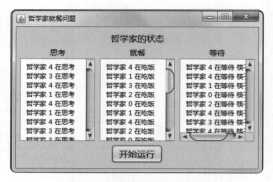

图 4.42　哲学家就餐问题

关键技术

Object 类中 notify()、notifyAll() 和 wait() 方法是用来控制线程的运行状态的。其中 wait() 方法有 3 种重载形式，这些方法的说明如表 4.12 所示。

表 4.12　Object 类线程相关的方法

方法名	作　用
notify()	唤醒在此对象监视器上等待的单个线程
notifyAll()	唤醒在此对象监视器上等待的所有线程
wait()	在其他线程调用此对象的 notify() 方法或 notifyAll() 方法前，导致当前线程等待
wait(long timeout)	在其他线程调用此对象的 notify() 方法或 notifyAll() 方法，或者超过指定的时间量前，导致当前线程等待
wait(long timeout, int nanos)	在其他线程调用此对象的 notify() 方法或 notifyAll() 方法，或者其他某个线程中断当前线程，或者已超过某个实际时间量前，导致当前线程等待

 注意　以上方法均在 Object 类中，并且都是使用 final 修饰的。读者不要把它们和 Thread 类混淆。

实现过程

（1）继承 JFrame 类编写名为 DiningPhilosophersFrame 的窗体，该窗体的主要控件如表 4.13 所示。

表 4.13　窗体主要控件

控件类型	控件名称	控件用途
JButton	startButton	启动新线程运行程序

续表

控件类型	控件名称	控件用途
JTextArea	thinkingTextArea	显示处于思考状态的哲学家
JTextArea	eatingTextArea	显示处于就餐状态的哲学家
JTextArea	waitingTextArea	显示处于等待状态的哲学家

（2）本实例实现起来有些复杂，现选择难点 Philosopher 类的 eating() 方法进行针对性讲解。该类根据记录的哲学家的状态来判断他是否需要使用筷子。如果两根筷子都可用，则哲学家开始就餐，否则处于等待状态。核心代码如下：

```
01  public synchronized void eating() {
02      if (!state) {                       // state是一个布尔值，true表示哲学家的状态是吃饭，false表示思考
03          if (chopstickArray.get(id).isAvailable()) {              // 如果哲学家右手边的筷子可用
04              // 如果哲学家左手边的筷子可用
05              if (chopstickArray.getLast(id).isAvailable()) {
06                  chopstickArray.get(id).setAvailable(false);       // 设置右手筷子不可用
07                  // 设置左手筷子不可用
08                  chopstickArray.getLast(id).setAvailable(false);
09                  String text = eatingTextArea.getText();
10                  eatingTextArea.setText(text + this + " 在吃饭\n");// 显示哲学家在吃饭
11                  try {
12                      Thread.sleep(100);                            // 吃饭时间设置为0.1秒
13                  } catch (InterruptedException e) {
14                      e.printStackTrace();
15                  }
16              } else {  // 如果哲学家左手边的筷子不可用，就在相应的文本域中显示等待信息
17                  String text = waitingTextArea.getText();
18                  waitingTextArea.setText(text + this + " 在等待 " + chopstickArray.getLast(id) + "\n");
19                  try {
20                      // 等待时间小于0.1秒，然后检查筷子是否可用
21                      wait(new Random().nextInt(100));
22                  } catch (InterruptedException e) {
23                      e.printStackTrace();
24                  }
25              }
26          } else {                        // 如果哲学家右手边的筷子不可用，就在相应的文本域中显示等待信息
27              String text = waitingTextArea.getText();
28              waitingTextArea.setText(text + this + " 在等待 " + chopstickArray.get(id) + "\n");
29              try {
30                  // 等待时间小于0.1秒，然后检查筷子是否可用
31                  wait(new Random().nextInt(100));
32              } catch (InterruptedException e) {
33                  e.printStackTrace();
34              }
35          }
36      }
37      state = true; // 设置state的值为true，表示哲学家的状态是吃饭
38  }
```

扩展学习

面向对象的妙用

当遇到比较复杂的问题时，通常利用面向对象的思想将问题分割。例如，本实例可以分割成筷子和哲学家两种对象（两个类）。每个对象只关心自己的状态即可，筷子关心的是是否可用，哲学家关心的是是否在思考。如果采用面向过程的方式，就需要不断地考虑两者交互的情况，问题会非常复杂。

实例 135　使用信号量实现线程同步

源码位置：Code\04\135

实例说明

信号量是 Dijkstra 于 1968 年发明的，这一概念最初是用于在进程间发信号的一个整数值。一个信号量有且仅有 3 种操作，且它们全部是原子的：初始化、增加和减少。增加可以为一个进程解除阻塞，减少可以让一个进程进入阻塞。Java 为线程提供了信号量支持，本实例将通过向银行存款的例子，演示如何使用信号量实现同步。实例运行效果如图 4.43 所示。

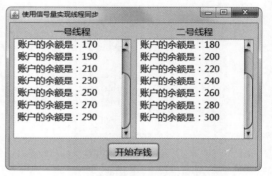

图 4.43　使用信号量实现线程同步

关键技术

Semaphore 类是一个计数信号量，从概念上讲，信号量维护了一个许可集。如有必要，在许可可用前会阻塞每一个 acquire()，然后再获取该许可。每个 release() 添加一个许可，从而可能释放一个正在阻塞的获取者。但是，不使用实际的许可对象，Semaphore 类只对可用许可的号码进行计数，并采取相应的行动。为了获得 Semaphore 类的对象，需要使用其构造方法，该方法的声明如下：

```
public Semaphore(int permits,boolean fair)
```

参数说明：

① permits：初始的可用许可数目。该值可能为负数，在这种情况下，必须在授予任何获取前进行释放。

② fair：如果该信号量保证在争用时按先进先出的顺序授予许可，则为 true；否则为 false。

为了从信号量获得一个许可，需要使用 acquire() 方法，该方法的声明如下：

```
public void acquire() throws InterruptedException
```

为了释放一个许可到信号量，需要使用 release() 方法，该方法的声明如下：

```
public void release()
```

实现过程

（1）继承 JFrame 类编写名为 SynchronizedBankFrame 的窗体，该窗体的主要控件如表 4.14 所示。

表 4.14　窗体主要控件

控 件 类 型	控 件 名 称	控 件 用 途
JButton	startButton	启动两个线程开始转账
JTextArea	thread1TextArea	显示一号线程的输出结果
JTextArea	thread2TextArea	显示二号线程的输出结果

（2）编写内部类 Bank，在该类中定义一个整型域 account 来表示账户、一个存钱方法 deposit() 和一个显示账户余额的方法 getAccount()。代码如下：

```
01  private class Bank {
02      private int account = 100;                  // 每个账户的初始金额是100元
03      public void deposit(int money) {            // 向账户中存入 "money" 元
04          account += money;
05      }
06      public int getAccount() {                   // 查询账户余额
07          return account;
08      }
09  }
```

（3）编写内部类 Transfer，它实现了 Runnable 接口，因此可以在新线程中运行，实现向账户存钱功能的代码如下：

```
01  private class Transfer implements Runnable {
02      private Bank bank;
03      private Semaphore semaphore;
04      private JTextArea textArea;
05      public Transfer(Bank bank, Semaphore semaphore, JTextArea textArea) { // 初始化变量
06          this.bank = bank;
07          this.semaphore = semaphore;
08          this.textArea = textArea;
09      }
10      public void run() {
11          for (int i = 0; i < 10; i++) {                   // 循环10次向账户存钱
12              try {
13                  semaphore.acquire();                     // 获得一个许可
14                  bank.deposit(10);                        // 向账户存入10元钱
15                  String text = textArea.getText();
16                  textArea.setText(text + "账户的余额是：" + bank.getAccount() + "\n");
17                  semaphore.release();                     // 释放一个许可
18              } catch (InterruptedException e) {
19                  e.printStackTrace();
20              }
21          }
22      }
23  }
```

扩展学习

Semaphore 类的使用

Java 中的 Semaphore 类是一个计数信号量，而且必须由获取它的线程释放。这对信号量的管理会造成混乱，请读者确定自己了解信号量后再使用它。其中许可数为 1 的信号量作为线程同步很有用。

实例 136　使用原子变量实现线程同步

源码位置：Code\04\136

实例说明

需要使用线程同步的根本原因在于对普通变量的操作不是原子的。所谓原子操作是将读取变量值、修改变量值、保存变量值看成一个整体，要么同时完成，要么不同时完成。在 Java SE 5.0 版本新增的 java.util.concurrent.atomic 包提供了创建原子类型变量的工具类，使用该类可以简化线程同步。本实例将使用 AtomicInteger 实现线程同步，运行效果如图 4.44 所示。

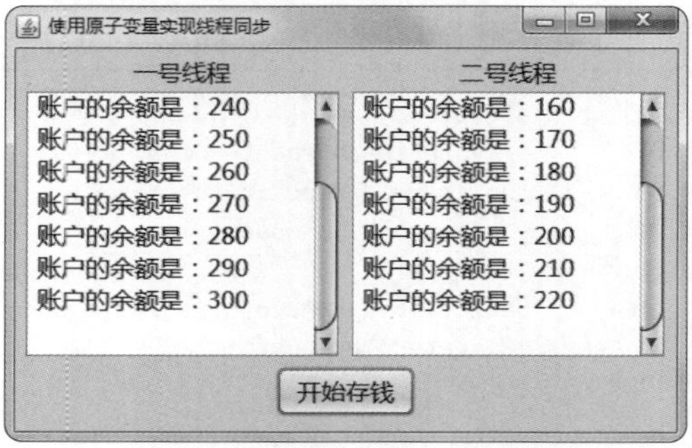

图 4.44　使用原子变量实现线程同步

关键技术

AtomicInteger 类可以用原子方式更新 int 值。有关原子变量属性的描述，请参阅 java.util.concurrent.atomic 包规范。AtomicInteger 可用在应用程序中（如以原子方式增加的计数器），并且不能用于替换 Integer。但是，该类确实扩展了 Number，允许那些处理基于数字类的工具和实用工具进行统一访问。AtomicInteger 类的常用方法如表 4.15 所示。

表 4.15　AtomicInteger 类的常用方法

方法名	作　用
AtomicInteger(int initialValue)	创建具有给定初始值的新 AtomicInteger
addAndGet(int delta)	以原子方式将给定值与当前值相加
get()	获取当前值

实现过程

（1）继承 JFrame 类编写名为 SynchronizedBankFrame 的窗体，该窗体的主要控件如表 4.16 所示。

表 4.16　窗体主要控件

控件类型	控件名称	控件用途
JButton	startButton	启动两个线程开始转账

续表

控件类型	控件名称	控件用途
JTextArea	thread1TextArea	显示一号线程的输出结果
JTextArea	thread2TextArea	显示二号线程的输出结果

（2）编写内部类 Bank，在该类中定义一个支持原子操作的整型域 account 来表示账户、一个存钱方法 deposit() 和一个显示账户余额的方法 getAccount()。代码如下：

```
01   private class Bank {
02       private AtomicInteger account = new AtomicInteger(100);     // 创建AtomicInteger对象
03       public void deposit(int money) {
04           account.addAndGet(money);                                // 实现存钱
05       }
06       public int getAccount() {
07           return account.get();                                    // 实现取钱
08       }
09   }
```

（3）编写内部类 Transfer，它实现了 Runnable 接口，因此可以在新线程中运行。其实现向账户存钱功能的代码如下：

```
01   private class Transfer implements Runnable {
02       private Bank bank;
03       private JTextArea textArea;
04       public Transfer(Bank bank, JTextArea textArea) {              // 初始化变量
05           this.bank = bank;
06           this.textArea = textArea;
07       }
08       public void run() {
09           for (int i = 0; i < 10; i++) {                            // 循环10次向账户存钱
10               bank.deposit(10);                                      // 向账户存入10元钱
11               String text = textArea.getText();
12               textArea.setText(text + "账户的余额是：" + bank.getAccount() + "\n");
13           }
14       }
15   }
```

扩展学习

原子操作简介

下述操作为原子操作：对于引用变量和大多数原始变量（long 和 double 除外）的读写操作，对于所有使用 volatile 修饰的变量（包括 long 和 double）的读写操作。

实例 137　查看 JVM 中的线程名

源码位置：Code\04\137

实例说明

在 Java 虚拟机（JVM）中，除了用户创建的线程，还有服务于用户线程的其他线程。它们根据用途被分配到不同的组中进行管理。本实例将演示如何查看 JVM 中线程的名称及其所在组的名称。实例运行效果如图 4.45 所示。

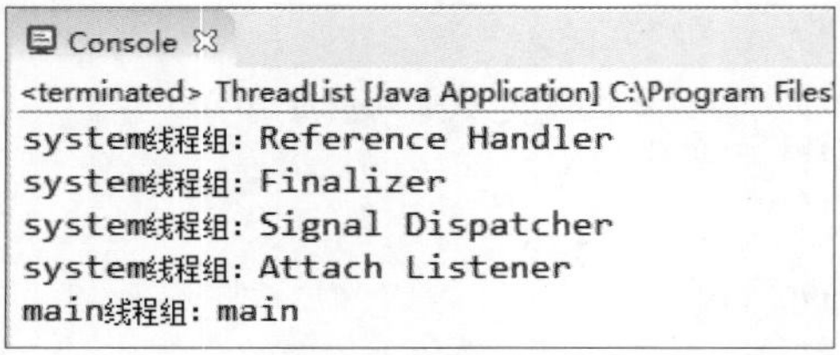

图 4.45　查看 JVM 中的线程名

> **提示：** 读者可以在本实例的基础上增加想查看的信息，如线程的状态、线程的优先级、是否为守护线程等。

关键技术

线程组（ThreadGroup）表示一个线程的集合。此外，线程组也可以包含其他线程组。线程组构成一棵树，在树中，除了初始线程组外，每个线程组都有一个父线程组。允许线程访问有关自己的线程组的信息，但是不允许它访问有关其线程组的父线程组或其他任何线程组的信息。ThreadGroup 类的常用方法如表 4.17 所示。

表 4.17　ThreadGroup 类的常用方法

方 法 名	作　用
activeCount()	返回此线程组中活动线程的估计数
activeGroupCount()	返回此线程组中活动线程组的估计数
enumerate(Thread[] list, boolean recurse)	把此线程组中的所有活动线程复制到指定数组中
enumerate(ThreadGroup[] list, boolean recurse)	把对此线程组中的所有活动子组的引用复制到指定数组中
getName()	返回此线程组的名称
getParent()	返回此线程组的父线程组

> **提示：** 读者在编写多线程程序时，要时刻注意线程的状态。不同状态下，线程能够执行的任务是不同的。

实现过程

编写类 ThreadList，在该类中包含了 4 个方法：getRootThreadGroups() 方法用于获得根线程组，

getThreads() 方法用于获得指定线程组中所有线程的名称，getThreadGroups() 方法用于获得线程组中所有子线程组，main() 方法用于测试。代码如下：

```java
public class ThreadList {
    private static ThreadGroup getRootThreadGroups() {            // 获得根线程组
        // 获得当前线程组
        ThreadGroup rootGroup = Thread.currentThread().getThreadGroup();
        while (true) {
            // 如果getParent()返回值非空，则不是根线程组
            if (rootGroup.getParent() != null) {
                rootGroup = rootGroup.getParent();                // 获取父线程组
            } else {
                break;                                            // 如果到达根线程组，则退出循环
            }
        }
        return rootGroup;                                         // 返回根线程组
    }
    // 获取给定线程组中所有线程名
    public static List<String> getThreads(ThreadGroup group) {
        // 创建保存线程名的列表
        List<String> threadList = new ArrayList<String>();
        // 根据活动线程数创建线程数组
        Thread[] threads = new Thread[group.activeCount()];
        int count = group.enumerate(threads, false);              // 复制线程到线程数组
        // 遍历线程数组将线程名及其所在组保存到列表中
        for (int i = 0; i < count; i++) {
            threadList.add(group.getName() + "线程组: " + threads[i].getName());
        }
        return threadList;                                        // 返回列表
    }
    // 获取线程组中子线程组
    public static List<String> getThreadGroups(ThreadGroup group) {
        // 获取给定线程组中线程名
        List<String> threadList = getThreads(group);
        // 创建线程组数组
        ThreadGroup[] groups = new ThreadGroup[group.activeGroupCount()];
        // 复制子线程组到线程组数组
        int count = group.enumerate(groups, false);
        for (int i = 0; i < count; i++) {                         // 遍历所有子线程组
            // 利用getThreads()方法获得线程名列表
            threadList.addAll(getThreads(groups[i]));
        }
        return threadList;                                        // 返回所有线程名
    }
    public static void main(String[] args) {
        for (String string : getThreadGroups(getRootThreadGroups())) {
            System.out.println(string);                           // 遍历输出列表中的字符串
        }
    }
}
```

> **技巧**：如果线程组的getParent()方法的返回值是null，那么当前的线程组就是根线程组。

扩展学习

enumerate() 方法的使用

除了本实例中使用的两个 enumerate() 方法外，该方法还有两种重载的形式，其声明和作用如下：

```
public int enumerate(Thread[] list)
```

把此线程组及其子组中的所有活动线程复制到指定数组中。

```
public int enumerate(ThreadGroup[] list)
```

把对此线程组中的所有活动子组的引用复制到指定数组中。

实例 138 查看和修改线程的优先级

源码位置：Code\04\138

实例说明

Java 中每个线程都有优先级属性，默认情况下，新建线程的优先级与创建该线程的线程优先级相同。每当线程调度器选择要运行的线程时，通常选择优先级较高的线程。本实例将演示如何查看和修改线程的优先级。实例运行效果如图 4.46 和图 4.47 所示。

图 4.46　初始状态

图 4.47　修改线程优先级后

注意　线程优先级是高度依赖于操作系统的，而且 Sun 公司对于不同的操作系统提供的虚拟机并不完全相同。

关键技术

线程（Thread）是程序中的执行线程，Java 虚拟机允许应用程序并发运行多个执行线程。在 Thread 类中定义了大量与线程操作相关的方法，本实例使用的方法如表 4.18 所示。

表 4.18 Thread 类与线程优先级相关的属性和方法

方法（属性）名	作　用
MAX_PRIORITY	线程可以具有的最高优先级
MIN_PRIORITY	线程可以具有的最低优先级
NORM_PRIORITY	分配给线程的默认优先级
getPriority()	获得线程的优先级
setPriority(int newPriority)	修改线程的优先级

实现过程

（1）编写 ThreadPriorityTest 类，该类继承自 JFrame 类。在框架中包含了一个表格，用来显示当前线程组中运行的线程。一个文本域用来获得用户输入的新线程优先级。"修改"按钮实现了修改优先级的功能，并更新了表格。

（2）编写方法 do_this_windowActivated()，用来监听窗体激活事件。在该方法中，使用当前线程所在线程组中的线程 ID、名称和优先级作为表格的数据。核心代码如下：

```
01  protected void do_this_windowActivated(WindowEvent e) {
02      // 获得当前线程所在线程组
03      ThreadGroup group = Thread.currentThread().getThreadGroup();
04      // 使用数组保存活动状态的线程
05      Thread[] threads = new Thread[group.activeCount()];
06      group.enumerate(threads);                              // 获取所有线程
07      // 获得表格模型
08      DefaultTableModel model = (DefaultTableModel) table.getModel();
09      model.setRowCount(0);                                  // 清空表格模型中的数据
10      // 定义表头
11      model.setColumnIdentifiers(new Object[] { "线程ID", "线程名称", "优先级" });
12      for (Thread thread : threads) {                        // 增加行数据
13          model.addRow(new Object[] { thread.getId(), thread.getName(), thread.getPriority() });
14      }
15      table.setModel(model);                                 // 更新表格模型
16  }
```

（3）编写方法 do_button_actionPerformed()，用来监听单击"修改"按钮事件。在该方法中，获得了用户输入的优先级和用户选择的行，根据用户输入的优先级修改线程优先级。核心代码如下：

```
01  protected void do_button_actionPerformed(ActionEvent e) {
02      String text = textField.getText();                     // 获取用户输入的优先级
03      // 将优先级转换成Integer对象
04      Integer priority = Integer.parseInt(text);
05      int selectedRow = table.getSelectedRow();              // 获取用户选择的行
06      // 获得默认表格模型
```

```
07        DefaultTableModel model = (DefaultTableModel) table.getModel();
08        model.setValueAt(priority, selectedRow, 2);              // 更改表格中的数据
09        repaint();                                                // 重新绘制各个控件
10    }
```

> 提示：请读者自行完成text和selectedRow参数的校验。

扩展学习

线程优先级的应用

Java 虚拟机将线程的优先级分成了 10 级，从 MIN_PRIORITY（1）到 MAX_PRIORITY（10）。对于 main 线程，它的优先级是 NORM_PRIORITY（5）。尽量不要修改线程的默认优先级。如果程序中有几个优先级较高的线程，则调度器在选择要运行的线程时，总是优先选择这几个线程。如果程序中还有优先级低的线程，就会出现"饥饿"状态，即优先级低的线程基本不会被运行。

实例 139　使用事件分配线程更新 Swing 控件　　源码位置：Code\04\139

实例说明

控件 Swing 对于线程并不绝对安全，如果在多个线程中更新 Swing 控件，则很可能造成程序崩溃。为了避免这种头疼的问题，可以使用时间分配线程来更新 Swing 控件。本实例将通过生成一个随机数来演示它的用法，运行效果如图 4.48 所示。

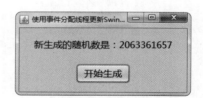

图 4.48　使用事件分配线程更新 Swing 控件

关键技术

EventQueue 是一个与平台无关的类，它将来自于底层同位体类和受信任的应用程序类的事件列入队列。它封装了异步事件指派机制，该机制从队列中提取事件，然后通过对 EventQueue 调用 dispatchEvent(AWTEvent) 方法来指派这些事件（事件作为参数被指派）。该机制的特殊行为是与实现有关的。为 Swing 程序在事件分配线程中得以运行，需要使用 invokeLater() 方法，该方法的声明如下：

```
public static void invokeLater(Runnable runnable)
```

参数说明：

runnable：Runnable 对象，其 run() 方法应该在 EventQueue 类上同步执行。

 事件分配线程永远不需要使用可能发生阻塞的操作，如 IO 操作。

实现过程

（1）编写 EventQueueFrame 类，该类继承自 JFrame 类。在框架中包含了一个标签用来显示随机数，一个"开始生成"按钮用来生成随机数。

（2）编写 RandomRunnable 类，该类实现了 Runnable 接口。在 run() 方法中，使用事件分配线程来更新标签。核心代码如下：

```java
01  private class RandomRunnable implements Runnable {
02      @Override
03      public void run() {                                      // 实现Runnable接口的run()方法
04          // 利用EventQueue类来更新Swing控件
05          EventQueue.invokeLater(new Runnable() {
06              @Override
07              public void run() {
08                  // 更新标签
09                  label.setText("新生成的随机数是：" + (new Random().nextInt()));
10              }
11          });
12      }
13  }
```

扩展学习

invokeAndWait() 方法的使用

EventQueue 类中还定义了一个 invokeAndWait() 方法。当事件放入到队列时，invokeLater() 方法立即返回结果，而 run() 方法在新线程中执行。invokeAndWait() 方法要等 run() 方法确实执行才会返回。SwingUtilities 也提供了相同的方法。

第 5 章

Swing 程序设计

根据桌面大小调整窗体大小
自定义最大化、最小化和关闭按钮
设置闪烁的标题栏
实现带背景图片的窗体
渐变背景的主界面
……

实例 140　根据桌面大小调整窗体大小

源码位置：Code\05\140

实例说明

窗体与桌面的大小比例是软件运行时用户经常会注意到的一个问题。例如，在分辨率为 1024×768 的桌面上，如果放置一个很大（如分辨率为 1280×1024）或者很小（如 10×10）的正方形窗体，会显得非常不协调，正是基于以上这种情况，所以大部分软件的窗体界面都是根据桌面的大小进行自动调整的，本实例将实现这样的功能。运行实例，效果如图 5.1 所示。

图 5.1　根据桌面大小调整窗体大小

关键技术

本实例实现的重点是如何获取桌面的大小，而获取桌面大小时，主要用到窗体的工具包 Toolkit 类，下面对本实例中用到的关键技术进行详细介绍。

（1）获取窗体工具包。

每个窗体类都提供了 getToolkit() 方法来获取窗体的工具包对象。在窗体内部已经封装了这个工具包，随时可以获取。该方法的声明如下：

```
public Toolkit getToolkit()
```

（2）获取桌面屏幕大小。

窗体的工具包提供了方法来获取当前屏幕的大小，该方法的声明如下：

```
public abstract Dimension getScreenSize()  throws HeadlessException
```

实现过程

（1）在项目中创建窗体类 SetFormSizeByDeskSize。

（2）编写窗体的打开事件处理方法，该方法在窗体打开时被执行。在方法中，首先获取窗体工具包对象，然后通过工具包对象的 getScreenSize() 方法获取屏幕的大小，最后把窗体设置为屏幕大小的 80%。关键代码如下：

```
01    protected void do_this_windowOpened(WindowEvent e) {
02        Toolkit toolkit = getToolkit();                              // 获得窗体工具包
03        Dimension screenSize = toolkit.getScreenSize();              // 获取屏幕大小
04        int width = (int) (screenSize.width * 0.8);                  // 计算窗体新宽度
05        int height = (int) (screenSize.height * 0.8);                // 计算窗体新高度
06        setSize(width, height);                                      // 设置窗体大小
07    }
```

扩展学习

有效使用窗体的事件监听器

窗体事件监听器是对窗体进行一系列活动的事件处理。其中包括窗体打开、关闭、激活、最小化等动作的事件处理方法，这些事件一般用来实现默认资源、数据的初始化与销毁等功能。

实例 141　自定义最大化、最小化和关闭按钮　源码位置：Code\05\141

实例说明

在制作应用程序时，为了使用户界面更加美观，会自定义创建窗体的外观，以及最大化、最小化和关闭按钮。本实例将实现设计窗体的外观及最大化、最小化和关闭按钮，再通过鼠标来实现窗体移动效果。运行实例，效果如图 5.2 所示。

关键技术

本实例使用的关键技术较多，其中包括取消窗体修饰、按钮外观设置、改变窗体状态等。下面将介绍本实例应用到的这些关键技术。

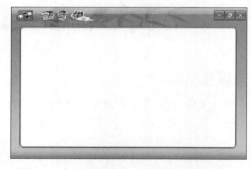

图 5.2　自定义最大化、最小化和关闭按钮

（1）取消窗体修饰。

JFrame 窗体默认采用本地系统的窗体修饰，这样会使窗体具备标题栏以及标题栏上的所有按钮。但是有些情况需要开发人员根据需求自定义窗体外观，这时就要禁止 JFrame 类继承本地系统的窗体外观修饰，可以通过 setUndecorated() 方法来实现。该方法的声明如下：

```
public void setUndecorated(boolean undecorated)
```

参数说明：

undecorated：用于指定是否禁止采用本地系统对窗体的修饰，默认值为 false，如果该参数为 true，窗体将没有任何标题栏内容及窗体边框，它看上去像一块灰色的布料贴在屏幕上。

（2）设置按钮外观。

按钮的外观一般需要设置其图标属性，这包括按钮按下与抬起的图标、鼠标经过的图标等。但设置图标无法达到预期效果，因为按钮原有外观与边框会显得不自然，所以要对按钮进行特殊设

置。下面介绍有关按钮的关键技术。

① 设置鼠标经过图标。

除了 setIcon() 方法可以为鼠标设置普通状态图标之外，还可以设置按钮的其他状态图标，如设置鼠标经过按钮时显示的图标。这需要调用按钮的 setRolloverIcon() 方法，其方法声明如下：

```
public void setRolloverIcon(Icon rolloverIcon)
```

参数说明：

rolloverIcon：鼠标经过按钮时显示的图标对象。

② 取消鼠标外观。

要定义鼠标新的外观就必须取消原有外观的绘制，下面介绍关键方法。

```
button.setFocusPainted(false);
button.setBorderPainted(false);
button.setContentAreaFilled(false);
```

这 3 个方法分别取消按钮的焦点绘制、边框绘制及内容绘制，这样按钮就没有外观和任何效果了，就像窗体取消修饰效果一样。

（3）改变窗体状态。

实例中自定义的最大化、最小化按钮都可以控制窗体的状态，需要通过 JFrame 类的 setExtendedState() 方法来实现，其方法声明如下：

```
public void setExtendedState(int state)
```

参数说明：

state：该参数是位于 JFrame 类中的窗体状态常量，其可选值如表 5.1 所示。

表 5.1 窗体状态常量说明

枚举值	描 述
ICONIFIED	最小化的窗口
NORMAL	默认大小的窗口
MAXIMIZED_HORIZ	水平方向最大化窗口
MAXIMIZED_VERT	垂直方向最大化窗口
MAXIMIZED_BOTH	水平与垂直方向都最大化的窗口

实现过程

（1）在项目中新建窗体类 ControlFormStatus。为窗体添加背景图片，在窗体右上角放置 3 个按钮，分别是最小化、最大化和关闭按钮。然后设置窗体的 Undecorated 属性为 true，来阻止窗体采用本机系统的修饰，这样窗体就没有标题栏和边框了。

（2）编写最小化按钮的事件处理方法，在该方法中改变窗体的状态值为 ICONIFIED 最小化常量。关键代码如下：

```
01    protected void do_button_itemStateChanged(ActionEvent e) {
02        setExtendedState(JFrame.ICONIFIED);                              // 窗体最小化
03    }
```

（3）编写关闭按钮的事件处理方法，在该方法中调用销毁窗体的方法，如果窗体是当前仅剩的唯一窗体，那么程序就会自动退出；如果存在执行业务处理的线程，那么会等待线程结束而关闭虚拟机。关键代码如下：

```
01    protected void do_button_2_actionPerformed(ActionEvent e) {
02        dispose();                                                       // 销毁窗体
03    }
```

（4）编写最大化按钮的事件处理方法，该按钮是 JToggleButton 按钮类的实例对象，所以它包括选择与取消选择两种状态，在按钮处于选择状态时，应设置窗体最大化，而当按钮被取消选择时，恢复窗体原有大小。关键代码如下：

```
01    protected void do_button_1_itemStateChanged(ItemEvent e) {
02        if (e.getStateChange() == ItemEvent.SELECTED) {
03            setExtendedState(JFrame.MAXIMIZED_BOTH);                     // 最大化窗体
04        } else {
05            setExtendedState(JFrame.NORMAL);                             // 恢复普通窗体状态
06        }
07    }
```

（5）编写自定义窗体标题栏面板的鼠标事件处理方法，当用户拖动自定义窗体标题栏时，将实现窗体移动的效果。关键代码如下：

```
01    protected void do_topPanel_mousePressed(MouseEvent e) {
02        pressedPoint = e.getPoint();                                     // 记录鼠标坐标
03    }
04    protected void do_topPanel_mouseDragged(MouseEvent e) {
05        Point point = e.getPoint();                                      // 获取当前坐标
06        Point locationPoint = getLocation();                             // 获取窗体坐标
07        // 计算移动后的新坐标
08        int x = locationPoint.x + point.x - pressedPoint.x;
09        int y = locationPoint.y + point.y - pressedPoint.y;
10        setLocation(x, y);                                               // 改变窗体位置
11    }
```

扩展学习

暂时隐藏窗体

JFrame 窗体对象可以最大化、最小化甚至关闭窗体，除此之外，Java 的窗体还可以隐藏，通过 setVisible() 方法传递 true 或 false 参数就可以控制窗体显示或者隐藏。

实例 142　设置闪烁的标题栏

源码位置：Code\05\142

实例说明

在大型项目中常出现多个窗口同时处理并显示业务数据的情况，每个窗口和窗口中的数据分类与重要性都不相同。有的窗口信息重要程度高，更需要让用户第一时间了解。例如，有的窗口用于显示实时信息，须时刻放置在在明显位置。本实例就实现窗体标题栏闪烁效果，这将以动态的明显的方式突出某窗体的信息的重要性。运行实例，效果如图 5.3 和图 5.4 所示。

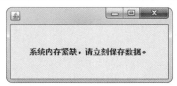

图 5.3　闪烁中的窗体标题栏

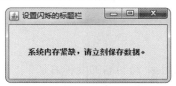

图 5.4　闪烁中的窗体标题栏

关键技术

本实例主要使用 Timer 控件，窗体标题闪烁效果就是依靠该控件不断地产生 ActionEvent 事件，并在事件处理中实现的。下面介绍该控件的使用。

创建 Timer 对象

本实例所使用的是 Java.swing 包中的 Timer 对象，而非 Java.util 包的。创建这个控件的构造方法如下：

```
public Timer(int delay, ActionListener listener)
```

参数说明：
① delay：触发事件的时间间隔，单位为毫秒。
② listener：初始事件监听器，用于获取控件的 action 事件。

启动 Timer 对象

Timer 控件的 start() 方法将启动 Timer，使它开始向其侦听器发送动作事件。该方法的声明如下：

```
public void UnLock()
```

实现过程

（1）在项目中新建窗体类 FlashTitleBar。在窗体中添加标签控件并显示重要信息。

（2）编写窗体打开的事件处理方法，在该方法中创建 Timer 控件，并在控件内部实现窗体闪烁效果，而且该效果一直循环，每秒闪烁一次。关键代码如下：

```
01  protected void do_this_windowOpened(WindowEvent e) {
02      Timer timer = new Timer(500, new ActionListener() {        // 创建Timer控件
03          String title = getTitle();                              // 获取窗体标题
04
```

```
05          @Override
06          public void actionPerformed(ActionEvent e) {    // 实现窗体闪烁
07              if (getTitle().isEmpty()) {                 // 如果标题为空
08                  setTitle(title);                         // 恢复窗体标题
09              } else {
10                  setTitle("");                            // 如果窗体标题不为空，则清空窗体标题
11              }
12          }
13      });
14      timer.start();                                       // 启动Timer控件
15  }
```

扩展学习

启动和关闭 Timer 计时器的两种方法

启动 Timer 计时器时，可以调用其 start() 方法。这个方法将按 Timer 指定时间间隔对事件监听器发送动作时间。另外，调用 Timer 的 restart() 方法同样可以启动 Timer，但是该方法将取消所有挂起的事件触发并使它按初始延迟触发事件。

实例 143　实现带背景图片的窗体

源码位置：Code\05\143

实例说明

开发桌面窗体应用程序时，背景图片的美观是程序的一个重要组成部分。本实例将通过 Java 代码重写 JPanel 面板来实现窗体背景图片的设置，运行实例，效果如图 5.5 所示。

关键技术

本实例在设置窗体的背景图片时，继承 JPanel 自定义了面板组件，并重写了面板绘制方法，还为自己绘制了背景图片。面板绘制方法的声明格式如下：

图 5.5　设置窗体背景为指定图片

```
protected void paintComponent(Graphics graphics)
```

参数说明：

graphics：控件中的绘图对象。

实现过程

（1）在项目中新建窗体类 SetFormBackImage。在窗体中添加自定义的 BackgroundPanel 面板。

（2）在窗体类的构造方法中设置窗体标题，并为添加的 BackgroundPanel 自定义面板设置背景图片。关键代码如下：

```
01    public SetFormBackImage() {
02        setTitle("实现带背景图片的窗体");                                    // 设置窗体标题
03        setDefaultCloseOperation(JFrame.EXIT_ON_CLOSE);
04        setBounds(100, 100, 450, 300);                                    // 设置窗体位置
05        contentPane = new JPanel();                                       // 创建内容面板
06        setContentPane(contentPane);                                      // 设置窗体内容面板
07        contentPane.setLayout(new BorderLayout(0, 0));
08        BackgroundPanel backgroundPanel = new BackgroundPanel();          // 创建背景面板
09        // 设置面板背景图片
10        backgroundPanel.setImage(getToolkit().getImage(getClass().getResource("Penguins.jpg")));
11        contentPane.add(backgroundPanel);                                 // 把背景面板添加到窗体内容面板
12    }
```

> **说明**：上面代码中的Penguins.jpg图片需要放置在SetFormBackImage类的同级文件夹中，在编译Java代码时将自动发布一份到bin文件夹中，这个文件夹在Eclipse中是隐藏的，读者只要把文件放置到指定位置即可。

（3）继承 JPanel 类编写自己的面板。自定义面板类名定义为 BackgroundPanel，重写 JPanel 类的 paintComponent() 方法，在该方法中实现绘制面板背景图片的代码。关键代码如下：

```
01    protected void paintComponent(Graphics g) {                           // 重写绘制组件外观
02        if (image != null) {
03            g.drawImage(image, 0, 0, this);                               // 绘制图片与组件大小相同
04        }
05        super.paintComponent(g);                                          // 执行超类方法
06    }
```

扩展学习

尝试通过"属性"窗口更快地设置窗体背景图片

在设置窗体的背景图片时，可以直接在"属性"窗口中进行设置，步骤为：选中窗体中添加的自定义背景面板，然后在"属性"视图中找到 image 属性，再单击右侧的 ⋯ 按钮即可在图片选择对话框中设置指定的背景图片。

实例 144 渐变背景的主界面   源码位置：Code\05\144

实例说明

窗体背景颜色可以通过属性进行设置，但是通过属性设置的窗体背景颜色都是单一的颜色。在以往程序安装界面中，背景色都是上下渐变的蓝色背景，既不伤眼睛，也不会带来强烈的疲劳感，所以一时成为安装界面的流行背景。本实例将实现这个背景颜色渐变窗体的效果，使窗体更加美观。运行实例，效果如图 5.6 所示。

图 5.6 渐变背景的主界面

关键技术

本实例在实现背景色渐变时涉及两个关键技术,分别是绘制矩形与设置填充方式,下面分别对这两个关键技术进行介绍。

1. 设置渐变填充模式

(1) 创建渐变填充模式对象。

设置填充模式首先要创建填充模式对象,本实例要实现渐变效果,所以创建的是 GradientPaint 类的实例对象,创建该对象的构造方法的参数包括填充起点的坐标与颜色、填充终点的坐标与颜色,其方法声明如下:

```
public GradientPaint(float x1, float y1, Color color1, float x2, float y2, Color color2)
```

方法中的参数说明如表 5.2 所示。

表 5.2 方法中的参数说明

参数名	说明	参数名	说明
x1	起始位置的 x 坐标	x2	终止位置的 x 坐标
y1	起始位置的 y 坐标	y2	终止位置的 y 坐标
color1	起始渐变点的颜色	color2	终止渐变点的颜色

(2) 设置绘图对象填充模式。

创建渐变填充模式对象以后需要设置 Graphics2D 绘图上下文对象的填充属性,然后由此绘图对象绘制的所有图形,都使用这个新的填充模式。设置绘图上下文填充模式的方法的声明如下:

```
public abstract void setPaint(Paint paint)
```

参数说明:

paint:填充模式对象。

2. 绘制矩形图形

设置绘图上下文对象使用渐变填充模式以后,还要以自定义控件相同的大小来绘制控件界面,绘制内容是一个矩形图形,这样可以均匀地遮盖整个控件界面。绘制矩形图形的方法的声明如下:

```
public abstract void fillRect(int x, int y, int width, int height)
```

方法中的参数说明如表 5.3 所示。

表 5.3 方法中的参数说明

参数名	说明
x	绘制矩形的起始位置的 x 坐标
y	绘制矩形的起始位置的 y 坐标
width	指定绘制矩形的宽度
height	指定绘制矩形的高度

实现过程

（1）在项目中新建窗体类 ImageInFormCenter。设置窗体类的标题，在窗体中添加自定义的渐变背景面板。关键代码如下：

```
01  public ShadeBackgroundImage() {
02      setTitle("背景为渐变色的主界面");                       // 设置窗体标题
03      setDefaultCloseOperation(JFrame.EXIT_ON_CLOSE);
04      setBounds(100, 100, 450, 300);
05      contentPane = new JPanel();                       // 创建内容面板
06      contentPane.setLayout(new BorderLayout(0, 0));
07      setContentPane(contentPane);
08      ShadePanel shadePanel = new ShadePanel();         // 创建渐变背景面板
09      // 添加面板到窗体内容面板
10      contentPane.add(shadePanel, BorderLayout.CENTER);
11  }
```

（2）继承 JPanel 类编写自己的渐变面板控件，重写 paintComponent() 方法，在该方法中创建 GradientPaint 填充类的实例对象，然后把它设置为当前绘图对象的填充模式，再使用新的填充模式绘制一个与控件相同大小的矩形。关键代码如下：

```
01  protected void paintComponent(Graphics g1) {              // 重写绘制组件外观
02      Graphics2D g = (Graphics2D) g1;
03      super.paintComponent(g);                              // 执行超类方法
04      int width = getWidth();                               // 获取组件大小
05      int height = getHeight();
06      // 创建填充模式对象
07      GradientPaint paint = new GradientPaint(0, 0, Color.CYAN, 0, height, Color.MAGENTA);
08      g.setPaint(paint);                                    // 设置绘图对象的填充模式
09      g.fillRect(0, 0, width, height);                      // 绘制矩形填充控件界面
10  }
```

扩展学习

区分绘图上下文的 draw 与 fill

绘图上下文有很多的图形绘制方法，其中主要分为两类，一类是以线段绘制的图形，另一类是以面积填充的图形，前者使用 draw 作为方法的前缀，后者以 fill 作为方法的前缀。例如，drawRect() 方法用于绘制空心的矩形，而 fillRect() 方法则可以绘制实心并经过填充的矩形。在程序开发时要注意不能混淆这两类方法。

实例 145 文件的保存对话框

源码位置：Code\05\145

实例说明

文件选择对话框包括文件的打开、保存和自定义几种类别。其中文件保存对话框常用于各类

编辑器模块中，如系统自带的记事本程序的文件保存对话框、画图程序的文件保存对话框以及 PhotoShop 程序的文件保存对话框等。本实例将通过 Java 代码实现文件保存对话框的显示，读者可以把它应用到自己的项目中。运行实例，效果如图 5.7 所示。在其中输入编辑文本，然后选择"文件"→"保存"菜单项，弹出"保存"对话框，如图 5.8 所示。

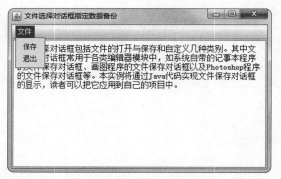

图 5.7　编辑文件页面　　　　　　　　　　图 5.8　文件保存对话框

关键技术

本实例同样使用 JFileChooser 类的方法来打开文件对话框，但它打开的是文件保存对话框而不是文件打开对话框，请注意对话框中的标题与按钮的名称。实例中用到的显示文件保存对话框的方法声明如下：

```
public int showSaveDialog(Component parent) throws HeadlessException
```

参数说明：
① parent：父窗体对象。
② 返回值：用户在文件打开对话框中进行的操作对应的 int 型常量。

实现过程

（1）在项目中创建窗体类 FileSaveDialog。在窗体中添加文本域与菜单栏，然后在菜单栏中添加"保存"与"退出"菜单项。
（2）编写"保存"菜单项的事件处理方法，在该方法中创建文件选择器，然后调用其方法显示文件打开对话框，并获取用户选择的文件，然后把文本域中的文本保存到用户选择的文件中。关键代码如下：

```
01    protected void do_menuItem_actionPerformed(ActionEvent e) {
02        String text = textArea.getText();                                  // 获取用户输入
03        if (text.isEmpty()) {                                              // 过滤空文本的保存操作
04            JOptionPane.showMessageDialog(this, "没有需要保存的文本");
05            return;
06        }
07        JFileChooser chooser = new JFileChooser();                         // 创建文件选择器
08        int option = chooser.showSaveDialog(this);                         // 打开文件保存对话框
```

```
09      if (option == JFileChooser.APPROVE_OPTION) {                    // 处理文件保存操作
10          File file = chooser.getSelectedFile();                       // 获取用户选择的文件
11          try {
12              // 创建该文件的输出流
13              FileOutputStream fout = new FileOutputStream(file);
14              fout.write(text.getBytes());                             // 把文本保存到文件
15          } catch (IOException e1) {
16              e1.printStackTrace();
17          }
18      }
19  }
```

扩展学习

指定文件选择对话框的父窗体

只要是对话框，都应该尽量指定一个父窗体，文件选择对话框也是一样，当对话框打开时，将屏蔽或拦截父窗体所有的事件操作，在用户完成对话框中的业务操作之前，不允许操作主窗体。如果在显示文件选择对话框时，将父窗体指定为 NULL 值，那么对话框会选择默认主窗体。

实例 146　支持图片预览的文件选择对话框

源码位置：Code\05\146

实例说明

有些实时信息、事务提醒和各类助手程序要保持窗体置顶状态，即始终显示在所有窗体之上。这样可以保持信息的实时显示、提高助手类程序操作的方便性等。但是程序保持置顶就会遮盖窗体下方的其他窗口或者桌面上的图标，被遮盖的位置也许只包含部分信息。例如，Eclipse 的代码编辑窗口，如果为程序提供窗体透明功能，窗体就不会成为屏幕上的补丁似的障碍物，反而会更受欢迎。本实例通过 Java 技术实现窗体透明效果，并可以控制窗体的透明度。运行实例，结果如图 5.9 所示，透过窗体可以看见底部的 Eclipse 代码编辑器中的代码。

图 5.9　支持图片预览的文件选择对话框

关键技术

本实例的关键在于设置文件选择器的 Accessory 控件属性,这个属性可以把一个控件作为文件选择器的辅助控件,本实例利用这个辅助控件实现了当前被选中图片文件的预览功能。设置 Accessory 控件属性的方法声明如下:

```
public void setAccessory(JComponent newAccessory)
```

参数说明:

newAccessory:作为文件选择器的辅助控件。

实现过程

(1) 在项目中创建窗体类 PicPreviewFileSelectDialog。把文件选择器作为窗体的控件进行添加,并设置过滤器与图片预览控件的功能。关键代码如下:

```
01  JFileChooser fileChooser = new JFileChooser();           // 创建文件选择器
02  contentPane.add(fileChooser, BorderLayout.CENTER);       // 添加到窗体
03  paint = new PaintPanel();                                // 创建图片预览面板
04  // 设置面板的边框
05  paint.setBorder(new BevelBorder(BevelBorder.LOWERED, null, null, null, null));
06  // 设置预览面板的大小
07  paint.setPreferredSize(new Dimension(150, 300));
08  fileChooser.setAccessory(paint);                         // 把面板设置为文件选择器控件
09  // 添加选择器的属性事件监听器
10  fileChooser.addPropertyChangeListener(new PropertyChangeListener() {
11      public void propertyChange(PropertyChangeEvent arg0) {
12          do_this_propertyChange(arg0);
13      }
14  });
15  // 设置文件选择器的过滤器
16  fileChooser.setFileFilter(new FileNameExtensionFilter("图片文件", "jpg", "png", "gif"));
```

(2) 编写文件选择器的属性改变事件处理方法,当改变选定文件时,这个方法会把图片文件加载到程序中,并设置图片预览面板的属性进行显示。关键代码如下:

```
01  protected void do_this_propertyChange(PropertyChangeEvent e) {
02      // 处理改变选定文件的属性事件处理
03      if (JFileChooser.SELECTED_FILE_CHANGED_PROPERTY == e.getPropertyName()) {
04          File picfile = (File) e.getNewValue();            // 获取选定的文件
05          if (picfile != null && picfile.isFile()) {
06              try {
07                  // 从文件加载图片
08                  Image image = getToolkit().getImage(picfile.toURI().toURL());
09                  paint.setImage(image);                    // 设置预览面板的图片
10                  paint.repaint();                          // 刷新预览面板的界面
11              } catch (MalformedURLException e1) {
12                  e1.printStackTrace();
13              }
14          }
15      }
16  }
```

（3）继承 JPanel 编写图片预览面板 PaintPanel 类，重写 paintComponent() 方法，在该方法中把图片对象绘制到面板上。关键代码如下：

```
01    protected void paintComponent(Graphics g) {              // 重写绘制组件外观
02        if (image != null) {
03            // 绘制图片与组件大小相同
04            g.drawImage(image, 0, 0, getWidth(), getHeight(), this);
05        }
06        super.paintComponent(g);                              // 执行超类方法
07    }
```

扩展学习

灵活运用文件选择器的 Accessory 控件属性

Accessory 控件属性可以设置为任何 JComponent 子类的控件，这就确定了 Accessory 控件属性的高度扩展性，可以把文本域控件作为 Accessory 控件属性来显示文本文件的预览，甚至可以根据选定文件的类型来确定预览文件内容的属性，或者开发预览以外的功能控件。

实例 147　右下角弹出信息窗体

源码位置：Code\05\147

实例说明

在浏览网页时，有些网站会在网页右下角添加弹出信息，提示网站的各种即时信息。这种对用户的提醒方式，在桌面应用程序中也是常用的，如各种杀毒软件会以此方式显示拦截信息与查毒信息。本实例将模拟 Java 编程词典软件在屏幕右下角显示产品升级信息的弹出信息窗体。运行实例，结果如图 5.10 所示。

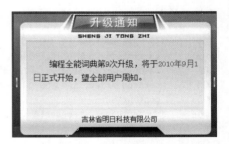

图 5.10　在屏幕右下角弹出的窗体

关键技术

本实例主要通过获取屏幕分辨率的大小，只有了解屏幕分辨率，才能确定信息窗体显示的位置和移动的范围。下面介绍获取屏幕分辨率的方法。

（1）获取窗体工具包。

窗体工具包是每个窗体都包含的一个对象，其中提供了多种操作的 API。获取窗体工具包的方法如下：

```
public Toolkit getToolkit()
```

（2）获取屏幕分辨率。

窗体工具包的 getScreenSize() 方法用于获取当前系统屏幕的分辨率，该方法的声明如下：

```
public abstract Dimension getScreenSize() throws HeadlessException
```

实现过程

（1）在项目中创建窗体类 InfoWindow，设置窗体的大小和位置等属性。然后为窗体添加一个支持背景图片的面板控件，再为面板设置一个图片，这样就构成了弹出信息窗体的外观。关键代码如下：

```
01   public InfoWindow() {
02       addMouseListener(new MouseAdapter() {                   // 添加鼠标事件监听器
03           @Override
04           public void mousePressed(MouseEvent e) {
05               do_this_mousePressed(e);                        // 调用鼠标事件处理方法
06           }
07       });
08       setBounds(100, 100, 359, 228);                          // 设置窗体大小
09       BGPanel panel = new BGPanel();                          // 创建背景面板
10       // 设置背景图片
11       panel.setImage(Toolkit.getDefaultToolkit().getImage(InfoWindow.class.getResource(
     "/com/lzw/panel/back.jpg")));
12       getContentPane().add(panel, BorderLayout.CENTER);
13   }
14   protected void do_this_mousePressed(MouseEvent e) {         // 鼠标事件处理方法
15       dispose();                                              // 鼠标单击，则销毁这个窗体
16   }
```

（2）在项目中创建主窗体类 InfoDemoFrame，初始化窗体的标题、大小和位置，然后在窗体中添加一个按钮控件。关键代码如下：

```
01   public InfoDemoFrame() {
02       setTitle("右下角弹出信息窗体");                              // 设置窗体标题
03       setDefaultCloseOperation(JFrame.EXIT_ON_CLOSE);
04       setBounds(100, 100, 337, 190);                          // 窗体大小
05       contentPane = new JPanel();                             // 创建内容面板
06       contentPane.setBorder(new EmptyBorder(5, 5, 5, 5));
07       setContentPane(contentPane);
08       contentPane.setLayout(null);                            // 取消布局管理器
09       JButton button = new JButton("获取即时信息");              // 创建按钮
10       button.addActionListener(new ActionListener() {
11           public void actionPerformed(ActionEvent e) {
12               do_button_actionPerformed(e);                   // 调用按钮事件处理方法
13           }
14       });
15       button.setBounds(97, 59, 122, 30);
16       contentPane.add(button);
17   }
```

（3）编写按钮控件的事件处理方法，在该方法中创建 Timer 控件，实现动态调整信息窗体位置的渐变控制。关键代码如下：

```
01   protected void do_button_actionPerformed(ActionEvent e) {
02       // 创建Timer控件
```

```
03    timer = new Timer(1, new ActionListener() {
04        @Override
05        public void actionPerformed(ActionEvent e) {
06            location.y -= 1;                                    // 提升信息窗体垂直坐标
07            // 在信息窗体显示而且没有达到上升位置之前持续移动窗体
08            if (window.isShowing() && location.y > screenSize.height - windowSize.height)
09                window.setLocation(location);
10            else {                                              // 窗体未显示或超出移动范围时停止
11                Timer source = (Timer) e.getSource();
12                source.stop();
13            }
14        }
15    });
16    screenSize = getToolkit().getScreenSize();                  // 获取屏幕大小
17    window.setVisible(true);                                    // 显示信息窗体
18    window.setAlwaysOnTop(true);                                // 把信息窗置顶
19    windowSize = window.getSize();                              // 获取信息窗体大小
20    location = new Point();                                     // 创建位置对象
21    location.x = screenSize.width - windowSize.width;
22    location.y = screenSize.height;                             // 初始化窗体位置
23    timer.start();                                              // 启动Timer控件
24 }
```

扩展学习

利用事件源停止 Timer

Timer 控件可用于连续地执行某个事件的监听与处理，但是在其实现代码中因停止 Timer 控件的需要，而把 Timer 控件的引用变量设置为 final 修饰或提升为类变量，其中需要涉及分割变量定义与初始化等步骤，既烦琐，也不符合面向对象的设计标准。Timer 控件的 ActionListener 事件监听器实际上是处理由 Timer 控件触发的事件，其实现中获取的事件源其实就是 Timer 控件，所以在事件处理方法中，把事件源转换为 Timer 控件然后再调用停止方法即可。

实例 148　颜色选择对话框

源码位置：Code\05\148

实例说明

颜色也是系统资源之一，它和文件同样重要。在设置颜色值时，不需要像文件路径那样通过字符串来表示。颜色值大多使用对话框进行选择，让用户通过视觉来确定颜色值，而不是通过文本来确定。本实例将实现颜色选择框的应用，运行实例，效果如图 5.11 所示。当单击任意一个"选择"按钮时都会弹出颜色选择对话框，效果如图 5.12 所示。

图 5.11　程序运行效果

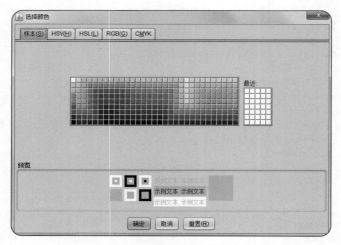

图 5.12　颜色选择对话框

关键技术

本实例主要使用 JColorChooser 类的 showDialog() 方法，用于显示颜色选择对话框，并返回用户选择的颜色值对象。该方法的声明如下：

```
public static Color showDialog(Component component,String title,Color initialColor)
        throws HeadlessException
```

参数说明：
① component：对话框的父级（上级）控件或窗体。
② title：对话框的标题。
③ initialColor：对话框初始颜色对象。

实现过程

（1）在项目中创建窗体类 ColorChooser。在窗体中创建多个标签控件与多个"选择"按钮控件。

（2）编写"选择"按钮的事件处理方法，在方法体中调用 setColor() 方法为窗体上的标签指定背景颜色值。关键代码如下：

```
01  protected void do_button1_actionPerformed(ActionEvent e) {
02      setColor(label1);                                    // 指定标签的颜色设置
03  }
```

> 说明：由于多个"选择"按钮的事件处理方法相同，所以本实例以其中一个"选择"按钮的事件处理方法为例进行介绍。

（3）编写 setColor() 方法，在方法体中，首先获取标签控件原来的颜色，然后用这个颜色作为默认值打开颜色选择对话框。最后把用户在对话框中选择的颜色值设置为标签控件的背景色。

关键代码如下：

```
01    private void setColor(JLabel label) {
02        Color color = label.getBackground();                    // 获取原来的颜色对象
03        // 显示颜色选择对话框
04        Color newColor = JColorChooser.showDialog(this, "选择颜色", color);
05        label.setBackground(newColor);                          // 把获取的颜色设置为标签的背景色
06    }
```

扩展学习

不要使用 Color 类常量对象去限制可选颜色

Java 在 Color 类中定义了很多颜色常量，这些常量都是 Color 类的对象，每个对象代表一个常用的颜色值，由于可以使用常量名称标识的颜色有限，所以那些无法用语言和名称表达的颜色值必须使用更灵活的方式来指定。因此在程序开发中，应该优先使用颜色选择对话框为用户提供最大的颜色选择空间。

实例 149 窗体顶层的进度条   源码位置：Code\05\149

实例说明

登录窗体是所有管理软件首先展现给用户的界面，用户只有输入合法的身份信息才被允许进入管理系统的主界面。由于管理系统通常与数据库相连，而且启动时可能要加载很多数据，导致登录界面消失后，很长时间才出现主窗体界面。为缓解这种现象，本实例在登录面板上显示进度条将提示用户正在登录，避免用户以为程序运行时出现问题。运行实例，效果如图 5.13 所示。

图 5.13 窗体顶层的进度条

关键技术

本实例主要使用 GlassPane 面板，该面板是每个 JFrame 窗体都包含的一个隐藏的窗体，它位于所有控件之上。默认情况下该面板是隐藏的，也就是 setVisible(boolean b) 方法中参数 b 的值设置为 false。可以通过设置 Glass Pane 属性来设置窗体的玻璃面板。该方法的声明如下：

```
public void setGlassPane(Component glassPane)
```

参数说明:

glassPane:窗体的 GlassPane 面板。

实现过程

(1) 在项目中创建面板类 ProgressPanel。初始化面板并为其添加一个滚动条,重写 paint() 方法,在方法中绘制半透明的面板。关键代码如下:

```
01  public void paint(Graphics g) {
02      Graphics2D g2 = (Graphics2D) g.create();         // 转换为2D绘图上下文
03      // 设置透明合成规则
04      g2.setComposite(AlphaComposite.SrcOver.derive(0.5f));
05      g2.setPaint(Color.GREEN);                         // 使用绿色前景色
06      g2.fillRect(0, 0, getWidth(), getHeight());       // 绘制半透明矩形
07      g2.dispose();
08      super.paint(g);                                   // 执行父类绘图方法
09  }
```

(2) 编写主窗体类 LoginFrame,在窗体中添加自定义的 ProgressPanel 面板,并设置该面板为主窗体的 GlassPane 玻璃面板。关键代码如下:

```
01  // 创建登录进度面板
02  panel=new ProgressPanel();
03  // 把登录进度面板设置为窗体顶层
04  setGlassPane(panel);
```

(3) 在窗体类中添加登录信息需要的各种控件,然后为"登录"按钮添加事件监听处理方法,在该方法中显示 GlassPane 登录面板。关键代码如下:

```
01  private final class LoginActionListener implements ActionListener {
02      public void actionPerformed(ActionEvent e) {
03          // 显示窗体的登录进度面板
04          getGlassPane().setVisible(true);
05      }
06  }
```

扩展学习

GlassPane 面板

GlassPane 面板位于窗体最上层,类似于窗体上附着的一层玻璃,把它称之为玻璃面板最适合不过了。这个面板可以设置为任意 Swing 控件,大多数情况下将其设置为 JPanel 面板,并在面板中添加许多的控件。

实例 150　窗体抖动效果

源码位置：Code\05\150

实例说明

QQ 是当今流行的网络通信工具，该软件在聊天窗体中加入了一个窗体抖动的功能，以此来提醒聊天对方的注意。本实例将模拟 QQ 的窗体抖动效果，在 Java 语言的窗体中加入抖动效果，如图 5.14 所示，单击"窗体抖动"按钮，将使窗体发生抖动。

关键技术

本实例的关键在于对窗体位置进行控制，主要通过 JFrame 类的 setLocation() 方法实现，下面介绍该方法的声明格式：

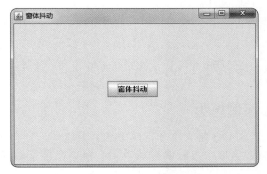

图 5.14　窗体抖动效果

```
public void setLocation(int x, int y)
```

该方法将窗体设置到新位置，通过 x 和 y 参数来指定新位置的左上角坐标。

参数说明：

① x：新位置左上角的 x 坐标。

② y：新位置左上角的 y 坐标。

实现过程

（1）在项目中创建窗体类 ZoomFrameContent。设置窗体的标题、大小和位置等属性。

（2）在窗体中添加"窗体抖动"按钮，编写该按钮的事件处理方法，在方法体中获取当前窗体的位置，并通过双层 for 循环控制窗体的抖动效果。关键代码如下：

```
01  protected void do_button_actionPerformed(ActionEvent e) {
02      int num = 15;                                          // 抖动次数
03      Point point = getLocation();                           // 窗体位置
04      for (int i = 20; i > 0; i--) {                         // 抖动大小
05          for (int j = num; j > 0; j--) {
06              point.y += i;
07              setLocation(point);                            // 窗体向下移动
08              point.x += i;
09              setLocation(point);                            // 窗体向右移动
10              point.y -= i;
11              setLocation(point);                            // 窗体向上移动
12              point.x -= i;
13              setLocation(point);                            // 窗体向左移动
14          }
15      }
16  }
```

扩展学习

窗体运动算法

本实例通过简单的算法实现窗体的抖动效果，读者可以将其他算法加入到该实例中实现窗体的其他动作。这就要求完全掌握 Swing 中控件的各种属性，如果结合多线程或 Timer 控件可以实现窗体的各种动画。而移动窗体位置只是其中的一种。

实例 151　模拟 QQ 隐藏窗体

源码位置：Code\05\151

实例说明

QQ 是大家非常熟悉的聊天软件，它有很多功能值得开发人员学习，如窗体抖动效果、窗体在屏幕边界隐藏等。本实例将模拟 QQ 窗体隐藏的效果，如图 5.15 所示，当把窗体拖曳到屏幕顶端时，窗体会自动隐藏。

关键技术

本实例的关键在于对窗体位置进行控制，主要通过 JFrame 类的 setLocation() 方法实现，下面介绍该方法的声明格式：

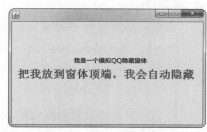

图 5.15　模拟 QQ 隐藏窗体

```
public void setLocation(int x, int y)
```

该方法将窗体设置到新位置，通过 x 和 y 参数来指定新位置的左上角坐标。

参数说明：

① x：新位置左上角的 x 坐标。

② y：新位置左上角的 y 坐标。

实现过程

（1）在项目中创建窗体类 QQFrame，用于设置窗体的标题、大小和位置等属性。

（2）编写窗体移动事件的处理方法，在方法体中判断窗体移动的位置，如果位于屏幕顶端 10 像素以内，则隐藏该窗体。关键代码如下：

```
01  // 窗体移动事件处理方法
02  protected void do_this_componentMoved(ComponentEvent e) {
03      if (over)                                              // 如果鼠标在窗体中，就不做窗体隐藏操作
04          return;
05      Point point = getLocation();                           // 获取窗体位置
06      if (point.y < 10) {                                    // 如果窗体靠近屏幕顶端
07          collection = true;                                 // 确定隐藏窗体标识
08          Dimension size = getSize();                        // 获取窗体大小
09          setLocation(point.x, -size.height + 5);            // 隐藏窗体
10      } else {
11          collection = false;                                // 如果窗体没有靠近屏幕顶端，则取消隐藏标识
12      }
13  }
```

（3）编写窗体的鼠标进入时的事件处理方法，在该方法中判断窗体是否被隐藏在屏幕上方，然后把窗体设置到贴近屏幕顶端的位置。关键代码如下：

```java
01  // 鼠标进入窗体的事件处理方法
02  protected void do_this_mouseEntered(MouseEvent e) {
03      Point point = getLocation();                    // 获取窗体位置
04      if (point.y > 0)                                // 如果窗体没有被隐藏不做任何操作
05          return;
06      setLocation(point.x, 8);                        // 设置窗体显示
07      over = true;                                    // 标识鼠标在窗体内部
08      try {
09          Thread.sleep(1000);                         // 给窗体1秒钟时间让鼠标就位
10      } catch (InterruptedException e1) {
11          e1.printStackTrace();
12      }
13  }
```

（4）编写窗体的鼠标离开时的事件处理方法，在方法体中执行鼠标拖曳事件相同的处理方法。关键代码如下：

```java
01  // 鼠标离开窗体的事件处理方法
02  protected void do_this_mouseExited(MouseEvent e) {
03      if (over) {                                     // 如果鼠标标识在窗体内部
04          over = false;                               // 取消鼠标位置的标识
05          do_this_componentMoved(null);               // 隐藏窗体
06      }
07  }
```

扩展学习

要灵活运用 GUI 的事件处理

事件监听器是 GUI 活力的根基，它使窗体上的控件可以执行相应的操作，其原理是控件将产生各种操作事件，然后由事件监听器来捕获控件产生的事件并进行相应的业务处理。所以开发 GUI 应用程序必须了解事件并熟练掌握。

实例 152 百叶窗登场特效

源码位置：Code\05\152

实例说明

百叶窗特效常用于图片浏览软件中的过渡效果，其目的是缓解视觉疲劳，避免闪屏对眼睛的刺激。本实例在窗体首次打开时也采用了这个效果来显示窗体界面，效果如图 5.16 所示，窗体打开后，界面是被蓝色矩形遮盖的，随后蓝色矩形以百叶窗的效果逐渐消失，最后会显示出原有的窗体界面。

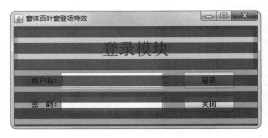

图 5.16 百叶窗登场特效

关键技术

本实例主要使用 GlassPane 面板，该面板是每个 JFrame 窗体都包含的一个隐藏的窗体，它位于所有控件之上。默认情况下该面板是隐藏的，也就是把 setVisible(boolean b) 方法中参数 b 的值设置为 false。可以通过设置 GlassPane 属性来设置窗体的玻璃面板。该方法的声明如下：

```
public void setGlassPane(Component glassPane)
```

参数说明：
glassPane：窗体的 GlassPane 面板。

实现过程

（1）在项目中创建自定义面板类 JalousiePanel。在构造方法中初始化面板为透明状态，并初始化窗体的玻璃面板，同时创建 Timer 控件来控制玻璃面板的显示与百叶窗效果中的参数变更。再为自定义面板添加控件事件监听器，当面板显示和调整大小事件发生时，启动 Timer 控件执行百叶窗特效。关键代码如下：

```java
01  public JalousiePanel() {
02      setOpaque(false);                                       // 面板透明
03      final Component oldPanel = getGlassPane();              // 保存原有玻璃面板
04      final boolean visible = oldPanel.isVisible();
05      setGlassPane(JalousiePanel.this);                       // 把当前面板设置为窗体玻璃面板
06      getGlassPane().setVisible(true);                        // 显示玻璃面板
07      // 初始化Timer控件
08      timer = new Timer(30, new ActionListener() {
09          @Override
10          public void actionPerformed(ActionEvent e) {
11              // 设置当前面板为窗体玻璃面板
12              setGlassPane(JalousiePanel.this);
13              getGlassPane().setVisible(true);                // 显示玻璃面板
14              if (hei-- > 0) {                                // 递减百叶条渐变高度
15                  repaint();                                  // 重绘界面
16              } else {                                        // 如果百叶条渐变高度小于0
17                  timer.stop();                               // 停止Timer控件
18                  setGlassPane(oldPanel);                     // 恢复原有玻璃面板
19                  hei = step;                                 // 初始化百叶条高度
20                  // 恢复玻璃面板显示状态
21                  getGlassPane().setVisible(visible);
22              }
23          }
24      });
25      // 添加控件的事件监听器
26      addComponentListener(new ComponentAdapter() {
27          @Override
28          public void componentShown(ComponentEvent e) {
29              fillJalousie();                                 // 控件显示时调用的方法
30          }
31          private void fillJalousie() {
32              Dimension size = getSize();                     // 获取窗体控件大小
```

```
33              recNum = (size.height - 1) / step + 1;       // 计算百叶条数量
34              timer.start();                                // 启动Timer控件
35          }
36          @Override
37          public void componentResized(ComponentEvent e) {
38              fillJalousie();                               // 控件调整大小时调用的方法
39          }
40      });
41  }
```

（2）重写自定义面板的 paintComponent() 方法，在该方法中绘制百叶窗中的每个条形画面，其中百叶条要实现半透明效果，所以设置绘图合成规则为半透明。关键代码如下：

```
01  protected void paintComponent(Graphics g1) {
02      Graphics2D g = (Graphics2D) g1;                       // 获取2D绘图对象
03      g.setColor(Color.BLUE);                               // 设置绘图前景色
04      // 设置绘图透明度
05      g.setComposite(AlphaComposite.SrcOver.derive(0.5f));
06      for (int i = 0; i < recNum; i++) {
07          // 绘制所有百叶条
08          g.fillRect(0, i * step, getWidth(), hei);
09      }
10      super.paintComponent(g);
11  }
```

扩展学习

分页算法

本实例在确认百叶窗条目数量时，引用了网页分页的算法，即"页数 =(总条目数量 –1)/ 每页条目数量 +1"。有了这个参数，就可以精确定位百叶窗条形的绘图位置。

实例 153　框架容器的背景图片

源码位置：Code\05\153

实例说明

普通框架容器是没有背景图片的。为了让应用程序更加美观，可以为其添加背景图片。添加背景图片的方法很多，本实例采用为层级窗格指定背景图片的方式，其优点是还可以在背景图片上增加其他控件。运行实例，效果如图 5.17 所示。

关键技术

Swing 中共有 3 个顶层容器，分别是 JApplet、JFrame 和 JDialog。其他 Swing 控件都直接或间接包含在这几个顶层容器中。对于应用程序而言，通常使用 JFrame 作为其顶层容器。JFrame 被分成了不同

图 5.17　框架容器的背景图片

的层次以便实现不同的功能。Swing 的常用方法如表 5.4 所示。

表 5.4　Swing 的常用方法

方 法 名	作 用
add(Component comp,int index)	在 index 位置增加控件 comp
getContentPane()	获得框架容器的内容窗格对象
getLayeredPane()	获得框架容器的层级窗格对象
setBounds(int x,int y,int width,int height)	设置控件的宽为 width，高为 height，左上角坐标是 (x,y)
setDefaultCloseOperation(int operation)	设置框架在关闭时的动作
setLayout(LayoutManager mgr)	设置容器的布局管理器为 mgr
setLocationRelativeTo(Component c)	设置窗体与控件 c 的相对位置，如果 c 为空，则居中显示
setOpaque(boolean isOpaque)	设置控件是否透明，true 为不透明
setTitle(String title)	设置框架的标题为 title
setVisible(boolean b)	设置窗体是否可见

注意　默认的框架是不可见的，大小为 0×0，因此需要设置才能使用。

实现过程

编写 BackgroundImage 类，它继承了 JFrame 类。利用给层级窗格增加标签的方法给框架设置了背景图片。在内容窗格上增加了一个按钮来测试可以在背景图片上增加其他控件。代码如下：

```
01  public class BackgroundImage extends JFrame {
02      // 定义序列化标识
03      private static final long serialVersionUID = -7734031908388740823L;
04      public BackgroundImage() {
05          // 创建图标
06          ImageIcon background = new ImageIcon("src/image/mingri.jpg");
07          JLabel label = new JLabel(background);                    // 利用给定的图片创建标签
08          // 将标签的大小设置成图标的大小
09          label.setBounds(0, 0, background.getIconWidth(), background.getIconHeight());
10          JPanel panel = (JPanel) getContentPane();                 // 将内容窗格转型成面板
11          panel.setOpaque(false);                                   // 将面板设置成透明的
12          // 将内容窗格的布局设置为流式布局
13          panel.setLayout(new FlowLayout());
14          panel.add(new JButton("编程词典"));                        // 创建一个按钮对象作为测试
15          // 给层级窗格增加标签
16          getLayeredPane().add(label, new Integer(Integer.MIN_VALUE));
17          setBounds(0, 0, background.getIconWidth(), background.getIconHeight());
```

```
18          // 设置单击关闭图标时框架为关闭
19          setDefaultCloseOperation(JFrame.EXIT_ON_CLOSE);
20          setLocationRelativeTo(null);                            // 将框架居中显示
21          // 设置框架的标题为"框架容器的背景图片"
22          setTitle("框架容器的背景图片");
23      }
24      public static void main(String[] args) {
25          SwingUtilities.invokeLater(new Runnable() {
26              public void run() {
27                  // 在事件调度线程时运行程序
28                  BackgroundImage image = new BackgroundImage();
29                  image.setVisible(true);                         // 设置框架为可见
30              }
31          });
32      }
33  }
```

技巧：为了避免Swing程序出现线程方面的问题，推荐在事件调度线程中启动Swing程序。

扩展学习

根窗格的使用

每个顶层容器都有依赖于名为根窗格的隐式中间容器。根窗格管理内容窗格、菜单条、层级窗格和玻璃窗格。层级窗格包括内容窗格和菜单条，而玻璃窗格是位于窗体最顶端的透明面板，又称为玻璃面板。玻璃窗格可以拦截顶层容器发生的输入事件，也可以用来放置多个位于窗体顶层的控件。

实例 154 拦截事件的玻璃窗格

源码位置：Code\05\154

实例说明

在软件进行比较耗时的操作时，可以使用玻璃窗格将软件界面暂时锁定，即拦截所有用户的输入事件。本实例将模拟一个下载工具，当用户选择一个文件进行下载时，将暂时锁定界面并提示"正在下载"。此时用户无法再选择其他的文件或者单击按钮。运行实例，效果如图 5.18 所示。

关键技术

如果想锁定窗体，则可以使用玻璃窗格。通常需要根据需求自定义玻璃窗格的对象，然后将其设

图 5.18 拦截事件的玻璃窗格

置为框架的玻璃窗格。这可以使用 setGlassPane() 方法实现，该方法的声明如下：

```
public void setGlassPane(Component glassPane)
```

参数说明：

glassPane：用户自定义的玻璃窗格。

玻璃窗格在默认情况下是不可见的，需要使用 setVisible(true) 语句将其设置为可见。

实现过程

（1）编写 GlassPane 类，它继承了 JComponent 类。在其构造方法中，首先屏蔽了鼠标事件、键盘事件等。在 paintComponent() 方法中简单地在控件上绘制了一个红色字符串。代码如下：

```
01  public class GlassPane extends JComponent {
02      private static final long serialVersionUID = 9060636159598343142L;
03      public GlassPane() {
04          addMouseListener(new MouseAdapter() {           // 屏蔽鼠标事件
05          });
06          addMouseMotionListener(new MouseMotionAdapter() {  // 屏蔽鼠标拖曳事件
07          });
08          addKeyListener(new KeyAdapter() {                // 屏蔽键盘事件
09          });
10          setFont(new Font("Default", Font.BOLD, 16));     // 设置控件的字体
11      }
12      @Override
13      protected void paintComponent(Graphics g) {
14          g.setColor(Color.RED);                           // 将画笔换成红色
15          // 在坐标(190, 130)处绘制字符串"正在下载"
16          g.drawString("正在下载", 190, 130);
17      }
18  }
```

（2）编写 DownloadSoft 类，该类继承了 JFrame。在框架中，主要包括一个表格和一个按钮"开始下载"，表格用来模拟可以下载的资源。编写 do_button_actionPerformed() 方法来监听单击按钮的事件，该方法用来显示玻璃窗格。代码如下：

```
01  protected void do_button_actionPerformed(ActionEvent e) {
02      getGlassPane().setVisible(true);                    // 显示玻璃窗格
03  }
```

玻璃窗格只能屏蔽用户的输入操作，但框架是可变的。

扩展学习

玻璃窗格的应用

玻璃窗格是框架的顶层窗格，它通常用来拦截用户的输入事件和绘图。本实例通过自定义一个

JComponent 控件，来实现玻璃窗格的功能。本实例仅是在玻璃窗格上绘制了一个红色的字符串，读者可以在此基础上增加一些动态效果，如绘制一个进度条来显示下载的进度等。

实例 155　简单的每日提示信息

源码位置：Code\05\155

实例说明

对于一些功能比较复杂的软件，可以在软件启动时弹出一个对话框来显示一些提示信息，如软件的快捷键、软件的使用技巧、软件公司的简介等。本实例将使用 JDialog 实现一个每日提示对话框。运行实例，效果如图 5.19 所示。

关键技术

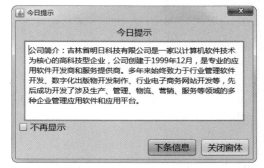

图 5.19　简单的每日提示信息

Java 语言中提供了 JDialog 类实现对话框效果，程序开发人员可以继承该类编写自定义的对话框。但是这相对来说比较复杂，所以 Java 提供了一个工具类 JOptionPane 来负责常见对话框的创建与使用，本实例调用了 JOptionPane 类的静态方法 showMessageDialog() 来显示信息提示对话框，该方法有多种重载格式，下面介绍本实例使用的重载方法的方法声明：

```
public static void showMessageDialog(Component parentComponent,Object message,String title,int messageType) throws HeadlessException
```

方法中的参数说明如表 5.5 所示。

表 5.5　方法中的参数说明

设 置 值	描 述
parentComponent	对话框的父窗体
message	对话框显示的信息字符串
title	对话框的标题字符串
messageType	对话框类型，这个类型值确定对话框的信息图标样式

实现过程

编写 TipOfDay 类，该类继承了 JDialog 类，实现了显示提示信息的功能。对话框包含一个标签、一个文本域、一个复选框和两个按钮。核心代码如下：

```
01    public TipOfDay() {
02        setTitle("\u4ECA\u65E5\u63D0\u793A");                                    // 设置对话框的标题
```

```java
03      setBounds(100, 100, 450, 300);                        // 设置对话框的大小和位置
04      // 设置对话框的布局为边框布局
05      getContentPane().setLayout(new BorderLayout());
06      // 设置边框为空边框,宽度为5
07      contentPanel.setBorder(new EmptyBorder(5, 5, 5, 5));
08      // 在中央增加面板contentPanel
09      getContentPane().add(contentPanel, BorderLayout.CENTER);
10      // 设置中央面板中的空白大小为0
11      contentPanel.setLayout(new BorderLayout(0, 0));
12      {
13          JPanel panel = new JPanel();                      // 创建新的panel面板
14          // 在contentPanel中增加panel
15          contentPanel.add(panel, BorderLayout.NORTH);
16          {
17              // 创建标签
18              JLabel label = new JLabel("\u4ECA\u65E5\u63D0\u793A");
19              panel.add(label);                             // 在panel中增加标签
20          }
21      }
22      {
23          JPanel panel = new JPanel();                      // 创建新的panel面板
24          // 在南方增加一个选择框
25          contentPanel.add(panel, BorderLayout.SOUTH);
26          panel.setLayout(new BorderLayout(0, 0));
27          {
28              JCheckBox checkBox = new JCheckBox("\u4E0D\u518D\u663E\u793A");
29              panel.add(checkBox);
30          }
31      }
32      {
33          JPanel panel = new JPanel();                      // 创建新的panel面板
34          // 在西方增加一个空面板占位
35          contentPanel.add(panel, BorderLayout.WEST);
36      }
37      {
38          JPanel panel = new JPanel();                      // 创建新的panel面板
39          // 在东方增加一个空面板占位
40          contentPanel.add(panel, BorderLayout.EAST);
41      }
42      {
43          JScrollPane scrollPane = new JScrollPane();
44          contentPanel.add(scrollPane, BorderLayout.CENTER);
45          {
46              // 利用文本域来显示主要的信息
47              JTextArea textArea = new JTextArea();
48              // 省略文本信息代码
49              scrollPane.setViewportView(textArea);
50          }
51      }
52      {
53          JPanel buttonPane = new JPanel();                 // 创建新的panel面板
54          buttonPane.setLayout(new FlowLayout(FlowLayout.RIGHT));
```

```
55              // 增加按钮面板buttonPane
56              getContentPane().add(buttonPane, BorderLayout.SOUTH);
57              {
58                  JButton okButton = new JButton("\u4E0B\u6761\u4FE1\u606F");
59                  okButton.setActionCommand("OK");
60                  buttonPane.add(okButton);                    // 增加"下条信息"按钮
61                  getRootPane().setDefaultButton(okButton);
62              }
63              {
64                  JButton cancelButton = new JButton("\u5173\u95ED\u7A97\u4F53");
65                  cancelButton.setActionCommand("Cancel");
66                  buttonPane.add(cancelButton);                // 增加"关闭窗体"按钮
67              }
68          }
69      }
```

> **技巧**：设置按钮面板的布局时指定了FlowLayout.RIGHT参数可以让对话框中的按钮都是从右向左排列。

扩展学习

每日提示的应用

本实例只是简单地制作了一下提示框的界面，读者可以在本实例的基础上进行增强，实现复选框和按钮的功能。实现"下条信息"按钮时，可以考虑从文件中读取文本信息来显示。实现"关闭窗体"按钮时不要将主窗体也关闭，仅将其设置成不可见即可。

实例 156 抖动效果对话框

源码位置：Code\05\156

实例说明

在软件的使用过程中，如果能增加一些动态效果是很有益的。例如，在 QQ 的 2010 版中就有窗体抖动的效果。Java 的 Swing 也能做成这种效果吗？答案是肯定的。本实例将实现一个抖动效果的对话框。运行实例，效果如图 5.20 所示。

图 5.20 抖动效果对话框

关键技术

Timer 类可用于在指定时间间隔中触发一个或多个事件。本实例使用的方法如表 5.6 所示。

表 5.6 Timer 类的常用方法

方 法 名	作 用
Timer(int delay, ActionListener listener)	Timer 的构造方法，用于每隔 delay 毫秒触发事件 listener
start()	启动 Timer，使它开始向其侦听器发送动作事件
stop()	停止 Timer，使它停止向其侦听器发送动作事件

Java API 中共有 3 个 Timer 类，其功能和用法各不相同，请读者注意区别。

实现过程

编写 ShakeDialog 类，该类定义了 4 个方法：构造方法用来获得对话框对象；startShake() 方法用来实现抖动效果，抖动时间是 1 秒钟；stopShake() 方法用来关闭抖动效果并将对话框恢复到原来的位置；main() 方法用来进行测试。代码如下：

```
01  public class ShakeDialog {
02      private JDialog dialog;
03      private Point start;                                    // 保存对话框的初始位置
04      private Timer shakeTimer;
05      public ShakeDialog(JDialog dialog) {                    // 在构造方法中获得对话框对象
06          this.dialog = dialog;
07      }
08      public void startShake() {                              // 开始抖动方法
09          // 获取程序运行的起始时间
10          final long startTime = System.currentTimeMillis();
11          start = dialog.getLocation();                       // 获取对话框的初始位置
12          // 每隔10毫秒启动改变对话框坐标事件
13          shakeTimer = new Timer(10, new ActionListener() {
14              @Override
15              public void actionPerformed(ActionEvent e) {
16                  // 获取程序运行的时间
17                  long elapsed = System.currentTimeMillis() - startTime;
18                  // 以运行时间为种子创建随机数对象
19                  Random random = new Random(elapsed);
20                  // 获取一个小于50的随机数整数
21                  int change = random.nextInt(50);
22                  // 随机改变坐标
23                  dialog.setLocation(start.x + change, start.y + change);
24                  if (elapsed >= 1000) {                      // 如果程序运行时间大于1秒钟则停止
25                      stopShake();
26                  }
27              }
28          });
29          shakeTimer.start();                                 // 启动Timer
30      }t
31      public void stopShake() {                               // 停止抖动方法
32          shakeTimer.stop();                                  // 停止Timer
33          dialog.setLocation(start);                          // 恢复对话框的坐标
34          dialog.repaint();                                   // 重新绘制对话框
35      }
36      public static void main(String[] args) {                // 测试方法
37          JOptionPane pane = new JOptionPane("Java编程词典真好用！", JOptionPane.WARNING_MESSAGE);
38          JDialog d = pane.createDialog(null, "抖动效果的对话框");  // 获取对话框对象
39          ShakeDialog sd = new ShakeDialog(d);
40          d.pack();                                           // 按对话框内的控件来绘制对话框
41          d.setModal(false);                                  // 关闭模态
42          d.setVisible(true);                                 // 设为可见
43          sd.startShake();                                    // 开始抖动
44      }
45  }
```

> **说明**：可以将该类作为工具类使用，只需要传递要抖动的对话框即可。

扩展学习

抖动效果的实现原理

在电脑屏幕上显示抖动效果其实很简单，只需要不断改变窗体的位置即可。本实例采用随机数的方式来改变窗体的坐标。读者可以在本实例的基础上进行修改，实现让窗体在圆周上抖动的效果，使其更加美观。另外，本实例自定义的 ShakeDialog 类可以对任何对话框实现抖动效果，读者可以将其用于其他地方。

实例 157　给文本域设置背景图片

源码位置：Code\05\157

实例说明

在软件的美化过程中，比较常用的方式之一是使用背景图片。在 Swing 中，除了可以给框架增加背景图片外，还可以给文本域设置背景图片，本实例将实现该操作。运行实例，效果如图 5.21 所示。

图 5.21　给文本域设置背景图片

关键技术

ImageIO 类提供了很多读写图片的静态方法，还可以对图片进行简单的编码和解码。本实例使用该类中的 read() 方法从本地读取图片，该方法的声明如下：

```
public static BufferedImage read(File input)throws IOException
```

参数说明：

input：被读入的文件。

> **技巧**：还可以使用 ImageInputStream、URL 等作为 read() 方法的参数。

TexturePaint 类提供一种用被指定为 BufferedImage 的纹理填充 Shape 的方式。因为 BufferedImage 数据由 TexturePaint 对象复制，所以 BufferedImage 对象的大小应该小一些。其构造方法声明如下：

```
public TexturePaint(BufferedImage txtr,Rectangle2D anchor)
```

参数说明：

① txtr：具有用于绘制的纹理的 BufferedImage 对象。

② anchor：用户空间中用于定位和复制纹理的 Rectangle2D。

实现过程

（1）编写 BackgroundJTextFieldTest 类，该类继承了 JFrame 类。在框架中包括了两个文本域。

（2）编写 BackgroundJTextField 类，该类继承了 JTextField。在该类的构造方法中利用传递的 File 参数获得一个缓冲图像。以此来作为文本框的背景图片。在 paintComponent() 方法中，将此背景图片绘制到文本域中。代码如下：

```
01  public class BackgroundJTextField extends JTextField {
02      private static final long serialVersionUID = 5810044732894008630L;
03      private TexturePaint paint;
04      public BackgroundJTextField(File file) {
05          super();
06          try {
07              BufferedImage image = ImageIO.read(file);              // 获得缓冲图片
08              Rectangle rectangle = new Rectangle(0, 0, image.getWidth(), image.getHeight());
09              // 创建TexturePaint对象
10              paint = new TexturePaint(image, rectangle);
11              setOpaque(false);                                      // 将文本域设置成透明的
12          } catch (IOException e) {
13              e.printStackTrace();
14          }
15      }
16      @Override
17      protected void paintComponent(Graphics g) {
18          Graphics2D g2 = (Graphics2D) g;                            // 将g转型为Graphics2D
19          g2.setPaint(paint);                                        // 设置新的颜色模式
20          g.fillRect(0, 0, getWidth(), getHeight());                 // 让图片充满整个区域
21          super.paintComponent(g);                                   // 调用父类的同名方法
22      }
23  }
```

提示： 可以在其他地方像使用JTextField一样使用BackgroundJTextField。

扩展学习

ImageIO 类的应用

除了可以从本地读取图片，ImageIO 还可用于读取网络上的图片、写入图片等。其支持的图片格式有 GIF、JPEG、PNG、BMP 和 WBMP。根据图片类型的不同，ImageIO 会自动选择合适的解码器和编码器。关于其详细的使用说明请读者参考 API 文档。

实例 158　简单的字符统计工具

源码位置：Code\05\158

实例说明

在使用文本编辑软件，如 Word 2007 时，会在软件界面中提示总共字符等信息，方便用户掌握文档编写的进度。本实例将模拟 Word 的功能并进行增强，实时显示光标所在的位置和用户选择的文本所包含的字符数量。运行实例，效果如图 5.22

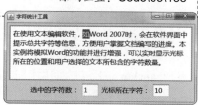

图 5.22　显示文本字符数和光标位置

所示。

关键技术

本实例主要使用 CaretListener 接口，CaretListener 接口用于倾听文本控件插入符的位置变化。该接口定义了一个 caretUpdate() 方法，该方法在插入符的位置被更新时调用，其声明如下：

```
void caretUpdate(CaretEvent e)
```

参数说明：

e：插入符事件。

CaretEvent 用于通知感兴趣的参与者事件源中的文本插入符已发生更改。该类定义了两个抽象方法，其声明和说明如下：

```
public abstract int getDot()
```

获得插入符的位置。

```
public abstract int getMark()
```

获得逻辑选择的另一端的位置。如果没有进行选择，则此位置将与 dot 相同。

实现过程

（1）编写 CharCount 类，该类继承了 JFrame 类。在框架中包括一个文本区和两个文本域。

（2）编写方法 do_textArea_caretUpdate()，用来显示光标的变化信息。该方法是由 IDE 自动生成的。核心代码如下：

```
01  protected void do_textArea_caretUpdate(CaretEvent e) {
02      int dot = e.getDot();                           // 获取光标所在的位置
03      int mark = e.getMark();                         // 获取使用鼠标选择时光标的起点位置
04      // 计算用户选择的文本长度并在文本域中显示
05      textField1.setText(Math.abs(dot - mark) + "");
06      textField2.setText(dot + "");                   // 显示光标所在的位置
07  }
```

注意　　由于选择方向不同，需要计算 getDot() 和 getMark() 方法差的绝对值来显示正数。

扩展学习

光标位置的应用

在论坛留言时，通常会有长度的限制。读者可以在本实例的基础上进行修改，当用户光标的长度超过某个特定数值时，会弹出一个对话框提示用户，也可以增加一个标签来显示还有多少字符可以输入。

实例 159 能预览图片的复选框

源码位置：Code\05\159

实例说明

使用文本域、文本区等控件与用户交互时，很难解决的一个问题是如何保证用户输入的合法性。对于一些有确定范围的信息，可以使用复选框来让用户选择。复选框只包括两种状态，即选中和未选中。这样就可以省略校验的代码。本实例根据用户的选择来显示不同的图片。运行实例，效果如图 5.23 所示。

图 5.23 能预览图片的复选框

关键技术

JCheckBox 类是复选框的实现，复选框是一个可以被选中和取消选中的项，它将其状态显示给用户。按照惯例，可以选中组中任意数量的复选框。复选框常用方法如表 5.7 所示。

表 5.7 复选框的常用方法

方 法 名	作 用
JCheckBox(String text)	创建一个带文本的、最初未被选中的复选框
addActionListener(ActionListener l)	将一个 ActionListener 添加到复选框中
isSelected()	判断复选框是否被选中
setMnemonic(int mnemonic)	设置当前模型上的键盘助记符
setSelected(boolean b)	设置复选框被选中

> 提示：JCheckBox 是 AbstractButton 的间接子类，因此继承了很多 AbstractButton 中定义的有用的方法。

实现过程

（1）编写 JCheckBoxTest 类，该类继承了 JFrame 类。在框架中包括 4 个复选框和一个用来显示图片的标签。

（2）编写 do_checkBox1_actionPerformed() 方法，该方法是 IDE 自动生成的，用于实现对选择复选框事件的监听。该方法实现了设置标签图片的功能。核心代码如下：

```
01  protected void do_checkBox1_actionPerformed(ActionEvent e) {
02      if (checkBox1.isSelected()) {                              // 如果复选框被选中
03          // 创建图片图标
04          ImageIcon icon = new ImageIcon("src/images/1.png");
05          label.setIcon(icon);                                    // 设置图标
06      }
07  }
```

> **技巧**：通过给复选框增加快捷键和助记符可以让用户使用更加方便，请读者参考API自行完成。

扩展学习

复选框的应用

根据惯例，复选框用于给用户提供多个选择，如用户的爱好可以是看书、旅游、体育等。另外，在投票时也可以使用复选框。读者还可以使用边界将一组相关的复选框括起来，方便用户选择。

实例 160　简单的计票软件

源码位置：Code\05\160

实例说明

日常生活中，当对某些事物无法立刻做出决定和选择时，通常会通过投票来完成。本实例将实现一个简单的投票计算软件。运行实例，效果如图5.24所示。

关键技术

JCheckBox类是复选框的实现，复选框是一个可以被选中和取消选中的项，它将其状态显示给用户。按照惯例，可以选中组中任意数量的复选框。复选框常用方法如表5.8所示。

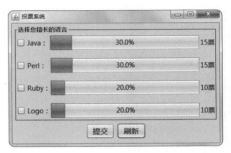

图 5.24　计票软件

表 5.8　复选框的常用方法

方　法　名	作　用
JCheckBox(String text)	创建一个带文本的、最初未被选中的复选框
addActionListener(ActionListener l)	将一个ActionListener添加到复选框中
isSelected()	判断复选框是否被选中
setMnemonic(int mnemonic)	设置当前模型上的键盘助记符
setSelected(boolean b)	设置复选框被选中

> **提示**：JCheckBox是AbstractButton的间接子类，因此继承了很多AbstractButton中定义的有用的方法。

实现过程

（1）编写 VoteSystem 类，该类继承了 JFrame 类。在框架中，共包括4个复选框、4个进度条、4个标签和两个按钮。"提交"按钮用于重新计算投票的结果，"刷新"按钮用于重置复选框。

（2）编写 do_submitButton_actionPerformed() 方法，该方法首先获得历史投票数，然后根据用户在复选框的选择结果，重新计算投票结果并在进度条和标签中显示。核心代码如下：

```
01  protected void do_submitButton_actionPerformed(ActionEvent e) {
02      String text1 = label1.getText();                                    // 获取标签中的文本
03      // 获取票数
04      int number1 = Integer.parseInt(text1.substring(0, text1.length() - 1));
05      String text2 = label2.getText();                                    // 获取标签中的文本
06      // 获取票数
07      int number2 = Integer.parseInt(text2.substring(0, text2.length() - 1));
08      String text3 = label3.getText();                                    // 获取标签中的文本
09      // 获取票数
10      int number3 = Integer.parseInt(text3.substring(0, text3.length() - 1));
11      String text4 = label4.getText();                                    // 获取标签中的文本
12      // 获取票数
13      int number4 = Integer.parseInt(text4.substring(0, text4.length() - 1));
14      if (checkBox1.isSelected()) {                                       // 如果复选框被选中
15          number1++;                                                      // 票数加1
16          label1.setText(number1 + "票");                                 // 更新标签
17      }
18      if (checkBox2.isSelected()) {                                       // 如果复选框被选中
19          number2++;                                                      // 票数加1
20          label2.setText(number2 + "票");                                 // 更新标签
21      }
22      if (checkBox3.isSelected()) {                                       // 如果复选框被选中
23          number3++;                                                      // 票数加1
24          label3.setText(number3 + "票");                                 // 更新标签
25      }
26      if (checkBox4.isSelected()) {                                       // 如果复选框被选中
27          number4++;                                                      // 票数加1
28          label4.setText(number4 + "票");                                 // 更新标签
29      }
30      // 计算总票数
31      double total = number1 + number2 + number3 + number4;
32      // 在进度条上显示所占比例的文本信息
33      progressBar1.setString(number1 * 100 / total + "%");
34      progressBar1.setValue(number1);                                     // 在进度条上显示票数
35      // 在进度条上显示所占比例的文本信息
36      progressBar2.setString(number2 * 100 / total + "%");
37      progressBar2.setValue(number2);                                     // 在进度条上显示票数
38      // 在进度条上显示所占比例的文本信息
39      progressBar3.setString(number3 * 100 / total + "%");
40      progressBar3.setValue(number3);                                     // 在进度条上显示票数
41      // 在进度条上显示所占比例的文本信息
42      progressBar4.setString(number4 * 100 / total + "%");
43      progressBar4.setValue(number4);                                     // 在进度条上显示票数
44  }
```

扩展学习

投票软件的增强

本实例仅实现了最基本的投票功能，还可以做如下增强：显示排名第一的投票对象和其票数、显示总共的投票人数、显示每人可以投的票数、保存投票的结果等。另外，可以采用绘制长方形的方式来替代进度条。尝试在本实例的基础上进行修改，加以完善。

实例 161　能显示图片的组合框

源码位置：Code\05\161

实例说明

在屏幕空间有限的情况下，并不适合使用单选按钮，因为需要列出所有的选项，此时可以考虑使用组合框。组合框类包括两部分，即一个文本域和一个下拉列表。对于普通的组合框使用非常简单，将用户的选项组成一个数组或向量传递给组合框的构造方法即可。本实例将实现在组合框中显示图片的功能，这样可以使界面更加美观。运行实例，效果如图 5.25 所示。

图 5.25　能显示图片的组合框

关键技术

JComboBox 是将按钮或可编辑字段与下拉列表组合的控件。用户可以从下拉列表中选择值，下拉列表在用户请求时显示。如果使组合框处于可编辑状态，则组合框将包括用户可在其中输入值的可编辑字段。JComboBox 的常用方法如表 5.9 所示。

表 5.9　JComboBox 的常用方法

方　法　名	作　　用
JComboBox(Object[] items)	创建包含指定数组中的元素的 JComboBox
addActionListener(ActionListener l)	添加 ActionListener
addItem(Object anObject)	为组合框添加项
getItemCount()	返回组合框中的项数
getRenderer()	返回用于显示 JComboBox 字段中所选项的渲染器
getSelectedIndex()	返回列表中与给定项匹配的第一个选项
getSelectedItem()	返回当前所选项
isEditable()	如果 JComboBox 可编辑，则返回 true
removeAllItems()	从列表项中移除所有项
removeItem(Object anObject)	从列表项中移除项
removeItemAt(int anIndex)	移除 anIndex 处的项
setEditable(boolean aFlag)	确定 JComboBox 字段是否可编辑
setMaximumRowCount(int count)	设置 JComboBox 显示的最大行数

续表

方法名	作 用
setRenderer(ListCellRenderer aRenderer)	设置渲染器，该渲染器用于绘制列表项和选择的项
setSelectedIndex(int anIndex)	选择索引 anIndex 处的项
setSelectedItem(Object anObject)	将组合框显示区域中的所选项设置为参数中的对象

本实例还使用了 ListCellRenderer 接口，它标识可用作"橡皮图章"以绘制 JList 中单元格的控件。该接口定义了一个 getListCellRendererComponent() 方法，该方法返回一个配置好的控件来显示特定值。该方法的声明如下：

```
getListCellRendererComponent(JList list, Object value, int index, boolean isSelected, boolean cellHasFocus)
```

该方法的返回值是 Component，各个参数的说明如表 5.10 所示。

表 5.10 getListCellRenererComponent 方法的参数说明

参数名	作 用
list	正在绘制的 JList
value	由 list.getModel().getElementAt(index) 返回的值
index	单元格索引
isSelected	如果选择了指定的单元格，则为 true
cellHasFocus	如果指定的单元格拥有焦点，则为 true

实现过程

（1）编写 ComboBoxRenderer 类，该类继承了 JLabel 并且实现了 ListCellRenderer。该类用于生成组合框中的各个选项。代码如下：

```
01  public class ComboBoxRenderer extends JLabel implements ListCellRenderer {
02      private static final long serialVersionUID = -318939036460656104L;
03      private Map<String, ImageIcon> content;         // 保存图片及说明
04      public ComboBoxRenderer(Map<String, ImageIcon> content) {
05          this.content = content;
06          setOpaque(true);                             // 设置标签为不透明
07          setHorizontalAlignment(CENTER);              // 水平方向居中对齐
08          setVerticalAlignment(CENTER);                // 垂直方向居中对齐
09      }
10      @Override
11      public Component getListCellRendererComponent(JList list, Object value, int index,
12              boolean isSelected, boolean cellHasFocus) {
13          String key = (String) value;                 // 将组合框的一个值转换成字符串
```

```
14          if (isSelected) {                                  // 根据是否处于选择状态而更改外观
15              setBackground(list.getSelectionBackground());
16              setForeground(list.getSelectionForeground());
17          } else {
18              setBackground(list.getBackground());
19              setForeground(list.getForeground());
20          }
21          setText(key);                                      // 设置标签的文本
22          setIcon(content.get(key));                         // 设置标签的图标
23          setFont(list.getFont());                           // 设置标签的字体
24          return this;
25      }
26  }
```

技巧：通过继承 JLabel，可以方便地显示文本和图标，读者可以根据自己的需求选择合适的类继承。

（2）编写 JComboBoxTest 类，该类继承了 JFrame 类。在框架中显示一个组合框，其构造方法中增加了构造组合框的方法。核心代码如下：

```
01  public JComboBoxTest() {
02      // 设置框架的标题
03      setTitle("\u663E\u793A\u56FE\u7247\u7684\u7EC4\u5408\u6846");
04      // 设置框架在关闭时退出
05      setDefaultCloseOperation(JFrame.EXIT_ON_CLOSE);
06      setBounds(100, 100, 200, 150);                         // 设置显示位置和大小
07      contentPane = new JPanel();                            // 创建面板对象
08      contentPane.setBorder(new EmptyBorder(5, 5, 5, 5));    // 设置面板边距
09      contentPane.setLayout(new BorderLayout(0, 0));         // 设置面板布局
10      setContentPane(contentPane);
11      Map<String, ImageIcon> content = new LinkedHashMap<String, ImageIcon>();
12      // 增加由图标说明和图标组成的映射
13      content.put("图片1", new ImageIcon("src/images/1.png"));
14      // 增加由图标说明和图标组成的映射
15      content.put("图片2", new ImageIcon("src/images/2.png"));
16      // 增加由图标说明和图标组成的映射
17      content.put("图片3", new ImageIcon("src/images/3.png"));
18      // 利用键值构造组合框
19      JComboBox comboBox = new JComboBox(content.keySet().toArray());
20      // 创建渲染器
21      ComboBoxRenderer renderer = new ComboBoxRenderer(content);
22      comboBox.setRenderer(renderer);                        // 设置渲染器
23      comboBox.setMaximumRowCount(3);                        // 设置组合框最多显示3行可选项
24      // 设置组合框字体
25      comboBox.setFont(new Font("微软雅黑", Font.PLAIN, 16));
26      // 将组合框布局在框架中央
27      contentPane.add(comboBox, BorderLayout.CENTER);
28  }
```

扩展学习

组合框的应用

除了提供简单的选项，还可以自定义选项列表，如本实例就是让每个选项都包含了一幅不同的图片。另外，还可以对用户的选择动作进行监听。请读者尝试参考相关的 API 自学完成。

实例 162　使用滑块选择日期

源码位置：Code\05\162

实例说明

当可选择项很多时，使用单选按钮并不理想，因为需要创建大量的按钮。此时可以考虑使用滑块。滑块可以让用户在一组离散值中进行选择。本实例将使用滑块来选择日期，运行实例，效果如图 5.26 所示。

关键技术

JSlider 是一个让用户以图形方式在有界区间内通过移动滑块来选择值的控件。当用户滑动滑块时，其值会在最大值与最小值之间变化。还可以给滑块增加标尺、标尺标签等进行修饰，其常用的方法如表 5.11 所示。

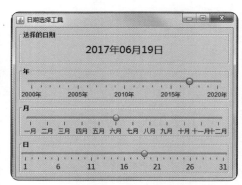

图 5.26　使用滑块选择日期

表 5.11　滑块的常用方法

方法名	作用
JSlider(int min, int max, int value)	用指定的最小值、最大值和初始值创建一个水平滑块
addChangeListener(ChangeListener l)	将一个 ChangeListener 添加到滑块
getValue()	从 BoundedRangeModel 返回滑块的当前值
setFont(Font font)	设置控件的字体
setInverted(boolean b)	指定为 true，则反转滑块显示的值范围
setMajorTickSpacing(int n)	此方法设置主刻度标记的间隔
setMaximum(int maximum)	将滑块的最大值设置为 maximum
setMinimum(int minimum)	将滑块的最小值设置为 minimum
setMinorTickSpacing(int n)	此方法设置副刻度标记的间隔
setPaintLabels(boolean b)	确定是否在滑块上绘制标签
setPaintTicks(boolean b)	确定是否在滑块上绘制刻度标记

续表

方 法 名	作 用
setPaintTrack(boolean b)	确定是否在滑块上绘制滑道
setSnapToTicks(boolean b)	指定为 true，则滑块解析为最靠近用户放置滑块处的刻度标记的值
setValue(int n)	将滑块的当前值设置为 n

 如果希望显示标尺标签，则必须调用 setPaintLabels() 方法将其设置成 true。

实现过程

（1）编写 do_this_windowActivated() 方法，该方法用于监听窗体活动事件。在该方法中，对滑块进行了基本设置，如最大值、最小值、起始值等。将时间设置成当前时间。核心代码如下：

```java
01  protected void do_this_windowActivated(WindowEvent e) {
02      yearSlider.setMaximum(2020);                              // 将yearSlider滑块的最大值设置成2020
03      yearSlider.setMinimum(2000);                              // 将yearSlider滑块的最小值设置成2000
04      yearSlider.setMajorTickSpacing(5);                        // 将yearSlider滑块的主刻度设置成5
05      yearSlider.setMinorTickSpacing(1);                        // 将yearSlider滑块的副刻度设置成1
06      // 将yearSlider滑块的值设置成当前年
07      yearSlider.setValue(calendar.get(Calendar.YEAR));
08      Dictionary<Integer, Component> yearLabel = new Hashtable<Integer, Component>();
09      yearLabel.put(2000, new JLabel("2000年"));                 // 为2000增加标签 "2000年"
10      yearLabel.put(2005, new JLabel("2005年"));                 // 为2005增加标签 "2005年"
11      yearLabel.put(2010, new JLabel("2010年"));                 // 为2010增加标签 "2010年"
12      yearLabel.put(2015, new JLabel("2015年"));                 // 为2015增加标签 "2015年"
13      yearLabel.put(2020, new JLabel("2020年"));                 // 为2020增加标签 "2020年"
14      yearSlider.setLabelTable(yearLabel);                      // 为yearSlider增加标签
15      yearSlider.addChangeListener(cl);                         // 为yearSlider增加监听
16      monthSlider.setMaximum(12);                               // 将monthSlider滑块的最大值设置成12
17      monthSlider.setMinimum(1);                                // 将monthSlider滑块的最小值设置成1
18      // 将monthSlider滑块的主刻度设置成1
19      monthSlider.setMajorTickSpacing(1);
20      // 将monthSlider滑块的值设置成当月
21      monthSlider.setValue(calendar.get(Calendar.MONTH) + 1);
22      // 获得本地月份字符串数组
23      String[] months = (new DateFormatSymbols()).getShortMonths();
24      Dictionary<Integer, Component> monthLabel = new Hashtable<Integer, Component>(12);
25      for (int i = 0; i < 12; i++) {
26          monthLabel.put(i + 1, new JLabel(months[i]));         // 为1~12增加标签
27      }
28      monthSlider.setLabelTable(monthLabel);                    // 为daySlider增加标签
29      monthSlider.addChangeListener(cl);                        // 为monthSlider增加监听
30      // 最大值设置成当月天数
31      daySlider.setMaximum(calendar.getMaximum(Calendar.DAY_OF_MONTH));
32      daySlider.setMinimum(1);                                  // 将daySlider滑块的最小值设置成1
```

```
33      daySlider.setMajorTickSpacing(5);             // 将daySlider滑块的主刻度设置成5
34      daySlider.setMinorTickSpacing(1);             // 将daySlider滑块的副刻度设置成1
35      // 将daySlider滑块的值设置成当前天
36      daySlider.setValue(calendar.get(Calendar.DATE));
37      daySlider.addChangeListener(cl);              // 为daySlider增加监听
38      // 用标签显示当前时间
39      dateLabel.setText(dateFormat.format(new Date()));
40  }
```

注意 在设置标尺标签时要注意不能将 JLabel 写成 Label，否则在程序运行后不会显示标签。

（2）编写内部类 DateListener，该类继承了 ChangeListener，用来监听滑块的变化事件。根据用户选择的不同日期来更新标签的内容。代码如下：

```
01  private class DateListener implements ChangeListener {
02      @Override
03      public void stateChanged(ChangeEvent e) {
04          calendar.set(yearSlider.getValue(), monthSlider.getValue() - 1, 1);
05          int maxDays = calendar.getActualMaximum(Calendar.DAY_OF_MONTH); // 获得月最大天数
06          if (daySlider.getMaximum() != maxDays) {
07              daySlider.setValue(Math.min(daySlider.getValue(), maxDays));//设置滑块的值
08              daySlider.setMaximum(maxDays);           // 将滑块的最大值修改成当前月的最大天数
09              daySlider.repaint();                     // 重新绘制日期滑块
10          }
11          // 将日期设置成用户当前选择的日期
12          calendar.set(yearSlider.getValue(), monthSlider.getValue() - 1, daySlider.getValue());
13          dateLabel.setText(dateFormat.format(calendar.getTime())); // 更新标签的内容
14      }
15  }
```

扩展学习

滑块的应用

如果希望用户在 5 个以上的值中进行唯一选择，使用滑块会比较简单。除了可以使用数字来作为标尺标签，还可以使用字符和图片。读者还可以尝试其他的方式，如通过修改框架的外观来美化滑块。

实例 163　模仿记事本的菜单栏

源码位置：Code\05\163

实例说明

在 Windows 操作系统中，自带了一款简单的文本编辑工具——记事本。记事本主要由菜单栏和文本区两部分组成。菜单栏实现了各种常用的功能，文本区用于让用户输入文本。本实例将实现一

个类似记事本的菜单栏。运行实例，效果如图 5.27 所示。

关键技术

在 Swing 中使用菜单的第一步是创建一个菜单栏保存各个菜单，并将菜单栏添加到框架上。代码如下：

```
JMenuBar menuBar = new JMenuBar();
setJMenuBar(menuBar);
```

第二步开始创建各个菜单及其菜单项，并将菜单项添加到菜单中。为了分类，可以使用分隔符将功能相近的菜单项分隔后添加到菜单中。代码如下：

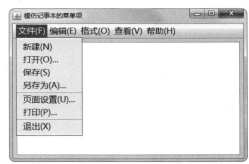

图 5.27　模仿记事本的菜单栏

```
JMenu fileMenu = new JMenu("\u6587\u4EF6(F)");
menuBar.add(fileMenu);
JMenuItem newMenuItem = new JMenuItem("\u65B0\u5EFA(N)");
fileMenu.add(newMenuItem);
```

> **提示：** 菜单栏是可以添加到框架的任意位置的，按照惯例，通常将菜单栏添加到容器的顶部。

实现过程

编写 Notepad 类，该类继承自 JFrame 类。在其构造方法中，增加了一个菜单栏。在菜单栏中增加了 Windows 的记事本中的各个菜单项。核心代码如下：

```
01  public Notepad() {
02      // 省略设置框架属性的代码
03      JMenuBar menuBar = new JMenuBar();                              // 创建菜单栏
04      setJMenuBar(menuBar);                                           // 在框架中增加菜单栏
05      // 创建名为"文件"的菜单
06      JMenu fileMenu = new JMenu("\u6587\u4EF6(F)");
07      // 设置菜单的字体
08      fileMenu.setFont(new Font("微软雅黑", Font.PLAIN, 16));
09      menuBar.add(fileMenu);                                          // 将菜单添加到菜单栏中
10      // 创建新的菜单项
11      JMenuItem newMenuItem = new JMenuItem("\u65B0\u5EFA(N)");
12      // 设置菜单的字体
13      newMenuItem.setFont(new Font("微软雅黑", Font.PLAIN, 16));
14      fileMenu.add(newMenuItem);                                      // 将菜单项添加到菜单中
15      // 创建新的菜单项
16      JMenuItem openMenuItem = new JMenuItem("\u6253\u5F00(O)...");
17      // 设置菜单的字体
18      openMenuItem.setFont(new Font("微软雅黑", Font.PLAIN, 16));
19      fileMenu.add(openMenuItem);                                     // 将菜单项添加到菜单中
20      // 创建新的菜单项
21      JMenuItem saveMenuItem = new JMenuItem("\u4FDD\u5B58(S)");
22      // 设置菜单的字体
```

```
23      saveMenuItem.setFont(new Font("微软雅黑", Font.PLAIN, 16));
24      fileMenu.add(saveMenuItem);                              // 将菜单项添加到菜单中
25      // 创建新的菜单项
26      JMenuItem saveAsMenuItem = new JMenuItem("\u53E6\u5B58\u4E3A(A)...");
27      // 设置菜单的字体
28      saveAsMenuItem.setFont(new Font("微软雅黑", Font.PLAIN, 16));
29      fileMenu.add(saveAsMenuItem);                            // 将菜单项添加到菜单中
30      JSeparator separator1 = new JSeparator();                // 创建分隔符
31      fileMenu.add(separator1);                                // 将分隔符添加到菜单中
32      JMenuItem pageSetMenuItem = new JMenuItem("\u9875\u9762\u8BBE\u7F6E(U)...");
33      // 设置菜单的字体
34      pageSetMenuItem.setFont(new Font("微软雅黑", Font.PLAIN, 16));
35      fileMenu.add(pageSetMenuItem);                           // 将分隔符添加到菜单中
36      // 创建新的菜单项
37      JMenuItem printMenuItem = new JMenuItem("\u6253\u5370(P)...");
38      // 设置菜单的字体
39      printMenuItem.setFont(new Font("微软雅黑", Font.PLAIN, 16));
40      fileMenu.add(printMenuItem);                             // 将菜单项添加到菜单中
41      JSeparator separator2 = new JSeparator();                // 创建分隔符
42      fileMenu.add(separator2);                                // 将分隔符添加到菜单中
43      // 创建新的菜单项
44      JMenuItem exitMenuItem = new JMenuItem("\u9000\u51FA(X)");
45      // 设置菜单的字体
46      exitMenuItem.setFont(new Font("微软雅黑", Font.PLAIN, 16));
47      fileMenu.add(exitMenuItem);                              // 将菜单项添加到菜单中
48      // 省略其他菜单和文本区代码
49  }
```

提示：setFont()是在JComponent类中定义的,因此可以在其子类中使用。

扩展学习

启动和禁用菜单项

有些功能在特定的场合才能使用。例如,如果文本域中没有文本,就没有保存的必要。此时可以禁用保存菜单,当用户输入文本时再启动。使用菜单项的 setEnabled() 方法就可以实现这个功能。此外,还可以增加一些助记符和快捷键,方便用户的使用。

实例 164 自定义纵向的菜单栏

源码位置：Code\05\164

实例说明

在使用软件时,其菜单栏通常是位于软件窗体顶部的。如果因为界面设计等方面的原因,需要将菜单栏放置在窗体左侧,即可以自定义一个纵向的菜单栏,本实例将实现这个功能。运行实例,效果如图 5.28 所示。

图 5.28　运行实例效果

关键技术

Java 中菜单栏的主体是菜单，用 JMenu 对象表示。通过重写其 setPopupMenuVisible() 方法，可以设置菜单项弹出的位置，该方法的声明如下：

```
public void setPopupMenuVisible(boolean b)
```

参数说明：

b：一个 boolean 值，true 表示菜单可见，false 表示隐藏。

为了让重写后的菜单更加好看，重写其 getMinimumSize() 方法，该方法用来设置控件的最小值，其声明如下：

```
public Dimension getMinimumSize()
```

实现过程

（1）编写 HorizontalMenu 类，该类继承了 JMenu 类。在该类的构造方法中，设置了弹出菜单的布局是水平布局。重写其 getMinimumSize() 方法使其最小值正好显示整个控件。重写其 setPopupMenuVisible() 方法，设置弹出菜单的显示位置。代码如下：

```
01  public class HorizontalMenu extends JMenu {
02      private static final long serialVersionUID = 1943739671316999698L;
03  
04      public HorizontalMenu(String label) {
05          super(label);                                      // 调用父类的构造方法
06          JPopupMenu popupMenu = getPopupMenu();             // 获得菜单对象的弹出菜单
07          // 修改布局管理器
08          popupMenu.setLayout(new BoxLayout(popupMenu, BoxLayout.LINE_AXIS));
09      }
10      @Override
11      public Dimension getMinimumSize() {
12          return getPreferredSize();                         // 将控件的最小范围设置成显示控件的最佳范围
13      }
14      @Override
15      public void setPopupMenuVisible(boolean b) {
16          if (b != isPopupMenuVisible()) {
```

```
17              if ((b == true) && isShowing()) {              // 如果菜单处于显示状态
18                  if (getParent() instanceof JPopupMenu) {
19                      // 修改弹出菜单的显示位置
20                      getPopupMenu().show(this, 0, getHeight());
21                  } else {
22                      // 修改弹出菜单的显示位置
23                      getPopupMenu().show(this, getWidth(), 0);
24                  }
25              } else {
26                  getPopupMenu().setVisible(false);            // 设置弹出菜单不可见
27              }
28          }
29      }
30  }
```

（2）编写 HorizontalMenuTest 类，该类继承自 JFrame。在其构造方法中，增加了菜单栏、菜单等，并且修改了内容窗格的布局。核心代码如下：

```
01  public HorizontalMenuTest() {
02      // 设置框架在退出时的状态
03      setDefaultCloseOperation(JFrame.EXIT_ON_CLOSE);
04      setBounds(100, 100, 450, 300);                          // 设置框架的大小和显示的位置
05      Container contentPane = getContentPane();               // 获得内容窗格
06      // 将内容窗格的背景颜色设置成白色
07      contentPane.setBackground(Color.WHITE);
08      JMenuBar menuBar = new JMenuBar();                      // 建立菜单栏
09      // 修改菜单栏布局
10      menuBar.setLayout(new BoxLayout(menuBar, BoxLayout.PAGE_AXIS));
11      // 在内容窗格上增加菜单栏
12      contentPane.add(menuBar, BorderLayout.WEST);
13      JMenu fileMenu = new HorizontalMenu("文件(F)");          // 增加菜单项
14      fileMenu.add("新建(N)");                                 // 增加菜单项
15      fileMenu.add("打开(O)...");                              // 增加菜单项
16      fileMenu.add("保存(S)");                                 // 增加菜单项
17      fileMenu.add("另存为(A)...");                            // 增加菜单项
18      fileMenu.add("页面设置(U)...");                          // 增加菜单项
19      fileMenu.add("打印(P)...");                              // 增加菜单项
20      fileMenu.add("退出(X)");                                 // 增加菜单项
21      menuBar.add(fileMenu);                                  // 将菜单增加到菜单栏中
22      // 省略其他菜单
23  }
```

扩展学习

监听用户选择菜单事件

当用户选择菜单时，将触发动作事件。可以通过调用 addActionListener() 方法来监听该事件。在事件监听器中，可以完成该菜单项需要实现的功能，如打开新文件、保存文件、退出程序等。通常只监听菜单项而不会监听菜单。

实例 165 复选框与单选按钮菜单

源码位置：Code\05\165

实例说明

复选框和单选按钮为用户的输入提供了便利，其实它们也可以用在菜单中。复选框菜单项和单选按钮菜单项分别对应于复选框和单选按钮，其使用的方式也是类似的。本实例将演示它们的用法。运行实例，效果如图 5.29 所示。

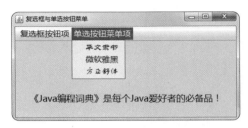

图 5.29 复选框与单选按钮菜单

关键技术

JCheckBoxMenuItem 代表可以被选定或取消选定的菜单项。如果被选定，菜单项的旁边通常会出现一个复选标记。如果未被选定或被取消选定，菜单项的旁边就没有复选标记。像常规菜单项一样，复选框菜单项可以有与之关联的文本或图标，或者两者兼而有之。本实例使用以字符串为参数的构造方法创建复选框菜单项，该方法的声明如下：

```
JCheckBoxMenuItem(String text)
```

参数说明：

text：CheckBoxMenuItem 的文本。

JRadioButtonMenuItem 是一个单选按钮菜单项的实现。JRadioButtonMenuItem 属于一组菜单项中的一个菜单项，该组中只能选择一个项。被选择的项显示其选择状态。选择此项的同时，其他任何以前被选择的项都切换到未选择状态。要控制一组单选按钮菜单项的选择状态，可使用 ButtonGroup 对象。本实例使用以字符串为参数的构造方法创建单选按钮菜单项，该方法的声明如下：

```
JRadioButtonMenuItem(String text)
```

参数说明：

text：RadioButtonMenuItem 的文本。

实现过程

（1）编写 FontChooser 类，该类继承了 JFrame 类。在框架的菜单栏中有两个菜单，分别用来演示复选框菜单项和单选按钮菜单项。在面板中显示带字符串的标签。

（2）使用匿名类创建 listener 对象，用来监听复选框中被选择的菜单项，并根据被选择的菜单项，实现让字体加粗或倾斜的功能。核心代码如下：

```
01  private ActionListener listener = new ActionListener() {
02      @Override
03      public void actionPerformed(ActionEvent e) {
04          int mode = 0;                                    // 利用整数保存字体的状态
05          if (bold.isSelected()) {
06              // 如果加粗复选框按钮项被选择，则让mode值发生变化
07              mode += Font.BOLD;
```

```
08        }
09        if (italic.isSelected()) {
10            // 如果斜体复选框按钮项被选择，则让mode值发生变化
11            mode += Font.ITALIC;
12        }
13        Font font = label.getFont();                          // 获取标签正在使用的字体
14        // 更新标签的字体
15        label.setFont(new Font(font.getName(), mode, font.getSize()));
16    }
17 };
```

（3）对于不同的单选按钮菜单项，其实现的功能是类似的，在此选择显示为"华文隶书"的单选按钮进行讲解。编写方法 do_radioButtonMenuItem1_actionPerformed()，用于监听单选按钮菜单项被选择的事件。核心代码如下：

```
01 protected void do_radioButtonMenuItem1_actionPerformed(ActionEvent e) {
02     Font font = label.getFont();                          // 获取标签正在使用的字体
03     // 更新标签的字体
04     label.setFont(new Font("华文隶书", font.getStyle(), font.getSize()));
05 }
```

扩展学习

复选框菜单项和单选按钮菜单项的使用

在监听复选框和单选按钮菜单项的事件时，通常使用 isSelected 方法来测试菜单项的当前状态。这就需要使用域变量来保存这个菜单项的引用。此外，可以通过给菜单项之间增加分隔符来让相似的菜单项组成一组。这类似于在面板中绘制边框来组合复选框或单选按钮。

实例 166　包含图片的弹出菜单

源码位置：Code\05\166

实例说明

除了固定的菜单栏，还有一种比较特殊的菜单，即弹出菜单。在 Windows 操作系统的桌面上，单击鼠标右键就会出现一个弹出式菜单。该菜单可以用来排列桌面图片、创建文件或文件夹等。本实例将演示如何在 Swing 框架中创建包含图片的弹出式菜单。运行实例，效果如图 5.30 所示。

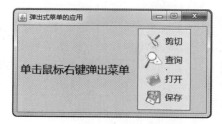

图 5.30　包含图片的弹出菜单

关键技术

JpopupMenu 用于实现弹出菜单，弹出菜单是一个可以弹出并且显示一系列选项的小窗口。JPopupMenu 用于用户在菜单栏上选择菜单项时显示的菜单，还用于当用户选择菜单项并激活它时显示的"右拉式（pull-right）"菜单。最后，JPopupMenu 还可以在显示菜单的其他任何位置使用。例如，当用户在指定区域中右击时。创建弹出式菜单的语法如下：

```
JPopupMenu popup = new JPopupMenu();
```

在创建完弹出式菜单后,需要调用其所在控件的 setComponentPopupMenu() 方法来使用该菜单。该方法的声明如下:

```
public void setComponentPopupMenu(JPopupMenu popup)
```

参数说明:

popup:分配给此控件的弹出菜单,可以为 null。

实现过程

(1)编写 PopupMenuTest 类,该类继承自 JFrame 类。在框架中只增加了一个标签,用于显示用户在弹出式菜单上选择的操作。代码如下:

```
01  public PopupMenuTest() {
02      // 省略设置框架属性的代码
03      JPopupMenu popupMenu = new JPopupMenu();                              // 创建弹出式菜单
04      contentPane.setComponentPopupMenu(popupMenu);                         // 为面板增加弹出式菜单
05      JMenuItem cut = new JMenuItem("\u526A\u5207");                        // 创建新菜单项
06      cut.setIcon(new ImageIcon(PopupMenuTest.class.getResource("/images/cut.png")));
07      cut.setFont(new Font("微软雅黑", Font.PLAIN, 16));                     // 设置菜单项字体
08      cut.addActionListener(listener);                                      // 增加监听
09      popupMenu.add(cut);                                                   // 增加菜单项
10      // 省略其他菜单项和标签的代码
11  }
```

(2)使用匿名类创建 listener 对象,用来监听弹出式菜单的菜单项被选择的事件,用于实现改变标签文本的功能。核心代码如下:

```
01  private ActionListener listener = new ActionListener() {
02      @Override
03      public void actionPerformed(ActionEvent e) {
04          // 设置标签的文本为用户选择的操作
05          label.setText(e.getActionCommand());
06      }
07  };
```

扩展学习

弹出式菜单的使用

通常软件运行,同一种功能会有很多种实现方式,以此来满足不同人的需求。常见的实现方式包括菜单栏、弹出式菜单和快捷键。在一定程度上为软件用户提供了便利,用户也可以根据自己对软件的熟悉程度来方便地使用软件的各项功能。

实例 167 工具栏的实现与应用

源码位置：Code\05\167

实例说明

对于一些功能非常复杂的软件，可以将一些常用的操作放置在一个工具栏中方便用户使用。本实例将演示如何使用工具栏。运行实例，效果如图 5.31 和图 5.32 所示。

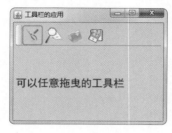
图 5.31 工具栏初始位置

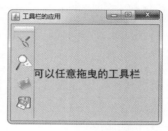
图 5.32 拖曳后的工具栏位置

关键技术

JToolBar 提供了一种快速访问程序常用功能的方法，工具栏的特殊之处在于可以随意地移动。工具栏的常用方法如表 5.12 所示。

表 5.12 工具栏的常用方法

方 法 名	作 用
add(Component comp)	在工具栏中增加控件
addSeparator()	将默认大小的分隔符添加到工具栏的末尾
setToolTipText(String text)	注册要在工具提示中显示的文本

 只有采用边框布局和支持 NORTH、EAST、SOUTH 和 WEST 方向常量的布局管理器才可以使用工具条。

实现过程

编写 ToolBarTest 类，该类继承自 JFrame 类。在其构造方法中，创建了工具栏并增加了 4 个按钮。构造方法的核心代码如下：

```
01    public ToolBarTest() {
02        // 省略设置框架属性的代码
03        JToolBar toolBar = new JToolBar();                      // 创建工具栏
04        contentPane.add(toolBar, BorderLayout.NORTH);           // 设置工具栏的布局
05        JButton cutButton = new JButton("");                    // 新建一个按钮
06        cutButton.setToolTipText("\u526A\u5207");               // 为按钮增加提示信息
```

```
07        cutButton.setIcon(new ImageIcon(ToolBarTest.class.getResource("/images/cut.png")));
08        toolBar.add(cutButton);                          // 将按钮增加到工具栏上
09        // 省略其他按钮和标签的代码
10    }
```

扩展学习

工具栏的使用

由于工具栏只是由一系列图标组成,有时并不能很明确地表明其功能。为了弥补这个不足,可以使用工具提示。当光标在某个按钮停留片刻时,工具提示就会被激活并显示提示信息。当鼠标移开时,工具提示会消失,用户可以使用 setToolTip() 方法来实现这个功能。

实例 168 修改列表项显示方式

源码位置:Code\05\168

实例说明

当可供用户选择的选项比较多时,使用单选按钮或复选框会占用较多的空间,此时可以考虑使用列表。列表可以将若干选项组织起来,根据显示的列表项个数可以调节其占用的空间。本实例将演示列表布局的用法。运行实例,效果如图 5.33 和图 5.34 所示。

 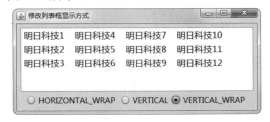

图 5.33 水平显示列表项　　　　　　　　图 5.34 垂直显示列表项

关键技术

JList 类是显示对象列表并且允许用户选择一个或多个项的控件。在为列表增加列表项时,可以使用对象数组或列表模型。列表包含了很多方法,本实例使用的方法如表 5.13 所示。

表 5.13 列表的常用方法

方 法 名	作 用
setLayoutOrientation(int layoutOrientation)	定义布置列表单元的方式
setListData(Object[] listData)	根据一个对象数组构造只读 ListModel,然后对此模型调用 setModel
setVisibleRowCount(int visibleRowCount)	根据不同的布局方式,设置可见的行或列数

> **提示**：使用对象数组作为列表中的列表项意味着列表不仅可以用来显示字符串，也可以显示其他类型的对象。

列表有3种常见的布局方式，使用3个不同的域变量表示，其说明如表5.14所示。

表5.14 列表的布局方式

常量名	作用
HORIZONTAL_WRAP	指示"报纸样式"布局，单元按先水平方向后垂直方向排列
VERTICAL	指示单个列中单元的垂直布局；默认布局
VERTICAL_WRAP	指示"报纸样式"布局，单元按先垂直方向后水平方向排列

> **说明**：本实例的列表项使用数字区分，读者应该很容易理解这3种布局方式的含义。

实现过程

（1）编写JListTest类，该类继承自JFrame类。在框架中包括了一个列表和一个按钮组。按钮组包含了3个按钮，用来表示列表的3种布局方式。

（2）编写方法do_this_windowActivated()，用来监听窗体激活事件。在该方法中，设置了列表的数据。核心代码如下：

```
01  protected void do_this_windowActivated(WindowEvent e) {
02      String[] listData = new String[12];                      // 创建一个含有12个元素的数组
03      for (int i = 0; i < listData.length; i++) {
04          listData[i] = "明日科技" + (i + 1);                   // 为数组中的各个元素赋值
05      }
06      list.setListData(listData);                              // 为列表增加列表项
07  }
```

（3）编写方法do_radioButton1_actionPerformed()，用来监听单选按钮radioButton1被选中事件，该方法用来修改列表的布局方式并更新界面。核心代码如下：

```
01  protected void do_radioButton1_actionPerformed(ActionEvent e) {
02      // 修改列表的布局方式
03      list.setLayoutOrientation(JList.HORIZONTAL_WRAP);
04      scrollPane.revalidate();                                 // 更新界面
05  }
```

> **说明**：由于其他单选按钮的功能类似，在此就不一一进行讲解了。读者可以参考源代码进行学习。

扩展学习

列表布局的应用

Swing 中对于列表共提供了 3 种布局方式，其中 VERTICAL 是默认的布局方式。它可以将列表项用一列显示，这是最节省横向空间的方式。对于纵向空间，可以通过修改 setVisibleRowCount() 方法的参数来调整可见的行数。至于另外两种布局方式可以根据需要进行修改。

实例 169　修改列表项选择模式

源码位置：Code\05\169

实例说明

默认情况下，列表项的选择个数和方式是没有限制的。用户既可以连续选择（使用 Shift 键），又可以间隔选择（使用 Ctrl 键）。通过修改列表的选择模式，可以实现单选按钮或复选框的功能。本实例将演示列表的各种选择模式。运行实例，效果如图 5.35 所示。

关键技术

setSelectionMode() 方法可以设置列表的选择模式。该方法是在选择模型上直接设置选择模式的覆盖方法。该方法的声明如下：

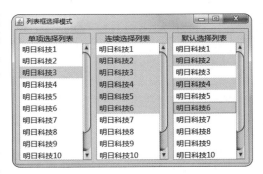

图 5.35　修改列表项选择模式

```
public void setSelectionMode(int selectionMode)
```

参数说明：

selectionMode：列表支持的选择模式。

ListSelectionModel 接口定义了列表支持的选择模式，其详细说明如表 5.15 所示。

表 5.15　列表选择模式常量

常 量 名	作　用
MULTIPLE_INTERVAL_SELECTION	一次选择一个或多个连续的索引范围
SINGLE_INTERVAL_SELECTION	一次选择一个连续的索引范围
SINGLE_SELECTION	一次选择一个列表索引

提示：列表项的默认选择模式是 MULTIPLE_INTERVAL_SELECTION。

实现过程

（1）编写 JListSelectModelTest 类，该类继承了 JFrame 类。在框架中包含了 3 个列表，分别用来演示不同的选择模式。构造方法的核心代码如下：

```
01  public JListSelectModelTest() {
02      // 省略框架相关属性的设置代码
03      // 创建一个滚动面板来保存列表
04      JScrollPane scrollPane1 = new JScrollPane();
05      panel.add(scrollPane1);                                         // 将滚动面板增加到面板中
06      list1 = new JList();                                            // 创建一个列表对象
07      // 设置列表的字体
08      list1.setFont(new Font("微软雅黑", Font.PLAIN, 14));
09      // 设置列表选择模式
10      list1.setSelectionMode(ListSelectionModel.SINGLE_SELECTION);
11      scrollPane1.setViewportView(list1);                             // 将列表增加到滚动面板中
12      // 创建一个指定内容的标签
13      label1 = new JLabel("\u5355\u9879\u9009\u62E9\u5217\u8868");
14      // 设置标签的字体
15      label1.setFont(new Font("微软雅黑", Font.PLAIN, 14));
16      // 设置标签文本的显示位置
17      label1.setHorizontalAlignment(SwingConstants.CENTER);
18      scrollPane1.setColumnHeaderView(label1);                        // 将标签增加到滚动面板中
19      // 省略其他滚动面板相关代码
20  }
```

技巧：通常情况下，需要将列表放置在滚动面板中进行显示。

（2）编写方法 do_this_windowActivated()，用来监听窗体激活事件。在该方法中设置了 3 个列表的数据。核心代码如下：

```
01  protected void do_this_windowActivated(WindowEvent e) {
02      String[] listData = new String[12];                             // 创建一个含有12个元素的数组
03      for (int i = 0; i < listData.length; i++) {
04          listData[i] = "明日科技" + (i + 1);                         // 为数组中的各个元素赋值
05      }
06      list1.setListData(listData);                                    // 为列表1增加列表项
07      list2.setListData(listData);                                    // 为列表2增加列表项
08      list3.setListData(listData);                                    // 为列表3增加列表项
09  }
```

扩展学习

列表选择模式的应用

Swing 中对于列表共提供了 3 种选择模式。如果要实现单选按钮的功能，则可以将选择模式设置成 SINGLE_SELECTION；如果要实现复选框的功能，则不需要修改选择模式。为了添加多个不连续的列表项，可以按住 Ctrl 键，然后在要选择的列表项上单击。

实例 170 查找特定的列表元素

源码位置：Code\05\170

实例说明

对于列表项很少的列表，用户可以一个一个查找自己需要的列表项。如果数据量非常大，则这种方式非常不好。此时，最好为用户提供查找功能。本实例将实现根据用户指定的关键字在列表中进行查找的功能，运行实例，效果如图 5.36 和图 5.37 所示。

图 5.36　查找到指定的元素

图 5.37　未查找到指定的元素

关键技术

在使用列表时，需要注意的是列表本身并没有数据的增加、删除等操作，这些功能是在列表模型中实现的。通常，涉及列表模型的操作时，需要先创建列表模型的对象。ListModel 是所有列表模型实现的接口，但是其只定义了 4 个必需的方法，因此并不常用。通常使用 DefaultListModel，它增加了很多在 ListModel 中未定义的方法。本实例使用的方法如表 5.16 所示。

表 5.16　DefaultListModel 的常用方法

方　法　名	作　用
contains(Object elem)	测试指定对象是否为此类表中的控件
indexOf(Object elem)	搜索 elem 的第一次出现

注意　在未指定列表模型前，不要强制转换 getModel() 方法的结果为 DefaultListModel，否则会报异常。

实现过程

（1）编写 SearchList 类，该类继承了 JFrame 类。在框架中包含了一个列表、一个文本框和一个"查找"按钮。

（2）编写方法 do_button_actionPerformed()，用来监听单击"查找"按钮事件。在该方法中，实现了根据用户输入的关键字进行查找的功能。核心代码如下：

```java
01    protected void do_button_actionPerformed(ActionEvent e) {
02        String key = textField.getText();                   // 获取用户输入的关键字
03        if ((key == null) || (key.trim().isEmpty())) {      // 判断关键字是否为空
04            // 如果为空，则提示用户输入关键字
05            JOptionPane.showMessageDialog(this, "请输入关键字", "", JOptionPane.WARNING_MESSAGE);
06            return;
07        }
```

```
08        if (model.contains(key)) {            // 判断列表模型中是否包含用户输入的关键字
09            int index = model.indexOf(key);   // 如果包含则获得该关键字的索引
10            list.setSelectedIndex(index);     // 设置该列表项处于选择状态
11        } else {
12            list.clearSelection();            // 清除列表项的选择状态
13            // 提示用户没有找到其输入的关键字
14            JOptionPane.showMessageDialog(this, "未找到关键字", "", JOptionPane.WARNING_MESSAGE);
15            return;
16        }
17    }
```

扩展学习

DefaultListModel 简介

除了可以添加和删除列表中的元素外，还可以使用 DefaultListModel 实现其他功能。使用 add(int index, Object element) 方法在指定位置插入元素，使用 remove(int index) 方法删除列表中指定索引的元素，使用 clear() 方法删除列表中全部元素等。使用简单的组合就可以实现修改列表项的功能。请读者阅读一下该类的 API 文档。

实例 171 设置表格的选择模式

源码位置：Code\05\171

实例说明

对于一个二维的表格而言，其选择模式有很多种。以行为例，可以选择单行、连续多行、任意多行，列也是如此。此外，对于单元格也可以设置成选择一个单元格、选择一个连续区域的单元格或选择一个不连续区域的单元格等，本实例将演示它们的用法。运行实例，效果如图 5.38 和图 5.39 所示。

图 5.38 单行选择模式

图 5.39 连续多行选择模式

说明：为了节约空间，请读者自行演示其他的选择模式。

关键技术

利用选择模式，可以调整用户的选择方式。首先需要获得表格的模型，然后修改其选择模式。代码如下：

```
table.getSelectionModel().setSelectionMode(mode);
```

mode 是 ListSelectionModel 接口定义的选择模式，其详细说明如表 5.17 所示。

表 5.17 列表选择模式常量

常 量 名	作 用
MULTIPLE_INTERVAL_SELECTION	一次选择一个或多个连续的索引范围
SINGLE_INTERVAL_SELECTION	一次选择一个连续的索引范围
SINGLE_SELECTION	一次选择一个列表索引

提示：表格的默认选择模式是 SINGLE_SELECTION。

对于列的选择，在默认情况下是禁用的。需要使用 setColumnSelectionAllowed() 方法启用，该方法的声明如下：

```
public void setColumnSelectionAllowed(boolean columnSelectionAllowed)
```

参数说明：

columnSelectionAllowed：如果此模型允许列选择，则为 true。

实现过程

（1）编写 TableSelectModeTest 类，该类继承了 JFrame 类。在框架中包含了一张表格、一个按钮组和一个复选框。按钮组包括"单行""连续多行""任意多行"3 个单选按钮。通过单选按钮和复选框的组合，来实现不同的选择方式。

（2）编写方法 do_this_windowActivated()，用来监听窗体激活事件。在该方法中，使用表格模型初始化了表格的数据。核心代码如下：

```
01  protected void do_this_windowActivated(WindowEvent e) {
02      // 获取表格模型
03      DefaultTableModel tableModel = (DefaultTableModel) table.getModel();
04      tableModel.setRowCount(0);          // 将表格模型中的数据清空
05      tableModel.setColumnIdentifiers(new Object[] { "书名", "出版社", "出版时间", "丛书类别",
        "定价" });
06      tableModel.addRow(new Object[] { "Java从入门到精通（第2版）", "清华大学出版社",
        "2010-07-01", "软件工程师入门丛书", "59.8元" });
07      // 增加行
08      tableModel.addRow(new Object[] { "PHP从入门到精通（第2版）", "清华大学出版社", "2010-
        07-01","软件工程师入门丛书", "69.8元" });
09      // 增加行
```

```
10        tableModel.addRow(new Object[] { "Visual Basic从入门到精通（第2版）", "清华大学出版社",
          "2010-07-01", "软件工程师入门丛书", "69.8元" });
11        // 增加行
12        tableModel.addRow(new Object[] { "Visual C++从入门到精通（第2版）", "清华大学出版社",
          "2010-07-01", "软件工程师入门丛书", "69.8元" });
13        // 增加行
14        table.setModel(tableModel);              // 更新表格模型
15    }
```

技巧：可以使用表格模型的setRowCount(0)方法来清空表格中的数据。

（3）编写方法 do_rowRadioButton1_actionPerformed()，用来监听单击"单行"单选按钮事件。在该方法中，设置了表格行的选择模式是选择单行。核心代码如下：

```
01    protected void do_rowRadioButton1_actionPerformed(ActionEvent e) {
02        table.getSelectionModel().setSelectionMode(ListSelectionModel.SINGLE_SELECTION);
03    }
```

（4）编写方法 do_checkBox_actionPerformed()，用来监听复选框选择事件。在该方法中，启动或禁用表格的列选择功能，并修改了复选框的文本。核心代码如下：

```
01    protected void do_checkBox_actionPerformed(ActionEvent e) {
02        if (checkBox.isSelected()) {
03            // 修改复选框的文本内容为"启动列选择"
04            checkBox.setText("启动列选择");
05            table.setColumnSelectionAllowed(true);          // 启动列选择
06        } else {
07            // 修改复选框的文本内容为"禁用列选择"
08            checkBox.setText("禁用列选择");
09            table.setColumnSelectionAllowed(false);         // 禁止列选择
10        }
11    }
```

扩展学习

表格选择模式的应用

通常情况下，使用默认的选择模式，即选择单行，就可以满足需求。对于有些程序，如日历，需要实现只能选择一个单元格的功能，就需要修改选择模式。另外，使用表格的setCellSelectionEnabled()方法也可以实现让单个单元格可选。

实例172　实现表格的查找功能

源码位置：Code\05\172

实例说明

对于数据量较大的表格，通常会为用户提供查找功能，这可以让用户快速找到自己需要的行。

如果没有符合用户需求的行，则会进行提示，以节约用户的时间。本实例将演示如何在表格中实现这个功能。运行实例，效果如图 5.40 和图 5.41 所示。

图 5.40　输入关键字

图 5.41　显示查找结果

说明： 本实例支持根据不同的列的内容进行查询，读者可以自行测试。

关键技术

RowFilter 用于在模型中过滤条目，使得这些条目不会在视图中显示。例如，一个与 JTable 关联的 RowFilter 可能只允许包含带指定字符串的列的那些行。条目的含义取决于控件类型。例如，当过滤器与 JTable 关联时，一个条目对应于一行；当过滤器与 JTree 关联时，一个条目对应于一个节点。本实例使用其 regexFilter() 方法来实现文本过滤。该方法的声明如下：

```
public static <M,I> RowFilter<M,I> regexFilter(String regex,int... indices)
```

参数说明：

① regex：在其上进行过滤的正则表达式。
② indices：要检查的值的索引如果没有提供，则计算所有的值。

实现过程

（1）编写 SearchTable 类，该类继承了 JFrame 类。在框架中包含了一个文本域、一个表格和一个"查找"按钮。文本域用于获得用户输入的关键字，"查找"按钮用于在表格中查找用户输入的关键字。

（2）编写方法 do_this_windowActivated()，用来监听窗体激活事件。在该方法中，初始化了表格的数据，并为表格设置了 RowSorter。核心代码如下：

```
01    protected void do_this_windowActivated(WindowEvent e) {
02        // 获得表格模型
03        DefaultTableModel tableModel = (DefaultTableModel) table.getModel();
04        tableModel.setRowCount(0);                    // 将表格模型中的数据清空
05        tableModel.setColumnIdentifiers(new Object[] { "书名", "出版社", "出版时间", "丛书类别",
          "定价" });                                    // 设置表头
06        tableModel.addRow(new Object[] { "Java从入门到精通（第2版）", "清华大学出版社", "2010-07-01",
          "软件工程师入门丛书", "59.8元" });
07        // 增加行
```

```
08      tableModel.addRow(new Object[] { "PHP从入门到精通（第2版）", "清华大学出版社", "2010-07-01",
            "软件工程师入门丛书", "69.8元" });
09      // 增加行
10      tableModel.addRow(new Object[] { "Visual Basic从入门到精通（第2版）", "清华大学出版社",
            "2010-07-01", "软件工程师入门丛书", "69.8元" });
11      // 增加行
12      tableModel.addRow(new Object[] { "Visual C++从入门到精通（第2版）", "清华大学出版社",
            "2010-07-01", "软件工程师入门丛书", "69.8元" });
13      // 增加行
14      sorter.setModel(tableModel);                // 为TableRowSorter对象增加表格模型
15      table.setRowSorter(sorter);                 // 设置RowSorter
16  }
```

技巧：为TableRowSorter设置了表格模型之后，就不需要再对表格设置表格模型了。

（3）编写方法 do_button_actionPerformed()，用来监听单击"查找"按钮事件。在该方法中，使用用户在文本域输入的关键字过滤表格内容，核心代码如下：

```
01  protected void do_button_actionPerformed(ActionEvent e) {
02      // 实现过滤
03      sorter.setRowFilter(RowFilter.regexFilter(textField.getText()));
04  }
```

技巧：regexFilter()方法支持参数为null和空字符串，因此不用校验用户的输入。

扩展学习

RowFilter 类的使用

除了本实例使用到的可以实现正则表达式过滤的 regexFilter() 方法，RowFilter 还支持其他类型的过滤。例如，dateFilter() 方法可以用来实现日期过滤，numberFilter() 方法可以用来实现数字过滤等。具体的使用方式请读者参考该类的 API 文档。

实例 173　在表格中应用组合框

源码位置：Code\05\173

实例说明

对于商品的销售者而言，通常需要根据商品的销售情况来判断是否需要进货。当使用表格统计商品信息时，在一个单元格中使用组合框来设置商品的销售状态，比提供用户填写代表不同状态的列更加方便。本实例将演示如何在表格中实现这个功能。运行实例，效果如图 5.42 所示。

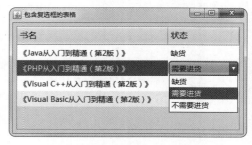

图 5.42　应用组合框效果

> 说明：通过单击组合框可以设置图书的销售状态。

关键技术

AbstractTableModel 是一个抽象类，该类为 TableModel 接口中的大多数方法提供默认实现。它负责管理侦听器，并为生成 TableModelEvents 以及将其调度到侦听器提供更多便利。该类包含的抽象方法如表 5.18 所示。

表 5.18　AbstractTableModel 的抽象方法

方法名	作　用
getColumnCount()	返回该模型中的列数
getRowCount()	返回该模型中的行数
getValueAt(int rowIndex, int columnIndex)	返回 columnIndex 和 rowIndex 位置的单元格值

 注意　表格的行列都是从 0 开始计数的，即第一个单元格的索引是第 0 行第 0 列，以此类推。

DefaultCellEditor 是表单元格和树单元格的默认编辑器，本实例使用了组合框单元格，使用的构造方法如下：

```
public DefaultCellEditor(JCheckBox checkBox)
```

参数说明：

checkBox：一个 JCheckBox 对象。

实现过程

（1）编写 ComboBoxTableModel 类，该类继承了 AbstractTableModel 类。在该类中，实现了继承的抽象方法，并且重写了另外 3 个方法。代码如下：

```
01  public class ComboBoxTableModel extends AbstractTableModel {
02      // 定义序列化标识
03      private static final long serialVersionUID = 5523252281451951512L;
04      // 定义组合框的选项
05      private static String[] states = { "缺货", "需要进货", "不需要进货" };
06      private Object[][] data = { { "《Java从入门到精通（第2版）》", states[0] },
            { "《PHP从入门到精通（第2版）》", states[1] },
07          { "《Visual C++从入门到精通（第2版）》", states[1] }, { "《Visual Basic 从入门到精通（第2
            版）》",states[1] }, };                         // 用数组表示表格中的数据
08
09      @Override
10      public int getColumnCount() {
11          return 2;                                    // 将表格的列数设置成两列
12      }
```

```java
13    @Override
14    public int getRowCount() {
15        return data.length;                                  // 将表格的行数设置成数据的行数
16    }
17    @Override
18    public Object getValueAt(int rowIndex, int columnIndex) {
19        return data[rowIndex][columnIndex];                  // 返回值是二维数组的对应值
20    }
21    @Override
22    public String getColumnName(int column) {
23        String[] names = { "书名", "状态" };
24        return names[column];                                // 设置表头
25    }
26    @Override
27    public boolean isCellEditable(int rowIndex, int columnIndex) {
28        return columnIndex == 1;                             // 设置第二列可修改
29    }
30    @Override
31    public void setValueAt(Object aValue, int rowIndex, int columnIndex) {
32        data[rowIndex][columnIndex] = aValue;                // 显示更新后的组合框内容
33    }
34    public static String[] getStates() {
35        return states;                                       // 获得组合框的状态
36    }
37 }
```

技巧：使用@Override注释可以防止在重写方法时发生漏写方法参数等错误。

（2）编写方法 do_this_windowActivated()，用来监听窗体激活事件。在该方法中，为表格设置了自定义的表格模型并修改了列及其宽度。核心代码如下：

```java
01 protected void do_this_windowActivated(WindowEvent e) {
02     // 创建自定义表格模型
03     ComboBoxTableModel tableModel = new ComboBoxTableModel();
04     table.setModel(tableModel);                             // 设置表格模型
05     // 创建组合框对象
06     JComboBox comboBox = new JComboBox(ComboBoxTableModel.getStates());
07     comboBox.setFont(new Font("微软雅黑", Font.PLAIN, 14));
08     // 利用组合框创建单元格编辑器
09     DefaultCellEditor editor = new DefaultCellEditor(comboBox);
10     // 获取表格的列模型
11     TableColumnModel columnModel = table.getColumnModel();
12     columnModel.getColumn(1).setCellEditor(editor);         // 设置第二列为组合框
13     // 设置第一列的宽度为250
14     columnModel.getColumn(0).setPreferredWidth(250);
15     // 设置第二列的宽度为100
16     columnModel.getColumn(1).setPreferredWidth(100);
17 }
```

扩展学习

DefaultCellEditor 类的使用

在本实例中，使用 DefaultCellEditor 类实现了在单元格中使用组合框。然而其功能却不仅限于此，它还可以用来创建使用复选框和文本域的单元格。使用复选框单元格，可以让用户选择一组需要的选项。使用文本域单元格，可以让用户对其他单元格做简短的说明。

实例 174 删除表格中选中的行

源码位置：Code\05\174

实例说明

通常情况下，表格中的数据是经常变化的。因此，需要为用户提供增加行数据和删除行数据的功能。在表格中，实现这两种操作的代码类同。本实例将演示如何在表格中删除行数据，读者可以在本实例的基础上进行完善，实现增加行的功能。运行实例，效果如图 5.43 和图 5.44 所示。

图 5.43　删除前效果

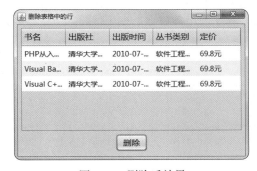

图 5.44　删除后效果

> **说明：** 通过单击"删除"按钮可以删除用户选择的行。

关键技术

为了删除表格中用户选择的行，需要获得用户选择行的索引。使用 getSelectedRow() 方法可以实现这个需求，该方法的声明如下：

```
public int getSelectedRow()
```

> **技巧：** 如果用户选择了多行数据，则可以使用 getSelectedRows() 方法获得用户选择的所有行。

DefaultTableModel 是 TableModel 的一个实现方法，它使用一个 Vector 来存储单元格的值对象，该 Vector 由多个 Vector 组成。在该类中提供了增加和删除表格中数据的常用方法，其说明如表 5.19 所示。

表 5.19　DefaultTableModel 的常用方法

方 法 名	作 用
addColumn(Object columnName)	将一列添加到模型中
addRow(Object[] rowData)	添加一行到模型的结尾
getColumnCount()	返回此数据表中的列数
getRowCount()	返回此数据表中的行数
removeRow(int row)	移除模型中 row 位置的行

实现过程

（1）编写 DeleteRows 类，该类继承了 JFrame 类。在框架中包含了一个表格和一个"删除"按钮。

（2）编写方法 do_this_windowActivated()，用来监听窗体激活事件。在该方法中，使用表格模型初始化了表格的数据。核心代码如下：

```
01    protected void do_this_windowActivated(WindowEvent e) {
02        // 获取表格模型
03        DefaultTableModel tableModel = (DefaultTableModel) table.getModel();
04        tableModel.setRowCount(0);                                    // 将表格模型中的数据清空
05        tableModel.setColumnIdentifiers(new Object[] { "书名","出版社","出版时间",
              "丛书类别", "定价" });                                      // 设置表头
06        tableModel.addRow(new Object[] { "Java从入门到精通（第2版）","清华大学出版社",
              "2010-07-01","软件工程师入门丛书", "59.8元" });
07        // 增加行
08        tableModel.addRow(new Object[] { "PHP从入门到精通（第2版）","清华大学出版社",
              "2010-07-01","软件工程师入门丛书", "69.8元" });
09        // 增加行
10        tableModel.addRow(new Object[] { "Visual Basic从入门到精通（第2版）","清华大学出版社",
              "2010-07-01","软件工程师入门丛书", "69.8元" });
11        // 增加行
12        tableModel.addRow(new Object[] { "Visual C++从入门到精通（第2版）","清华大学出版社",
              "2010-07-01","软件工程师入门丛书", "69.8元" });
13        // 增加行
14        table.setModel(tableModel);                                   // 更新表格模型
15    }
```

技巧：可以使用表格模型的 setRowCount(0)方法清空表格中的数据。

（3）编写方法 do_button_actionPerformed()，用来监听单击"删除"按钮事件。在该方法中，使用表格模型删除表格中的数据。核心代码如下：

```
01    protected void do_button_actionPerformed(ActionEvent e) {
02        // 获取表格模型
03        DefaultTableModel model = (DefaultTableModel) table.getModel();
```

```
04      int index = table.getSelectedRow();              // 获取用户选择的索引
05      if (index == -1) {                               // 如果用户没有选择任何行，则进行提示
06          JOptionPane.showMessageDialog(this, "请选择要删除的行", "", JOptionPane.
            WARNING_MESSAGE);
07          return;
08      }
09      model.removeRow(table.getSelectedRow());         // 删除用户选择的行
10      table.setModel(model);                           // 重新设置表格模型
11  }
```

技巧：如果用户未选择任何行，则getSelectedRow()方法的返回值是-1。

扩展学习

增加和删除表格中的数据

本实例演示了如何删除用户在表格中选择的行。读者可以在本实例的基础上实现删除表格中选择的列、向表格中增加一行数据、向表格中增加一列数据等操作。为了获得用户输入的信息，可以简单地使用对话框。需要注意的是本实例采用表格模型来完成这些操作，因此对于删除的数据是不能被恢复的。

实例 175　实现表格的分页技术

源码位置：Code\05\175

实例说明

对于数据量比较大的表格而言，会使用分页技术以方便用户浏览。对于 Java EE 程序员而言，有很多工具可以帮忙实现分页，如 Hibernate 等。另外，也可以在查询数据库中的数据时使用分页。本实例将自行实现一个分页算法，运行实例，效果如图 5.45 和图 5.46 所示。

图 5.45　首页

图 5.46　末页

关键技术

表格模型中的数据不方便截取，因此使用 getDataVector() 方法将表格模型中的数据存储到向量

中，然后操作向量中的数据。该方法的声明如下：

```
public Vector getDataVector()
```

为了获取表格模型中的总数据数，使用了 getRowCount() 方法，该方法的声明如下：

```
public int getRowCount()
```

在获取了总行数和每页的行数之后，就可以计算最大页数了。需要注意的是，Java 中的整数除法是直接截取而不需要进位的，如 9/5 的结果是 1。因此总行数如果不是每页行数的整数倍则需要加 1。

实现过程

（1）编写 PageTable 类，该类继承了 JFrame 类。在框架中包含了一个表格及"首页""前一页""后一页""末页"4 个按钮。

（2）编写方法 do_this_windowActivated()，用来监听窗体激活事件。在该方法中，使用表格模型初始化表格中的数据，计算了总页数，并设置了按钮的初始状态。核心代码如下：

```
01  protected void do_this_windowActivated(WindowEvent e) {
02      defaultModel = (DefaultTableModel) table.getModel();            // 获取表格模型
03      defaultModel.setRowCount(0);                                     // 清空表格模型中的数据
04      // 定义表头
05      defaultModel.setColumnIdentifiers(new Object[] { "序号", "平方数" });
06      for (int i = 0; i < 23; i++) {
07          // 向表格模型中增加数据
08          defaultModel.addRow(new Object[] { i, i * i });
09      }
10      // 计算总页数
11      maxPageNumber = (int) Math.ceil(defaultModel.getRowCount() / pageSize);
12      table.setModel(defaultModel);                                    // 设置表格模型
13      firstPageButton.setEnabled(false);                               // 禁用"首页"按钮
14      latePageButton.setEnabled(false);                                // 禁用"前一页"按钮
15      nextPageButton.setEnabled(true);                                 // 启用"后一页"按钮
16      lastPageButton.setEnabled(true);                                 // 启用"末页"按钮
17  }
```

> **技巧**：Math 类的 ceil() 方法可以获得不超过其参数的最大整数，刚好适合计算最大页数。

（3）编写方法 do_firstPageButton_actionPerformed()，用来监听单击"首页"按钮事件。在该方法中，创建了一个新的表格模型来保存原表格模型中的首页数据。核心代码如下：

```
01  protected void do_firstPageButton_actionPerformed(ActionEvent e) {
02      currentPageNumber = 1;                                           // 将当前页码设置成 1
03      // 获取原表格模型中的数据
04      Vector dataVector = defaultModel.getDataVector();
05      // 创建新的表格模型
06      DefaultTableModel newModel = new DefaultTableModel();
```

```
07          // 定义表头
08          newModel.setColumnIdentifiers(new Object[] { "序号", "随机数" });
09          for (int i = 0; i < pageSize; i++) {
10              // 根据页面大小来获得数据
11              newModel.addRow((Vector) dataVector.elementAt(i));
12          }
13          table.setModel(newModel);                               // 设置表格模型
14          firstPageButton.setEnabled(false);                      // 禁用"首页"按钮
15          latePageButton.setEnabled(false);                       // 禁用"前一页"按钮
16          nextPageButton.setEnabled(true);                        // 启用"后一页"按钮
17          lastPageButton.setEnabled(true);                        // 启用"末页"按钮
18      }
```

（4）编写方法 do_latePageButton_actionPerformed()，用来监听单击"前一页"按钮事件。在该方法中，创建了一个新的表格模型来保存原表格模型中的前一页数据。核心代码如下：

```
01      protected void do_latePageButton_actionPerformed(ActionEvent e) {
02          currentPageNumber--;                                    // 将当前页面减1
03          // 获取原表格模型中的数据
04          Vector dataVector = defaultModel.getDataVector();
05          // 创建新的表格模型
06          DefaultTableModel newModel = new DefaultTableModel();
07          // 定义表头
08          newModel.setColumnIdentifiers(new Object[] { "序号", "随机数" });
09          for (int i = 0; i < pageSize; i++) {
10              newModel.addRow((Vector) dataVector.elementAt((int) (pageSize *
                (currentPageNumber - 1) + i)));                     // 根据页面大小来获得数据
11          }
12          table.setModel(newModel);                               // 设置表格模型
13          if (currentPageNumber == 1) {
14              firstPageButton.setEnabled(false);                  // 禁用"首页"按钮
15              latePageButton.setEnabled(false);                   // 禁用"前一页"按钮
16          }
17          nextPageButton.setEnabled(true);                        // 启用"后一页"按钮
18          lastPageButton.setEnabled(true);                        // 启用"末页"按钮
19      }
```

（5）编写方法 do_nextPageButton_actionPerformed()，用来监听单击"后一页"按钮事件。在该方法中，创建了一个新的表格模型来保存原表格模型中的后一页数据。核心代码如下：

```
01      protected void do_nextPageButton_actionPerformed(ActionEvent e) {
02          currentPageNumber++;                                    // 将当前页面加1
03          // 获取原表格模型中的数据
04          Vector dataVector = defaultModel.getDataVector();
05          // 创建新的表格模型
06          DefaultTableModel newModel = new DefaultTableModel();
07          // 定义表头
08          newModel.setColumnIdentifiers(new Object[] { "序号", "随机数" });
09          if (currentPageNumber == maxPageNumber) {
```

```
10          int lastPageSize = (int) (defaultModel.getRowCount() - pageSize * (maxPageNumber - 1));
11          for (int i = 0; i < lastPageSize; i++) {
12              newModel.addRow((Vector) dataVector.elementAt((int) (pageSize *
                (maxPageNumber - 1) + i)));                           // 根据页面大小来获取数据
13          }
14          nextPageButton.setEnabled(false);                         // 禁用"后一页"按钮
15          lastPageButton.setEnabled(false);                         // 禁用"末页"按钮
16      } else {
17          for (int i = 0; i < pageSize; i++) {
18              newModel.addRow((Vector) dataVector.elementAt((int) (pageSize *
                (currentPageNumber - 1) + i)));                       // 根据页面大小来获取数据
19          }
20      }
21      table.setModel(newModel);                                     // 设置表格模型
22      firstPageButton.setEnabled(true);                             // 启用"首页"按钮
23      latePageButton.setEnabled(true);                              // 启用"前一页"按钮
24  }
```

（6）编写方法 do_lastPageButton_actionPerformed()，用来监听单击"末页"按钮事件。在该方法中，创建了一个新的表格模型来保存原表格模型中的末页数据。核心代码如下：

```
01  protected void do_lastPageButton_actionPerformed(ActionEvent e) {
02      currentPageNumber = maxPageNumber;                            // 将当前页面设置为末页
03      // 获取原表格模型中的数据
04      Vector dataVector = defaultModel.getDataVector();
05      // 创建新的表格模型
06      DefaultTableModel newModel = new DefaultTableModel();
07      // 定义表头
08      newModel.setColumnIdentifiers(new Object[] { "序号", "随机数" });
09      int lastPageSize = (int) (defaultModel.getRowCount() - pageSize * (maxPageNumber - 1));
10      if (lastPageSize == 5) {
11          for (int i = 0; i < pageSize; i++) {
12              newModel.addRow((Vector) dataVector.elementAt((int) (pageSize *
                (maxPageNumber - 1) + i)));                           // 根据页面大小来获取数据
13          }
14      } else {
15          for (int i = 0; i < lastPageSize; i++) {
16              newModel.addRow((Vector) dataVector.elementAt((int) (pageSize *
                (maxPageNumber - 1) + i)));                           // 根据页面大小来获取数据
17          }
18      }
19      table.setModel(newModel);                                     // 设置表格模型
20      firstPageButton.setEnabled(true);                             // 启用"首页"按钮
21      latePageButton.setEnabled(true);                              // 启用"前一页"按钮
22      nextPageButton.setEnabled(false);                             // 禁用"后一页"按钮
23      lastPageButton.setEnabled(false);                             // 禁用"末页"按钮
24  }
```

扩展学习

分页的思想

当总的行数与每页的行数是倍数关系时，可以简单地使用当前页码计算每页显示的数据；当两者不是倍数关系时，需要注意最后一页的数据。当其数据量不够一页时，要根据实际情况计算其最后一页的数据量。因此在"后一页"和"末页"按钮的监听事件中使用了分类讨论。

实例 176　为单元格绘制背景色

源码位置：Code\05\176

实例说明

如果程序的界面中只有黑白两种颜色，可能会让用户感觉界面不好看。通常可以使用各种颜色的搭配来美化界面。本实例使用表格单元格渲染工具来为不同的单元格设置不同的颜色。读者可以从中选择自己喜欢的颜色用在自己的程序中。运行实例，效果如图 5.47 所示。

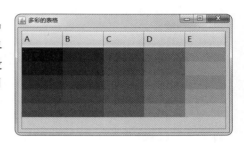

图 5.47　为单元格绘制背景色

关键技术

TableCellRenderer 接口定义了一个名为 getTableCellRendererComponent() 的方法，该方法可以用来在渲染单元格前配置渲染器。该方法的声明如下：

```
Component getTableCellRendererComponent(JTable table,Object value,boolean isSelected,
    boolean hasFocus,int row,int column)
```

该方法中各个参数的说明如表 5.20 所示。

表 5.20　getTableCellRendererComponent 方法的参数说明

参数名	作　用
table	要求渲染器渲染的 JTable，可以为 null
value	要呈现的单元格的值
isSelected	是否使用选中样式的高亮显示来呈现该单元格
hasFocus	单元格是否具有焦点
row	要渲染的单元格的行索引
column	要渲染的单元格的列索引

在编写好渲染器之后，可以使用 setDefaultRenderer() 方法为表格设置渲染器，该方法的声明如下：

```
public void setDefaultRenderer(Class<?> columnClass,TableCellRenderer renderer)
```

参数说明：
① columnClass：设置此 columnClass 的默认单元格渲染器。
② renderer：此 columnClass 要使用的默认单元格渲染器。

> **提示**：如果需要获得某一列的类型，则可以使用表格的getColumnClass()方法。

实现过程

（1）编写 ColorTableCellRenderer 类，该类继承了 JPanel 类，并实现了 TableCellRenderer 接口。在实现的方法中，为每个单元格设置了不同的背景色。代码如下：

```
01  public class ColorTableCellRenderer extends JPanel implements TableCellRenderer {
02      private static final long serialVersionUID = 8932176536826008653L;
03      @Override
04      public Component getTableCellRendererComponent(JTable table, Object value,
05              boolean isSelected, boolean hasFocus, int row, int column) {
06          int times = 50;                                   // 设置背景色与行列索引的倍数关系
07          int r = row * times % 255;                        // 设置r值，代表红色
08          int g = column * times % 255;                     // 设置g值，代表绿色
09          int b = (row + column) * times % 255;             // 设置b值，代表蓝色
10          setBackground(new Color(r, g, b));                // 设置新的背景色
11          return this;
12      }
13  }
```

（2）编写方法 do_this_windowActivated()，用来监听窗体激活事件。在该方法中，设置了表格为 5 行 5 列。核心代码如下：

```
01  protected void do_this_windowActivated(WindowEvent e) {
02      // 获取默认表格模型
03      DefaultTableModel model = (DefaultTableModel) table.getModel();
04      model.setColumnCount(5);                              // 设置列数
05      model.setRowCount(5);                                 // 设置行数
06      table.setModel(model);                                // 更新表格模型
07      table.setDefaultRenderer(Object.class, new ColorTableCellRenderer()); // 设置渲染器
08  }
```

> **技巧**：如果没有为表格指定行数据，则其类型默认是Object类型。

扩展学习

表格模型的巧用

表格模型用来管理表格中的数据，它有一些简单的技巧，总结如下：如果将表格模型的行数设置为 0，则会清空表格中的数据；如果仅设置行数和列数，则会生成一个空的表格，但是该表格具有表头，表头是 A、B、C 等。可以通过设置行、列数来实现隐藏表格数据的功能。此时虽然数据不可见，但并未被删除。

实例 177　实现表格的栅栏效果

源码位置：Code\05\177

实例说明

对于长时间使用电脑的用户来说，观看表格中颜色相同的行对眼睛会产生一定的疲劳感。为了让用户获得更舒适的体验，通常将表格设置成栅栏效果，即奇数行和偶数行的背景颜色是不同的。本实例将演示如何实现该效果。运行实例，效果如图 5.48 所示。

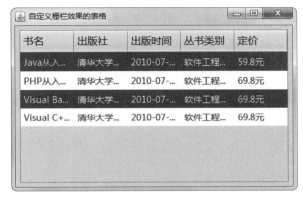

图 5.48　实现表格的栅栏效果

关键技术

DefaultTableCellRenderer 呈现 JTable 中每个单元格的标准类。它是 TableCellRenderer 接口的实现类，通常可以使用该类来简化渲染器编程。此类继承自一个标准的控件类 JLabel。但是 JTable 为其单元格的呈现使用了特殊的机制，因此要求稍微对其单元格渲染器的行为进行修改。在使用该类时，通常将其转型为 JLabel 类，并调用 getTableCellRendererComponent() 方法来显示单元格中的文字。

实现过程

（1）编写 FenseRenderer 类，该类实现了 TableCellRenderer 接口。在该接口的 getTableCellRendererComponent() 方法中，为不同的行设置了不同的背景颜色和文本颜色。代码如下：

```
01  public class FenseRenderer implements TableCellRenderer {
02      @Override
03      public Component getTableCellRendererComponent(JTable table, Object value,
04              boolean isSelected, boolean hasFocus, int row, int column) {
05          JLabel renderer = (JLabel) new DefaultTableCellRenderer().getTableCellRendererComponent
                (table,value, isSelected, hasFocus, row, column);
06
07          if (row % 2 == 0) {                                        // 偶数行
08              renderer.setForeground(Color.WHITE);                   // 将文本设置成白色
09              renderer.setBackground(Color.BLUE);                    // 将背景设置成蓝色
10          } else {                                                   // 奇数行
```

```
11                renderer.setForeground(Color.BLUE);           // 将文本设置成蓝色
12                renderer.setBackground(Color.WHITE);          // 将背景设置成白色
13            }
14            return renderer;
15        }
16  }
```

（2）编写方法 do_this_windowActivated()，用来监听窗体激活事件。在该方法中，初始化了表格的数据并设置了新的渲染器。核心代码如下：

```
01  protected void do_this_windowActivated(WindowEvent e) {
02      // 获取表格模型
03      DefaultTableModel model = (DefaultTableModel) table.getModel();
04      model.setRowCount(0);                                    // 清空表格中的数据
05      model.setColumnIdentifiers(new Object[] { "书名", "出版社", "出版时间", "丛书类别",
        "定价" });                                               // 增加一行数据
06      model.addRow(new Object[] { "Java从入门到精通（第2版）", "清华大学出版社", "2010-07-01",
        "软件工程师入门丛书", "59.8元" });
07      // 增加一行数据
08      model.addRow(new Object[] { "PHP从入门到精通（第2版）", "清华大学出版社", "2010-07-01",
        "软件工程师入门丛书", "69.8元" });
09      // 增加一行数据
10      model.addRow(new Object[] { "Visual Basic从入门到精通（第2版）", "清华大学出版社",
        "2010-07-01", "软件工程师入门丛书", "69.8元" });
11      // 增加一行数据
12      model.addRow(new Object[] { "Visual C++从入门到精通（第2版）", "清华大学出版社",
        "2010-07-01", "软件工程师入门丛书", "69.8元" });
13      // 增加一行数据
14      table.setModel(model);                                   // 设置表格模型
15      // 设置新的渲染器
16      table.setDefaultRenderer(Object.class, new FenseRenderer());
17  }
```

扩展学习

单元格渲染器的应用

除了可以设置背景颜色和文本颜色外，还可以设置当用户选择单元格时的背景颜色与文本颜色。使用 isSelected 参数来判断用户是否选择了单元格。如果仅希望对某个单元格实现特效，可以使用 row 和 column 参数来确定该单元格。

实例 178 编写中国省市信息树

源码位置：Code\05\178

实例说明

对于具有层次关系的结构，使用树控件描述是非常方便的，如文件夹及其子文件夹之间的关系、国家的行政结构关系等。本实例将使用树控件来表示中国的各个行政区域。使用 Swing 库中定义的工具类可以非常容易地实现。运行实例,效果如图 5.49 所示。

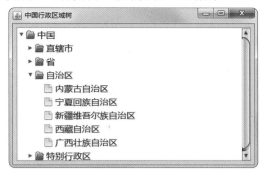

图 5.49　中国省市信息树

> 说明:单击三角形的小图标可以显示和隐藏树节点。

关键技术

DefaultMutableTreeNode 是树数据结构中的通用节点。一个树节点最多可以有一个父节点、0 或多个子节点。DefaultMutableTreeNode 为检查和修改节点的父节点和子节点提供操作,也为检查节点所属的树提供操作。节点的树是所有节点的集合,通过从某一节点开始并沿着父节点和子节点的所有可能的链接,可以访问这些节点。可以使用其含有参数的构造方法在创建节点对象时定义节点的内容,该方法的声明如下:

```
public DefaultMutableTreeNode(Object userObject)
```

参数说明:
userObject:用户提供的 Object,它构成节点的数据。

> 提示:参数 userObject 的类型是 Object,这意味着可以使用 File 等类型作为树的节点。

使用 add() 方法为一个节点增加子节点就可以实现层次关系,该方法的声明如下:

```
public void add(MutableTreeNode newChild)
```

参数说明:
newChild:作为此节点的子节点添加的节点。

实现过程

(1)编写 ChinaGeographyTree 类,该类继承了 JFrame 类。在框架中包含了一棵树,在树中显示了中国的直辖市、省、自治区和特别行政区信息。

(2)编写方法 do_this_windowActivated(),用来监听窗体激活事件。在该方法中,为树控件增加节点信息。核心代码如下:

```
01  protected void do_this_windowActivated(WindowEvent e) {
02      // 创建根节点
```

```
03     DefaultMutableTreeNode root = new DefaultMutableTreeNode("中国");
04     DefaultMutableTreeNode municipalities = new DefaultMutableTreeNode("直辖市");
05     // 为"直辖市"增加子节点"北京"
06     municipalities.add(new DefaultMutableTreeNode("北京"));
07     // 为"直辖市"增加子节点"上海"
08     municipalities.add(new DefaultMutableTreeNode("上海"));
09     // 为"直辖市"增加子节点"天津"
10     municipalities.add(new DefaultMutableTreeNode("天津"));
11     // 为"直辖市"增加子节点"重庆"
12     municipalities.add(new DefaultMutableTreeNode("重庆"));
13     // 省略其他节点的信息
14     root.add(municipalities);                    // 为根节点增加"直辖市"节点
15     root.add(province);                          // 为根节点增加"省"节点
16     root.add(ARegion);                           // 为根节点增加"自治区"节点
17     root.add(SARegion);                          // 为根节点增加"特别行政区"节点
18     // 利用根节点创建树模型
19     DefaultTreeModel model = new DefaultTreeModel(root);
20     tree.setModel(model);                        // 为树设置新的树模型
21   }
```

扩展学习

树结构简介

一棵树由若干节点组成，每个节点有两种状态：没有子节点的称为叶子节点，具有子节点的称为父节点。除了根节点外，每个节点都有唯一的父节点。一棵树只有一个根节点。由若干树组成的集合称为森林。关于树的更加详细的介绍请参考专门的数据结构教材。

实例 179 为树节点增加提示信息

源码位置：Code\05\179

实例说明

在比较复杂的程序中，为了节约界面的空间，会为树控件的节点提供比较简略的文本说明信息。作为对节点的补充说明，可以为其增加提示信息。本实例将演示如何为节点增加自定义的提示信息。运行实例，效果如图 5.50 所示。

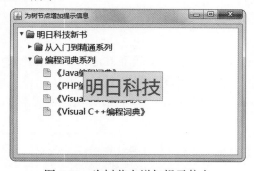

图 5.50 为树节点增加提示信息

> **说明**：本实例并没有对叶子节点增加提示信息，读者可以参考源代码自行完成。

关键技术

ToolTipManager 类管理系统中的所有 ToolTips。ToolTipManager 包含众多属性，用于配置该工具提示需要多长时间显示出来、需要多长时间隐藏。该类使用了单例模式，为了获得该类的实例，需要使用其 sharedInstance() 方法，该方法的声明如下：

```
public static ToolTipManager sharedInstance()
```

使用 registerComponent() 方法可以注册一个工具提示管理控件，该方法的声明如下：

```
public void registerComponent(JComponent component)
```

参数说明：

component：要添加的 JComponent 对象。

实现过程

（1）编写 ToolTipNode 类，该类实现了 TreeCellRenderer 接口。在构造方法中，使用 map 参数来初始化键值对。在 getTreeCellRendererComponent() 方法中，为默认树节点渲染器设置了自定义的提示信息。代码如下：

```
01  public class ToolTipNode implements TreeCellRenderer {
02      private static final long serialVersionUID = -1884123073630846839L;
03      private DefaultTreeCellRenderer renderer = new DefaultTreeCellRenderer();
04      private Map<DefaultMutableTreeNode, String> map;              // 保存键值对
05      public ToolTipNode(Map<DefaultMutableTreeNode, String> map) {
06          this.map = map;                                           // 初始化键值对
07      }
08      @Override
09      public Component getTreeCellRendererComponent(JTree tree, Object value,
10              boolean selected, boolean expanded,boolean leaf, int row, boolean hasFocus)
    {
11          renderer.getTreeCellRendererComponent(tree, value, selected, expanded, leaf,
12                  row, hasFocus);          // 调用默认的getTreeCellRendererComponent()方法
13          renderer.setToolTipText("<html><font face=微软雅黑 size=16 color=red>"
14                  + map.get(value) + "</font></html>");             // 设置提示信息
15          return renderer;
16      }
17  }
```

（2）编写方法 do_this_windowActivated()，用来监听窗体激活事件。在该方法中，为树增加了数据并使用了自定义的渲染器。核心代码如下：

```
01  protected void do_this_windowActivated(WindowEvent e) {
02      // 创建根节点
03      DefaultMutableTreeNode root = new DefaultMutableTreeNode("明日科技新书");
```

```
04    DefaultMutableTreeNode parent1 = new DefaultMutableTreeNode("从入门到精通系列");
05    parent1.add(new DefaultMutableTreeNode("《Java从入门到精通》"));
06    parent1.add(new DefaultMutableTreeNode("《PHP从入门到精通》"));
07    parent1.add(new DefaultMutableTreeNode("《Visual Basic从入门到精通》"));
08    parent1.add(new DefaultMutableTreeNode("《Visual C++从入门到精通》"));
09    root.add(parent1);                                                    // 增加子节点
10    DefaultMutableTreeNode parent2 = new DefaultMutableTreeNode("编程词典系列");
11    parent2.add(new DefaultMutableTreeNode("《Java编程词典》"));
12    parent2.add(new DefaultMutableTreeNode("《PHP编程词典》"));
13    parent2.add(new DefaultMutableTreeNode("《Visual Basic编程词典》"));
14    parent2.add(new DefaultMutableTreeNode("《Visual C++编程词典》"))
15    root.add(parent2);                                                    // 增加子节点
16    // 使用根节点创建默认树模型
17    DefaultTreeModel model = new DefaultTreeModel(root);
18    tree.setModel(model);                                                 // 更新树模型
19    // 为树注册提示信息管理器
20    Too lTipManager.sharedInstance().registerComponent(tree);
21    // 利用映射保存提示信息
22    Map<DefaultMutableTreeNode, String> map = new HashMap<DefaultMutableTreeNode, String>();
23    map.put(root, "明日科技");                                            // 增加提示信息
24    map.put(parent1, "明日科技");                                         // 增加提示信息
25    map.put(parent2, "明日科技");                                         // 增加提示信息
26    tree.setCellRenderer(new ToolTipNode(map));                           // 设置新的渲染器
27  }
```

扩展学习

ToolTipManager 类的应用

考虑一个在不同的鼠标位置（如 JTree）有不同工具提示的控件。在鼠标移动到 JTree 中和具有有效工具提示的区域上时，该工具提示将在 initialDelay 毫秒后显示出来。在 dismissDelay 毫秒后，将隐藏该工具提示。如果鼠标在具有有效工具提示的区域上，并且当前能看到该工具提示，则在鼠标移动到没有有效工具提示的区域时，将隐藏该工具提示。如果鼠标接下来在 reshowDelay 毫秒内移回具有有效工具提示的区域，则将立即显示该工具提示，否则在 initialDelay 毫秒后将再次显示该工具提示。

实例 180 双击编辑树节点功能

源码位置：Code\05\180

实例说明

有时由程序员定义的树节点并不能完全满足用户的需要，此时用户会希望能够编辑现有的树节点。本实例通过设置节点编辑器来实现这个功能。运行实例，效果如图 5.51 和图 5.52 所示。

图 5.51 初始状态

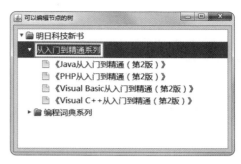
图 5.52 编辑状态

说明： 双击节点使其处于可编辑状态，在编辑完成后按Enter键保留编辑结果。

关键技术

DefaultCellEditor 是表单元格和树单元格的默认编辑器。它实现了 TreeCellEditor 接口，因此可以修改树的节点。DefaultCellEditor 的构造方法支持将树的节点设置成使用复选框、组合框和文本域。本实例将其设置成了文本域，使用的构造方法声明如下：

```
public DefaultCellEditor(JTextField textField)
```

参数说明：

textField：一个 JTextField 对象。

实现过程

编写方法 do_this_windowActivated()，用来监听窗体激活事件。在该方法中，初始化了树的各个节点并设置了节点编辑器。核心代码如下：

```
01    protected void do_this_windowActivated(WindowEvent e) {
02        // 创建根节点
03        DefaultMutableTreeNode root = new DefaultMutableTreeNode("明日科技新书");
04        DefaultMutableTreeNode parent1 = new DefaultMutableTreeNode("从入门到精通系列");
05        parent1.add(new DefaultMutableTreeNode("《Java从入门到精通（第2版）》"));
06        parent1.add(new DefaultMutableTreeNode("《PHP从入门到精通（第2版）》"));
07        parent1.add(new DefaultMutableTreeNode("《Visual Basic从入门到精通（第2版）》"));
08        parent1.add(new DefaultMutableTreeNode("《Visual C++从入门到精通（第2版）》"));
09        root.add(parent1);                                              // 增加子节点
10        DefaultMutableTreeNode parent2 = new DefaultMutableTreeNode("编程词典系列");
11        parent2.add(new DefaultMutableTreeNode("《Java编程词典》"));
12        parent2.add(new DefaultMutableTreeNode("《PHP编程词典》"));
13        parent2.add(new DefaultMutableTreeNode("《Visual Basic编程词典》"));
14        parent2.add(new DefaultMutableTreeNode("《Visual C++编程词典》"));
15        root.add(parent2);                                              // 增加子节点
16        DefaultTreeModel model = new D    efaultTreeModel(root);        // 创建树模型
17        tree.setModel(model);                                           // 设置树模型
18        JTextField textField = new JTextField();                        // 创建文本域对象
```

```
19      // 为文本域设置字体
20      textField.setFont(new Font("微软雅黑", Font.PLAIN, 16));
21      // 创建树编辑器
22      TreeCellEditor editor = new DefaultCellEditor(textField);
23      tree.setEditable(true);                                 // 设置树节点可编辑
24      tree.setCellEditor(editor);                             // 使用树编辑器
25  }
```

扩展学习

DefaultCellEditor 的应用

本实例为树控件设置了文本域控件编辑器。根据不同需要，读者可以将文本域控件换成复选框控件或组合框控件，其使用方式都是类似的。

实例 181　检查代码中的括号是否匹配

源码位置：Code\05\181

实例说明

在编写文档时，括号总是成对出现的，如"("和")"。对于程序设计而言，如果出现了不匹配的括号，通常会导致程序不能运行。因此，通过检查来避免这种错误就显得十分重要。本实例自定义了一个 ParenthesisMatcher 类，它支持对括号匹配性的检查。运行实例，效果如图 5.53 所示。

> **说明**：本实例支持三种括号的检查，即"( )""[ ]""{ }"。如果没有匹配，则会出现红色提示。

图 5.53　检查代码中的括号是否匹配

关键技术

StyledDocument 接口用于定义通用的样式文档。setCharacterAttributes() 方法用于更改内容元素属性及给定文档中现有内容范围的。给定 Attributes 参数中定义的所有属性都适用于此给定的范围。此方法可用来完全移除给定范围的所有内容层次的属性，这是通过提供尚未定义属性的 AttributeSet 参数和将 replace 参数设置为 true 实现的。该方法的声明如下：

```
void setCharacterAttributes(int offset,int length,AttributeSet s,boolean replace)
```

其参数说明如表 5.21 所示。

表 5.21　setCharacterAttributes() 方法的参数说明

参数名	作用
offset	段落偏移量，该偏移量 ≥ 0

续表

参数名	作用
length	所影响的字符数，该字符数 ≥ 0
s	段落的样式
replace	确定是替换现有属性还是合并现有属性

实现过程

（1）编写 ParenthesisMatcher 类，该类继承了 JTextPane 类。其中包含两个域，分别表示匹配和不匹配的样式。在 validate() 方法中，实现了比较括号是否匹配的功能。重写 replaceSelection() 方法可以让新输入的文本不受上次检查结果的影响而改变颜色。match() 方法用于检查括号是否匹配。代码如下：

```
01  public class ParenthesisMatcher extends JTextPane {
02      private static final long serialVersionUID = -5040590165582343011L;
03      private AttributeSet mismatch;                      // 不匹配的样式
04      private AttributeSet match;                         // 匹配的样式
05
06      public ParenthesisMatcher() {
07          StyleContext context = StyleContext.getDefaultStyleContext();
08          mismatch = context.addAttribute(SimpleAttributeSet.EMPTY,
              StyleConstants.Foreground, Color.RED);        // 如果不匹配就设置成红色
09          match = context.addAttribute(SimpleAttributeSet.EMPTY,
              StyleConstants.Foreground, Color.BLACK);      // 如果匹配就设置成黑色
10      }
11      public void validate() {
12          StyledDocument document = getStyledDocument();
13          String text = null;
14          try {
15              // 获取文档中的内容
16              text = document.getText(0, document.getLength());
17          } catch (BadLocationException e) {
18              e.printStackTrace();
19          }
20          // 使用栈结构保存括号
21          Stack<String> stack = new Stack<String>();      // 遍历整个文档
22          for (int i = 0; i < text.length(); i++) {
23              char c = text.charAt(i);
24              if (c == '(' || c == '[' || c == '{') {     // 如果是左括号就入栈
25                  stack.push("" + c + i);
26                  // 设置文档的样式
27                  document.setCharacterAttributes(i, 1, match, false);
28              }
29              if (c == ')' || c == ']' || c == '}') {
30                  String peek = stack.empty() ? "." : (String) stack.peek();
31                  // 如果是右括号且和栈中的括号匹配就出栈
32                  if (match(peek.charAt(0), c)) {
33                      stack.pop();
```

```
34                     // 设置文档的样式
35                     document.setCharacterAttributes(i, 1, match, false);
36                 } else {
37                     // 设置文档的样式
38                     document.setCharacterAttributes(i, 1, mismatch, false);
39                 }
40             }
41         }while(!stack.empty()){                                    // 如果栈非空，则剩下的全是未匹配的
42             String pop = (String) stack.pop();
43             int offset = Integer.parseInt(pop.substring(1));
44             // 设置文档的样式
45             document.setCharacterAttributes(offset, 1, mismatch, false);
46         }
47     }
48
49     @Override
50     public void replaceSelection(String content) {                 // 删除文档的文字颜色属性
51         getInputAttributes().removeAttribute(StyleConstants.Foreground);
52         super.replaceSelection(content);
53     }
54
55     private boolean match(char left, char right) {                 // 检查括号是否匹配
56         if ((left == '(') && (right == ')')) {
57             return true;
58         }
59         if ((left == '[') && (right == ']')) {
60             return true;
61         }
62         if ((left == '{') && (right == '}')) {
63             return true;
64         }
65         return false;
66     }
67 }
```

（2）编写方法 do_button_actionPerformed()，用来监听单击"检查"按钮事件。在该方法中，调用了 ParenthesisMatcher 的 validate() 方法。核心代码如下：

```
01 protected void do_button_actionPerformed(ActionEvent e) {
02         textPane.validate();                                       // 进行检查
03 }
```

技巧 读者也可以为ParenthesisMatcher增加监听器，当失去焦点时就会进行检查。

扩展学习

括号匹配程序的改进

本实例根据就近原则来实现括号匹配程序，如果最内层的括号没有被匹配，则其他匹配的括号也会显示为不匹配。读者可以修改该程序，提高匹配的概率，更好地帮助用户定位错误。

实例 182 文档中显示自定义图片

源码位置：Code\05\182

实例说明

通过在文档中增加图片，不仅可以让文档更加美观，还有助于读者理解。本实例将演示如何使用 JTextPane 来显示明日科技公司的 Logo，运行实例，效果如图 5.54 所示。

关键技术

StyleConstants 类的 setIcon() 方法可用于为样式设置图标属性，该方法的声明如下：

图 5.54 文档中显示自定义图片

```
public static void setIcon(MutableAttributeSet a,Icon c)
```

参数说明：
① a：属性集合。
② c：图标。
包含图标的样式也可以像文本样式一样，使用 insertString() 方法设置。

> 说明：Style 是 MutableAttributeSet 的子接口，因此可以直接使用样式。

实现过程

（1）编写 HeadingStyle 类，该类继承了 JFrame 类。在框架中包含了一个 JTextPane，用来显示格式化的文本。

（2）编写方法 do_this_windowActivated()，用来监听窗体激活事件。在该方法中，定义了一个图片样式并在文档的开头使用了该样式。核心代码如下：

```
01  protected void do_this_windowActivated(WindowEvent e) {
02      String heading = "吉林省明日科技有限公司\n";
03      String content = "吉林省明日科技有限公司是一家以计算机软件技术为核心的高科技型企业，公司创
            建于1999年12月，是专业的应用软件开发商和服务提供商。多年来始终致力于行业管理软件开发、数字
            化出版物开发制作、行业电子商务网站开发等，先后成功开发了涉及生产、管理、物流、营销、服务等
            领域的多种企业管理应用软件和应用平台，目前已成为计算机出版行业的知名品牌。";
04      // 新建样式
05      Style imageStyle = new StyleContext().addStyle("Image", null);
06      StyleConstants.setIcon(imageStyle, new ImageIcon("src/images/logo.jpg"));
07      DefaultStyledDocument document = new DefaultStyledDocument();
08      try {
09          document.insertString(0, "image", imageStyle);    // 插入图片
10          // 插入文本
11          document.insertString(document.getLength(), heading + content, null);
12      } catch (BadLocationException e1) {
13          e1.printStackTrace();
```

```
14      }
15      textPane.setDocument(document);                    // 显示带有格式的文本内容
16   }
```

扩展学习

显示图标的注意事项

在使用 insertString() 方法显示图标时，必须要使用一个非空的字符串，如本实例中的 image；否则是不会显示图标的。用户可以根据第一个参数尝试调整图标的显示位置。

实例 183 高亮显示用户指定的关键字

源码位置：Code\05\183

实例说明

在文档中查找内容时，通常有两种做法：一种类似于 Word 2007，可以依次定位各个符合条件的关键字，另一种类似于 NetBeans，可以高亮显示全部符合条件的关键字。本实例将实现第二种方法，运行实例，效果如图 5.55 所示。

关键技术

Highlighter 接口的 addHighlight() 方法可以用来给指定区域的文本增加高亮，该方法的声明如下：

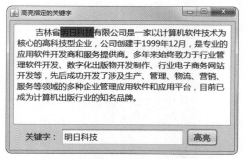

图 5.55 高亮显示用户指定的关键字

```
Object addHighlight(int p0,int p1,Highlighter.HighlightPainter p)throws BadLocationException
```

参数说明：
① p0：范围的开头，该值 ≥ 0。
② p1：范围的结尾，该值 ≥ p0。
③ p：用于实际高亮显示的 painter。
因此需要确定高亮的起始位置 p0，终止位置是 p0 加上关键字的长度。
String 类的 indexOf() 方法可以用来查找关键字在字符串中第一次出现的位置，该方法的声明如下：

```
public int indexOf(String str)
```

参数说明：
str：任意字符串。

> 提示：indexOf() 方法还有一个重载的版本，可以用来确定查找的起点，这样就能求出满足条件的所有起点。

实现过程

（1）编写 HighLightKeyWord 类，该类继承了 JFrame 类。在框架中包含了一个文本域，用来获得用户输入的关键字；一个 JEditorPane 控件，用来显示文本；一个"高亮"按钮，用来高亮显示用户输入的关键字。

（2）编写方法 do_button_actionPerformed()，用来监听单击"高亮"按钮事件。在该方法中，遍历 JEditorPane 控件查找用户输入的关键字并将其设置成高亮。核心代码如下：

```java
01    protected void do_button_actionPerformed(ActionEvent e) {
02        String key = textField.getText();                          // 获得关键字
03        String content = editorPane.getText();                     // 获得JEditorPane中的所有文本
04        // 获得默认的Highlighter对象
05        Highlighter highlighter = editorPane.getHighlighter();
06        highlighter.removeAllHighlights();                         // 移除原有的高亮显示区域
07        if (content.contains(key)) {                               // 如果包含关键字
08            int index = content.indexOf(key);                      // 确定第一个关键字的位置
09            while (true) {
10                if (index != -1) {                                 // 如果还有关键字为高亮
11                    try {                                          // 高亮关键字
12                        highlighter.addHighlight(index, index + key.length(),
                              DefaultHighlighter.DefaultPainter);
13                    } catch (BadLocationException e1) {
14                        e1.printStackTrace();
15                    }
16                    // 确定下一个关键字的位置
17                    index = content.indexOf(key, ++index);
18                } else {
19                    break;
20                }
21            }
22        }
23    }
```

注意

在执行高亮操作时，需要注意高亮的范围并且要记得捕获抛出的 BadLocationException。

扩展学习

高亮的使用

如果用户对本实例中高亮的效果不满意，可以自行实现 Highlighter.HighlightPainter 接口，并重写其 paint() 方法，这样可以设置高亮的区域形状、颜色等。需要注意的是，不能简单地设置选择颜色来改变高亮颜色。

实例 184 使用微调控件调整时间

源码位置：Code\05\184

实例说明

当确定用户的输入只能取自一个连续有界的范围时，可以使用滑块或微调控件来让用户进行选择。这样就可以避免烦琐的校验步骤。为了节约空间，可以使用微调控件。本实例将使用微调控件调整当前的时间，运行实例，效果如图 5.56 所示。

图 5.56　使用微调控件调整时间

> **说明**：调整时间时，首先选择要调整的区域，然后单击上、下箭头的按钮就可以让时间增加和减少。

关键技术

JSpinner 让用户从一个有序序列中选择一个数字或者一个对象值的单行输入字段。Spinner 通常提供一对带小箭头的按钮，以便逐步遍历序列元素。键盘的向上 / 向下方向键也可循环遍历元素。用户可以在 Spinner 中直接输入合法值。尽管组合框提供了相似的功能，但因为 Spinner 不要求隐藏重要数据的下拉列表，所以有时它也成为首要选择。为了让控件显示当前的时间，需要使用 setModel() 方法设置其模型，该方法的声明如下：

```
public void setModel(SpinnerModel model)
```

参数说明：

model：新的 SpinnerModel。

SpinnerDateModel 是 Date 序列的一个 SpinnerModel。序列的上下边界由 start 和 end 的属性定义，而通过 nextValue 和 previousValue 方法计算的增加和减少的大小由称作 calendarField 的属性定义。start 和 end 属性可以为 null，以指示序列没有下限和上限。

实现过程

编写方法 do_this_windowActivated()，用来监听窗体激活事件。在该方法中，为微调控件设置了新的模型。核心代码如下：

```
01    protected void do_this_windowActivated(WindowEvent e) {
02        spinner.setModel(new SpinnerDateModel());                    // 设置模型
03    }
```

扩展学习

自定义微调控件的模型

如果读者不喜欢程序中时间的样式，则可以自定义控件的模型。这可以通过继承抽象类 AbstractSpinnerModel 来实现。在重写 getNextValue()、getPreviousValue()、getValue() 和 setValue() 方法时，则会自定义返回值的样式。

实例 185　显示完成情况的进度条

源码位置：Code\05\185

实例说明

当程序执行耗时操作时，使用进度指示器提示用户程序正在运行是非常有用的。Swing 中的进度指示器可以分成 3 类。本实例将演示在文本区中输出 500 以内的全部素数，并使用进度条提示用户输出的进度。运行实例，效果如图 5.57 所示。

图 5.57　显示完成情况的进度条

关键技术

JProgressBar 类是以可视化形式显示某些任务进度的控件。在任务的完成进度中，进度条显示该任务完成的百分比。此百分比通常由一个矩形以可视化形式表示，该矩形开始是空的，随着任务的完成逐渐被填充。此外，进度条能够显示此百分比的文本表示形式。JProgressBar 类的常用方法如表 5.22 所示。

表 5.22　JProgressBar 类的常用方法

方法名	作用
setMaximum(int n)	将进度条的最大值（存储在进度条的数据模型中）设为 n
setMinimum(int n)	将进度条的最小值（存储在进度条的数据模型中）设为 n
setOrientation(int newOrientation)	将进度条的方向设置为 newOrientation
setStringPainted(boolean b)	设置进度条是否应该显示进度字符串
setValue(int n)	将进度条的当前值设置为 n

注意　如果要显示进度字符串，则一定要将 setStringPainted() 方法的参数设置成 true，因为默认是不显示的。

实现过程

（1）编写 ProgressBarTest 类，该类继承了 JFrame 类。在框架中包含了一个文本区，用来显示计算出来的素数；一个"运行程序"按钮，用来执行程序；一个进度条，用来显示进度。

（2）编写 Activity 类，该类继承自 SwingWorker。它负责计算素数并更新进度条，由于 SwingWorker 是在事件分发线程中调用方法，这样便可以避免线程问题。代码如下：

```
01  private class Activity extends SwingWorker<Void, Integer> {
02      private int current;
03      private int target;
04      public Activity(int target) {
05          this.target = target;
06      }
```

```
07      @Override
08      // 筛选出所有满足条件的素数
09      protected Void doInBackground() throws Exception {
10          while (current < target) {
11              Thread.sleep(100);
12              if (isPrime(current)) {
13                  publish(current);
14              }
15              current++;
16          }
17          return null;
18      }
19      @Override
20      protected void process(List<Integer> chunks) {            // 更新文本区和进度条
21          for (Integer chunk : chunks) {
22              textArea.append(chunk + " ");
23              progressBar.setValue(chunk / 5);
24              if (chunk == 499) {
25                  progressBar.setValue(100);
26              }
27          }
28      }
29      @Override
30      protected void done() {                                    // 启用按钮
31          button.setEnabled(true);
32      }
33
34      private boolean isPrime(int number) {                      // 计算素数值
35          if (number < 2) {                                       // 0、1不是素数
36              return false;
37          } else {
38              int sqrt = (int) Math.sqrt(number);                // 求给定数的平方根
39              for (int i = 2; i <= sqrt; i++) {                  // 遍历可能的公因数
40                  if (number % i == 0) {                         // 如果有公因数则不是素数
41                      return false;
42                  }
43              }
44          }
45          return true;
46      }
47  }
```

（3）编写方法 do_button_actionPerformed()，用来监听单击"运行程序"按钮事件。在该方法中，禁用了按钮并启动了 SwingWorker 线程。核心代码如下：

```
01  protected void do_button_actionPerformed(ActionEvent e) {
02      button.setEnabled(false);                                  // 禁用按钮
03      Activity activity = new Activity(500);
04      activity.execute();                                        // 启动线程
05  }
```

扩展学习

不确定的进度条

如果不能确定程序的运行时间,则可以使用不确定的进度条。只需要调用 setIndeterminate() 方法即可,该方法的声明如下:

```
public void setIndeterminate(boolean newValue)
```

参数说明:

newValue:如果进度条更改为不确定模式,则为 true。

实例 186　监视文件读入的进度

源码位置:Code\05\186

实例说明

当程序执行一些耗时操作时,使用进度指示器提示用户程序正在运行是非常有用的。在 Swing 中的进度指示器可以分成 3 类,本实例将演示从文本磁盘中读取一个非常大的文本文件,使用 ProgressMonitorInputStream 来显示读取的进度。运行实例,效果如图 5.58 所示。

图 5.58　监视文件读入的进度

关键技术

ProgressMonitorInputStream 类可以自动弹出一个对话框,监视已经读取了多少流,它使用 InputStream 类的 available() 方法来确定流中的总字节数。该类的构造方法如下:

```
public ProgressMonitorInputStream(Component parentComponent,Object message,InputStream in)
```

该构造方法中各个参数的说明如表 5.23 所示。

表 5.23　ProgressMonitorInputStream 构造方法的参数说明

参 数 名	作　用
parentComponent	触发被监视操作的控件
message	在对话框(如果弹出)中放置的描述性文本
in	要监视的输入流

实现过程

(1)编写 ProgressMonitorInputStreamTest 类,该类继承了 JFrame 类。在框架中包含了一个文本域,用来显示用户选择的文件名;一个"打开文件"按钮,用来选择文件;一个文本区,用来显示读入的文本。

（2）编写方法 do_button_actionPerformed()，用来监听单击"打开文件"按钮事件。在该方法中，使用文件选择器让用户选择文件并将其显示在文本区中。核心代码如下：

```java
01  protected void do_button_actionPerformed(ActionEvent e) {
02      JFileChooser chooser = new JFileChooser();                              // 创建文件选择器
03      chooser.setMultiSelectionEnabled(false);                                // 限制不能多选
04      // 过滤非txt文件
05      chooser.setFileFilter(new FileNameExtensionFilter("TXT文件", "txt"));
06      int result = chooser.showOpenDialog(this);
07      if (result == JFileChooser.APPROVE_OPTION) {                            // 如果用户选择了文件
08          File file = chooser.getSelectedFile();                              // 获得文件
09          textField.setText(file.getName());                                  // 显示文件名称
10          try {
11              // 创建文件输入流
12              FileInputStream fileIn = new FileInputStream(file);
13              ProgressMonitorInputStream progressIn = new ProgressMonitorInputStream
                  (this, "正在读入文件：" + file.getName(),fileIn);              // 创建输入流进度显示器
14              final Scanner in = new Scanner(progressIn);
15              textArea.setText("");                                           // 清空文本区
16              SwingWorker<Void, Void> worker = new SwingWorker<Void, Void>() {
17                  @Override
18                  protected Void doInBackground() throws Exception {
19                      // 读入文本并在文本区中显示
20                      while (in.hasNextLine()) {
21                          textArea.append(in.nextLine());
22                      }
23                      in.close();                                             // 关闭输入流
24                      return null;
25                  }
26              };
27              worker.execute();
28          } catch (IOException e1) {
29              e1.printStackTrace();
30          }
31      }
32  }
```

扩展学习

进度监视器的适用范围

由于 available() 方法返回此输入流下一个方法调用可以不受阻塞地从此输入流读取（或跳过）的估计字节数。下一个调用可能是同一个线程，也可能是另一个线程。一次读取或跳过此估计数个字节不会受阻塞，但读取或跳过的字节数可能小于该数。因此进度监视器适用于文件等长度可知的输入流，并不适用于所有的输入流。

实例 187　支持图标的列表控件

源码位置：Code\05\187

实例说明

JList 是 Swing 列表控件类。该控件可以在界面中显示一个文本列表，用户在该列表中可以选择特定的项，然后由其他业务处理程序对选项做条件判断与处理。虽然功能实现了，但界面中只是单调显示文字列表项，不适合目前用户对 GUI 界面美观的追求。本实例利用渲染器的原理为 JList 列表控件实现了支持图标的选项。运行实例，效果如图 5.59 所示。

关键技术

本实例的关键在于创建与使用 JList 列表控件的渲染器。列表控件的渲染器是 ListCellRenderer 接口的实现，本实例实现这个接口编写自己的实现类，在实现该接口的 getListCellRendererComponent() 方法时可以创建指定的控件并根据方法参数对控件被选择、存在焦点等状态进行渲染。该方法在接口中的声明如下：

图 5.59　显示图标的列表控件

```
Component getListCellRendererComponent(JList list, Object value, int index,
    boolean isSelected, boolean cellHasFocus)
```

该方法中的参数说明如表 5.24 所示。

表 5.24　getListCellRendererComponent 方法的参数说明

参数名	作　用
list	要渲染的 JList 列表控件的引用
value	由 list.getModel().getElementAt(index) 返回的值
index	单元格索引
isSelected	如果选择了指定的单元格，则为 true
cellHasFocus	如果指定的单元格拥有焦点，则为 true

实现过程

（1）在项目中新建窗体类 IconList，用于设置窗体的标题、大小和位置等属性。
（2）在窗体类构造方法中创建 JList 列表控件，然后实现 ListCellRenderer 接口编写渲染器的实现对象，并把该对象作为 JList 控件的渲染器属性。关键代码如下：

```
01    final String[] values = new String[] { "西瓜", "吃剩的苹果", "香蕉", "玉米", "葡萄", "菠萝",
          "西红柿" };
02    final ImageIcon[] icons = new ImageIcon[values.length];    // 创建图标数组
03    for(
```

```
04      int i = 0;i<icons.length;i++)
05      {                                                           // 遍历图标数组
06          // 初始化每一个数组元素
07          icons[i] = new ImageIcon(getClass().getResource("/res/" + i + ".png"));
08      }
09      JList list = new JList(values);                              // 创建列表控件
10
11      ListCellRenderer renderer = new ListCellRenderer() {         // 创建渲染器实现
12          JLabel label = new JLabel();                             // 创建标签控件
13          Color background = new Color(0, 0, 0, 0);                // 创建透明的背景色
14          @Override
15          public Component getListCellRendererComponent(final JList list,
16                  Object value, int index, boolean isSelected,
17                  boolean cellHasFocus) {
18              label.setBackground(background);                     // 设置标签控件的背景色
19              label.setOpaque(true);                               // 使标签不透明
20              if (value.equals(values[index])) {
21                  label.setText(value + "");                       // 设置标签文本
22                  label.setIcon(icons[index]);                     // 设置标签图标
23              }
24              if (isSelected) {
25                  label.setBackground(Color.PINK);                 // 设置选择时的背景色
26              } else {
27                  label.setBackground(background);                 // 设置未选择时的背景色
28              }
29              return label;                                        // 返回标签控件作为渲染控件
30          }
31      };
32      list.setCellRenderer(renderer);                              // 设置列表控件的渲染器
33      scrollPane.setViewportView(list);                            // 把列表控件添加到滚动面板
```

扩展学习

默认的列表控件渲染器

在 Java 中有一个默认的列表控件渲染器的实现类，它的名称是 DefaultListCellRenderer，虽然它是 ListCellRenderer 接口的实现，但是却不具备本实例介绍的使列表控件显示图标的功能。它只是一个默认支持显示文本功能的渲染器，不要把它与控件模型的默认实现类弄混。

实例 188 实现按钮关键字描红

源码位置：Code\05\188

实例说明

按钮控件用于执行 UI 界面中的控制命令，其功能虽然强大，但是显示文本的能力不足，只能显示指定字体与大小的文字，而且不能换行。Swing 为控件摆脱了这个陈旧的控件文本显示方式，可以像在网页中一样在控件中显示任意类型的文字。本实例将实现按钮文字描红与换行，效果如图 5.60 所示。

图 5.60　按钮关键字描红与换行效果

关键技术

本实例主要对控件文本进行设置，Swing 的控件不但可以设置普通的文本，它还支持 HTML 文本。也就是说，在控件中把文本属性设置为一个 HTML 代码是有效的。例如，本实例对按钮文本的设置。代码如下：

```
JButton button = new JButton("<html>"
        + "<body align=center>"
        + "<Font size=6 color=red>登录</font><br>"
        + "明日科技管理系统"
        + "</body>"
        + "</html>");                                      // 创建按钮控件并设置html文本
```

这个代码将会把 HTML 文本效果显示在界面中。

实现过程

（1）在项目中新建窗体类 ButtonReadFont。设置窗体的标题、大小和位置等属性。

（2）在窗体类构造方法中添加文本框与密码框，最重要的是添加一个足够大的按钮控件，然后在按钮控件中设置 HTML 文本，使按钮可以显示关键字描红的 UI 界面。关键代码如下：

```
01  JLabel label = new JLabel("用户名：");                   // 创建标签
02  label.setBounds(20, 23, 55, 18);
03  contentPane.add(label);
04  textField = new JTextField();                           // 创建文本框
05  textField.setBounds(75, 17, 122, 30);
06  contentPane.add(textField);
07  textField.setColumns(10);
08  JLabel label_1 = new JLabel("密  码：");                // 创建标签
09  label_1.setBounds(20, 72, 55, 18);
10  contentPane.add(label_1);
11  passwordField = new JPasswordField();                   // 创建密码框
12  passwordField.setBounds(75, 66, 122, 30);
13  contentPane.add(passwordField);
14  // 创建按钮控件并设置HTML文本
15  JButton button = new JButton("<html>" + "<body align=center>" +
    "<Font size=6 color=red>登录</font><br>" + "明日科技管理系统" + "</body>" + "</html>");
16  button.setBounds(209, 23, 141, 76);
17  contentPane.add(button);
```

扩展学习

为控件文本添加 <html> 标签

要想让控件文本支持 HTML，并不是直接使用 <font> 之类的标签就可以直接控制控件文本，而是必须在控件文本的前缀和后缀上分别添加 <html> 与 </html> 标记才会生效。

实例 189 忙碌的按钮控件

源码位置：Code\05\189

实例说明

控件可以设置鼠标位于其 UI 范围内时的光标，本实例利用这个特性实现了一个趣味界面，效果如图 5.61 所示，当用户单击"非常相信"按钮时，虽然没有实现任何操作，但是一切都和从前的普通按钮一样。但是当用户准备单击"鬼才信呢"按钮之前，鼠标刚刚停留到按钮之上，其光标就显示忙碌状态了。

图 5.61　Windows 7 下忙碌的按钮

关键技术

本实例主要在于设置鼠标在指定按钮上的光标，可以通过具体按钮的 cursor 属性来设置。下面将介绍按钮控件设置鼠标光标的方法。

```
public void setCursor(Cursor cursor)
```

参数说明：

cursor：Cursor 类定义的常量之一。如果此参数为 null，则此组件继承其父级的光标。

实现过程

（1）在项目中新建窗体类 BusyButton，用于设置窗体的标题、大小和位置等属性。

（2）在窗体类构造方法中添加标签和两个按钮控件，在其中一个按钮控件的代码中设置鼠标光标属性为忙碌状态的光标。关键代码如下：

```
01  public BusyButton() {
02      setTitle("忙碌的按钮控件");
03      setDefaultCloseOperation(JFrame.EXIT_ON_CLOSE);
04      setBounds(100, 100, 370, 219);
05      contentPane = new JPanel();
06      contentPane.setBorder(new EmptyBorder(5, 5, 5, 5));
07      setContentPane(contentPane);
08      contentPane.setLayout(null);
09      JLabel label = new JLabel("你相信缘分吗？");                    // 创建标签
10      label.setHorizontalAlignment(SwingConstants.CENTER);
11      label.setFont(new Font("SansSerif", Font.PLAIN, 24));           // 设置标签字体
12      label.setBounds(6, 32, 347, 66);
```

```
13       contentPane.add(label);
14       JButton button = new JButton("非常相信");                              // 创建按钮
15       button.setBounds(50, 120, 90, 42);
16       contentPane.add(button);
17       JButton button_1 = new JButton("鬼才信呢");                            // 创建忙碌按钮
18       // 设置按钮的鼠标光标为忙碌状态
19       button_1.setCursor(Cursor.getPredefinedCursor(Cursor.WAIT_CURSOR));
20       button_1.setBounds(207, 120, 90, 42);
21       contentPane.add(button_1);
22   }
```

扩展学习

鼠标光标的控件继承

如果控件的 cursor 属性值为 null，则以默认方式继承父类控件的 cursor 属性。而 Swing 控件的 cursor 属性一般是没有初始化的，也就是说，为窗体直接设置鼠标光标属性，它包含的所有控件如果没有单独设置鼠标光标属性，就会导致整个窗体范围内使用统一鼠标光标的效果。

实例 190　实现透明效果的表格控件

源码位置：Code\05\190

实例说明

程序开发中经常会利用漂亮的背景做界面美化，但是如果大面积的控件完全被那个背景遮盖，将破坏这个美观的设计。本实例以 UI 中面积较大的表格控件为例，实现透明的表格控件，让它可以显示底层的背景，这样程序看上去更漂亮。运行实例，效果如图 5.62 所示。

关键技术

本实例的关键在于设置每个单元格的透明属性，单元格的控件是由表格内部控制的，所以要重写表格的某个方法，就要自定义表格控件。本实例重写了表格的 prepareRenderer() 方法，把渲染后的表格单元格控件设置为透明，该方法的声明如下：

```
public Component prepareRenderer(TableCellRenderer
renderer, int row, int column)
```

图 5.62　实现透明效果的表格控件

参数说明：

① renderer：要准备的 TableCellRenderer。

② row：要呈现的单元格所在的行，其中第一行为 0。

③ column：要呈现的单元格所在的列，其中第一列为 0。

实现过程

（1）在项目中新建窗体类 LimpidityTable，用于设置窗体的标题、大小和位置等属性。

（2）在窗体类构造方法中向窗体添加面板和表格控件，其中添加表格控件时使用匿名类的方法自定义表格控件，并重写渲染方法透明显示表格的所有单元格。关键代码如下：

```
01  public LimpidityTable() {
02      setTitle("实现透明效果的表格控件");                        // 设置窗体标题
03      setResizable(false);                                    // 禁止调整大小
04      setDefaultCloseOperation(JFrame.EXIT_ON_CLOSE);
05      setBounds(100, 100, 520, 549);
06      contentPane = new JPanel();
07      contentPane.setBorder(new EmptyBorder(5, 5, 5, 5));
08      contentPane.setLayout(new BorderLayout(0, 0));
09      setContentPane(contentPane);
10      ImgPanel imgPanel = new ImgPanel();                     // 创建图片面板
11      contentPane.add(imgPanel, BorderLayout.CENTER);
12      imgPanel.setLayout(null);                               // 取消布局管理器
13      table = new JTable() {                                  // 创建自定义表格
14          {
15              setOpaque(false);                               // 初始化表格为透明
16              setGridColor(Color.MAGENTA);                    // 设置表格网格颜色
17              setShowVerticalLines(true);                     // 显示网格竖线
18              setShowHorizontalLines(true);                   // 显示网格横线
19              setRowHeight(20);                               // 设置表格行高
20              setBorder(new LineBorder(Color.PINK));          // 设置边框
21              setForeground(Color.BLACK);                     // 设置表格文字颜色
22              // 设置表格单元格字体
23              setFont(new Font("SansSerif", Font.PLAIN, 18));
24          }
25          @Override
26          // 重写渲染方法
27          public Component prepareRenderer(TableCellRenderer renderer, int row, int column) {
28              // 获取渲染后的控件
29              Component component = super.prepareRenderer(renderer, row, column);
30              ((JComponent) component).setOpaque(false);      // 设置控件透明
31              return component;                               // 返回控件
32          }
33      };
34      table.setModel(new DefaultTableModel(
35          new Object[][] {                                    // 初始化表格内容与列名
36              { "Java", "Java", "Java", "Java", "Java" },{ "Java", "Java", "Java", "Java", "Java" },
                { "Java", "Java", "Java", "Java", "Java" }, { "Java", "Java", "Java", "Java", "Java" },
                { "Java", "Java", "Java", "Java", "Java" }, { "Java", "Java", "Java", "Java", "Java" },
                { "Java", "Java", "Java", "Java", "Java" }, { "Java", "Java", "Java", "Java", "Java" },
                { "Java", "Java", "Java", "Java", "Java" }, { "Java", "Java", "Java", "Java", "Java" },
                { "Java", "Java", "Java", "Java", "Java" } },
37          new String[] { "列名1", "列名2", "列名3", "列名4", "列名5" }));
38      table.setBounds(40, 161, 421, 254);                     // 设置表格大小
39      imgPanel.add(table);
```

```
40        JPanel panel = new JPanel();                                    // 创建表头面板
41        panel.setLayout(new BorderLayout(0, 0));
42        panel.add(table.getTableHeader(), BorderLayout.CENTER);         // 添加表头
43        panel.setBounds(40, 126, 421, 34);
44        imgPanel.add(panel);
45    }
```

扩展学习

匿名类的构造方法

Java 支持匿名类的创建，匿名类没有名称，而构造方法是以类名称作为方法名称的，对于匿名的类要执行初始化，可以使用一对花括号"{}"组成的复合语句在类代码的最顶端进行初始化，就像本实例中自定义表格那样。

实例 191 在表格中显示工作进度百分比

源码位置：Code\05\191

实例说明

表格用于显示复合数据，其中可以指定表格的表头和表文，这在 Swing 控件中是以表头和单元格控件进行显示的。默认的表格控件完全是以文本方式显示目标数据，本实例为表格控件设置了自定义的渲染器，将实现表格中以进度条显示百分比的界面，效果如图 5.63 所示。

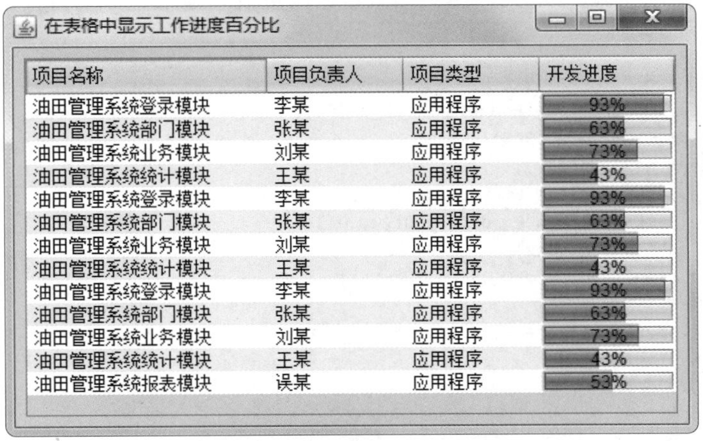

图 5.63 在表格中显示工作进度百分比

关键技术

本实例的关键在于实现 TableCellRenderer 接口编写自己的渲染器。在这个接口中定义了 getTableCellRendererComponent() 方法，这个方法将被表格控件回调来渲染指定的单元格控件。重写这个方法并在方法体中控制单元格的渲染就可以把进度条作为表格的单元格控件。该方法的声明如下：

```
Component getTableCellRendererComponent(JTable table, Object value, boolean isSelected,
boolean hasFocus, int row, int column)
```

该方法中的参数说明如表 5.25 所示。

表 5.25 getTableCellRendererComponent 方法的参数说明

参数名	作 用
table	要求渲染器绘制的 JTable，可以为 null
value	要呈现的单元格的值。由具体的渲染器解释和绘制该值。例如，如果 value 是字符串 "true"，则它可呈现为字符串，或者也可呈现为已选中的复选框。null 是有效值
isSelected	如果使用选中样式的高亮显示来呈现该单元格，则为 true；否则为 false
hasFocus	如果为 true，则适当地呈现单元格。例如，在单元格上放入特殊的边框，如果可以编辑该单元格，则以彩色呈现它，用于指示正在进行编辑
row	要绘制的单元格的行索引，绘制头时，row 值是 –1
column	要绘制的单元格的列索引

实现过程

（1）在项目中新建窗体类 TablePercent，用于设置窗体的标题、大小和位置等属性。

（2）在窗体类构造方法中向窗体添加面板和表格控件，为表格设置数据模型和渲染器，这个渲染器将对第 4 列表格单元格进行渲染，渲染结果是使用进度条显示整数为百分比。关键代码如下：

```
01  public TablePercent() {
02      setTitle("在表格中显示工作进度百分比");              // 设置窗体标题
03      setDefaultCloseOperation(JFrame.EXIT_ON_CLOSE);
04      setBounds(100, 100, 470, 300);                    // 设置窗体位置与大小
05      contentPane = new JPanel();                       // 创建内容面板
06      contentPane.setBorder(new EmptyBorder(5, 5, 5, 5));
07      contentPane.setLayout(new BorderLayout(0, 0));
08      setContentPane(contentPane);
09      JScrollPane scrollPane = new JScrollPane();       // 创建滚动面板
10      // 添加滚动面板到窗体
11      contentPane.add(scrollPane, BorderLayout.CENTER);
12      table = new JTable();                             // 创建表格控件
13      // 设置表格数据模型
14      table.setModel(new DefaultTableModel(new Object[][] {
15          { "油田管理系统登录模块", "李某", "应用程序", new Integer(93) },
            { "油田管理系统部门模块", "张某", "应用程序", new Integer(63) },
            { "油田管理系统业务模块", "刘某", "应用程序", new Integer(73) },
            { "油田管理系统统计模块", "王某", "应用程序", new Integer(43) },
            { "油田管理系统登录模块", "李某", "应用程序", new Integer(93) },
            { "油田管理系统部门模块", "张某", "应用程序", new Integer(63) },
            { "油田管理系统业务模块", "刘某", "应用程序", new Integer(73) },
            { "油田管理系统统计模块", "王某", "应用程序", new Integer(43) },
            { "油田管理系统登录模块", "李某", "应用程序", new Integer(93) },
```

```
          { "油田管理系统部门模块", "张某", "应用程序", new Integer(63) },
          { "油田管理系统业务模块", "刘某", "应用程序", new Integer(73) },
          { "油田管理系统统计模块", "王某", "应用程序", new Integer(43) },
          { "油田管理系统报表模块", "误某", "应用程序", new Integer(53) } },
16        new String[] { "项目名称", "项目负责人", "项目类型", "开发进度" }));
17     // 设置列宽
18     table.getColumnModel().getColumn(0).setPreferredWidth(146);
19     // 获取表格第4列对象
20     TableColumn column = table.getColumnModel().getColumn(3);
21     column.setCellRenderer(new TableCellRenderer() {           // 设置第4列的渲染器
22         @Override
23         public Component getTableCellRendererComponent(JTable table, Object value,
                boolean isSelected, boolean hasFocus, int row, int column) {
24             if (value instanceof Integer) {                    // 创建整数渲染控件
25                 JProgressBar bar = new JProgressBar();         // 创建进度条
26                 Integer percent = (Integer) value;             // 把当前值转换为整数
27                 bar.setValue(percent);                         // 设置进度条的值
28                 bar.setStringPainted(true);                    // 显示进度条文本
29                 return bar;                                    // 把进度条作为渲染控件
30             } else {
31                 return null;
32             }
33         }
34     });
35     scrollPane.setViewportView(table);                         // 把表格添加到滚动面板
36 }
```

扩展学习

匿名类实现接口

对于程序中比较少的接口实现（是指程序中一处用到某接口的实现），可以使用匿名类直接创建接口实现的对象。但是要完全确认项目不会对这个接口实现进行重用，否则就要重新编写类文件实现该接口，以便其他类进行重用。

实例 192 在表格中显示图片

源码位置：Code\05\192

实例说明

表格用于显示复合数据，虽然复合数据的类型可以多种多样，但是在表格中只能以字符串文本来显示。有些 UI 界面需要根据程序的需求在表格中体现特殊数据的另类表现形式，其中以图片显示数据标识就非常常用。本实例为普通的表格控件添加了渲染器，实现表格中显示图片的效果，效果如图 5.64 所示。

图 5.64 在表格中显示图片

关键技术

本实例的关键在于实现 TableCellRenderer 接口编写自己的渲染器。在这个接口中定义了 getTableCellRendererComponent() 方法，这个方法将被表格控件回调来渲染指定的单元格控件。重写这个方法并在方法体中控制单元格的渲染就可以把进度条作为表格的单元格控件。该方法的声明如下：

```
Component getTableCellRendererComponent(JTable table, Object value, boolean isSelected, boolean hasFocus, int row, int column)
```

该方法中的参数说明如表 5.26 所示。

表 5.26　getTableCellRendererComponent 方法的参数说明

参 数 名	作　　用
table	要求渲染器绘制的 JTable，可以为 null
value	要呈现的单元格的值。由具体的渲染器解释和绘制该值。例如，如果 value 是字符串"true"，则它可呈现为字符串，或者也可呈现为已选中的复选框。null 是有效值
isSelected	如果使用选中样式的高亮显示来呈现该单元格，则为 true；否则为 false
hasFocus	如果为 true，则适当地呈现单元格。例如，在单元格上放入特殊的边框，如果可以编辑该单元格，则以彩色呈现它，用于指示正在进行编辑
row	要绘制的单元格的行索引。绘制头时，row 值是 –1
column	要绘制的单元格的列索引

实现过程

（1）在项目中新建窗体类 TableImage，用于设置窗体的标题、大小和位置等属性。

（2）在窗体类构造方法中添加滚动面板与表格控件，然后为表格控件添加数据模型与渲染器，在渲染器的实现中，对表格的第一列数据以标签控件渲染，并且把数据模型中的图标对象显示在标签控件中。关键代码如下：

```
01    public TableImage() {
02        setTitle("在表格中显示图片");                                   // 设置窗体标题
03        setDefaultCloseOperation(JFrame.EXIT_ON_CLOSE);
04        setBounds(100, 100, 470, 300);                              // 设置窗体位置与大小
05        contentPane = new JPanel();                                 // 创建内容面板
06        contentPane.setBorder(new EmptyBorder(5, 5, 5, 5));
07        contentPane.setLayout(new BorderLayout(0, 0));
08        setContentPane(contentPane);
09        JScrollPane scrollPane = new JScrollPane();                 // 创建滚动面板
10        contentPane.add(scrollPane, BorderLayout.CENTER);           // 添加滚动面板到窗体
11        table = new JTable();                                       // 创建表格控件
12        ImageIcon[] icons = new ImageIcon[12];
13        for (int i = 0; i < icons.length; i++) {
14            icons[i] = new ImageIcon(getClass().getResource("/res/" + (i + 1) + ".png"));
15        }
16        table.setModel(
```

```
17          new DefaultTableModel(
18              new Object[][] {                                      // 设置表格数据模型
19                  { icons[0], "油田管理系统部门模块","李某", "应用程序" },
                    { icons[0], "油田管理系统部门模块", "张某", "应用程序" },
                    { icons[1], "油田管理系统业务模块", "刘某", "应用程序" },
                    { icons[2], "油田管理系统统计模块", "王某", "应用程序" },
                    { icons[3], "油田管理系统登录模块", "李某", "应用程序" },
                    { icons[4], "油田管理系统部门模块", "张某", "应用程序" },
                    { icons[5], "油田管理系统业务模块", "刘某", "应用程序" },
                    { icons[6], "油田管理系统统计模块", "王某", "应用程序" },
                    { icons[7], "油田管理系统登录模块", "李某", "应用程序" },
                    { icons[8], "油田管理系统部门模块", "张某", "应用程序" },
                    { icons[9], "油田管理系统业务模块", "刘某", "应用程序" },
                    { icons[10], "油田管理系统统计模块", "王某", "应用程序" },
                    { icons[11], "油田管理系统报表模块", "吴某", "应用程序" } },
20              new String[] { "模块标识", "项目名称", "项目负责人", "项目类型" }));
21          // 设置列宽
22          table.getColumnModel().getColumn(1).setPreferredWidth(146);
23          // 获取表格第4列对象
24          TableColumn column = table.getColumnModel().getColumn(0);
25          table.setRowHeight(32);
26          column.setCellRenderer(new TableCellRenderer() {          // 设置第4列的渲染器
27              @Override
28              public Component getTableCellRendererComponent(JTable table,
            Object value, boolean isSelected, boolean hasFocus, int row, int column) {
29                  ImageIcon icon = (ImageIcon) value;
30                  JLabel label = new JLabel(icon);                  // 创建进度条
31                  label.setBackground(table.getSelectionBackground());
32                  if (isSelected)                                   // 把选择的标签设置为不透明
33                      label.setOpaque(true);
34                  return label;                                     // 把进度条作为渲染控件
35              }
36          });
37          scrollPane.setViewportView(table);                        // 把表格添加到滚动面板
38      }
```

扩展学习

注意单元格控件的背景色

通过表格的 getSelectionBackground() 方法获取颜色值并设置为单元格控件的背景色,这样在表格中选择某行表格数据时,单元格背景会随表格变动。

实例 193 按钮放大效果   源码位置:Code\05\193

实例说明

Swing 应用程序中的按钮控件本身有焦点效果和鼠标经过效果,但是根据个别项目的界面要求，可能需要突出鼠标范围内的控件。本实例将实现为按钮控件突出鼠标悬停效果，如图5.65所示。当用户把鼠标悬停在按钮控件上时，按钮会放大；而当用户把鼠标从按钮上移走时，按钮会恢复原始大小。

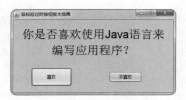

图5.65 按钮放大效果

关键技术

本实例的关键在于鼠标事件适配器的创建，它是鼠标事件监听器接口的一个默认实现，它实现了接口的所有方法，但是没有为任何方法添加业务处理，而且它是一个抽象类，其用途主要是用于继承并重写需要的事件处理方法，避免代码对大部分不需要的方法进行空实现而浪费代码控件导致的代码混乱。鼠标事件监听器的适配器由MouseAdapter类实现，读者可以继承该类并重写指定的事件处理方法，而不用实现所有的监听器接口方法。

实现过程

（1）在项目中新建窗体类MouseZoomButton，用于设置窗体的标题、大小和位置等属性。

（2）在窗体类构造方法中添加创建标签控件和两个按钮控件，然后为按钮控件编写鼠标事件监听器，并设置为两个按钮的监听器属性。当鼠标停留在按钮上时，监听器将放大按钮控件；如果鼠标离开按钮的区域，则按钮恢复原始大小。关键代码如下：

```
01  public MouseZoomButton() {
02      setTitle("鼠标经过时按钮放大效果");                              // 设置窗体标题
03      setDefaultCloseOperation(JFrame.EXIT_ON_CLOSE);
04      setBounds(100, 100, 449, 241);                               // 设置窗体大小和位置
05      contentPane = new JPanel();
06      contentPane.setBorder(new EmptyBorder(5, 5, 5, 5));
07      setContentPane(contentPane);
08      contentPane.setLayout(null);
09      // 创建问题标签控件
10      JLabel label = new JLabel("<html><body align=center>你是否喜欢使用Java" +
            "语言来<br>编写应用程序？</body></html>");
11      label.setHorizontalAlignment(SwingConstants.CENTER);          // 标签文本居中
12      label.setFont(new Font("SansSerif", Font.PLAIN, 32));
13      label.setBounds(6, 6, 421, 106);
14      contentPane.add(label);
15      JButton button = new JButton("喜欢");                          // 创建按钮控件
16      MouseAdapter mouseAdapter = new MouseAdapter() {              // 创建鼠标事件监听器
17          private Rectangle sourceRec;                              // 创建矩形对象
18
19          @Override
20          public void mouseEntered(MouseEvent e) {
21              JButton button = (JButton) e.getSource();             // 获取事件源按钮
22              sourceRec = button.getBounds();                       // 保存按钮大小
23              button.setBounds(sourceRec.x - 10, sourceRec.y - 10, sourceRec.width + 20,
                    sourceRec.height + 20);
                                                                      // 把按钮放大
24              super.mouseEntered(e);
25          }
26          @Override
```

```
27         public void mouseExited(MouseEvent e) {
28             JButton button = (JButton) e.getSource();        // 获取事件源按钮
29             if (sourceRec != null) {                          // 如果有备份矩形，则用它恢复按钮大小
30                 button.setBounds(sourceRec);                  // 设置按钮大小
31             }
32             super.mouseExited(e);
33         }
34     };
35     button.addMouseListener(mouseAdapter);                    // 为按钮添加事件监听器
36     button.setBounds(59, 145, 90, 30);                        // 设置按钮大小
37     contentPane.add(button);
38     JButton button_1 = new JButton("不喜欢");                 // 创建按钮控件
39     button_1.setBounds(259, 145, 90, 30);                     // 绘制按钮初始大小
40     button_1.addMouseListener(mouseAdapter);                  // 为按钮添加事件监听器
41     contentPane.add(button_1);
42 }
```

扩展学习

重用事件适配器

事件适配器可以说是事件监听器的一种实现，如果多个控件需要执行相同的事件处理，应该把事件监听器的实现在这些控件中共享，也就是实现让多个控件使用同一个事件监听器，这样不仅不用为每个控件单独编写事件监听器，而且可以保证事件处理行为的统一和日后的维护工作。

实例 194　带有动画效果的登录按钮

源码位置：Code\05\194

实例说明

本实例将实现按钮的移动动画，整个场景是一个系统的登录界面，当窗体处于激活状态时，按钮从左上角移动到右下角的位置，这个位置本来是"登录"按钮的正确位置，但是通过这个动画体现"登录"按钮是最后一个就位的界面控件，这个动画时间虽然短促但是却可以成功地把用户的注意力集中在登录界面中。运行实例，效果如图 5.66 和图 5.67 所示。

图 5.66　奔跑中的登录按钮

图 5.67　到位后的登录按钮

关键技术

本实例的关键在于按钮的移动，需要改变按钮的位置，这可以通过控件的 **setBounds()** 方法来实现。

改变按钮的位置和大小

```
public void setBounds(int x, int y, int width, int height)
```

该方法的参数说明如表 5.27 所示。

表 5.27　方法的参数说明

参 数 名	作　用
x	控件的新 x 坐标
y	控件的新 y 坐标
width	控件的新宽度
height	控件的新高度

实现过程

（1）在项目中新建窗体类 LoginFrame，用于设置窗体的标题、大小和位置等属性。

（2）在窗体类构造方法中添加标签控件、文本框控件、密码框控件和"登录"按钮。关键代码如下：

```
01  JLabel label = new JLabel("天雨系统登录界面");           // 创建标签控件
02  // 标签文本居中对齐
03  label.setHorizontalAlignment(SwingConstants.CENTER);
04  // 设置标签控件字体
05  label.setFont(new Font("SansSerif", Font.PLAIN, 24));
06  label.setBounds(6, 6, 309, 51);
07  contentPane.add(label);
08  JLabel label_1 = new JLabel("用户名：");                 // 创建标签控件
09  label_1.setBounds(16, 69, 55, 18);
10  contentPane.add(label_1);
11  JLabel label_2 = new JLabel("密　码：");                 // 创建标签控件
12  label_2.setBounds(16, 103, 55, 18);
13  contentPane.add(label_2);
14  textField = new JTextField();                          // 创建文本框
15  textField.setBounds(65, 63, 242, 30);
16  contentPane.add(textField);
17  textField.setColumns(10);                              // 设置文本框列数
18  passwordField = new JPasswordField();                  // 创建密码框
19  passwordField.setBounds(65, 99, 143, 30);
20  contentPane.add(passwordField);
21  button = new JButton("登　录");                         // 创建登录按钮但没有定位
22  contentPane.add(button);
```

（3）编写窗体激活事件的处理方法，在该方法中创建匿名的线程对象，这个线程在循环中实现"登录"按钮的移动效果。关键代码如下：

```
01    // 创建激活事件处理方法
02    protected void do_this_windowActivated(WindowEvent e) {
03        new Thread() {                                              // 创建匿名线程
04            @Override
05            public void run() {
06                for (int i = 0; i < 217; i++) {                     // 循环控制按钮的移动
07                    // 移动按钮
08                    button.setBounds(i, i > 99 ? 99 : i, 90, 30);
09                    // 把按钮置顶显示
10                    getRootPane().setComponentZOrder(button, 0);
11                    try {
12                        sleep(1);                                   // 线程休眠
13                    } catch (InterruptedException e) {
14                        e.printStackTrace();
15                    }
16                }
17            }
18        }.start();                                                  // 启动线程
19    }
```

扩展学习

改变按钮的 z 轴属性

在 Swing 中，所有的控件都添加到 contentPanel 内容面板中，而内容面板实际上是包含在 JRootPanel 根容器面板中的，通过这个根容器的 setComponentZOrder() 方法可以直接设置控件 z 轴的显示层次。本实例通过这个方法把"登录"按钮的 z 轴层次设置为 0，让它显示在所有控件的顶端，否则按钮在移动过程中会被其他控件覆盖。

实例 195 焦点按钮的缩放   源码位置：Code\05\195

实例说明

焦点是控件特有的属性，如当文本框处于输入状态时，它是有焦点的，而且文本框的光标会不停地闪烁。这就说明当前的任何键盘输入在这个窗体中都是针对该文本框的，各种操作系统对于焦点的体现方式有所不同，本实例将为焦点控件实现放大效果，使焦点能够更明显地呈现给用户。运行实例，效果如图 5.68 所示。

关键技术

本实例的关键在于焦点事件适配器的创建和窗体控件数组的获取。

焦点事件适配器是鼠标焦点监听器接口的一个默认实现，它实现了接口的所有方法，但是没有为任何方法添加业务处理，而且它是一

图 5.68 焦点按钮的缩放

个抽象类，其用途主要是用于继承并重写需要的事件处理方法，避免代码对大部分不需要的方法进行空实现而浪费代码控件导致的代码混乱。焦点事件监听器的适配器由 FocusAdapter 类实现，读者可以继承该类并重写指定的事件处理方法，而不用实现所有的监听器接口方法。

Swing 的容器控件可以通过 getComponents() 方法获取容器中包含的所有控件组成的数组，通过遍历该数组可以对窗体中的控件进行统一设置，本实例就是通过该方法为窗体中的所有控件添加焦点事件监听器的。该方法的声明如下：

```
public Component[] getComponents()
```

该方法的返回值是当前容器中所有控件组成的数组。

实现过程

（1）在项目中新建窗体类 ZoomControl，用于设置窗体的标题、大小和位置等属性。

（2）在窗体类构造方法中创建焦点事件适配器，实现控件获取焦点时放大、失去焦点时缩小的动作处理。然后获取窗体中所有控件并为它们添加该事件监听器。关键代码如下：

```
01  focusAdapter = new FocusAdapter() {                        // 创建焦点适配器
02      private Rectangle sourceRec;                           // 创建矩形对象
03      @Override
04      public void focusGained(FocusEvent e) {
05          // 获取事件源按钮
06          JComponent component = (JComponent) e.getSource();
07          sourceRec = component.getBounds();                 // 保存按钮大小
08          component.setBounds(sourceRec.x - 5, sourceRec.y - 5,
            sourceRec.width + 10, sourceRec.height + 10);      // 放大按钮
09      }
10      @Override
11      public void focusLost(FocusEvent e) {
12          // 获取事件源按钮
13          JComponent component = (JComponent) e.getSource();
14          if (sourceRec != null) {                           // 如果有备份矩形则用它恢复按钮大小
15              component.setBounds(sourceRec);                // 设置按钮大小
16          }
17      }
18  };
19  // 获取窗体中的所有控件
20  Component[] components = getContentPane().getComponents();
21  for (Component component : components) {                   // 遍历所有控件
22      // 为所有控件添加焦点事件监听器
23      component.addFocusListener(focusAdapter);
24  }
```

扩展学习

使用父类作为参数类型

在完成业务处理的方法中，经常要传递一些数据或控件作为参数，这些参数包含了需要的数据。Java 是面向对象的编程语言，其最大的特性之一就是多态，大体概念是父类可以引用任何它的

子类对象，那么在实际程序开发过程中，应该尽量使用父类作为引用变量来获取参数值，但前提是父类的 API 方法能够满足当前应用。

实例 196　动态加载表格数据　　　源码位置：Code\05\196

实例说明

表格是一种显示复合数据的控件。它可以容纳大量的数据，但是如果将大量数据一次性添加到表格中，数据读取与显示到表格的动作都会消耗大量 CPU 时间，导致程序界面的假死现象。如果某程序的数据库被设计用于保存大量数据，又需要把这些数据显示在窗体界面中，则可以通过 Timer 控件把所有数据逐渐导入表格控件并动态加载到界面中，这样就不会影响 UI 线程。运行实例，效果如图 5.69 所示。

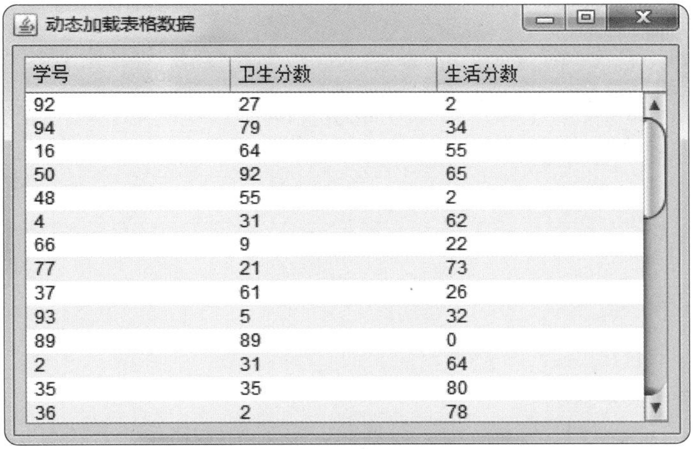

图 5.69　正在不断加载数据的表格

关键技术

本实例的关键在于 Timer 控件的应用。该控件能够在指定的时间间隔内重复执行 Action。控件的 ActionListener 监听器将不断地捕获和处理该事件。创建一个 Timer 控件的构造方法的声明如下：

```
public Timer(int delay, ActionListener listener)
```

参数说明：

① delay：初始延迟和动作事件间延迟的毫秒数。
② listener：初始侦听器，可以为 null。

实现过程

（1）在项目中新建窗体类 ExampleFrame，用于设置窗体的标题、大小和位置等属性。然后为窗体添加滚动面板和表格控件，并设置表格控件的数据模型来指定表格的列名。关键代码如下：

```
01    JScrollPane scrollPane = new JScrollPane();                    // 创建滚动面板
02    contentPane.add(scrollPane, BorderLayout.CENTER);
03    table = new JTable();                                          // 创建表格控件
04    model = new DefaultTableModel(new Object[][] {}, new String[] { "学号", "卫生分数", "生活
      分数" });
05    table.setModel(model);                                         // 设置表格数据模型
06    scrollPane.setViewportView(table);                             // 把表格添加到滚动面板视图
```

（2）编写窗体打开事件的处理方法，在该方法中创建 Timer 对象，使程序以每 0.5 秒的时间间隔为表格数据模型添加一行数据，其中数据是随机生成的。关键代码如下：

```
01    protected void do_this_windowOpened(WindowEvent e) {
02        // 创建Timer控件
03        Timer timer = new Timer(500, new ActionListener() {
04            @Override
05            public void actionPerformed(ActionEvent e) {
06                Random random = new Random();                     // 创建随机数对象
07                Integer[] values = new Integer[]
08                // 创建整数数组作为表格行数据
09                { random.nextInt(100), random.nextInt(100), random.nextInt(100) };
10                model.addRow(values);                             // 为表格数据模型添加一行数据
11            }
12        });
13        timer.start();                                            // 启动Timer控件
14    }
```

扩展学习

使用 Timer 为表格添加数据

本实例中是使用 Timer 控件为表格添加数据的，虽然实例中指定了以 500 毫秒的时间间隔为表格添加数据，但这并不是 UI 界面产生假死的原因所在，读者可以调整这个时间间隔，甚至可以设置为 0 毫秒。真正解决界面假死的原因是 Timer 控件是在另一个线程完成的数据添加，所以不影响 UI 线程对界面的绘制。

实例 197　石英钟控件

源码位置：Code\05\197

实例说明

程序设计的 GUI 包含的信息很多，其中日期和时间都可以通过标签控件以文字的方式显示，但是拥有完整的控件集才能为程序开发添砖加瓦。为此本实例自定义了一个显示时钟控件，这个控件在显示时钟的同时还可以显示其覆盖的控件，因为它是背景透明的控件。运行实例，效果如图 5.70 所示。

图 5.70　石英钟控件在窗体中的显示效果

关键技术

本实例的关键在于绘图上下文的透明合成规则。这在 Java 中是通过 AlphaComposite 类来实现的，该类可以实现很多不同的透明合成规则，本实例只用到了 SRC_OVER 规则。本实例中设置透明合成规则的相关代码如下：

```java
public void paint(Graphics g) {
    Graphics2D g2 = (Graphics2D) g.create();                    // 转换为2D绘图上下文
    Composite composite = g2.getComposite();                    // 保存原有合成规则
    // 设置60%透明的合成规则
    g2.setComposite(AlphaComposite.SrcOver.derive(0.6f));
    Calendar calendar = Calendar.getInstance();
    drawClock(g2, calendar);                                     // 绘制时钟
    g2.setComposite(composite);                                  // 恢复原有合成规则
    g2.drawImage(background.getImage(), 0, 0, this);             // 绘制背景图
    g2.dispose();
}
```

实现过程

（1）在项目中新建窗体类 ClockFrame，用于设置窗体的标题、大小和位置等属性，并把自定义的石英钟控件添加到窗体中。

（2）继承 JLabel 类编写石英钟控件，该控件代码段的关键在于 drawClock() 方法的实现，控件通过该方法绘制石英钟界面。关键代码如下：

```java
01  private void drawClock(Graphics2D g2, Calendar calendar) {
02      int millisecond = calendar.get(MILLISECOND);
03      int sec = calendar.get(SECOND);
04      int minutes = calendar.get(MINUTE);
05      int hours = calendar.get(HOUR);
06      double secAngle = (60 - sec) * 6 - (millisecond / 150);     // 秒针角度
07      int minutesAngle = (60 - minutes) * 6;                      // 分针角度
08      // 时针角度
09      int hoursAngle = (12 - hours) * 360 / 12 - (minutes / 2);
10      // 计算秒针、分针、时针指向坐标
11      int secX = (int) (secLen * Math.sin(Math.toRadians(secAngle)));
```

```
12       int secY = (int) (secLen * Math.cos(Math.toRadians(secAngle)));
13       int minutesX = (int) (minuesLen * Math.sin(Math.toRadians(minutesAngle)));
14       int minutesY = (int) (minuesLen * Math.cos(Math.toRadians(minutesAngle)));
15       int hoursX = (int) (hoursLen * Math.sin(Math.toRadians(hoursAngle)));
16       int hoursY = (int) (hoursLen * Math.cos(Math.toRadians(hoursAngle)));
17       g2.setRenderingHint(RenderingHints.KEY_ANTIALIASING, RenderingHints.VALUE_ANTIA-
         LIAS_ON);
18       // 分别绘制时针、分针、秒针
19       g2.setColor(Color.BLACK);
20       g2.setStroke(HOURS_POINT_WIDTH);
21       g2.drawLine(centerX, centerY, centerX - hoursX, centerY - hoursY);
22       g2.setStroke(MINUETES_POINT_WIDTH);
23       g2.setColor(new Color(0x2F2F2F));
24       g2.drawLine(centerX, centerY, centerX - minutesX, centerY - minutesY);
25       g2.setColor(Color.RED);
26       g2.setStroke(SEC_POINT_WIDTH);
27       g2.drawLine(centerX, centerY, centerX - secX, centerY - secY);
28       // 绘制3个指针的中心圆
29       g2.fillOval(centerX - 5, centerY - 5, 10, 10);
30    }
```

扩展学习

Swing 中的 Graphics2D

Java 中有 Graphics 类与 Graphics2D 类，其中 Graphics 类是早期定义的，Graphics2D 类又有更多的功能与实现，而且已经是目前 Swing 中的默认绘图上下文。虽然某些控件的 API 方法依然以 Graphics 类作为参数类型，但实际传递的参数都是 Graphics2D 类的实例对象，所以在 Swing 中可以将绘图上下文直接强制类型转换为 Graphics2D 类的对象。

实例 198 日历控件

源码位置：Code\05\198

实例说明

日历控件既是日期类型的显示控件，又是日期类型的输入控件，用户可以通过单击控件上的按钮与日期来改变日期控件的值，在 Java 语言中 Swing 并没有提供这样一个日历控件的实现。本实例通过自定义的方式将实现自己的日历控件，并为控件实现了事件监听，如图 5.71 所示。通过日历控件的单击修改日期事件会改变右侧标签控件上显示的文本。

图 5.71 日历控件在窗体程序中的应用

关键技术

本实例的关键在于 Timer 控件的应用。该控件能够在指定的时间间隔内重复执行 Action。控件的 ActionListener 监听器将不断地捕获和处理该事件。创建一个 Timer 控件的构造方法的声明如下：

```
public Timer(int delay, ActionListener listener)
```

参数说明：
① delay：初始延迟和动作事件间延迟的毫秒数。
② listener：初始侦听器，可以为 null。

实现过程

（1）在项目中新建窗体类 CalendarFrame。设置窗体的标题、大小和位置等属性。同时将自定义的日历控件添加到窗体，并添加一个显示日历控件当前时间值的标签控件。关键代码如下：

```
01  contentPane.setLayout(null);                                    // 使用绝对定位布局
02  calendarPanel = new CalendarPanel();                            // 创建日历控件
03  calendarPanel.addDateChangeListener(new PropertyChangeListener() {
04      public void propertyChange(PropertyChangeEvent evt) {
05          do_calendarPanel_propertyChange(evt);                   // 调用事件处理方法
06      }
07  });
08  calendarPanel.setBounds(6, 6, 162, 170);
09  contentPane.add(calendarPanel);
10  // 创建字符串模版
11  InfoStr = "<html>您选择的日期是：<br><font size=6 color=red>%1s</font></html>";
12  // 设置标签控件显示日期
13  label = new JLabel(String.format(InfoStr, calendarPanel.getDate()));
14  label.setBounds(180, 6, 162, 170);
15  contentPane.add(label);
```

（2）通过自定义日历控件的事件监听器改变标签控件中的时间值。该事件处理方法的关键代码如下：

```
01  protected void do_calendarPanel_propertyChange(PropertyChangeEvent evt) {
02      // 通过事件更新标签控件的日期
03      label.setText(String.format(InfoStr, calendarPanel.getDate()));
04  }
```

（3）创建 CalendarPanel 类实现自定义的日历控件，并实现定义界面的关键方法 getJPanel1()，在该方法中创建日历控件中的星期标题和日期按钮。关键代码如下：

```
01  private JPanel getJPanel1() {                                   // 创建星期标题和日期按钮
02      if (jPanel1 == null) {
03          GridLayout gridLayout2 = new GridLayout();
04          gridLayout2.setColumns(7);
05          gridLayout2.setRows(0);
06          jPanel1 = new JPanel();                                 // 创建面板
07          jPanel1.setOpaque(false);
08          jPanel1.setLayout(gridLayout2);                         // 设置布局管理器
09          JLabel[] week = new JLabel[7];                          // 标题数组
10          week[0] = new JLabel("日");                             // 星期标题
11          week[0].setForeground(Color.MAGENTA);                   // 特色颜色值
```

```java
12          week[1] = new JLabel("一");                                // 初始化其他星期标题
13          week[2] = new JLabel("二");
14          week[3] = new JLabel("三");
15          week[4] = new JLabel("四");
16          week[5] = new JLabel("五");
17          week[6] = new JLabel("六");
18          week[6].setForeground(Color.ORANGE);                       // 为周六设置特色颜色值
19          for (JLabel theWeek : week) {                              // 初始化所有标题标签
20              // 文本居中对齐
21              theWeek.setHorizontalAlignment(SwingConstants.CENTER);
22              Font font = theWeek.getFont();                         // 获取字体对象
23              // 字体加粗样式
24              Font deriveFont = font.deriveFont(Font.BOLD);
25              theWeek.setFont(deriveFont);                           // 更新标签字体
26              String info = theWeek.getText();
27              // 改变周六周日前景色
28              if (!info.equals("日") && !info.equals("六"))
29                  theWeek.setForeground(Color.BLUE);
30              getJPanel1().add(theWeek);
31          }
32          days = new JLabel[6][7];                                   // 创建日期控件按钮（有标签实现）
33          for (int i = 0; i < 6; i++) {
34              for (int j = 0; j < 7; j++) {                          // 初始化每个日期按钮
35                  days[i][j] = new JLabel();
36                  // 文本水平居中
37                  days[i][j].setHorizontalTextPosition(SwingConstants.CENTER);
38                  // 文本垂直居中
39                  days[i][j].setHorizontalAlignment(SwingConstants.CENTER);
40                  days[i][j].setOpaque(false);                       // 控件透明
41                  // 添加事件监听器
42                  days[i][j].addMouseListener(dayClientListener);
43                  getJPanel1().add(days[i][j]);
44              }
45          }
46          initDateField();                                           // 初始化日期文本框
47          initDayButtons();                                          // 初始化日期按钮
48      }
49      return jPanel1;
50  }
```

扩展学习

把多个相似的控件归类

像本实例中的星期标题与日期按钮无论是什么类型的控件，都应该把它们归类存放。本实例中就是通过数组来规划这些控件的，这样便于控件的初始化与事件管理。

实例 199 平移面板控件

源码位置：Code\05\199

实例说明

桌面应用程序开发中，容器的功能决定了它在界面设计中的重要性，Swing 中包含各种各样的容器，如分割面板、滚动面板、普通面板、分层面板、桌面面板等，其中滚动面板可以为容器添加滚动条，使其可以显示更多的内容，本实例作为这类面板的扩展，开发了更绚丽实用的平移面板。运行实例，效果如图 5.72 所示。面板中在水平方向添加了多个控件，通过左右平移两个按钮可以动态地调整显示内容。

图 5.72 平移面板控件

关键技术

本实例的关键在于控制滚动面板中滚动条的当前值，这需要获取滚动面板的滚动条与设置滚动条当前值的相关知识。下面分别进行介绍：

1. 获取滚动面板的水平滚动条

滚动面板包含水平和垂直两个方向的滚动条，通过适当的方法可以获取它们，下面的方法可以获取控制视口的水平视图位置的水平滚动条。其方法声明如下：

```
public JScrollBar getHorizontalScrollBar()
```

2. 获取滚动条当前值

滚动条的控制对象就是当前值，这个值控制着滚动条滑块的位置和滚动面板视图的位置。可以通过 getValue() 方法来获取这个值，其声明如下：

```
public int getValue()
```

3. 设置滚动条当前值

```
public void setValue(int value)
```

参数说明：

value：滚动条新的当前值。

实现过程

（1）在项目中新建窗体类 PanelFrame，用于设置窗体的标题、大小和位置等属性。同时将自定义的平移滚动面板添加到窗体中,并把包含多个按钮控件的面板设置为平移滚动面板的管理视图。
关键代码如下:

```
01  public PanelFrame() {
02      setTitle("平移面板控件");                                    // 设置窗体标题
03      setDefaultCloseOperation(JFrame.EXIT_ON_CLOSE);
04      setBounds(100, 100, 450, 133);
05      contentPane = new JPanel();
06      contentPane.setBackground(new Color(102, 204, 204));
07      contentPane.setBorder(new EmptyBorder(5, 5, 5, 5));
08      contentPane.setLayout(new BorderLayout(0, 0));              // 设置布局管理器
09      setContentPane(contentPane);
10      // 创建平移滚动面板
11      SmallScrollPanel smallScrollPanel = new SmallScrollPanel();
12      // 添加面板到窗体
13      contentPane.add(smallScrollPanel, BorderLayout.CENTER);
14      ButtonPanel buttonPanel = new ButtonPanel();                // 创建按钮组面板
15      buttonPanel.setOpaque(false);
16      // 把按钮组面板设置为平移面板的管理视图
17      smallScrollPanel.setViewportView(buttonPanel);
18  }
```

(2)编写 SmallScrollPanel 类,它是本实例自定义的平移面板控件,由于代码过多,这里只介绍关键技术,也就是左右微调按钮的事件监听器。关键代码如下:

```
01  private final class ScrollMouseAdapter extends MouseAdapter implements Serializable {
02      // 获取滚动面板的水平滚动条
03      JScrollBar scrollBar = getAlphaScrollPanel().getHorizontalScrollBar();
04      private boolean isPressed = true;                           // 定义线程控制变量
05      public void mousePressed(MouseEvent e) {
06          Object source = e.getSource();                          // 获取事件源
07          isPressed = true;
08          // 判断事件源是左侧按钮还是右侧按钮,并执行相应操作
09          if (source == getLeftScrollButton()) {
10              scrollMoved(-1);
11          } else {
12              scrollMoved(1);
13          }
14      }
15      /**
16       * 移动滚动条的方法
17       *
18       * @param orientation
19       *            移动方向-1是向左或向上移动,1是向右或向下移动
20       */
21      private void scrollMoved(final int orientation) {
22          new Thread() {                                          // 开辟新的线程
23              // 保存原有滚动条的值
24              private int oldValue = scrollBar.getValue();
25
```

```
26              public void run() {
27                  while (isPressed) {                      // 循环移动面板
28                      try {
29                          Thread.sleep(1);
30                      } catch (InterruptedException e1) {
31                          e1.printStackTrace();
32                      }
33                      // 获取滚动条当前值
34                      oldValue = scrollBar.getValue();
35                      EventQueue.invokeLater(new Runnable() {
36                          public void run() {
37                              // 设置滚动条移动3个像素
38                              scrollBar.setValue(oldValue + 4 * orientation);
39                          }
40                      });
41                  }
42              }
43          }.start();
44      }
45      public void mouseExited(java.awt.event.MouseEvent e) {
46          isPressed = false;
47      }
48      @Override
49      public void mouseReleased(MouseEvent e) {
50          isPressed = false;
51      }
52  }
```

扩展学习

自定义控件时注意面板透明

自定义控件时，经常采用 JPanel 面板，因为它可以包含更多的控件，从而组成高级控件的界面与功能。当布局实现后，还要考虑 UI 的美观，很多时候由于忽略了面板的 Opaque 不透明属性，导致面板覆盖美工设计效果而破坏界面。

实例 200 背景图面板控件

源码位置：Code\05\200

实例说明

JPanel 是 Swing 的面板类，它作为一个控件容器，用于 GUI 的规划与设计，但是该控件没有提供对图片设置的支持，这就导致面板只能显示一个单一颜色的背景，难以实现界面美化的设计。本实例继承 JPanel 重写了控件绘制方法，将实现对背景图片功能的支持。运行实例，效果如图 5.73 所示。

图 5.73 背景面板添加按钮后的效果

关键技术

本实例的关键在于重写控件的绘制方法 paintComponent()，这个方法负责控件外观的绘制，通过重写这个方法可以把背景图片绘制到控件界面上。该方法的声明如下：

```
protected void paintComponent(Graphics g)
```

参数说明：
g：控件的绘图上下文对象。

实现过程

（1）在项目中继承 JPanel 类编写自定义的面板控件类 BGPanel，用于设置控件的布局、初始大小等属性。

（2）重写控件的 paintComponent() 方法，在该方法中完成控件原有外观的绘制的同时，根据自定义的填充属性来绘制背景图片。关键代码如下：

```
01  protected void paintComponent(Graphics g) {
02      super.paintComponent(g);                              // 完成原来控件外观的绘制
03      if (image != null) {                                  // 开始自定义背景的绘制
04          switch (iconFill) {                               // 判断背景填充方式
05              case NO_FILL:                                 // 不填充
06                  g.drawImage(image, 0, 0, this);           // 绘制原始图片大小
07                  break;
08              case HORIZONGTAL_FILL:                        // 水平填充
09                  // 绘制与控件等宽的图片
10                  g.drawImage(image, 0, 0, getWidth(), image.getHeight(this), this);
11                  break;
12              case VERTICAL_FILL:                           // 垂直填充
13                  // 绘制与控件等高的图片
14                  g.drawImage(image, 0, 0, image.getWidth(this), getHeight(), this);
15                  break;
16              case BOTH_FILL:                               // 双向填充
17                  // 绘制与控件同等大小的图片
18                  g.drawImage(image, 0, 0, getWidth(), getHeight(), this);
19                  break;
20              default:
21                  break;
22          }
23      }
24  }
```

扩展学习

执行父类的控件绘制方法

本实例在重写父类 JPanel 的 paintComponent() 方法时，调用了父类的该方法完成控件原有界面的绘制，然后再添加背景图片的绘制代码。这是一个必要的步骤，因为原有绘制方法将负责子控件的绘制，如果不执行方法就实现原有的业务，很可能会造成控件界面混乱。

附录 A
AI 辅助高效编程

随着人工智能（AI）技术的迅猛发展，我们正步入一个全新的学习时代。在这个时代，AI 辅助技术正深刻改变着人们的学习模式和工作方式。在学习程序开发的征途中，我们可以将 AI 工具引入到编程工具中，让 AI 成为我们的编程助手。本附录将讲解如何借助 AI 来辅助我们高效学习 Java 语言相关知识点，并快速开发 Java 项目。

A.1 AI 编程入门

A.1.1 什么是 AI 编程

AI 编程是指利用人工智能技术，并借助 AI 编程工具来增强或自动化编程过程的方法。它结合了机器学习、自然语言处理等先进技术，旨在提高编程效率、减少错误，并帮助开发人员更快地实现复杂功能。AI 编程的出现，标志着软件开发领域向更加智能化、自动化的方向迈进。

A.1.2 常用的 AI 编程工具

在 AI 编程领域，有多种工具可供选择，这些工具各具特色，适用于不同的编程场景，而且针对个人用户完全免费。以下是一些常用的 AI 编程工具。

1. DeepSeek

DeepSeek 是 AI 公司深度求索（DeepSeek）团队研发的开源免费推理模型。DeepSeek-R1 拥有卓越的性能，在数学、代码和推理任务上可与 OpenAI o1 媲美，其采用的大规模强化学习技术，仅需少量标注数据即可显著提升模型性能，该模型采用 MIT 许可协议完全开源，进一步降低了 AI 应用门槛。目前，多款 AI 代码编写工具都已接入了 DeepSeek-R1 大模型，如腾讯的腾讯云 AI 代码助手、阿里云的通义灵码、豆包的 MarsCode 等。

2. CodeGeeX

CodeGeeX 是一款由清华和智谱 AI 联合打造的基于大模型的全能的智能编程助手，它可以实现代码的生成与补全、自动添加注释、代码翻译以及智能问答等功能，能够帮助开发人员显著提高工作效率。CodeGeeX 支持主流的编程语言（Python、Java、C 语言、C# 等），并适配多种主流 IDE，如 Visual Studio、Visual Studio Code（VS Code）及 IntelliJ IDEA、PyCharm、GoLand 等 JetBrains 系列 IDE。

3. MarsCode

MarsCode 是由字节跳动基于豆包大模型打造的一款集代码编写、调试、测试于一体的 AI 编程工具，其提供智能代码提示、错误检测与修复等功能，极大地提升了编程效率。另外，它还深度集成了 DeepSeek-R1 推理模型，使开发人员能无缝切换并使用 DeepSeek-R1。MarsCode 适配 VS Code 及 JetBrains 系列 IDE。

4. 通义灵码

通义灵码是由阿里云自行研发的一款智能编程辅助工具，开发人员可通过插件形式将其集成到主流编程环境中（如 VS Code、IntelliJ IDEA 等），从而获得 AI 驱动的编码支持。该工具具备以下核心功能：智能代码补全（基于上下文预测代码片段）、注释生成代码（将自然语言描述转化为可执行代码）、代码逻辑解释（帮助理解复杂代码）、自动化测试生成（快速创建单元测试用例）、跨语言代码转换（如 Python 与 Java 互转）以及实时技术问答（解答编程相关问题）。通义灵码适配 Visual Studio Code、IntelliJ IDEA、PyCharm 等开发工具，旨在通过智能化手段显著提升开发人员的编码效率，降低错误率，同时优化代码可维护性。

A.1.3　在 IntelliJ IDEA 中集成 AI 编程工具

要在开发程序时使用 AI 编程工具，首先需要将其安装到相应的开发工具中，这里以在 IntelliJ IDEA 中集成"通义灵码"为例进行讲解，步骤如下：

（1）打开 IntelliJ IDEA 开发工具，单击左上角的主菜单图标，如图 A.1 所示。
（2）在主菜单栏中，选择 File → Settings 菜单，如图 A.2 所示。

图 A.1　单击主菜单图标

图 A.2　选择 File → Settings 菜单

（3）在打开的 Settings 对话框中，选中 Plugins，在搜索框中输入插件名称 tongyi，在搜索结果中选中 tongyi，单击 Install 即可进行安装，如图 A.3 所示。

图 A.3　查找并安装"通义灵码"

（4）安装完成后，重启 IntelliJ IDEA，即可使用"通义灵码"。例如，打开本书的"绘制花瓣"实例的源码，会发现在每个函数的上方都会出现"通义灵码"的图标；单击该图标，会显示操作菜单，其中包括解释代码、生成单元测试、生成注释、优化代码等菜单项，如图 A.4 所示。

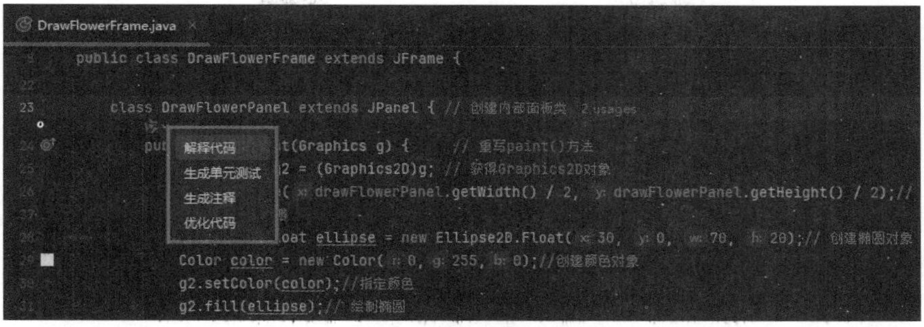

图 A.4　显示操作菜单

> **说明：** 其他AI编程工具的使用方法与"通义灵码"类似，这里不再予以介绍；另外，一个开发工具中可以集成多个AI编程工具，用户可以根据自己的需求选择不同的工具进行使用。

A.2　代码生成及优化

A.2.1　代码自动补全

在编写代码时，AI 编程工具能够实时分析上下文信息，并提供智能的代码补全建议，这不仅有助于减少键盘敲击次数，还能降低拼写错误的概率。

例如，当开发本书中的"实例 001 判断某一年是否为闰年"程序时，在 IntelliJ IDEA 的代码编辑区中进行编码操作，此时已经安装的"通义灵码"会实时分析当前代码的上下文，并在光标位置处智能生成代码补全建议，这些建议会以灰色文本的形式显示在光标后方供开发人员选择，效果如图 A.5 所示。

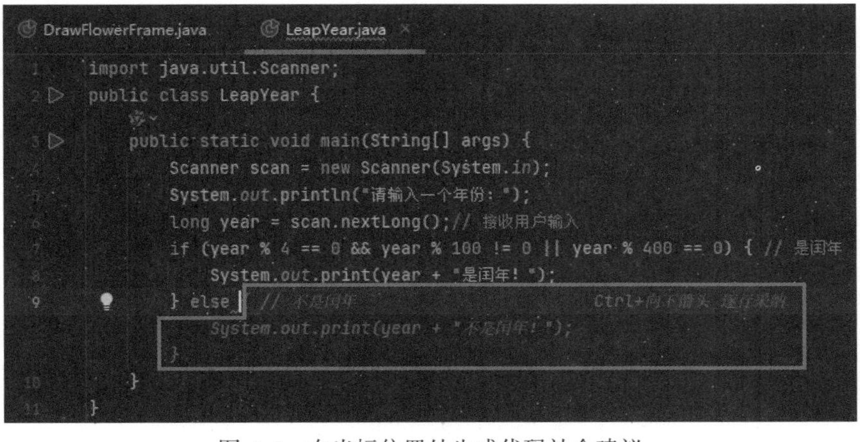

图 A.5　在光标位置处生成代码补全建议

开发人员如果接受 AI 编程工具给出的代码补全建议，直接按键盘 Tab 键即可；如果想忽略 AI 编程工具给出的代码补全建议，则继续输入代码或按 Esc 键即可。

另外，还可以在 IntelliJ IDEA 的代码编辑区中编写一条中文注释，按下回车，AI 编程工具会在光标位置处智能生成代码补全建议，如图 A.6 所示。

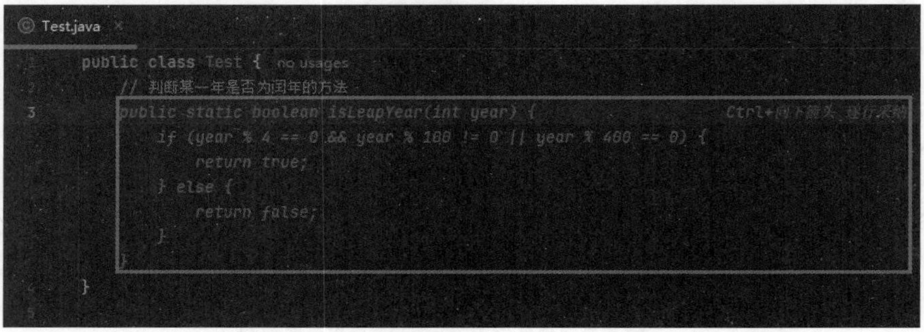

图 A.6　根据中文注释生成代码补全建议

> **说明**：在编写新的方法或类时，通过 AI 编程工具可以生成初始的代码块，节省逐行编写的时间，使开发人员能够更专注于编写程序的核心逻辑。

A.2.2　代码自动生成

AI 编程工具可以根据开发人员的需求描述自动生成代码。

例如，要开发本书中"实例 048　拼图游戏"程序时，该实例实现的关键是使用枚举类控制方向，为此，我们可以借助 AI 编程工具编写一个方法予以实现，在 AI 编程工具中使用如下对话。

提问：

"将一幅完整的图片平均分成9部分，每一部分为一个正方形，并将最后一个图片修改为空白图片，作为游戏中的一个空位置。对于每一个图片部分，程序封装了一个按钮对象进行装载，当该按钮对象被单击后，程序将调换该按钮与装载空白图片的按钮，其关键技术是使用枚举类控制方向。"

根据上述需求，使用 Swing 编写一个拼图游戏。

AI 回答：

计划步骤：

1. 图片处理：加载一张图片并平均分割成 3×3=9 个正方形部分，最后一个部分设置为空白。
2. 游戏逻辑：使用枚举类 Direction 控制移动方向（上、下、左、右），只有与空白相邻的拼图块才能移动，单击可移动的拼图块时，它会与空白位置交换。
3. UI 实现：使用 Swing 的 JFrame 作为主窗口，使用 GridLayout 布局 3×3 的网格，每个拼图块使用 JButton 实现，点击事件处理移动逻辑。

代码实现：

```
import javax.swing.*;
import java.awt.*;
import java.awt.event.ActionEvent;
import java.awt.event.ActionListener;
import java.awt.image.BufferedImage;
import java.io.File;
import java.io.IOException;
```

```java
import javax.imageio.ImageIO;
import java.util.ArrayList;
import java.util.Collections;
import java.util.List;

public class PuzzleGame extends JFrame {
    private static final int GRID_SIZE = 3;
    private static final int TILE_SIZE = 200;
    private JButton[][] buttons = new JButton[GRID_SIZE][GRID_SIZE];
    private Point emptySpot;

    // 方向枚举类
    private enum Direction {
        UP(0, -1), DOWN(0, 1), LEFT(-1, 0), RIGHT(1, 0);
        final int dx;
        final int dy;
        Direction(int dx, int dy) {
            this.dx = dx;
            this.dy = dy;
        }
    }

    public PuzzleGame() {
        setTitle("拼图游戏");
        setDefaultCloseOperation(JFrame.EXIT_ON_CLOSE);
        setSize(GRID_SIZE * TILE_SIZE, GRID_SIZE * TILE_SIZE);
        setLocationRelativeTo(null);
        // 加载并分割图片
        BufferedImage image = loadImage();
        List<BufferedImage> tiles = splitImage(image);
        // 移除最后一张图片（变为空白）
        tiles.remove(tiles.size() - 1);
        tiles.add(null); // 添加空白图片
        // 打乱图片顺序
        Collections.shuffle(tiles);
        // 创建游戏面板
        JPanel panel = new JPanel(new GridLayout(GRID_SIZE, GRID_SIZE));
        panel.setPreferredSize(new Dimension(GRID_SIZE * TILE_SIZE, GRID_SIZE * TILE_SIZE));
        // 创建按钮并添加图片
        for (int i = 0; i < GRID_SIZE; i++) {
            for (int j = 0; j < GRID_SIZE; j++) {
                int index = i * GRID_SIZE + j;
                BufferedImage tile = tiles.get(index);
                JButton button = new JButton();
                if (tile != null) {
                    button.setIcon(new ImageIcon(tile));
                } else {
                    emptySpot = new Point(j, i); // 记录空白位置
                }
                button.addActionListener(new TileClickListener(j, i));
                buttons[j][i] = button;
                panel.add(button);
```

```java
            }
        }
        add(panel);
        pack();
    }

    // 加载图片
    private BufferedImage loadImage() {
        try {
            // 替换为你的图片路径
            BufferedImage original = ImageIO.read(new File("puzzle_image.jpg"));
            return resizeImage(original, GRID_SIZE * TILE_SIZE, GRID_SIZE * TILE_SIZE);
        } catch (IOException e) {
            e.printStackTrace();
            // 如果图片加载失败，创建一个默认图片
            BufferedImage defaultImage = new BufferedImage(
                GRID_SIZE * TILE_SIZE,
                GRID_SIZE * TILE_SIZE,
                BufferedImage.TYPE_INT_RGB);
            Graphics2D g2d = defaultImage.createGraphics();
            g2d.setColor(Color.WHITE);
            g2d.fillRect(0, 0, defaultImage.getWidth(), defaultImage.getHeight());
            g2d.setColor(Color.BLACK);
            g2d.drawString("Puzzle Image", 50, 50);
            g2d.dispose();
            return defaultImage;
        }
    }

    // 调整图片大小
    private BufferedImage resizeImage(BufferedImage original, int width, int height) {
        BufferedImage resized = new BufferedImage(width, height, BufferedImage.TYPE_INT_ARGB);
        Graphics2D g = resized.createGraphics();
        g.drawImage(original, 0, 0, width, height, null);
        g.dispose();
        return resized;
    }

    // 分割图片
    private List<BufferedImage> splitImage(BufferedImage image) {
        List<BufferedImage> tiles = new ArrayList<>();
        int tileWidth = image.getWidth() / GRID_SIZE;
        int tileHeight = image.getHeight() / GRID_SIZE;
        for (int i = 0; i < GRID_SIZE; i++) {
            for (int j = 0; j < GRID_SIZE; j++) {
                tiles.add(image.getSubimage(
                    j * tileWidth,
                    i * tileHeight,
                    tileWidth,
                    tileHeight));
            }
```

```java
        }
        return tiles;
    }

    // 处理拼图块点击
    private class TileClickListener implements ActionListener {
        private int x, y;
        public TileClickListener(int x, int y) {
            this.x = x;
            this.y = y;
        }

        @Override
        public void actionPerformed(ActionEvent e) {
            // 检查是否可以移动(是否与空白相邻)
            for (Direction dir : Direction.values()) {
                int newX = x + dir.dx;
                int newY = y + dir.dy;
                if (newX >= 0 && newX < GRID_SIZE && newY >= 0 && newY < GRID_SIZE
                    && newX == emptySpot.x && newY == emptySpot.y) {
                    // 交换当前按钮和空白按钮
                    swapTiles(x, y, newX, newY);
                    break;
                }
            }
        }
    }

    // 交换两个拼图块
    private void swapTiles(int x1, int y1, int x2, int y2) {
        JButton button1 = buttons[x1][y1];
        JButton button2 = buttons[x2][y2];
        // 交换图标
        Icon icon1 = button1.getIcon();
        button1.setIcon(button2.getIcon());
        button2.setIcon(icon1);
        // 更新空白位置
        if (button1.getIcon() == null) {
            emptySpot = new Point(x1, y1);
        } else if (button2.getIcon() == null) {
            emptySpot = new Point(x2, y2);
        }
    }

    public static void main(String[] args) {
        SwingUtilities.invokeLater(() -> {
            PuzzleGame game = new PuzzleGame();
            game.setVisible(true);
        });
    }
}
```

我们只需将代码中的"puzzle_image.jpg"替换为自己想要使用的图片路径，运行 main 方法即可启动游戏。

A.2.3　模块化代码生成

在开发大型项目时，模块化设计是必不可少的。AI 编程工具能够根据需求描述智能生成模块化的代码结构，包括类、接口、方法等，从而帮助开发人员更好地组织和管理代码。

例如，要使用 Java 开发一个用户登录模块，则可以在 IntelliJ IDEA 中打开已安装的"通义灵码"智能问答窗口，并在其中进行如下对话。

提问：
使用 Swing 编写一个登录窗口，窗口需要输入用户名、密码和验证码（随机生成的 4 个英文字母），并完成验证。

AI 建议：
```java
import javax.swing.*;
import java.awt.*;
import java.awt.event.ActionEvent;
import java.awt.event.ActionListener;
import java.security.SecureRandom;

public class LoginWindow extends JFrame {
    private JTextField usernameField;
    private JPasswordField passwordField;
    private JTextField captchaField;
    private JLabel captchaLabel;
    private JButton generateCaptchaButton;
    private JButton loginButton;
    private String captcha;

    public LoginWindow() {
        setTitle("登录窗口");
        setSize(300, 200);
        setDefaultCloseOperation(JFrame.EXIT_ON_CLOSE);
        setLocationRelativeTo(null);
        setLayout(new GridLayout(5, 2, 10, 10));

        // 用户名标签和输入框
        add(new JLabel("用户名:"));
        usernameField = new JTextField();
        add(usernameField);

        // 密码标签和输入框
        add(new JLabel("密码:"));
        passwordField = new JPasswordField();
        add(passwordField);

        // 验证码标签和输入框
        add(new JLabel("验证码:"));
        captchaField = new JTextField();
```

```java
        add(captchaField);

        // 验证码显示标签
        captchaLabel = new JLabel("单击生成验证码");
        captchaLabel.setHorizontalAlignment(SwingConstants.CENTER);
        add(captchaLabel);

        // 生成验证码按钮
        generateCaptchaButton = new JButton("生成验证码");
        generateCaptchaButton.addActionListener(new ActionListener() {
            @Override
            public void actionPerformed(ActionEvent e) {
                generateCaptcha();
            }
        });
        add(generateCaptchaButton);

        // 登录按钮
        loginButton = new JButton("登录");
        loginButton.addActionListener(new ActionListener() {
            @Override
            public void actionPerformed(ActionEvent e) {
                login();
            }
        });
        add(loginButton);
    }

    private void generateCaptcha() {
        captcha = generateRandomString(4);
        captchaLabel.setText(captcha);
    }

    private String generateRandomString(int length) {
        String characters = "ABCDEFGHIJKLMNOPQRSTUVWXYZ";
        SecureRandom random = new SecureRandom();
        StringBuilder sb = new StringBuilder(length);
        for (int i = 0; i < length; i++) {
            int index = random.nextInt(characters.length());
            sb.append(characters.charAt(index));
        }
        return sb.toString();
    }

    private void login() {
        String username = usernameField.getText();
        String password = new String(passwordField.getPassword());
        String inputCaptcha = captchaField.getText();
        if (captcha == null || !captcha.equals(inputCaptcha)) {
            JOptionPane.showMessageDialog
```

```java
                        (this, "验证码错误", "错误", JOptionPane.ERROR_MESSAGE);
                return;
            }
            // 这里可以添加用户名和密码的验证逻辑
            if (username.equals("admin") && password.equals("password")) {
                JOptionPane.showMessageDialog
                        (this, "登录成功", "成功", JOptionPane.INFORMATION_MESSAGE);
            } else {
                JOptionPane.showMessageDialog
                        (this, "用户名或密码错误", "错误", JOptionPane.ERROR_MESSAGE);
            }
        }

        public static void main(String[] args) {
            SwingUtilities.invokeLater(new Runnable() {
                @Override
                public void run() {
                    new LoginWindow().setVisible(true);
                }
            });
        }
    }
```

A.2.4 算法实现辅助

在程序开发中，面对复杂算法实现时，AI编程工具能够提供有效的辅助支持。这些工具通过分析算法的原理和步骤，可以生成对应的Java代码框架并补充关键实现细节。开发人员只需在此基础之上进行必要的调整和优化即可。

例如，要使用Java实现一个最短路径算法，可以在IntelliJ IDEA中打开已安装的"通义灵码"窗口，在其中进行如下对话。

提问：
使用Java实现一个最短路径算法。

AI回答：
在Java中实现一个最短路径算法，我们可以选择Dijkstra算法或Floyd-Warshall算法。这里我将展示如何使用Dijkstra算法来计算从单一源点到其他所有顶点的最短路径。Dijkstra算法适用于边权重为非负数的图。
我们需要定义图的数据结构。我们可以使用邻接矩阵或邻接表来表示图。这里我们使用邻接表来实现。

代码实现：
```java
import java.util.*;

class Graph {
    private int V;                      // 顶点数量
    private LinkedList<Edge>[] adj;     // 邻接表

    // 边类
    static class Edge {
```

```java
        int to, weight;
        Edge(int to, int weight) {
            this.to = to;
            this.weight = weight;
        }
    }

    // 构造函数
    Graph(int v) {
        V = v;
        adj = new LinkedList[v];
        for (int i = 0; i < v; ++i)
            adj[i] = new LinkedList<Edge>();
    }

    // 添加边
    void addEdge(int v, int w, int weight) {
        adj[v].add(new Edge(w, weight));
        adj[w].add(new Edge(v, weight)); // 如果是无向图
    }

    // Dijkstra算法
    void dijkstra(int src) {
        PriorityQueue<Node> pq = new PriorityQueue<>(Comparator.comparingInt(node -> node.dist));
        int[] dist = new int[V];
        Arrays.fill(dist, Integer.MAX_VALUE);
        dist[src] = 0;
        pq.add(new Node(src, 0));
        while (!pq.isEmpty()) {
            Node node = pq.poll();
            int u = node.vertex;
            for (Edge edge : adj[u]) {
                int v = edge.to;
                int weight = edge.weight;
                if (dist[u] != Integer.MAX_VALUE && dist[u] + weight < dist[v]) {
                    dist[v] = dist[u] + weight;
                    pq.add(new Node(v, dist[v]));
                }
            }
        }
        // 打印结果
        System.out.println("Vertex Distance from Source");
        for (int i = 0; i < V; i++)
            System.out.println(i + "\t\t" + dist[i]);
    }

    // 节点类
    static class Node {
        int vertex;
        int dist;
```

```
        Node(int vertex, int dist) {
            this.vertex = vertex;
            this.dist = dist;
        }
    }

    public static void main(String[] args) {
        int V = 5; // 顶点数量
        Graph graph = new Graph(V);
        graph.addEdge(0, 1, 10);
        graph.addEdge(0, 4, 20);
        graph.addEdge(1, 2, 30);
        graph.addEdge(1, 3, 40);
        graph.addEdge(1, 4, 50);
        graph.addEdge(2, 3, 60);
        graph.addEdge(3, 4, 70);
        graph.dijkstra(0);
    }
}
```

A.2.5 代码优化

AI 编程工具不仅擅长生成代码，还可以对已有的代码进行优化。通过分析代码的结构和性能瓶颈，提出优化建议，帮助开发人员提升代码的运行效率和可读性。

例如，在 IntelliJ IDEA 中打开本书"实例 032 绘制花瓣"的实例源码，选中相应的代码段，并在对话框中输入优化代码的要求，按下回车键，"通义灵码"会依次输出代码中潜在的问题、优化代码的方向、优化后的代码等内容，如图 A.7、图 A.8 和图 A.9 所示。

图 A.7　潜在问题

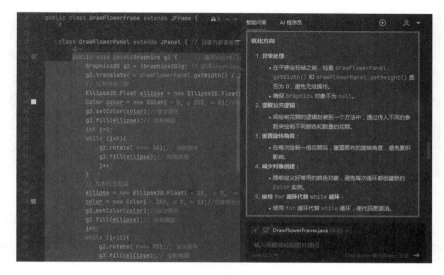

图 A.8　优化方向

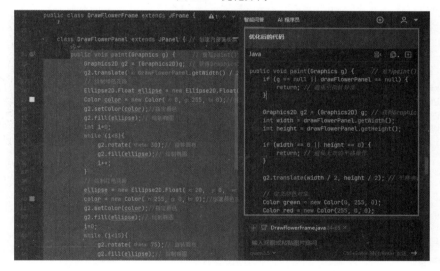

图 A.9　优化后的代码

A.2.6　生成测试用例

为了确保代码的正确性，AI编程工具还可以根据方法的功能描述自动生成测试用例，这些测试用例将覆盖各种可能的输入情况，帮助开发人员发现潜在的错误。

例如，在IntelliJ IDEA中打开本书"实例032　绘制花瓣"的实例源码，选中文件中的所有代码，右击，在弹出的快捷菜单中选择"通义灵码"→"生成单元测试"选项，如图A.10所示。

图 A.10 选择"通义灵码"→"生成单元测试"选项

即可在"通义灵码"窗口中智能生成相应的测试用例及建议,生成的测试用例及建议如下。

被测方法行为: DrawFlowerPanel 类中的 paint 方法负责在 JPanel 上绘制一个花的图像。它使用 Graphics2D 对象来绘制不同颜色的花瓣和一个红色的中心点。具体步骤如下:
将坐标系的原点平移到面板的中心。
绘制绿色花瓣:创建一个椭圆,填充颜色为绿色,然后在不同的旋转角度重复绘制。
绘制红色花瓣:创建一个较小的椭圆,填充颜色为红色,然后在不同的旋转角度重复绘制。
绘制黄色花瓣:创建一个更小的椭圆,填充颜色为黄色,然后在不同的旋转角度重复绘制。
绘制红色中心点:创建一个较小的椭圆,填充颜色为红色。
分支和所需的测试用例:
该方法没有显式的分支(如 if 或 switch 语句),但存在隐式分支,例如,循环的迭代次数和旋转角度。
测试用例应确保:
绿色花瓣正确绘制且旋转正确。
红色花瓣正确绘制且旋转正确。
黄色花瓣正确绘制且旋转正确。
红色中心点正确绘制。
模拟需求:
该方法不需要模拟,因为其不与任何外部系统或需要模拟的复杂对象交互。仅使用 Java 的绘图 API。

代码实现:
```java
package DemoClass;

import org.junit.Before;
import org.junit.Test;
import org.junit.runner.RunWith;
import org.mockito.InjectMocks;
import org.mockito.Mock;
import org.mockito.MockitoAnnotations;
import org.mockito.junit.MockitoJUnitRunner;
import javax.swing.*;
import java.awt.*;
import java.awt.geom.Ellipse2D;
import static org.junit.Assert.assertEquals;
import static org.mockito.Mockito.*;

@RunWith(MockitoJUnitRunner.class)
public class DemoClassTest {
```

```java
    @Mock
    private Graphics2D mockGraphics;

    @InjectMocks
    private DemoClass.DrawFlowerFrame.DrawFlowerPanel drawFlowerPanel;

    @Before
    public void setUp() {
        MockitoAnnotations.initMocks(this);
    }

    @Test
    public void paint_ShouldDrawFlowerCorrectly() {
        // 准备
        when(mockGraphics.getWidth()).thenReturn(338);
        when(mockGraphics.getHeight()).thenReturn(230);
        // 操作
        drawFlowerPanel.paint(mockGraphics);
        // 验证
        verify(mockGraphics, times(8)).fill(any(Ellipse2D.Float.class));   // 绿色花瓣
        verify(mockGraphics, times(15)).fill(any(Ellipse2D.Float.class));  // 红色花瓣
        verify(mockGraphics, times(8)).fill(any(Ellipse2D.Float.class));   // 黄色花瓣
        verify(mockGraphics, times(1)).fill(any(Ellipse2D.Float.class));   // 红色中心点
    }
}
```

A.3 智能注释

A.3.1 生成注释

为了提高代码的可读性和可维护性，AI 编程工具能够根据代码的功能和结构自动生成注释，这些注释将清晰地描述每个函数、类和变量的作用以及相互之间的关系。

例如，在 IntelliJ IDEA 中打开本书"实例 079 分割大文件"的实例源码，如果发现有的代码注释不完整，可以直接选中相应的代码段，右击，在弹出的快捷菜单中选择"通义灵码"→"生成注释"选项，如图 A.11 所示。

图 A.11 选择"通义灵码"→"生成注释"选项

这样，可以在"通义灵码"窗口中为选中的代码生成注释，上面代码的注释如下。

```java
// 创建一个文件输出流，用于将数据写入到指定的文件中
FileOutputStream fyu = new FileOutputStream(fl[num]);
// 初始化一个字节数组，用于暂存从输入流中读取的数据
byte[] byt = new byte[yu];
// 从输入流中读取数据到字节数组中
fis.read(byt);
// 将字节数组中的数据写入到文件输出流中
fyu.write(byt);
// 关闭文件输出流，释放系统资源
fyu.close();
```

A.3.2 解释代码

除了生成注释外，AI 编程工具还能对代码进行解释。通过分析代码的逻辑和算法原理，AI 编程工具可以智能生成代码解释，帮助开发人员更好地理解代码的工作原理和实现细节。

例如，在 IntelliJ IDEA 中打开本书"实例 079 分割大文件"的实例源码，如果想要解释这个实例的源码，可以先选中文件中的所有代码，再右击，在弹出的快捷菜单中选择"通义灵码"→"解释代码"选项，如图 A.12 和图 A.13 所示。

图 A.12 选择"通义灵码"→"解释代码"选项

图 A.13 解释代码

A.3.3　生成技术文档

在实际开发中，编写技术文档耗时费力，AI 编程工具的文档自动化功能可解决这一问题。它能根据代码自动生成技术文档、用户手册等，并实时保持文档与代码同步。

例如，在 IntelliJ IDEA 中打开本书"实例 021　简单的电子时钟"的实例源码，先选中所有代码，再在已安装的"通义灵码"的窗口中输入类似"为该实例生成标准的技术文档"的内容，如图 A.14 所示。

图 A.14　生成标准的技术文档

A.4　程序错误处理

A.4.1　智能修复代码

当代码中存在错误时，AI 编程工具能够智能识别并修复这些错误。通过分析错误的类型和上下文信息，AI 编程工具可以提供修复代码建议供开发人员参考。

例如，在 IntelliJ IDEA 中打开本书"实例 021　简单的电子时钟"的实例源码，先选中可能有错误的代码（此时被选中的代码会被自动添加到"通义灵码"窗口中），再输入类似"修复这段代码中的错误"的内容，然后按回车键，"通义灵码"会输出代码中的错误和修复错误后的代码，如图 A.15 所示。

图 A.15 修复代码

在"通义灵码"窗口中输出的"代码中的错误"和"修复错误后的代码"如下。

在 getTime 方法中,存在一些错误,主要是小时、分钟和秒的第二位数字没有正确计算。具体来说,小时、分钟和秒的第二位数字应该使用取余操作(%)而不是取商操作(/)。
以下是修复后的代码:
```java
private void getTime() {
    Calendar calendar = new GregorianCalendar();
    int hour = calendar.get(Calendar.HOUR_OF_DAY);      // 获得当前的小时
    int minute = calendar.get(Calendar.MINUTE);         // 获得当前的分钟
    int second = calendar.get(Calendar.SECOND);         // 获得当前的秒钟
    hour1Label.setIcon(numbers[hour / 10]);             // 利用商获得小时第一位图片
    hour2Label.setIcon(numbers[hour % 10]);             // 利用余数获得小时第二位图片
    minute1Label.setIcon(numbers[minute / 10]);         // 利用商获得分钟第一位图片
    minute2Label.setIcon(numbers[minute % 10]);         // 利用余数获得分钟第二位图片
    second1Label.setIcon(numbers[second / 10]);         // 利用商获得秒钟第一位图片
    second2Label.setIcon(numbers[second % 10]);         // 利用余数获得秒钟第二位图片
}
```

A.4.2 解决常见异常

在 Java 编码过程中,开发人员会经常遇到一些异常和错误。AI 编程工具的智能问答功能更像是让每个程序员有了一个人工智能助手,它可以快速提供代码问题的深入分析、解释等,甚至修复代码错误。

表 A.1 是开发 Java 程序时经常遇到的一些异常或者错误信息,读者可以在 AI 编程工具的智能问答窗口中输入与查找相应的解决方案。

表 A.1　Java 常见异常或错误信息

异常或者错误信息	说　明
NullPointerException	当尝试访问或调用 null 对象的成员（方法或属性）时抛出
ArrayIndexOutOfBoundsException	当访问数组时，索引超出有效范围（负数或大于等于数组长度）时抛出
ClassCastException	当尝试将对象强制转换为不兼容的类型时抛出， 如 Object obj = "hello"; Integer num = (Integer) obj;
IllegalArgumentException	当传递给方法的参数不合法时抛出，如 Integer.parseInt("abc")
NumberFormatException （IllegalArgumentException 子类）	当字符串转换为数字失败时抛出，如 Integer.parseInt("123a")
ArithmeticException	当算术运算异常时抛出，如 10 / 0（整数除以零）
IOException	输入 / 输出操作失败时抛出的基类异常，如文件读写错误
FileNotFoundException （IOException 子类）	当尝试访问不存在的文件时抛出
InterruptedException	当线程在等待、睡眠或占用时被中断时抛出
ClassNotFoundException	当尝试加载不存在的类时抛出， 如 Class.forName("NonExistentClass")
NoSuchMethodException	当尝试调用不存在的方法时抛出，通常与反射相关
ConcurrentModificationException	当在迭代集合时（如 for-each 循环）修改集合（如 List）时抛出
UnsupportedOperationException	当调用不支持的操作时抛出，如对不可变集合调用 add() 方法
StackOverflowError（错误，非异常）	当递归调用过深导致栈溢出时抛出
OutOfMemoryError（错误，非异常）	当 JVM 内存不足，无法分配对象时抛出

A.4.3　程序员常用 10 大指令

为了提高编程效率，开发人员通常会使用一些常用的快捷指令和命令。在 IDE 中集成 AI 编程工具后，开发人员可以利用这些指令快速调用 AI 相关的功能和服务。以下是程序员常用的 AI 指令。

（1）代码自动生成指令。

"用［编程语言］实现［具体功能］，要求支持［特性 1］［特性 2］，并处理［异常类型］"，如 "用 Java 实现异步文件上传功能，要求支持断点续传和 MD5 校验。"

（2）代码注释生成指令。

"为以下［编程语言］代码生成详细注释，解释算法逻辑并标注潜在风险。"

（3）BUG 终结者指令。

"分析这段报错代码，给出 3 种修复方案并按优先级排序。"

（4）算法生成指令。

"用［语言］实现时间复杂度 $O(n)$ 的［算法类型］，输入示例:［示例数据］。"

（5）算法优化秘籍。

"将当前 $O(n^n)$ 复杂度的排序算法优化至 $O(n \log n)$，并提供复杂度对比。"

（6）接口设计辅助。

"设计 RESTful API 实现［业务功能］，需包含版本控制、限流和 JWT 鉴权。"

（7）技术文档神器。

"为以下 API 接口生成开发文档，包含请求示例、响应参数和错误码说明。"

（8）SQL 万能优化指令。

"审查以下 SQL 语句，找出 3 个性能隐患并给出优化方案。"

（9）测试用例生成。

"为以下［函数/模块］生成边界测试用例，覆盖空值/极值/类型错误场景。"

（10）架构设计。

"设计支持百万并发的［系统类型］架构图，标注组件通信协议和容灾方案。"

附录 B
Java 代码编写规范

B.1 编码格式规范

按照一定的格式规范编写代码，不仅可以增强代码的可读性和可维护性，还能大大降低代码的错误率，这里将介绍一些基本的格式规范。

（1）每条语句要单独占一行，一条语句要以分号结束。

【正例】
```
System.out.println("学习Java");
```
【反例】
```
System.out.
println("学习Java")
```
或
```
int num1 = 1; int num2 = 2;int num3 = 3;
```

（2）在声明变量时，尽量使每个变量单独占一行，即使是相同的数据类型也要分行书写，不仅整洁美观，还方便添加注释。

【正例】
```
int number;            // 编号
int count;             // 总人数
int array[];           // 数组
```
【反例】
```
int number, count, array[];    // 编号、总人数和数组
```

（3）使用花括号也有一定的格式要求。如果花括号内为空，则直接写成"{ }"即可；如果花括号里面有代码，则要按照以下格式书写：

- 左花括号前不换行。
- 左花括号后换行。
- 右花括号前换行。
- 如果右花括号后接着 else 或 while 等关键字则不换行，否则，右花括号后必须换行。

【反例】
```
public void action(){System.out.println("行动");}
```

（4）关键字与关键字之间仅保留一个空格。

【正例】
```
public static void action () { }
```
【反例】
```
public    staticvoid action () { }
```

（5）任何运算符左右两边都要加一个空格。

【正例】
```
    int a = 1 + 2 - (3 * 4) / 5;
    a += 16;
    boolean d = 1 > 2 && 6 == 5;
```
【反例】
```
    int b=1-a+++3*4;
```
（6）任何花括号内的代码都应向右缩进，以保证与花括号外的代码区分出层次。
【正例】
```
    public class Demo {
        public static void main(String[] args) {
            int sum = 0;
            for (int i = 0; i <= 100; i++) {
                sum += i;
            }
            System.out.println("1到100之间的数字之和为: " + sum);
        }
    }
```
【反例】
```
    public class Demo {
        public static void main(String[] args) {
            int sum = 0;
            for (int i = 0; i <= 100; i++) {
                sum += i;
            }
            System.out.println("1到100之间的数字之和为: " + sum);
        }
    }
```
（7）方法的参数用","分隔，每个","后面要加一个空格。数组类型参数应将"[ ]"写在类型后面，而不是参数名后面。
【正例】
```
    copyOf(int[] original, int newLength){
        ……
    }
```
【反例】
```
    copy(int array[],int start,int end){
        ……
    }
```
（8）if、else、for、do、while、switch 等关键字与左右括号之间都要加空格。
【正例】
```
    if (1 > 2) {
        ……
    } else {
        ……
    }
```

【反例】
```
if(3 + 1 > 3){
    ……
}else{
    ……
}
```

B.2 命名规范

Java 中使用标识符命名程序中的类、变量和方法,即可满足程序运行要求。为了让开发人员能更快地读懂代码、区分每个名字指代的内容,这里将介绍一些基本的命名规范。

(1) 代码中的命名不应该使用中文,否则,转移到字符集不同的环境中时会出现乱码,导致程序无法通过编译。

【反例】
class 猫 / int 计数器 / String 姓名

(2) 代码中命名尽量不要使用拼音,应该使用标准英文单词或英文缩写。

【正例】
int balance = 0;   // 余额

【反例】
int yue = 0;   // 余额

(3) 代码中的命名不应该以下画线或美元符号开始,也不应该以下画线或美元符号结束。

【反例】
id / $number / password / name$

(4) 给类命名时,通常使用名词,第一个单词字母必须大写,后续单词首字母大写,单词间不能有下画线或空格。

【正例】
Picture / Person / UserLoginService

【反例】
name / TIMER / User Name / A2

(5) 给接口命名时,通常使用动词或形容词,第一个单词字母必须大写,后续单词首字母大写,单词间不能有下画线或空格。

【正例】
Movable / List / ActionListener

【反例】
timerlistener / User_Action / aaaaaa1

(6) 给方法命名时,通常使用动词,第一个单词首字母小写,后续单词首字母大写,单词间不能有下画线或空格。

【正例】
run() / attack() / addUser()

【反例】
　　name() / Move() / check_errors()

（7）给变量命名时，第一个单词首字母小写，后续单词首字母大写，单词间不能有下画线或空格。

【正例】
　　number / count / userName / player1

【反例】
　　DNA / last_time

（8）命名常量时，所有字母均大写，单词间用下画线隔开，简洁明了。

【正例】
　　final String SERVER_IP = "127.0.0.1";

【反例】
　　final String server_ip = "127.0.0.1";
或
　　final String ServerIP = "127.0.0.1";

（9）命名泛型时，使用单个大写英文单词。泛型名称与 < > 之间没有空格。

【正例】
　　class Demo<T, E> { }

【反例】
　　class Demo<dir, EMP, P123> { }

（10）命名方法参数时，应体现参数的用途，第一个单词首字母小写，后续单词首字母大写。

【正例】
　　void login(String userName,String password){ }

【反例】
　　void login(String a,String b){ }

（11）命名包时，包名应体现包中所有类的特点，使用英文命名且所有字母小写，多个单词之间使用"."分隔。大型项目通常采用"网址后缀名.公司名.包名"的方式命名。

【正例】
　　util / com.mingrisoft.frame / com.mr.service

【反例】
　　工具包 / com.mr.package1 / com-mr-frame

B.3 注释规范

注释是开发工作中非常重要的一环，其质量直接影响维护团队的工作效率。一段优秀的代码不仅体现在代码设计上，也体现在注释的内容上。这里将介绍一些基本的注释规范。

（1）注释应放在代码的右侧或上方，不可以放在左侧或下方。

【正例】
　　// 用于记录日志的可变字符串

```
    StringBuilder logStr;
    int age;                        /* 年龄 */
```
【反例】
```
    StringBuilder logStr;
    // 用于记录日志的可变字符串
    /* 年龄 */int age;
```
（2）注释应简单明了，不要写无意义注释，建议写中文注释。

【正例】
```
    String userName = "tom";        // 用户名，默认值为tom
```
【反例】
```
    String userName = "tom";        // 创建一个变量，这个变量属于字符串类型
```
（3）给类、类的成员属性和类的成员方法添加注释时，应使用文档注释（/**…*/），并写明类的用途、类的作者、成员属性的含义、方法的功能、方法参数的用途以及方法返回值的用途等内容（在Eclipse或其他开发环境中，在代码上方输入"/**"然后按下Enter键，自动生成相应格式的文档注释）。

【正例】
```
    /**
     * 用户服务类，提供针对用户的注册、登录和注销等功能
     * @author mingrisoft
     *
     */
    class UserService {
    /**
     * 连接数据库的接口
     */
        Dao dao;

        /**
         * 用户登录方法，判断用户登录是否成功。
         * @param userName - 用户名
         * @param password- 密码
         * @return 用户登录是否成功
         */
        public boolean login(String userName, String password) {
            ……
        }
    }
```
【反例】
```
    class UserService {                                              // 用户服务类
      Dao dao;                                                       // 数据库接口
      public boolean login(String userName, String password) {// 登录
```

（4）同一行代码的左侧不能出现单行注释，同一行代码的内部不能出现多行注释。

【正例】
```
    /*
     * for循环中首先定义循环变量i，i的初始值为0，  如果i小于100，
     * 则执行循环，每次循环结束之后，i的值加1
     */
    for (int i = 0; i < 100; i++) {
        System.out.println(i);                                          // 输出i的值
    }
```

【反例】
```
    for (int i = 0/*这是循环变量*/; i < 100/*循环变量小于100则循环*/;
        i++/*循环结束i递增*/) {
        // 输出i的值 System.out.println(i);
    }
```

B.4 控制语句使用规范

控制语句是所有编程语言的核心语法之一，也是最容易出现bug的地方，任何粗心大意都可能使整个程序瘫痪。养成良好的使用习惯，可以有效避免低级错误的发生。这里将介绍控制语句使用的一些基本规范。

（1）用于判断的表达式中不要对布尔类型做"=="或"！="的判断，更不要在表达式中对布尔值赋值。

【正例】
```
    boolean flag = true;
    if(flag){
        ……
    }
```

【反例】
```
    boolean flag = true;
    if(flag == true){
        ……
    }
```
或
```
    boolean flag = true;
    if(flag = true){
        ……
```

        }

（2）循环表达式中不能使用常量，以免出现死循环。即使是无限执行的循环，也要创建一个循环变量进行控制。

【正例】
```
boolean flag = true;
while(flag){
    ……
}
```
【反例】
```
while(true){
    ……
}
```
（3）if、else、for、do、while 语句中无论有多少行代码都必须使用花括号。

【正例】
```
if (loginSuccess) {
    System.out.println("登录成功");
}
```
【反例】
```
if (loginSuccess)
    System.out.println("登录成功");
```

附录 C

Eclipse 常用的快捷键

快捷键	说　明
Alt+/	代码提示
F3	跳转到类或变量的声明
Alt + 上下方向键	将选中的一行或多行向上或向下移动
Alt + 左右方向键	跳到前一次或后一次的编辑位置，在代码跟踪时用得比较多
Ctrl + /	注释或取消注释
Ctrl + D	删除光标所在行的代码
Ctrl + K	将光标停留在变量上，按 Ctrl+K 键可查找下一个同样的变量
Ctrl + O	打开视图的小窗口
Ctrl + W	关闭单个窗口
Ctrl + 鼠标单击	可以跟踪方法和类的源码
Ctrl + 鼠标停留	可以显示方法和类的源码
Ctrl + M	将当前视图最大化
Ctrl + 1	光标停留在某变量，按 Ctrl+1 键，可提供快速实现的重构方法。选中若干行，按 Ctrl+1 键可将此段代码放入 for、while、if、do 或 try 等代码块中
Ctrl + Q	回到最后编辑的位置
Ctrl + F6	切换窗口
Ctrl + Shift + K	和 Ctrl+K 键查找的方向相反
Ctrl + Shift + F	代码格式化。如果将代码进行部分选择，则仅对所选代码进行格式化
Ctrl + Shift + O	快速地导入类的路径
Ctrl + Shift + X	将所选字符转为大写
Ctrl + Shift + Y	将所选字符转为小写
Ctrl + Shift + /	注释代码块
Ctrl + Shift + \	取消注释代码块
Ctrl + Shift + M	导入未引用的包
Ctrl + Shift + D	在 debug 模式里显示变量值
Ctrl + Shift + T	查找工程中的类
Ctrl + Alt + Down	复制光标所在行至其下一行
双击左括号（圆括号、方括号、花括号）	将选择括号内的所有内容